實 用
企 業 管 理 學

解 宏 賓 著

學歷：國立中興大學經濟系
英國蘇塞斯理工企管博士 (Ph.D)
經歷：國立中興大學、中央警官學校教授
紡理商業專科學校校長
現職：國立中興大學教授及國防管理學院
教授

三 民 書 局 印 行

© 實用企業管理學

著作人　解宏賓
發行人　劉振強
著作財產權人　三民書局股份有限公司
發行所　三民書局股份有限公司
　　　　地址／臺北市復興北路三八六號
　　　　郵撥／〇〇〇九九九八—五號
印刷所　三民書局股份有限公司
門市部　復北店／臺北市復興北路三八六號
　　　　重南店／臺北市重慶南路一段六十一號
初版　　中華民國六十四年八月
五版　　中華民國七十四年一月
增訂初版　中華民國七十七年十一月
增訂再版　中華民國八十四年二月
編　號　S 49013
基本定價　捌元捌角玖分
行政院新聞局登記證局版臺業字第〇二〇〇號
著作權執照臺內著字第七六八四號

ISBN 957-14-0253-2 (平裝)

增訂再序

　　臺灣本一彈丸之地，天然資源匱乏，而其能擺脫貧窮、創造出「經濟奇蹟」，實歸功於正確的經濟政策與在此政策下全力以赴的企業家。

　　不可諱言的是臺灣中小企業為數太多，且又多屬家族企業，雖在經濟發展中有其汗馬功勞，但面臨經濟轉型期便由於資金短絀、人才缺乏、規模小、市場窄，加以組織不健全及老式經營的忽視現代管理與技術，在臺幣升值及保護主義衝擊下，大多已無法招架。如何能使其管理合理化、生產自動化、規模大型化、商務情報化、市場行銷化，而在新時代中擔當大任，科學管理為其主導。

　　筆者前出版之企管一書，本意在幫助業者作好經營，幫助青年易於就業，故除將各管理分門別類使易於吸收外，更脫離只介紹管理學者與理論的目前管理學趨勢，而以實務為重；學習者採摘書中表格、方法與原則，即可自擬倉貯計劃、行銷計劃、預算控制辦法等等，藉而為其所用。

　　然自進修企管博士學位以後，更深悉理論與實務本是一體兩面，有相輔相成之功。要如何把成功的理論拌合在實務中，使那些無法只接受理論的經營者及不能不吸收理論以求上進的學生都能滿足，這是企管教育者的一件大事。所以此次修訂本書即以此為着眼，例如將激勵、溝通諸理論，融和在人事管理中，將決策規劃諸理論溶合在第九編中，凡此等等，皆在使理論與實務配合，既能從實務中體會理論真義，復能藉理論（前人經驗）加強實務功效。相信對在校學生與企業

經營者皆能增加情趣而有所裨益。書中欠缺失誤之處，則仍請諸先進多賜教益，俾求上進。

解　宏　賓
一九八八，八，八　于臺北寓所

自　序

在這超工業化的時代裏，管理科學與技術皆在日新月異的進步，早些時候，企業經營者全心全力在機器與生產技術上下工夫，但有些機器精良的工廠並未達到「最大利潤」的境地；因為他們缺乏「科學管理」。法國的史華伯 (J-J Servan Schreiber) 在「美國的挑戰」(The American Challenge) 一書中說：「今天歐美的差距，與其說是技術上的無寧說是管理上的更為妥切。」真是一針見血的指出了企業管理對歐美所形成的距離，所以，企業管理對社會、對國家、對企業經營者的重要性，不言可知。

事實上，企業間的競爭，從這兩年的我國來看，更應驗了達爾文「優勝劣敗，適者生存」的理論，當我們受到能源與世界經濟之不良影響時，多少企業關門停工，但却有幾家小工廠，仍在不景氣的空隙中大展鴻圖，因為他們從生產線到市場界，都發揮了最高的管理技能。所以一個成功的企業經營者，是要妥善的把人、財、物合理而靈活的組織起來，以科學方法去計劃、去組織、去輔導、去控制、去考核，俾提高效率，降低成本，而爭取最大利潤，增進社會福利。

基於以上原因，從學校到企業，無不重視「企業管理」之研究。筆者於「教學相長」中，遵奉諸先進之創見，滲入自己經驗，大膽編著此「企業管理學」一書，俾供研習企業管理者參考。

基於十餘年之執教經驗，本書編著時除介紹應有之管理知識外，特別考慮學生之學習心理，有貫連系統性者，使由淺而深，由本而末，逐次深入；並將枯燥與學生樂於接受部份，間續串插，以維學習

情緒。

　　因本書為參考與教本兩用，對高普特考或經營實務諸重要類題，皆設法編入各章節之中，對新的管理技術亦儘量以淺顯文詞與事例加以闡述，唯顧及教學時數，如最後一章諸管理技術，或中段的關係管理，則只作簡要介紹，蓋此者坊間頗多專著，可為深入研究者所需，望祈鑒諒。

　　管理科學一日千里，企業實務浩瀚無比，而筆者學驗淺陋，所見有限，加以付印匆促，未克一一善校，遺誤良多，敬祈先進賢達，不吝珠玉，匡我不逮，無任感荷！

解　宏　賓　民國六十四年八月
　　　　　　於板橋樹人盧邸

（實用）企業管理學　目　錄

第三編　生產管理

第九章　時間與動作研究

第十章　生產控制

第十一章　品質管制與檢驗

第四編　銷售管理

第十二章　市場分析

第十三章　銷售研究與預測

第十四章　情報管理

第十五章　產品的設計與訂價

第十六章　廣告與包裝

第五編　財務管理

第十七章　財務管理的概念

第十八章　資金的籌措與分配

第二十二章　財務公開與證券發行

第六編　人事管理與薪工制度

第二十三章　人事管理實務

第二十四章　薪工管理

第二十五章　激勵溝通與領導

第七編　商業經營實務

第二十六章　商業登記

第二十七章　商業經營的進貨

第十一編　檢討改進

第三十九章　對我國企業管理與經營的檢討

第一編　企業的概念與創立

第一章　對企業的概念認識

第一節　企業的意義

　　企業一詞，乃英文 Enterprise 翻譯而來，不能專指工業 (Industry) 或商業 (Business)，尤其以現代的企業來看，由於其範圍的逐漸擴大，其業務的日益複雜，從事製造工作的工業與從事銷售工作的商業很難絕然分別。當然，學者們也認為「工業」是為着經濟目標而將原料或自然物加工，使其變更性質或狀態的一種職業，而「商業」則是以營利為目的，直接或間接供應他人貨物或勞務以滿足其需要的職業。不過學者間對工商業的研究已冶於一爐，如紐約大學教授舒濱 (John A. Shubin) 的名著命名為 *Business Management*，卻多半涉及於生產製造，並非專論商業管理。

　　以我國的商業登記法第二條所規定的三十二種「商業」來看，也是商、工二業皆含其中。

　　實則企業 (Enterprise) 的原意，本代表一種「進取」與「冒險」的精神，經營企業必須競爭、冒險與改進，與 Enterprise 意相吻合，故謂「企業是將勞動、資本、土地結合起來，在統一企劃下，根據預測，冒著風險，從事經濟活動的營利事業單位」。

　　近年來，因生產技術的發達與市場的擴充，企業規模也逐漸的增大。大致說來，大規模企業的經濟利益及市場競爭力大，能獲得分工

及專業化的組織利益，並增強一個國家的經濟實力而使人民享受良好的物質與精神生活。大規模企業也是技術研究、教育以及社會工作的領導者，此類產業不獨限於國內，而且能推廣於國外形成「國際性企業」。所以，已開發國家之大企業多，而開發中的國家，其中小企業則仍佔了企業中的大多數；如臺灣在1981年時員工在一百人以下的企業，在製造業的五萬三千多家中，佔了九十九％。

至於企業的範圍剛已提到，可包括工商諸業，實則從資源開發到人類消費中之一切生產、加工、運銷分配及有關活動，凡具有增加經濟價值者都爲企業。因此，工業、商業、礦業及一切服務業等都可包括在內。一般比較熟悉的「工業」有金屬、纖維、機械、交通及其工具工業、電子、石化、塑膠、紙業、窯業、木材工業、食品工業、製藥工業等。「商業」則有直接從事買賣業務的各種批發商、零售商，以及間接促進買賣業務的銀行業、保險業、運送業、倉庫儲運，再如觀光、旅遊、飯店、租賃等服務業，以及新興的資訊工業，皆屬於企業範圍之內。本書卽以此廣義的企業爲其定義。

第二節　企業的特徵

企業之意義，於上節中已大致說明，爲進一步明瞭，在此再將現代企業之特徵，簡介於下：

（一）**企業的結合**——現代企業之發展，已由小而大，由分而合，由簡而繁，而有經營集中、統一管理的傾向；如個人企業已進展至合夥企業、公司企業，更由公司的結合而形成獨占；有些大規模的廠商，已產、製、運、銷皆直接經營，集工商業於一身。

（二）**大量生產**——現代企業，爲提高工作效率，並大宗採購，大量設備，以減少單位成本，再加上專門機械的使用，專門人才的羅

致，已達價廉物美境地，且資本雄厚，故企業規模日大，大量生產已成了現代企業特徵之一。

（三）**分工合作**——現代工商業的分工日趨精密，不但體力上的勞動分工，智力上的勞動也分工——從經理、技師到研究員之各負專職——分工愈細，效率愈高，如此以來，對土地、勞力、資本等生產要素之配合與運用，也就愈能發揮其效用。

（四）**產品標準化**——如今的企業，為便於產銷之計，大多已實施了標準化，其各種產品的式樣、大小、性質、重量、容積的區別已形減少。對工業言之，不但生產速度大增，產品品質也相對的提高，達到了減低成本、大量生產的目的。就商業言之，標準化產品不必在交易時再參考貨物樣品，有便利交易之功（待講至標準化時，再詳為研究）。

（五）**風險的分擔**——按一般常理，企業規模愈大其負擔的風險亦必愈鉅，但自保險業興起，乃聯合利害相同者，分擔損失，企業者一經保險，即不必太為風險擔憂，而可大膽的拓展業務，業務面廣，又可截長補短，並分散風險。

（六）**政府的管制**——現代各國，或多或少都對工商業有所管制；為了管制輸出輸入，而有外滙管制與關稅政策；為保障商人及發明家的利益，而有商標與專利權的管制；此外如標準度量衡之規定、工人權益的保障、公司行號的登記、商標、商號的選用……政府都有所干預或管制。此者，並不妨礙經濟的發展，相反的，政府對工商業者的保護與干涉的功能，也有助於企業的進展。

第三節　企業的目標

做任何事情，都必須有一個目的，根據這個目的，才能決定我們

所爲何事及如何爲事？企業經營自不例外，但什麼是企業的正確目標呢？可能有人會說：「企業的目標卽在營利。」雖然我們不能否認此語；因爲利潤確是維持企業生存的條件；但它並非唯一的條件，如果一個企業只在謀求私利，而忽略了其他條件，照樣會危害企業的生存，所以現代企業，皆爲下列的目標而努力：

（一）生存的目標

企業如個人一樣，旣有其生命之存在，則務須維持其生存，而利潤只是達成此一目標的手段；因爲毫無利潤，甚至年年虧損，企業自無法久存，但只顧利潤而不求生存的穩定，本末倒置之下，其結果更不堪設想。

（二）市場的目標

在不能形成完全競爭的情形下，企業之管理者，必須站在消費者方面，在質、量、形式、價格各方面，處處要使他們滿意，也就是說，企業的重要目標，在給消費者以最大、最滿意的服務。

（三）社會的目標

企業之追求利潤，不管在經濟原理或企業立法都不容否認，但一位眞正的企業家，由於國家的關係，對社會總具有强烈的責任感，如英美諸國之高額所得稅，卽使大企業之利潤投之於社會福利，而其經營之企業，也以有利社會者爲選擇目標。

（四）生產的目標

生產是表現營業好壞之最重要的量器，企業如能以同樣的資源生產出較多產品，或以較少的資源生產出同樣質量的產品，皆爲企業效率化的表現，所以技術的提高，生產的改進，也是企業內部的目標之一。

（五）財政的目標

財政目標，是企業經營的樞紐，如短期流動資金缺乏，能使企業窒息，長期負債過重，財務費用支出過鉅，更能使企業癱瘓，所以以良好的財政政策，而獲取合理的利潤，是企業不可忽視的目的。

（六）權力的目標

對一個企業言之，利潤的力量確實能改變現存的均衡情勢，但它並非支配權力的唯一因素，如大規模的生產不也是獲得權力的重要因素？在大規模經營下，不但可加大其競爭力量，亦可取得法律或政治以外的經濟權益，因為個人或團體，本來就希望尋求一些權力以駕乎他人之上，所以許多企業才隨時設法擴充，甚至不惜以獨佔來達到其權力的目標。

第四節　企業的要素

（一）企業要素

企業組織，固然是土地、資本、勞力的結合，但以整個企業言之，則是在企業管理人的管理下，運用其所有的金錢、機器、原料，在人工與技術的配合下，去從事製造生產，其產品透過市場之後，而獲取利潤（更多的金錢），所以有人說：企業有「八大要素」，為便於記憶，我們可稱其為「八Ｍ因素」，其內容與關係如圖 1-1。

（二）企業的經營者——企業家

在約翰司徒彌爾（J. S. Mill）以前，資本家（Capitalist）與企業家（Enterpriser）是被混為一談的，在今日，不管在人們心目中，抑是實在情形下，都已把此二者，明顯的區分開了——資本家是以其蓄積的資財，來增加收入、助長生產的投資人；企業家則是經營企業的人，不一定出資，他是集合土地、資本、勞力，而從事生產或分配，以達到營利的目的——使企業有利可圖，使職工能各盡其責而獲

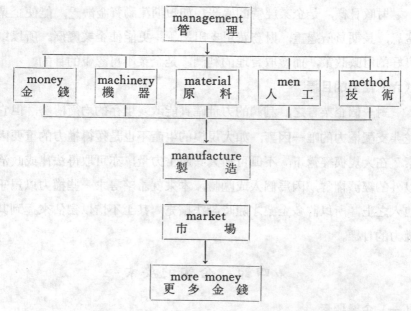

圖 1-1 企業的八-M 因素關係圖

得生活保障，使股東能滿意的獲得利潤，這是他的職責；如公司的經理、總經理，也有一些董事長是由董事會聘請的，並不一定是公司的股東，這些人，都算是眞正的企業家；他必須有品德、有信用、有眼光、有經驗、有勇氣、有冒險犯難的精神，去研究、改進、設計、經營，使企業減少浪費，達到現代化的科學管理境界，尤能兼顧消費者與社會的公共利益，遵守商業道德，使整個國家、人民，蒙受其利。

　　剛卸任的經建會主委趙耀東先生，是個敢說敢為的人，在一次與年輕的創業楷模的餐會中，他說：「老一輩的談發財，都有一手，但大都是資本家、市儈，沒有達到企業家境界。以後臺灣需要的是企業家，不是資本家。」他認為企業家應有三個條件：㈠能高瞻遠矚，對公司、國家、人類都有遠大的看法，能向世界挑戰。㈡能照顧員工。

㈢有冒險精神、挑戰精神，但不是為自己，而是為全體。對國家有觀念，對社會有責任。正與我們的看法相一致，因為他原本是個優秀的「企業家」。

第二章　對企業組織的認識與設計

第一節　企業組織的意義

（一）一般組織的意義:

對「組織」（Organization）最簡單的看法是「二人以上具有共同目的的結合體。」研究行為科學的學者也只認為「組織是在團體活動中人與人的相互關係。」這該是對組織所下的最狹義的定義。

諾培爾（C. E. Knoeppel）認為:「組織是人類共同努力於某特定目標時，對各種相互關係的安排與調整。」湯姆斯（W. Thomas）說:「組織是為執行指定任務的一定程序，沒有自己的目的。」貝克（Wight Bakke）說:「組織是一項由若干獨立但互相配合的人類行動所結合而成的一種持久性系統；此一系統能運用、轉換及結合人力、物力、財力及才智等資源，使成為能解決問題的單元。這種系統在其他類似系統的干擾或協助下，最能從事於滿足人類需求的工作。」

中華民國故總統　蔣公中正也採廣義的看法認為:「凡是以人、事、物為對象，集合若干不同個體而構成的整體，並能與時間、空間密切配合的，一般都稱為組織。」故組織乃「在某一特定的共同目標下，將人、事、物相結合，而以人為主體使之相互溝通、自願採取行動，能有條理、有系統的去為共同目標努力並共享其成果的整體。」所以組織必須具備(1)共同目標，(2)相互溝通，(3)自動自發（Voluntary Action），(4)完美的系統，(5)理性的行動，(6)能共享目標之成果。

（二）企業組織的意義

很多學者，尤其是管理程序學派的學者認為「為達成目標、決定

工作分類、並將各種工作分配於各縱橫連繫之單位，此種現象卽爲組織。」故將組織視爲「工作與權責關係的綜合體」，代表人們在企業中工作的一種內在環境骨架。已把「組織」當「企業組織」來觀察，視其爲一個有職位層次關係的系統。

　　事實上；現代企業組織龐大，分支機構林立，其分支機構之下又各轄若干部門，員工衆多，除分工外，尤須依據旣定目的，共同合作，所以企業組織的意義：卽指爲達成企業目的，將企業工作分爲若干部份，並分別分配工作，在遠大計劃、良好控制和密切配合之下的一種管理的工具或制度系統。

第二節　現代企業組織之原理及趨勢

(一) 現代企業組織的原理

　(1)分工合作：分工爲合作之目的，合作爲分工之效果，分工與合作爲人類所以能建立社會組織之基本因素。現代企業重視「分工專職」，各負其所任工作之責任，不必「樣樣通樣樣鬆」。但分工尤須協調合作，在「命令統一」原則下，由一位管理者領導一個部門，達到統合目的，也就是由分工合作達成「部門化」原則 (Departmentalization)。

　(2)管理跨距：一人之精力、體力、時間與知識均有限，居于溝通和配合中心之領導或管理人物，因不能同時直接個別領導數百人數千人之活動，而能使之相互配合，應掌握領導限度之限制，使組織不得不分設層級，達到有效管理之目的。一般跨距：高級主管指揮五至七人，基層幹部爲十至十五人，此「Span of control」亦有稱之爲「管理幅度」者。

　(3)配合：任何組織必須建立權威中心，指導其份子活動，其目的

在於配合，配合所賦予組織以靈魂和生命，是以配合原理爲組織之另一重要原理。

(4)平衡：一羣人爲追求共同目的而組織起來，若欲維持組織之生存以達成目的，必須注意使組織能適應變動，與外在及內在因素維持平衡。

(5)效率：管理之價值，卽在乎效率，所以效率爲組織之生存條件，亦爲組織之目的，故堪爲組織之原理。

（二）現在企業組織之趨勢

(1)輔助部門更趨重要

　(a)董事會內普設各種委員會，使專管調查與研究各專門問題，以利決策。

　(b)總經理下普設各種委員會，爲協調及控制各種活動之機構。

(2)分權工作集中控制

　(a)各部門主管人員參加最高管理當局決策。

　(b)授給各部門主管人員以高度之決策權力。

　(c)集中控制各部門之業務。

(3)厲行分層負責，授以部下以較大之權，確定組織內各層人員應負之責任。

(4)股票持有人之選擇

　(a)股票售與公司員工，可提高工作情緒，並可延長其服務時間。

　(b)售與有關顧客，保持顧客利益，及引誘顧客繼續與公司交易。

(5)領導權與所有權日漸分開，領導工作者多非股票持有人，而爲研究企業管理之專家，故可使企業之基礎日益穩固而强大。

(6)研究發展及公共關係機關益為人所重視。

第三節　企業組織的基本原則

企業之組織異常複雜，且常因其目標、性質、規模、需要的不同，而互有差異，它不但要適合客觀的環境，也要顧到未來的發展，所以要擬定一個現成的方案以供應用，實屬困難，但以下六個原則卻永久不變：

（一）配合目標，適時應變

目標是計劃與組織的方針，不管是組織的結構、改進，或工作之執行，都以目標為依歸，如需擴大業務，則應充實組織，如擬節省用人費用，自宜精簡組織。所以企業方案之訂定，須有相當彈性，不可盲目抄襲。只是此一彈性不可太大，致影響組織，造成不穩情勢。

（二）簡化結構，控制幅度

企業組織欲生最大效力，自應分層負責，但指揮系統過長，不但費用增加，辦事亦陷入迂緩，故須簡化結構，以減少管轄單位，而使監督容易，命令迅捷，指揮自然靈活。

但控制幅度太大，監督又不易週密，對階層的劃分，究以何者為宜，此者，則應以企業之需要及其經濟原則為準繩，在不違背需要之下，組織結構宜儘量簡化；一般企業，其層次應在六、七級之間，至於控制幅度，原則上言之，基層工作幹部可統轄十至十五人，主管之統轄以五至七人為限，在上節中亦有說明。

（三）分工合作，部門連繫

分工合作，是現代企業不可忽視的基本精神，在組織體內，各部門各負專責，也相互依存，彼此連繫。費堯（Fayol）以下圖說明連繫關係，圖中實線表示上下關係，虛線表示左右關係。圖中Ｆ與Ｋ若

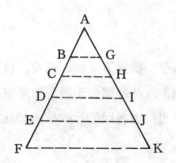

圖 2-1　費堯「搭跳板」方式

沒有橫的連繫，則F與K交涉，必經 EDCBAGHIJ 始可，耗時太多；如此僅靠上下的聯繫，很難造成內部協調，企業各平行機關的合作，才有充分交換意見與解決問題的機會，不必事事向上請示，依費堯搭跳板方式，同階層部門間有事洽商，經直接上級同意後，即可自行連繫，如下取得E之同意，即可與K連繫。

（四）權責分明，協調配合

　　授權賦責，是任何組織都相當重視的一件大事，有權無責與有責無權，都能形成組織的混亂、矛盾與衝突。

　　在此一原則之下，首須注意其一致性、連貫性，萬不可各自為政，而應有其共同的目標。再者，各部門職責之劃分務須均勻，既不能過重，使工作人員因不堪負荷而敷衍，又不能太輕而浪費人力或引起自卑。至於各部的協調、關連，也靠分明的職責安排。

（五）統一的命令

　　企業組織之命令，是表示指揮權的主要工具，命令能夠統一，員工才不致無所適從，遲緩失調，甚至造成衝突或糾紛。

　　一般言之，採用首長制之公司乃由首長發布命令，再分層傳達到各階層、各員工；採用委員制或董事會制者，則由會的名義發布命

令。

（六）公正的監察

組織之工作、命令、權責等，是否適當，員工之是否稱職，皆須監察制度來公正的判定；此所謂公正者，即須有嚴明的紀律，處理案件，務求迅速，且不可侵害各級的行政權，如此才能維持綱紀，發生組織的效力。

第四節　企業外形組織（之一）──獨資與合夥

企業組織形態，可分為外形組織、內部組織、業務組織三種：其外形組織又稱為形態組織，乃根據法律所決定的企業經營狀態；其組織又有三種：

（一）獨資企業

獨資企業（Individual Enterprise），乃個人投資經營，獨負盈虧責任的企業組織；這是歷史最早、方式最簡單的一種企業，其優點為：

(A)組織簡易。

(B)開支節省。

(C)不受他人牽制──在法律範圍內，經營者可隨個人意志而行為，不但容易發揮個人才智，且擴大或縮小其經營業務，甚至停業結束，也不受他人牽制。

其缺點有：

(A)責任大──經營者之責任無限。

(B)財力小──個人財力常現薄弱。

(C)受個人際遇影響──個人的才智、經驗、能力都屬有限，常顧此失彼，且個人的信用、能力、健康、死亡等個人際遇，

會直接影響企業的前途。

（二）合夥企業

合夥企業（Partnerships），乃兩人以上共同訂約，出資經營並負擔損益的組織方式。所以它是一種商法上的契約，沒有法人資格。

(1)合夥的性質：

①合夥爲二人以上所訂之不要式諾成契約：合夥人間互立於債權人或債務人之地位。非如公司或其他法人享有獨立之人格。

②合夥人有共同經營之事業：此一事業並不限於營利事業，即如宗教、學術、體育等倘不背公序良俗得共同經營之團體而非法人者，概爲合夥，與事業之久暫無關。

③合夥人均須出資：此所謂「資」包括勞務在內，即「有錢出錢，有力出力」，並不限於金錢，故民法上雖謂「出資」，實乃共同協力之意。

④合夥係雙務契約：甲合夥人請求乙合夥人出資時，苟甲尚未出資，乙得行使同時履行之抗辯權而拒絕出資。

⑤合夥有團體性：依法合夥財產爲合夥人全體公同共有。執行事務之合夥意思，由合夥人全體或一部之共同或過半數決定之。

(2)合夥之效力：

①合夥人之義務：

1. 經營共同事業。（民法第六百六十七條）

2. 出資。但對於約定出資之外，無增加出資之義務。因損失而致資本減少時，亦不負補充之義務。（民法第六百六十九條）

　　3. 對合夥債務合夥財產不足清償時負連帶無限責任，卽合夥
　　　事業之債權人得對於合夥人中之一人或數人或其全體，同
　　　時或先後請求清償全部或一部。合夥人中之一人，如被請
　　　求全部時，卽應爲全部之清償，不得藉口尚有其他合夥人
　　　而抗辯分擔。此之謂連帶。至無限云者，卽合夥財產不足
　　　清償合夥債務時，則合夥人應以其自己之全部財產，履行
　　　清償。

②合夥人之權利：

　1. 執行事務之權。

　2. 隨時檢查合夥事務及財產狀況，並得查閱帳簿，此項權利
　　　當事人間不得以契約剝奪或限制之。（民法第六百七十五
　　　條）

　3. 因合夥事務而支出之費用，對於合夥有請求償還權。（民
　　　法第六百七十八條第一項）

　4. 享受利益分配。除契約另有訂定外，應於每屆事務年度終
　　　爲之。（民法第六百七十六條）其係暫時性組織者應於解
　　　散後分配。

③合夥財產之保全：

　1. 合夥財產禁止分析。此指合夥關係存續中而言。

　2. 股分限制處分。

　　(A)禁止轉讓之原則：依民法第六百八十三條，合夥人非經
　　　　他合夥人全體之同意，不得將自己之股份，轉讓與第三
　　　　人。但轉讓與他合夥人，不在此限。

　　(B)出質股分準用轉讓之規定：卽合夥人之股分出質與第三
　　　　人原所禁止，必須經全體合夥人之同意始得爲之。至於

出質他合夥人則不禁止。

(C)有條件之扣押：　合夥人之債權人，固得就合夥人之股
分，聲請扣押，但應於兩個月前通知合夥，此項通知，
有爲該合夥人聲明退夥之效力。（民法第六百八十五條）

④執行事務：事務執行權之歸屬，應依合夥契約之規定。未約
定者由全體執行。

1. 各合夥人得約定以過半數之決議，決定事務之執行。茲所
謂之半數以人數爲準，非如股份有限公司以出資爲準。
（民法第六百七十三條）

2. 各合夥人得約定由合夥人中之數人，執行事務。（民法第
六百七十一條第二項）

3. 各合夥人亦得約定，僅合夥人中之一人，執行事務，非有
正當事由，其他合夥人不得將其解任。（民法第六百七十
四條）

4. 事務執行權人之權利及義務。

①權利：

(A)報酬請求權：以不得請求報酬爲原則，但契約有訂定
時，從契約之規定。

(B)費用預付請求權。

(C)墊付費用及利息之償還請求權。

(D)債務清償請求權。

(E)損害賠償請求權。

②義務：

(A)與處理自己事務爲同一注意之義務。

(B)對執行事務狀況及顚末報告之義務。

(C)金錢物品及孳息交付之義務。（參民法第六百八十條
及五百四十一條）

(D)權利移轉之義務。

(E)支付利息及損害賠償之義務。（參民法第六百八十條
及五百四十二條）

(3)隱名合夥：

①本質：當事人約定一方（隱名合夥人）對於他方（出名營業
人）所經營之事業出資，而分受其營業所生之利益，及分擔
其所生損失之契約。隱名合夥人之出資，歸屬出名營業人，
合夥事業為出名營業人所獨占，對外關係，亦純由出名營業
人直接負責，故出名營業人之信用及能力，當為隱名合夥人
所重視。其性質仍不失為合夥契約，故於法除有關隱名合夥
之特別規定外，準用關於合夥之規定。

②效力：

1. 就對內關係言：

(A)隱名合夥人之出資，其財產權移屬於出名營業人。

(B)出名營業人應於每屆事務年度終，計算營業之損益，支
付隱名合夥人利益，其未付之利益除契約有約定外不視
為出資之增加。至分擔損失之責任，僅以出資額為度。

(C)隱名合夥之事務，專由出名營業人執行之。

(D)隱名合夥人得於每屆年度終查閱合夥之帳簿，並檢查其
事務及財產之狀況，如有重大事由，法院因其所請，得
許其隨時為此項查閱及檢查。（民法第七百零六條）

2. 就對外關係言：

(A)隱名合夥人就出名營業人所為之行為，對於第三人不生

　　權利義務之關係。

　　(B)隱名合夥人如參與合夥事務之執行，或爲參與執行之表
　　　示，或知他人表示其參與執行而不否認時，縱有相反之
　　　約定，對於第三人仍應負出名營業人之責任。

③終止:

　1. 原因（民法第七百零八條）:

　　(A)存續期滿。

　　(B)當事人同意。

　　(C)目的事業已完成或不能完成。

　　(D)出名營業人死亡或受禁治產宣告。

　　(E)營業之廢止或轉讓。

　　(F)出名營業或隱名合夥人受破產之宣告。

　2. 效力: 隱名合夥終止時，出名營業人應返還隱名合夥人之
　　　出資及給與其應得之利益，但出資因損失而減少者僅返還
　　　其餘額。

(4)退夥與入夥:

①退夥:

　1. 原因:

　　(A)聲明退夥: 卽合夥未定有存續期間或經訂明以合夥人中
　　　之一人之終身爲其存續期間者，各合夥人得聲明退夥，
　　　但應於二個月前通知他合夥人，且不得於有不利於合夥
　　　事業之時期爲之。合夥縱訂有存續期間，如合夥人有非
　　　可歸責於自己之重大事由，仍得聲明退夥。

　　(B)法定退夥:

　　　(a)合夥人死亡。

(b)合夥人受破產或禁治產之宣告。

(c)合夥人經開除者，開除以有正當理由及全體之同意為限。

2. 效力:

(A)對內: 退夥人與他合夥人間之結算，應以退夥時合夥財產之狀況為準，退夥人之股份，不問其出資種類，得由合夥以金錢抵償，合夥事務於退夥時尚未了結者，於了結時清算，並分配其損益。

(B)對外: 退夥人於其退夥前，合夥所負之債務仍應負責。

②入夥: 卽合夥成立後，新合夥人之加入，其加入以經合夥人全體之同意為要件，旣加入後，對於其加入前合夥所負之債務，與他合夥人負同一責任。

(5)解散及清算:

①解散之原因: (民法第六百九十二條)

(A)合夥存續期間屆滿。

(B)合夥人全體同意。

(C)合夥之目的事業已完成或不能完成。

②清算: 為合夥解散後為整理其財產，所必經之程序。由清算人實施之，清算人由合夥人全體或由其所選任之人充之，其選任以合夥人全體之過半數取決。數人為清算人時，關於清算之決議，應以過半數行之。以合夥契約選任合夥人中一人或數人為清算人時，非有正當事由不得辭任，非經其他合夥人全體同意，不得將其解任。清算人之任務有三:

(A)清償合夥債務: 為清償債務，應於必要限度內將合夥財產變為金錢。

B返還合夥人之出資：為返還合夥人出資，應於必要限度內將合夥財產變為金錢。

C分配利益：清償債務，返還出資之後如仍有利益，按各合夥人之股分份配成數。

(6)合夥的分類：

(a)普通合夥——此乃各合夥人共同出名、共同出資經營，並得以權利、信用、勞務代替出資，對合夥的債務，有連帶無限清償之責。（我國合夥，多屬此者。）

(b)隱名合夥——此乃合夥人中有一人以上僅出資而不出名，且不執行業務，僅依原訂契約分擔損益。凡隱名合夥人之出資，僅以金錢為限，其對合夥所負的責任，也僅以出資為最高限度。

(7)優點：

(a)信用大——普通合夥人，皆負無限清償之責。

(b)設立簡易——憑契約即行設立。

(c)有資本而無經營能力者，與有能力而無資本者，可相互合作。

(d)小股東利益，不受大股東操縱，容易獲得保障。

(8)缺點：

(a)責任太重——股東均負有連帶清償債務的責任。

(b)股本轉讓困難——股本轉讓與原合夥以外之人，須全體股東同意。

(c)資本有限，不易發展。

(d)牽制太大——合夥間之事務，難以速斷速決，易失良機。

第五節 企業外形組織 (之二) ——公司企業

公司 (Company; Corporation) 是以營利為目的, 依公司法組織、登記、成立的社團法人。 根據公司法之規定, 公司分為下列四種:

(一) 無限公司 (Ordinary) 此乃指自然人二人以上之股本所組織, 對公司債務負連帶無限清償責任的公司。

此類公司乃以自然人相結合, 須以個人信用為基礎, 故須鉅額資本, 募集不易; 且股東須連帶無限清償, 責任過重; 其股東又不易轉讓, 投資者常駐足不前; 故現代企業採用者頗少。

(二) 兩合公司 (Limited Pastnership) 此乃指一人以上之無限責任股東, 與一人以上之有限責任股東所組成; 其無限責任股東對公司債務負連帶無限清償責任並有執行業務權; 有限責任股東就其出資額為限而對公司負其責任。

此種公司, 論信用不及無限公司, 論集資不如股份有限公司; 且執行業務的權利, 為無限責任股東所專有、所操縱; 股東股本之轉讓亦頗困難。 故現代企業採用此一組織者也不多。

(三) 有限公司 (Limited Company) 此乃指五人以上, 廿一人以下之股東所組成, 股東的責任, 以其出資額為限。 至少設董事一人 (最多三人) 執行業務並代表公司, 不設監察人, 而不執行業務股東均有監察權。

此種公司有信用有限及股份不易轉讓之弊, 但優點亦多: 如設立便易、責任有限, 尤其適合各級政府或本國政府與外國公司機構合資經營。

(四) 股份有限公司 (Joint Stock Limited Company) 此乃指

七人以上之股東所組織，全部資本分成股份，股東就其所認股份，對公司負其責任的公司。

這種公司的優點是存立年限較久，股東責任有限，股份轉讓便利，股本容易募集。其缺點雖有四，但處置適當仍可避免或補救，如：

(1)對外信用有限——若公司經營的好，公積金充足，其信用有限之弊，卽可因而補救。

(2)股東責任心輕——只要董事或執業人員認眞負責，股東責任心輕，亦不足影響公司利益。

(3)容易受大股東操縱——有些公司固有此弊，但大多數公司其董事及職員所持有的股額，比例並不太大，而且大股東主持公司也不一定對公司不利。

(4)業務處理遲緩——若董事或執業人能認眞負責，內部權責能劃分清楚，對一般事務仍可處理敏捷。

由此可知，股份有限公司的缺點是相對的，是可以補救、克服的，而其優點又多，故近代企業，多樂於採用。

除以上諸公司外，還有外國公司，這是以營利爲目的，依外國法組織登記，並經我國政府認可，而在我國境內營業的公司。

第六節　企業的內部組織

企業的內部組織，是指一企業由上而下，如何構成其骨幹體系，如何確定其間統屬關係的基本方案，又稱爲行政組織。其主要機構有股東會、董事會、監察人、總管理處或分部管理機構等：

（一）股東會

我國公司法規定：「公司章程的變更，資本的增減，出租全部營業，公司的合併、解散等重要事項，都須經股東會之議決通過。」在

法律上、理論上，都是公司的最高權力機關；但實際並非如此，它只不過是董監事的選舉者而已，大多數的股東，不但持有股份不多，且缺少專門知識，無法對董監事的報告加以考核、批評，縱有一二位專家，卻又孤掌難鳴，不易改變董事會之既定策略。近年來歐美諸國，更逐漸將股東會職權移轉於董事會，除有關組織本身存續問題（如選任董監事、公司的合併或解散）外，皆交董事會全權處理。

（二）董事會

根據我國公司法「公司董事會，設置董事不得少於三人，由股東會就有行為能力之股東中選任之。」「任期不得逾三年，但得連選連任。」這是企業的最高行政決策機構，代表股東管理公司業務。

董事會為便利業務處理，乃由董事互推一人為董事長，或推數人為常務董事，在董事會停會期間，即由其代表董事會執行職權，他對內為股東會、董事會及常務董事會主席，對外代表公司。而董事會的職務有以下四項：

(1)選任總經理與高級職員，培植重要幹部，控制高級職員獎金、年俸、退休政策。

(2)授權總裁、總經理、各部首長及其他高級職員，以管理公司業務。

(3)檢討並批准公司的重要政策與事務，如盈餘分配、業務擴張、產品定價、新產品的製造、公司債的發行、勞工關係及對外關係等。

(4)審核公司業務進展之情形，以履行受託責任。

（三）監察人

根據公司法規定：公司監察人，由股東會就股東中選任之，監察人至少有一人在國內有住所；其任期不得逾三年，但得連選連任。其

不得兼任公司董事及經理人，若怠忽監察職務而使公司有損害時，應負賠償之責。

　　監察人之職權，主要有以下四項：

(1)得隨時調查公司業務及財務狀況，查核簿冊文件，並得請求董事會提出報告。

(2)對董事會編造提出於股東會之各種表冊，應核對簿據，調查實況，報告意見於股東會。

(3)認爲必要時，得召集股東會議。

(4)各得單獨行使監察權。

（四）總管理處

　　規模較小的企業，有由董事長或常務董事負最高管理之責者，大規模之企業，則設有總管理處；其組織方式不盡相同，根據美國史丹福大學調查三十一家公司的結果，有以下四種：

(1)由一位董事長執掌者。

(2)一位董事長及一個定期舉行的分部首長會議 (Council of Divisional Excentries) 所共同執掌者。

(3)由一個經常負責的執行委員會所執掌者。

(4)由常務董事會所執掌者。

　　至於總管理處的權責，應視實際情況，規劃訂定，以免與董事會混淆不清，大致言之，其應職掌者有以下數點：

①訂定計劃，確定目標，決定政策。

②支配附屬單位，保持有效的組織。

③保持有效的控制制度，並據以審核，批准經費分配、公司預算、職務委派、薪津調整諸事。

④促使重要工作計劃的配合。

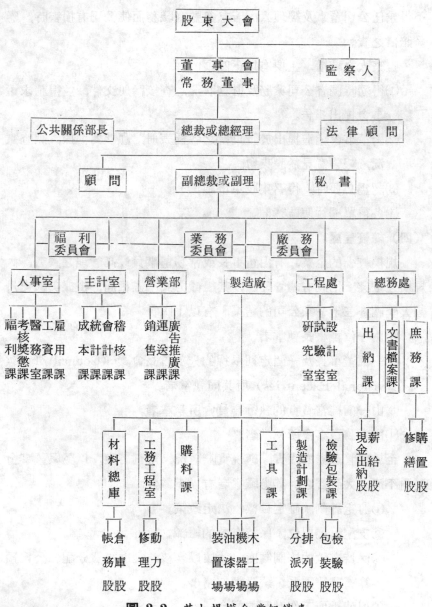

圖 2-2 某大規模企業組織表

⑤考核附屬機構的工作與成果。

⑥向董事會建議有關業務改進事項。

（五）總裁與總經理

總裁（President）或總經理（General Manager）之設置，一般皆以企業規模之大小而定；規模不大者，乃於董事長或常務董事下，設有總裁或總經理，規模頗大者，也有兩者同時設有的，若兩者同設，大致總裁之職責對外者多於對內，總經理則以對內為主。凡政策的執行，工作的分配，部門的控制協調，預算的統制，重要人員的選用、調換，後進人員的培植、調度，皆其職內重責。

（六）幕僚組織

為輔佐總裁或總經理處理業務，所以一般企業，都設有幕僚（Staff）尤其大規模企業，其幕僚尤多（如秘書、顧問、研究小組、工作簡化小組等），但往往不擔任固定行政工作，僅依高級人員意旨行事。

（七）委員會組織

委員會組織（Committee Organization）並無獨立性，僅是一種輔助組織而已，一般有兩種情形：一種僅可提出建議，對執行作業部門毫無權限；一種則賦有權限，命令執行委員會所作的決議。

企業之設置委員會，在使各部門管理人員避免彼此的誤會、對立，並進一步增進相互瞭解，俾收開誠合作、集思廣益的積極效用。所以其工作應以利害對立問題之裁決、調整，人事的任免，政策的決定為主，至於如指導、實施、監督、檢驗等職能，須由個人的行動來辦理者，則不宜由委員會處理。

（八）分部管理機構

此乃大企業所設置的主要部門（如推銷部、生產部等）或分支公

司所轄有的機構；其職掌者乃分部事務，而不涉及公司整個問題，乃依總管理處之決策，在所具權限內，從事分部工作。

第七節　企業的業務組織

在現代企業中，外形組織可依法決定，內部組織也有其一般性，業務組織，則須視企業規模的大小、出品種類的多寡、業務性質、人員能力之不同，而自做決定。所謂業務組織，就是在規定各主管人員及各部門之詳細分工，以達到行政部門所決定的目標；所以，它是指企業內部的人事及工作，如何用科學方法去做適當的配置與聯繫，俾收分工合作之效。在此，先將直線式、分職式、綜合式三種組織形態，作一介紹，再進一步說明現今所採用的組織形式。

（甲）傳統的組織：

（一）直線式組織（Line Organization）

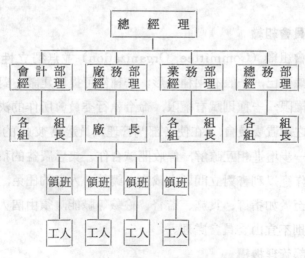

圖 2-3　直線式組織（縱式）

此種組織，又稱軍隊式組織（Military Type of Organization），其指揮權，是自企業首長，直接傳至負責指定業務之各所屬主管，並經各所屬主管，依次傳至最低級人員。其執行權力與指揮系統，上自首長，下至工人，可用一條直線描繪出來（如圖 2-3）。這是最早，也是最簡單的一種組織，目前在許多小型企業中依然存在。

在這種組織中，每一部門的主管在其統轄範圍內具有最高指揮權，而僅對其頂頭上司負責，各部門的聯繫，須透過其上司而建立關係。猶如軍隊中的師長對團長，團長對營長之指揮，甲團A營對乙團B營之聯繫情形相同。此種組織優劣參半，茲條列於下：

(1)優點：

(A)權責分明：由於權責規定明顯，故工作敏捷，無推諉之弊，考核容易，管理費用也因而節省。

(B)組織簡單：由於組織簡單，工作紀律和管理為之容易，且可減少紛爭。

(C)命令單一：命令一系相貫，傳達迅速，易被接受。

(D)容易訓練：直接受主管的個人指導，極易收效。

(E)轉換容易：因為工作單純，故同級人員易於轉換。

(2)劣點：

(A)一切行動皆聽命上級，但上級之智力有限，時間有限，難以集思廣益，下級無法發揮專長。

(B)下級唯命是從，上級唯我是聽，易形成領導者的獨裁。

(C)各部門獨立，沒有橫的連繫，相互協調不易。

(D)首領人員，既須善於設計，又須長於事務處理，一般人才難於勝任。

(E)平時事務之推動，僅賴主管督導，一旦主管缺席，難於尋人

代替。

（二）專才式組織 (Functional Organization)

此種組織，在我國翻譯不一，有譯爲職能式、分職式、專職式或橫式組織者。這是二十世紀初，由管理學鼻祖泰勒 (F. W. Taylor) 所提出，乃將管理者的各種職務分開，使每一單位主管成爲專才，按其專才賦予單純的職務，並依其所任職務授與充分的權力。

泰勒把職能分爲作業執行職能與計劃職能兩種。計劃職能設有工作程序管理員、指導卡管理員、時間成本管理員、人事管理員四種：執行部門設有準備工頭 (Gang Boss)、速率工頭 (Speed Boss)、檢查工頭 (Inspector Boss)、修理工頭 (Reboin Boss)（如下圖 2-4）

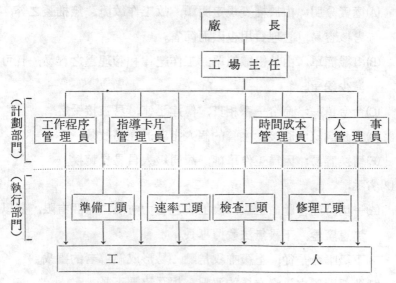

圖 2-4 專才式組織（橫式）

這是泰勒爲矯正直線式組織的缺點而設計的，其猶如醫院的作業組織，有內科、外科、皮膚科、耳鼻喉科等，各科主任各具專長，各對

其診治之病症負責，其處理病症時不必聽從院長的命令，有破壞統一指揮之嫌，故未被普遍採用。僅將其優劣條舉於下：

(1)優點：

　　(A)管理專業化，可提高分工效率，且易求改良。

　　(B)充分表現分工合作，責任分明，且易於訓練。

　　(C)有專人分別監督，可以訓練出專業與技術性的熟練工人。

(2)缺點：

　　(A)工人受多數工頭指揮，工作紀律和管理，以及各種職務的協調，難合理想。

　　(B)各部各掌其事，易生誤會或遲緩之弊。

　　(C)分工較細，用人費用因而增多。

　　(D)各領工或組長權力範圍重疊，各部事務劃分不明，易有衝突、爭權或推諉之虞。

（三）直線與專才綜合式組織 （Line and Functional Organization）

　　此一組織形式，乃將直線式與專才式混合於同一組織中，又稱為縱橫混合式、計劃執行式或級職混合式。它是將知與行分開，在企業中的計劃部門採專才式組織，專做分析、研究工作，將分析研究結果提供執行部門做經營政策與方針訂定的參考。執行部門則採直線式組織，接納計劃部門意見，為經營事務之執行，並管轄生產工人，如此集知與行於同一企業，使其分工合作，相輔相成，故為現代之大企業所採用。其優劣於下：

(1)優點：

　　(A)權力與責任分明，指揮系統不易分割。

　　(B)計劃與執行兩部分立，各盡其能，且有專業化的幕僚，可提高工作效率。

(C)能兼有縱橫二式之優點。

(2)劣點:

(A)組織龐大, 間接費用增加。

(B)如連繫不佳或意見紛歧, 計劃與執行者易起誤會, 甚至不能
合作。

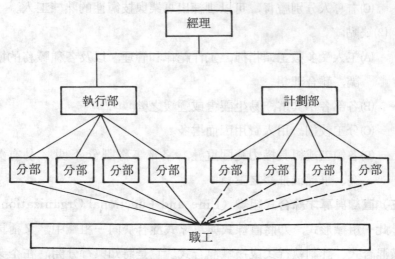

圖 2-5 綜合式組織

(乙) 現代式的組織結構

現代式的有效組織結構, 係指專案組織、矩陣組織, 以及日漸爲
許多企業所採用的最新的「自由形式的組織結構」(Free-form Org-
anization)。

㈠專案組織

(1)專案組織的意義

最近十多年來, 爲某一特定專案的實施 (如建水庫、發展太空
船、規劃配銷中心等等), 常有「專案組織」(Project Organization)

的出現。

　　要瞭解「專案組織」，可從「專案管理」(Project Management)去體認。所謂「專案管理」，便是集中最佳的人才，在一定的時間、成本、及（或）品質的條件下，完成某一特定的及複雜的任務；而於專案完成時即行解散。負責專案的經理人及其所屬的從員，乃解除了自己的職位，然後整個羣體或者繼續開始另一項專案，或者擔任組織中別處的職位，或者是根本予以解散了，這就是專案式組織。

　　(2)優點

　　專案式組織最主要的優點，在於專案經理人及其領導下的工作團隊人人具有專長，並可以專心致力於他們特定的任務。身為專案經理人者能切實注意他所負責的專案，不致於因組織中各項業務的調整而迷途，因他的任務即在照顧他負責的專案，所以克利蘭 (David I. Cleland) 及金恩 (William R. King) 兩人曾說：「專案經理人乃為與專案有關的一切活動的焦點所在。」

　　(3)適用性檢討

　　這種結構的適用性却也頗有限制，如史徒華特 (John M. Stewart) 曾經對專案結構的應用，提出了下列幾點：(1)應有特定的目的；(2)應為現行組織所不熟悉和確為特殊的任務；(3)就各項活動之間的相互依存的關係而言，確屬相當複雜；(4)對可能的盈餘或虧損，常有關鍵性的影響；及(5)以需要的時限而言，常屬於臨時性質。所以這並不是個能普徧被採用的組織。

　　(4)組織形態

　　(A)純粹專案結構組織:

　　專案組織的結構，形形色色，有的頗為簡單，有的則至為複雜。附圖 2-6 是一個簡單的結構的例子；由專案經理人負責專案任務，享

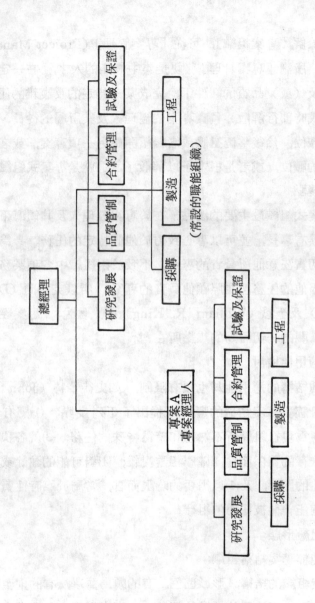

圖 2-6　純 粹 專 案 組 織

有指揮其所屬團隊成員的職權。凡有關執行該項專案所需的資源，專案經理人均有權運用；專案組織中所設置的各部門，也與一個常設性的職能式組織沒有甚麼差別。像這樣的設計，常稱之爲「純粹專案結構」（Pure Project Structure），或稱爲「整體專案結構」（Aggregate Project Structure）。不過，這裏有一點應予說明的是，由於在這樣的專案組織之下，許多設施均有重複，故專案的組織往往是一種頗不經濟的組織。因之，這樣的組織也往往以甚爲龐大的任務爲限。

(B)職能式專案組織：

另一種較爲常見的辦法，是設置一位專案經理人，使其成爲總經理的顧問；而由總經理本人在原有的職能式組織中綜理整個專案的進行，如附圖 2-7 所示。此外，還有第三種變化方式，卽於下面介紹的

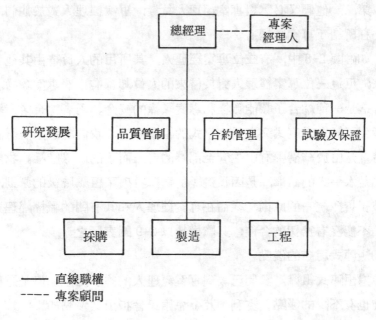

圖 2-7　職能式組織，專案經理人處於顧問地位

「矩陣式結構」（Matrix Structure）予以說明。

㈡矩陣式結構組織

(1)組織狀況:

所謂「矩陣式結構」（Matrix Organization）, 是一種揉和式的組織, 合併了專案結構與職能結構兩者的特性。矩陣結構一詞, 也常稱爲矩陣式組織; 有時候甚至逕稱爲專案組織; 雖然事實上矩陣組織和專案組織實有極大的差別。兩者間最主要的差別, 在於矩陣結構中所需的人員, 並沒有專門設置, 只不過是從職能組織中「借用」而已。因此, 專案中的人員幾乎人人都有雙重的責任。第一, 他們雖然由他們的職能部門借用出去了, 可是仍需對其原屬的職能部門負責。職能部門的主管, 是他們的上級主管; 借用出去後仍然是他們的上級主管。第二, 他們又必需對專案經理人負責; 專案經理人對於他們, 擁有一種所謂「專案職權」。

如附圖 2-8 中, 有三位專案經理人, 其所用的人員皆由其他部門借來; 但這三位專案經理人對於借來的人員却都有一層專案職權。

這是一種綜合了職能職權和專案職權的概念。兩者綜合後, 結果便產生了既爲垂直式又復爲水平式的組織結構。我們說這是垂直式的結構, 是由於結構中有由主管至部屬的自上而下的直線職權。我們說這也是水平式的結構, 是因爲這樣的結構打破了組織層級的原則, 也打破了指揮統一的原則; 從而在專案經理人和其有關的職權經理人之間, 不能沒有密切的合作; 其職權特以 2-9 圖表示之。

(2)矩陣式組織的優點

對矩陣式組織, 我們已談到專案經理人的許多困擾; 但是這種結構確也有不少的優點。克利蘭及金恩兩氏曾指出其優點如下:

1. 這種專案結構, 強調了指派一位負責人綜理全般業務的重要;

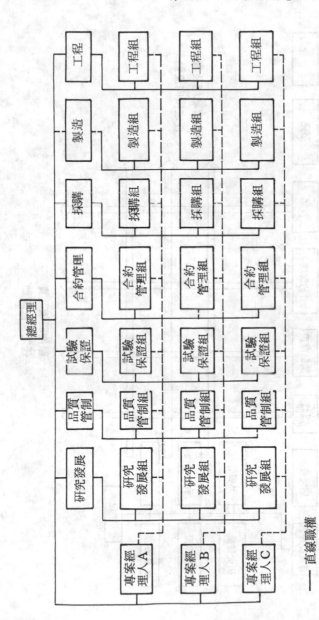

圖 2-8　矩陣式組織

—— 直線職權
---- 專案職權

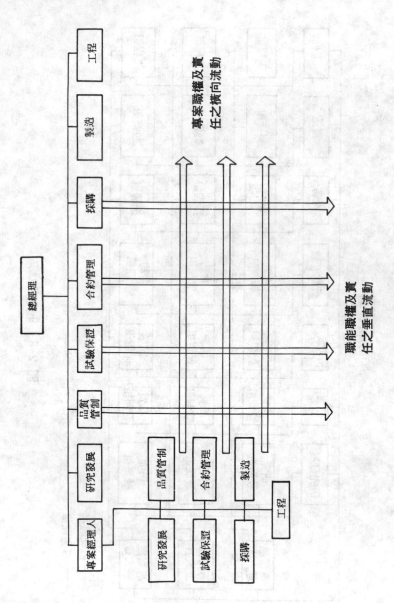

圖 2-9　矩陣組織之職權

此人即爲整個專案的焦點所在。

2. 由於在職能組織中擁有許多各方面的專門人員可資運用，故在人力運用上富有彈性。

3. 凡屬一切方案均不虞無專門知識可用；　此一專案的知識與經驗，可以用之於彼一專案。

4. 在某一專案不再存在時，專案工作人員仍能在職能組織中歸還原職單位。

5. 由於已建立了溝通線路，且決策點也已集中，故而對專案需求及客戶期望的反應通常較爲快速。

6. 在一項專案及職能並存的環境中作業，已習於衝突的處理，故專案與專案之間得以維繫管理上的一致性。

7. 一由於在專案作業中已有自行控制及平衡（即衝突的處理），一由於在專案組織與職能組織之間有不斷的談判，故在時間、成品，及績效等方面均能獲得較佳的平衡。

（三）自由形式的組織

(1)意義

所謂自由形式的結構或稱「有機性的結構」，這一類設計，可以採行任何形態；但其基本特性則爲對官衙式剛性的規章不予重視，而特別強調自我的節制。當取消了官衙式的硬性規定，其經理人便可做其所當做的工作，高階層只能對他作利潤或稀有資源的分配。經理人對他的屬下也是如此。彼此上下皆能溝通而形成一個團隊，大家融和爲一個和諧的形態，而產生「協力作用」（Synergism），　產生高度效率，最適用於大型企業。

(2)特質

「協力作用」的主要精神，爲「集中控制與分權營運」。所謂利潤

中心的組織，也以此一精神爲重點。此外，各部門的經理人均可自行營運，自冒風險，且均多係採取一種以人性行爲爲基礎的觀點。另有一個特質是，實施該一組織之企業，多以電腦化的方式來核計工作績效，以明白何一部門對企業之總體盈利力有良好成果，何一部門應該改進或裁撤。

(3)優點

此組織下的總管理部門 (Central Management)，先厘訂一項策略性的計畫，以期獲致各部門的最大的協力效果。然後以此項預構的協力作用爲基礎，來規劃資源的分配。雖然說各部門也均各有其計劃；但是，策略性的計畫却由頂層管理作最後的決定。於是各部門再據以修訂其本部門的總計畫，而以全面的企業承諾與目標爲依歸。

據曾用過該結構的管理階層認爲，這種自由形式的結構實具有種種優點。第一，個人由於他本人是太陽系中的太陽，所以他感到安全。故而他可以隨心所欲地幫助別人，而不以爲有甚麼風險。第二，在遇上新的任務或困難的任務時，將能迅速地組成一個任務羣體。當然，採行這樣的結構，必須有快速的溝通；也必須其全體成員都能有高度的自律。不過，話又得說回來，任何方式的自由結構，又何嘗少得了這兩項條件呢？

自由形式結構的採用確實在日趨普遍。除剛談過的兩點外，還有四個原因。(A)經理人大抵都希望能有一個更具彈性的組織，期能適應今天七十年代的種種革新和挑戰。(B)事實上今天的經理人也確實比過去更具才幹了，因此他們確也能够有效地運用這種新的組織結構。(C)近十年來由於技術的進步，已迫使許多公司不能不將他們的組織現代化。(D) 官衙式的超級結構已不合企業管理的需要，過分的依賴組織系統表和職位說明，常阻撓企業的成長。所以自由形式的組織設計，

已不得不予以接受。

(4)檢討

檢討起來，自由形式結構最大的挑戰，乃在於其抛棄了或減輕了對各項管理原則的重視，例如指揮的統一及層級的關係等是。代之而起的，是一種關於情勢的管理，鼓勵組織中的每一成員與其他成員保持相互的交感和工作的合作。大家分別在所謂成本中心的概念下努力，各自在一種因應變動的環境中遂行其策略性的計畫。以技術因素而言，雖然技術的進步也對他們的工作具有重大的衝擊，但是他們的組織結構却是爲了利用這類變動而設計的。這樣的一種新的環境，在一位動態性的及成熟的經理人看來，自然會表示如釋重負的歡迎。可是對於普通的經理人，便恐將會有不知所措之感了。緊張，焦慮，和恐懼，均可能油然而至。由於其缺乏剛性，自不免使一般的人員感到無所適從。因之，經理人多感到無法適應這種新的系統。

第二，所謂自由形式的結構，是爲了對變動或革新的管理而設計的，這正是爲甚麼許多高度技術性的公司最常採用這種結構的緣故，可是，我們却不能說凡是事業機構均有這樣的快速變動的環境，因而，這種結構的適用價值是有相當限度的。

第三，自由形式的結構所要求的是力求最優。經理人享有他們自己的天地；爲了達成目標，他們自可以選擇他們自以爲最佳的路線來行事，這正是最好的推諉過錯的方法；他們可以把績效不良幾乎完全推到「制度」身上去，推到別的部門身上去，或者推到非我所能控制的因素上去了。

第八節　企業組織的控制

要維持一個健全有效的組織方案，使上下左右能分工合作，配合

一體，各盡職能，確非偶然之事，必須不斷研究，不斷改進，俾因事制宜，適時調整，並確切明瞭其在實施中之效果及員工反應，要控制此一重要活動，須透過方案設計、系統表的制定、工作規範、控制規範、編製組織手册、修改組織的發動與批准、幕僚與人才訓練、組織實施的定期審核等八個步驟：

（一）組織方案的設計

如果一個企業的組織結構能設計好，各部門人員又很健全，其各種政策與業務，才能有效的推動、聯繫與控制，我們可以說合理嚴密的組織方案，實為企業成功的基礎；但大多數企業，卻僅將精力用於設計產品之上，忽略了健全的組織方案所能產生控制、監督，及機會的效用。原則上，一個良好的組織設計，必須先蒐集有關企業之組織文獻，並與各大企業交換有關組織的意見，以了解最合時代的組織方案；再站在純客觀立場，去調查組織方案，以熟識其健全性與妥善程度，如現行組織系統表、各單位之工作與權責，以及其相互關係，都須詳加分析。依於此，以圖表方式擬訂出一個理想方案來，使能適應本企業的基本要求，並將各階層的工作範圍、職掌權責都能合理而明顯的劃分清楚。

（二）組織系統表的制定

當擬定組織結構時，必須把組織結構上的各部門，以及其附屬單位、幕僚助理人員和各委員會的地位，都用圖表表示出來；這是測驗企業組織健全與否的最好方法，假如企業組織中各單位的關係不能以圖表表示，其組織效果很難達成理想。故在圖表上，要把組織系統，各主管的管理幅度、權力階層、各部門分職的關係，都須清楚的表示出來，並且各部門最好也能有其補充圖表，一切職責，則更易一目瞭然了。

（三）工作規範

在組織系統表上，把一個企業的組織結構已分解得很清楚，至於各部門應如何發揮其功能，則須依工作規範以盡最大貢獻。而工作規範之訂定，務須包括(1)基本職掌。(2)工作範圍。(3)一般的目標或責任。(4)控制方法。(5)權限等五項。工作規範若能訂定恰當，不但可使各職員對其本身的地位和在組織中的關係能有清楚的瞭解，並可做為原有工作人員的考核評判和新進人員啓發、訓練的基礎，若實施工作評價（如24章），工作規範更爲其合理依據。

（四）控制規範

爲使企業中各項活動皆能達到工作規範之預期目的，所以在各種工作規範的訂定中，又必須要附帶設計一種控制各種工作活動的體系，將負責控制每項活動的機構，其職掌、責任、關係加以說明；這就是控制規範。

對各種活動的控制，宜由各有關幕僚機構負責其方案之設計，卽人事之控制規範由人事主管設計，財務控制規範由財務部門設計，不過性質重要的方案，均須經總負責者（如總經理、董事會等）核准。

（五）組織手冊的編製

歐美各大企業，爲使讀者一目瞭然其組織與活動的全貌，並使有關人員對其本身在整個系統中所佔地位有所瞭解，乃有條理、有系統的把企業整個組織的方案、工作規範、控制規範等，以簡明的文字編纂成手冊，此卽謂之「組織手冊」（Organization Manual）。此手冊一般包括下列諸項：

(1)公司組織的理想方案——組織手冊如發給各級人員參考時，祇摘其有關部份，不必全部發給；如理想的公司組織方案，只分

發給極少數有關人員。它包括組織之體系，各主要工作或各管
理階層的工作規範，與預期的改革方案。

(2)完整的公司組織系統表，和每一主要部門的組織分圖。

(3)各種工作規範——包括董事會、總管理處、分部經理處、各委
員會、各實地工作首長及各主要工作單位。

(4)各種控制規範——包括各部門間各種共同的重要問題的控制方
案。

（六）改革組織的發動與批准

不管改革組織的方案是由內部發動，或由研究產生，都必須經過
詳細的審核和研究，才能予以批准。

（七）必要的幕僚機構與人員訓練

現代企業管理着重於分工專職，各司專責，所以一個領導有力、
人才濟濟的幕僚機構，是組織控制中所不容忽視的，此一問題，在人
事管理一章會詳細說明，故在此暫不贅述。

（八）組織實施的定期考核

為明瞭一般人員對組織的實施與瞭解之是否符合原有期望，並期
知曉方案中所應改革之處，俾做合理的變更或調整以健全組織，必須
舉行定期考核，在人員考核上，人事管理章將行說明，時間與動作、
品質與銷貨也有專章介紹，至於各種控制程序實效的分析也是定期考
核的重要部份，如有關於資本支出，人力派職定薪等控制之實施，從
考核的結果，即可判定其組織之良否。

第九節　企業組織的合併

企業組織，起初都是以自然人為結合的主體，後來由於競爭激
烈，企業家為壟斷市場，或欲獲大規模經營之利，公司組織乃以公司

法人為主體，相互結合，在此公司結合運動之下，便形成了各種複合組織，在此特加以敍述：

（一）結合的形式

(1)卡泰爾 （Cartel）

卡泰爾是一個推銷機構，它是由許多同業的生產者，為避免同業競爭，提高利潤，對進貨、售價、銷路或產量，在一定時期內採取一致行動的企業結合。肇始於一八八三年的德國，也以德國最為流行，又稱為企業聯盟。各企業可自由決定其是否參加，一旦加盟，其企業在經營上除已協定部份須受盟約限制外，其他部份仍可自由經營；所以，屬於卡泰爾組織之各企業，仍有其獨立性。因卡泰爾組織之盟約不同，又可分為以下四種：

(A)限制產量的卡泰爾——此乃事先將需要數量調查清楚，再根據需要數量去規定加盟企業之生產數量，以免供多於求。

(B)分配銷路的卡泰爾——此乃將加盟各企業之推銷區域予以劃分，避免同業於同區域內發生競爭。

(C)協定售賣的卡泰爾——此乃加盟者，將販賣品的最低價格與買賣條件彼此協定好，不得私自違背，以免減價競爭。

(D)購買的卡泰爾——此乃以聯盟的力量，廉價買入原料及生產用具，以減低生產成本。

知道了卡泰爾的形式後，在此亦將其利弊稍加提示：

卡泰爾對於較小的公司有利，他們若能以卡泰爾方式結合起來，才能和大規模企業相抗爭。而且卡泰爾設立便易，又不需公開。對同業競爭與推銷費用的減少，都有莫大助益。只是它對消費者不利。其對進貨、售價、銷路、產量的限制，可能會妨礙企業管理的改進；即盟約的條款也不易協定，而且缺少持久性，這是它的三大缺點。

(2)辛廸卡 (Syndicate)

辛廸卡可說是「卡泰爾」發展至最高階段的產物，其目的與卡泰爾全同，但組織比較嚴密，它除了具有卡泰爾的性質外，通常設置一共同的販賣總店，凡加盟各企業的產品，皆交與販賣總店，直接銷售給消費者；以消除同業競爭，並可增加利潤。最後按加盟各企業生產額之多寡比例分配利潤。

因為加盟各業的圖謀厚利而增加生產，常使產品供過於求，致使大家皆無利潤，因此才有托拉斯的壟斷組織產生。

(3)托拉斯 (Trust)

托拉斯是由同類或有連帶關係的異類企業相結合，以獨佔市場，增加利潤。

其組織方式是各有關企業的股東簽訂「托拉斯契約」，簽約企業將其股票移轉與托拉斯本部 (Board of Trustees)，托拉斯本部向各該企業之股票原持有人，另發信託證 (Trust Certificates)，以憑此分配盈利。如此，一個托拉斯總部卽控制了若干個企業的經營，托拉斯的董事會及高階層管理人員均由委託人 (Trustees) 選舉產生。

這種組織只是公司經營政策的合併，並不能視為企業本身的合併，其託股也不是普通公司股票的轉讓。開其端者乃美國的美孚公司 (Standard Oil Co.)，而風行於美國，其目標原在確定各企業的一致政策，增加各企業利潤，並消除彼此競爭，控制產品價格，達到大規模經營的效果。但這種組織不利於一般人，美國聯邦政府一八九〇年的休曼法案 (Shermen Act) 與一九一四年克萊登法案 (Clayton Act) 皆在禁止托拉斯組織。

(4)股權公司 (Holding Co.)：

此者乃由一先組成的母公司 (Parent Company) 來收買其他公

司的股票；或以本公司股票與他公司交換，以掌握他公司的半數股份，再恃其多數股份，使母公司的股東或高級職員，能當選他公司的董事而控制之。各附屬公司（Subsidiary Company）表面上仍保持獨立地位，實際則已爲一結合體，其目的、性質大致與托拉斯相似，只是組織方法不同。

股權公司在美國極其盛行，普通採用金字塔式的支配（Pyramided Control）（如圖 2-10）母公司旣能支配子公司，也就能支配孫公

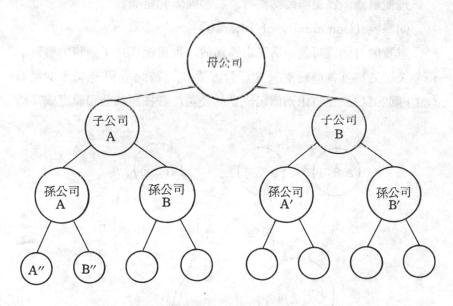

圖 2-10

司。僅以收買或交換股票爲方法，控制他公司半數股票，故只提出少數額的資本，卽支配了更多財產。在此將其利弊分述於下：

(A)利——

　(a)母、子、孫公司之經營政策一致，可收大規模生產之功，並

有獨占市場之利。

(b)能以少數資本，支配更多財產，充分發揮資本的效能。

(c)設立便易。

(B)弊——

(a)侵奪消費者利益。

(b)母公司權大，妨礙企業改進。

(c)組織龐大，管理困難，員工缺乏責任心。

這種組織，在美國最爲盛行，我國尙無此組織。

(5)聯股 (Community of Interest)

聯股的目的，可能是爲了市場獨佔，也可能僅爲了業務的聯繫，兩個公司乃相互推選股東，充任對方董事，彼此取得經營上的連繫（如下圖2-11）。也有由兩個已成立的公司，各推選其公司股東或高級

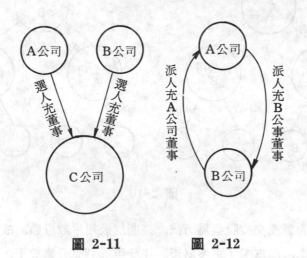

圖 2-11　　　　圖 2-12

職員，在共同組織第三公司時,充任第三公司之董事者(如圖2-12)。

此一組織，在美國亦很普遍，在我國亦爲法所容許，只是少加限

制而已（參看公司法第十三條）。

(6)買收（Merger）

此者，乃甲公司收買乙公司，甲公司仍保存獨立資格，而乙公司則因之消滅。

(7)合併（Amalgamation）

如有甲乙兩個公司，以平等原則合併，而改組成丙公司，丙公司成立之後，甲乙二公司則完全消滅，此卽謂之合併。

按我國公司法是允許公司合併的，不過公司法第七十二條規定無限公司得以全體股東之同意，才得與其他公司合併。股份有限公司，根據公司法第三百十六條規定：「股東會對於解散或合併之決議，應有代表已發行股份總數四分之三以上股東之出席，以出席股東表決權過半數之同意行之。」

企業每經一次買收或合併，其資產便會益加雄厚，規模增大對經營自然有利。但結合時，須經股東會通過，為使股東同意則常給以優待條件；如結合時以預計的收益力，用商譽等名義列為資產，形成資本的膨脹，誇高了股票的價值而危害了公司安全，這是它最大的弊端。

第三章　企業的創辦與風險

第一節　獨資企業的設立

在前章第三節中，已將法律所規定的企業組織形態（外形組織）有所介紹，本章中，再將其設立事宜，予以敍述；在此先將獨資企業的設立說明之：

因為獨資企業乃由一個自然人獨自出資經營者，所以，只要某一人籌足資本即可營業，但依據法律，其設立宜受下列限制：

一、經營人須具有行為能力。

二、官吏不得經營商業（但投資於非屬其服務機關監督的農、工、礦或新聞出版事業為股份有限公司股東、兩合與股份兩合公司的有限責任股，或非執行業務的有限責任股，而其所持股額未達所投資公司股本總額百分之十者，不在此限）。

三、未成年者經營商業時，須得其法定代理人之同意，且須向有關官署呈請登記。

四、法定代理人替無行為能力經營商業，須得親族會議之同意，且須向主管官署登記。

五、經理人經營商業時，須得主人許可。

六、代辦商如為自己或第三人經營屬於委託人所營之同類商業，須先得委託人的許可。

第二節　合夥企業的設立

合夥企業既為兩人以上共同訂約而出資辦理的企業組織（又須共

負損益)，所以全依一合夥契約而已，此合夥契約，卽在規定合夥人間的利害關係。

（一）合夥契約的內容

合夥契約乃合夥人間規定利害關係的文書，其內容須包括以下各點：

(1)合夥開始日期。　　　　(2)合夥商號名稱。

(3)所營業務性質。　　　　(4)本店及分店所在地。

(5)合夥人姓名。　　　　　(6)合夥存在期間。

(7)各合夥人出資數額、種類及估價標準。

(8)損益分配之比例。　　　(9)股利之規定。

(10)合夥人薪津報酬的規定。 (11)合夥人提存店款的規定。

(12)合夥人執行業務之規定。

（二）合夥契約的格式

合　夥　契　約

立合同人王二、張三、李四，今同意於A市中山路六十二號開設興隆商號，經營某某業務，共集資本若干元，分爲幾股，每股若干元，王二認幾股，張三認幾股，李四認幾股。公延王五爲經理，凡號中生意往來、銀錢出入、夥友進退諸事，蓋由經理負責處理，除與經理另訂議約外，特議定規則，載明於下，俾共遵守，恐後無憑，立此存照。

一、資本均於約定日起五日內交齊，不得拖延短少。

二、股息按月若干厘計之，年終結付，不得預支。

三、每年年終結帳一次，所有盈餘除付股息外，其餘分爲若干股，股東攤分若干股，經理得若干股，夥友酬勞若干股，公積金若干股；倘遇虧損，按股照認補足。

四、經理主持一切，股東除定期查帳會議外，不得無端干預。

五、每年某月開股東常會一次，審查帳目，並議決一切興革事項。

六、股東、經理、夥友，均不得挪移款項，私作買賣，及擅用牌號在外滙借、擔保，如有違逆，從嚴議罰。

七、如欲折股或增加資本，須於年終結帳後，由股東依多數同意取決之。

八、本合同以若干年為有效期限，期滿得共同議決續訂之，欲拆股、退股者悉由尊便。

九、本號章程及辦事細則另訂之。

十、本合同繕就一式四紙，股東各執一紙，號中留存一紙備查。

立合同人　王二押（或章）

張三押（或章）

李四押（或章）

中華民國　　　　　　年　　　月　　　日

第三節　公司的設立

由於企業的發展，凡需要大資本，而且非少數人所能經營的事業，皆以公司為之，而公司中尤以股份有限公司優點最多，故在此僅將其創辦程序，詳述於左：

一、經營機會的發現：一個企業的創辦，必須適時適地，先是由一二人發現了有利可圖的機會，取得若干人的合作，使成為具體的共同決議。

二、審愼的調查與設計：有了共同創辦的決議，仍不能潦草從

事，必須經過實地的調查、分析——如消費市場的範圍，消費人數及其購買力，消費市場的需求性質，同業競爭的情形，銷售途徑，原料與運輸，以及其他經濟分析與預測，認爲確有成立的必要時，再擬定計劃，妥善設計。

三、決定經營：計劃擬妥之後，發起人卽應把握時機，掌握經營的特殊標的，決定營業性質，擇定適當地點，辦理創立手續。

四、辦理創立手續：

股份有限公司的創立方式，不外乎發起設立與募股設立二者：

㈠發起設立：發起人訂定章程後，將公司股本一次全數認足，並選舉董監事，成立董事會，辦理登記，其程序如下：

⑴訂立章程——

㈲絕對必要事項：

由七人以上爲發起人，經全體發起人同意乃訂定章程，章程內務須載明下列各款事項：

(a)公司名稱。(b)所營事業。(c)股份總數及每股金額。(d)本公司所在地。(e)公告方式。(f)董事及監察人之人數及任期。(g)訂立章程之年月日。

㈡相對必要事項：

以下五項若不記載，僅該項無效，不影響章程效力：

(a)分公司之設立。(b)分次發行股份者，定於公司設立時之發行數額。(c)解散之事由。(d)特別股之種類及其權利義務。(e)發起人所得受之特別利益及受益者之姓名。

⑵認股及繳納股款——

發起人認足第一次應發行之股份時，應卽按股繳納股款；發起人不認足第一次發行之股份時，應募足之。

(3)選擧董監事——

　　發起人認足第一次應發行之股份時，應卽選任董事及監察人；
　　選擧結果，由所得選票代表選擧數較多者，當選爲董、監事。

(4)設立登記——

　　由半數以上之董事及至少一名監察人於就任後十五日內，應隨
　　文繳納登記費及執照費，並將左列各款事項向主管機關（中央
　　爲經濟部、省爲建設廳、院轄市爲社會局）申請爲設立之登
　　記：

　　(a)公司章程。

　　(b)股東名簿。

　　(c)已發行的股份總數。

　　(d)以現金以外之財產抵繳股款者，其姓名及其財產之種類、數
　　　量、價格或估價之標準，及公司核給之股數。

　　(e)應歸公司負擔之設立費用，及發起人得受報酬或特別利益之
　　　數額。

　　(f)發行特別股者，其總額及每股金額。

　　(g)董事、監察人名單，並註明其住所。

　　(h)營業概算書。

㈡募股設立：發起人不認足股份總數，而向外招募的方式；其發
起人雖不必認足股份之總數，但不可少於第一次發行股份的四分之
一。其程序如下：

(1)呈請備案——發起人公開招募股份時，應先具備下列各款事項
　　申請中央主管機關審核：

　　(a)營業計劃書（包括資金運用方法，全年營業收入、營業支出
　　　及全年盈餘）。

(b)發起人姓名、經歷、認股數目及出資種類。

(c)招股章程。

(d)代收股款之銀行或郵局名稱及地址。

(e)有承銷或代銷機構者，其名稱及約定事項。

(f)中央主管機關規定之其他事項。

上列各款應於中央主管機關通知到達起三十日內，加記核准文號及年月日公告招募之。

(2)募足股份——發起人向大眾公開招股時，應即發招股章程、認股書等文件。

(3)催繳股款——第一次發行股份總數募足時，發起人應即向各認股人催繳股款。如以超過票面金額發行股票時，其溢額應與股款同時繳納。

(4)召開創立會——第一次股款收足後，發起人應於二月內召開創立會。其主要任務有：議決章程，選任董監事，聽取發起人、董監事或檢查人的報告，審核設立費用，及發起人的特別利益等。

(5)設立登記——董事及監察人，應在創立會結束後十五日內，將下列各款事項，向主管機關申請為設立之登記：

(a)創立會通過發起人之報告事項。

(b)發起人公共募股時，申請中央主管機關核准之通知。

(c)董事、監察人或檢查人調查報告書及其附屬文件。

(d)創立會會議紀錄。

(e)董事、監察人名單，並註明其住所。

(f)營業概算書。

(g)因合併而設立申請登記者，應附送向各債權人分別通知及公

告等文件。

目前我國，因證券初級市場尚未健全，人民投資尚未踴躍，故公司創辦，多採發起設立的形式，募股設立僅屬少數。歐美諸國，兩種設立均極普遍。其用募股設立者，大都刊登廣告以號召社會人士參加投資。

第四節　企業資金的籌集

企業缺乏資金，便無法成立。一個企業家對資金的籌措與處理，必須熟悉，始能運用裕如。所以資金的籌集，是企業經營的重要問題，其詳細情形，待「財務管理」章再予敍述，在此只將其籌措方法作一簡單介紹。

當企業的資本額決定之後，便應研究其資金籌集的方法。獨資企業，其經營者的全部財富也就是企業的全部資金，自然比較簡單，公司企業的資金籌集則較為複雜，不過其方法也不外發行股票，而由發起人認股，或設法向外募集而已。

一、發起人認股——發起人根據公司法之規定認股。

二、發起人向公衆募集——發起人因不能募足全部股本，可以下面兩種方法向公衆募集：

(1)登報徵求——方法簡便，效力不大。

(2)委託發行機關募集——若委託之發行機關頗有信譽，股票極易售出。

三、由承攬人（Underwriter）經募——在歐美之大企業，常在發行機關外再尋求承攬機關。因承攬機關組織嚴密，區域廣泛，在承攬之外，更有分承攬組織，故對股票兜售較易。

四、交由證券交易所出售——證券交易所本以買賣舊股票為主，

但其經紀人多與投資者有密切關係，以經紀人代銷新股票，必有可觀的成績。

以上四項，是公司創辦時募集股本的方法。在對外募集時，對股息、股本、股份，每股金額，平價或溢價發行，都須謹慎決定，此者，待財務管理篇再行探討。

第五節 企業風險之來源

經濟學者對利潤的看法，如李加圖等人，都認為利潤裏面至少有一部分是企業家冒風險的報酬，在奈特 (F. H. Knight)「風險、不測與利潤」(Risk, Uncertainty and Profit) 一書中，也認為企業家是風險的負擔者。實則以今日論之，企業經營一定會遭遇許多風險，卽以臺灣的紡織業來看，民國五十年前後可說是它的黃金時代，曾在十年中成長了 24%，其在製造業中的比重在民國六十年占 19.2%，自此以後，因國內工資之快速上升，再加上國際競爭及保護主義的昌盛，便日趨下坡，直至今日，竟被喻為夕陽工業，當然是過去所始料未及。再如第一次能源危機所造成我國石化工業的創痛及臺幣升值與綜合貿易法案所帶給中小企業的震撼，在在證明了風險的隨時出現及對企業成敗的重要性。

企業本來就離不開風險，經營者也只有瞭解風險的來源，而設法減少損失。所以在此，先把風險的來源做一探討：

(一) 經濟變動 (Economic Fluctuations)

經濟的變動，其情況頗多，如：

(1)因為市場上貨品式樣變得太快，或因消費者的愛好有了轉變，對於存貨過多而銷貨遲緩的企業，便產生嚴重的影響。

(2)太專業化的企業，若市場發生了無法預測的變化，此時若為了

適應現狀而欲求調整，其調整所需之費用太高，而產生嚴重的影響。

(3)在與其他廠商做激烈的產品競爭時，假若產品的原料價格太高，又必須削價競爭，則遭受到大的損失。

(4)以整個同業論，若在經濟循環的某一階段普遍遭受損失，甚至若干同業已面臨破產殘局；市場蕭條，需求減少，貨價低落，而成本中原有之攤費不但未變，而且本來很高，機器又有一部分棄置不用，致使單位成本加高，損失嚴重。

（二）戰爭影響

戰時，除供給軍需品之工廠外，大多缺乏原料、設備與人工，從事外銷物品生產之企業，海外市場消失，影響至鉅。

（三）新法令的影響

如新的消費稅或關稅之減少，將使企業減少了銷貨收入，再如財產稅之提高也會增加業務經營之費用，甚至新法令之禁止某貨品之生產，或開放某貨品的進口，對企業都有影響。

（四）技術進步的影響

技術進步之下，或因本企業之產品或設備之不合時，或因某同業之採用新式機器設備、製造方法，與新的原料而行競爭，都會遭受大的損失。

（五）公司財產或人員災害之影響

如工人之死亡，或工作時所生之傷害，不管責任誰屬，廠主皆須賠償，即企業之財產，也可能因天災人禍，或原料儲存不當而蒙受損失。

（六）因外界人士之災害而負責賠償之損失

如外界人士參觀本企業，或接受本企業服務時發生之意外傷亡；

如公司之運輸或起重工具在外發生之災禍; 如本企業產品在外使用時使顧客受到的傷害, 均須本企業負責賠償而蒙受損失。

（七）滙率、利率變動的影響

本國貨幣大幅或持續的升值, 影響外銷業績。利率提升, 使成本增加, 不但影響個體, 也影響整體經濟景氣, 而造成企業風險。

第六節　企業風險的逃避

爲減少企業風險的損失, 在籌備之初, 不但要做徹底的研究, 更要擬定一個減少風險的計劃; 這種計劃, 起碼要包括以下諸事:

（一）未雨綢繆

在創辦企業之前, 對所欲創辦企業成功的可能性, 必須詳予研究, 並研究結果再三檢討, 若有懷疑, 即向銀行家、企業家、經濟專家及有關機構請教。開始籌辦, 則將各部主管趁早聘就, 自然以有才能者任之。如此以減少企業風險。

（二）最低投資額政策 （Minimum-Investment Policy）

如所營企業並無確切把握, 而此一企業爲擴展的輕工業 （如小儀器或服裝製造）, 開創之初, 規模不要太大; 如開辦時即需大量資金, 則其廠房與設備儘量以租用爲宜, 所有固定投資皆須緊縮, 待企業有成功之把握時, 再自建廠房, 增加設備, 並自組推銷系統直接推銷, 如此方能減少財務上的風險。

（三）企業之適應能力與預測 （Business Adaptability and Forecasting）

創辦企業, 不但要採用最低投資額政策, 在生產設備、組織結構及原料採購方面, 皆須保有最大的彈性, 以適應因顧客愛好之轉變或技術變更所生的影響。而對外界之適應力, 全靠高階層管理人員的經

營遠見、商情預測、及研究工作的成就。對未定之法案，對工會之政策，對政府之管制，對工人的態勢，都須詳加注意，以減少風險。

（四）風險預測 (Risk Survey)

人之為事，不可臨渴掘井，企業之經營更是如此，在本企業經營的業務範圍內，必須詳加檢討，找出將使財務損失的原因，加以研究，並採取有效措施，以防患於未然。為利潤計，對用於消除危機的費用，萬不能高於預計的眞正損失，以免得不償失。

對企業之主要事務，必須保持制度化的記錄，公司不動產之所有權，宜經常查核。尤須注意者，務須保有健全的信用，並能籌集準備金以應不時之需，對維持資金流通的各種方法，亦應早有準備。

（五）工業安全計劃 (Safety Program)

為免於由遭受傷害或意外事故所引起的損失，一個企業非有一進取性的「工業安全計劃」不可，這個計劃，應委之於够格的安全工程師或有主動性的安全委員會來執行。如果計劃週詳，執行得體，不但能提高工人的工作情緒，更能減少財產及工人安全方面的各種危險，而消除各種損失。

（六）參加保險

為使風險能有人分擔，任何企業皆須參加保險，如各種信用損失、公司職員之不忠實、偸竊事件、火災、水災、爆炸、風暴，及其他公共責任等皆可投保，必要時才能於損失後收回其資源，每年只付少數保費，卽可補償那些不知何時發生，也不知損失多大的潛在危機。

第四章　廠址的選建與設備

第一節　設廠地區的選擇

一個工廠之設立，對企業的發展關係至鉅，若廠址選擇不當，由於原料、人工、運輸之不利，必導致生產成本之提高，不但妨礙業務的發展，甚至有倒閉的危險。若最初未能注意，及至經營不利，復欲全部（包括廠房及一切設備）出售，難以招人承盤，若分別轉讓，亦難尋買主，不得已之下又須重新搬遷，其費用鉅大，損失慘重。故開始時，務須愼密考慮。

企業廠址的選擇既是如此重要，所以創辦者不能不愼重將事，一般言之，必須考慮到以下九個條件，這九個條件，到底那個重要，則須視各企業的性質、客觀需要、及經濟條件而爲決定；譬如一個零售商或服務性的企業（如汽車修理廠、洗染店），必須重視本地市場的大小與房地產價格及房屋的租金，如果是煉鋼廠、水泥廠等重工業加工廠，則須着重於原料、動力、勞工、運輸。

(1)接近消費市場——廠址能接近消費市場，其供給迅速，運費低廉，推銷自然容易，損耗也可減少。如食品廠、傢俱廠、工具及模型製造廠、瓷器廠、或一般的中小型工廠，都須接近消費市場。

(2)接近金融市場——能接近金融市場，不但資金通融便利，而且也可減輕財務負擔；因爲行莊聚集之地，利率較低，其質押物保險、入倉等費用也較少。

(3)接近原料產銷地——原料是製造成本的重要一項，沒有原料就

沒有生產。爲減少原料成本及保障原料之隨時供應，廠址務須
接近原料產銷地，如此一來，不但不須大量儲存，也不必購買
太多，而妨礙資金的週轉。近代交通發達，減少了不少運輸上
的困難，但若能設廠於市場與原料產地之間，更能收兩便之
利。

(4)交通運輸的便利──企業之原料、貨物、燃料的運輸，以及職
工的交通，在生產總成本中佔數頗鉅，而且運輸不便，直接影
響生產進行，延誤銷售，妨礙營業。以現代言之，有水、陸、
空三種運輸。水路運送的好處是運費低、運量大，但時間較
緩。陸路運送若里程較近可用汽車，里程較遠可用火車。空運
最爲快速，只是運費太貴，只適於體積小、重量輕、價值高又
須急送的物品。所以產品體積重大又能耐久的工廠，宜設於
水道口岸，產品體積較小，不太耐久又距市場較遠者，廠址
宜接近火車運轉站，若近距離者，則設廠於公路交通便利之
處。

(5)動力供應方便低廉──電力、水力、燃料，是現代企業的三種
動力，電力雖供應方便，但費用太大，需要大量動力的工廠，
除由自己發電，不宜採用。水力最經濟，只是常受天然限制，
而且其動力建築及設備的費用也太大。以煤爲燃料，比用電便
宜，像冶金、煉鋼、造水泥等工廠，應接近產煤區。

(6)技工易於供應──一個企業所需技術工人的種類能否適當供
應，其所需勞工之來源、工人工作效率、勞工與季節的關係，
在選擇廠址時都須加以考慮。凡需要技術工人多的企業，以接
近大城市爲宜，至於粗工與半粗工，因其訓練容易，故不必太
費心機。

(7)接近類似的工業——設廠的地區，若同業衆集，可有以下四大益處：

　　①顧客熟悉——顧客心目中對熟知的某一產業中心區，總認爲貨物品質優良可靠，故而銷售容易，價格也佔便宜。

　　②頭寸調度方便，技術與經營經驗易於交換。

　　③勞工與原料等的供應方便，產銷消息靈通。

　　④副產品或廢料之處理、銷售比較容易。

(8)氣候的適宜——雖然現代化的「加溫與空氣調節設備」已經普遍被採用，但氣候的好壞，仍能影響人之工作，尤其比較落後的地區，仍不能不注意氣候的適宜。以企業性質言，紡織工業對氣候最爲敏感，英國的蘭加市，美國的新英格蘭省之成爲紡織業中心，即爲最好的一例。至於人之工作效率，在氣溫五十九度時最高，升至七十五度，效率已減，再如晴天與大風暴之日相比，其工作自不能同一而語。

(9)污染之易於處理——防止污染已是現代企業之社會責任之一，不管對水、土、空氣、噪音都不能傷害附近居民，有些地方易於處理，有些地方不易處理而引發居民抗拒，務須事先考慮，如臺灣之高雄煉油場引起附近居民抗拒，若能於設廠時卽做好防污染設施並做好宣導工作，一切都會平安無事。

　　除以上幾個必須考慮的基本因素外，如租稅、地價、治安，以及法律對權益的保障，生活程度對工資的影響，也須加以注意。

第二節　廠址的設定

　　上面所說的是工廠地區的選擇條件，在此，再將工廠地點之選擇，市內、市郊與鄉村的利弊加以比較，並進而介紹選擇廠址的現代

趨勢：

（一）市內市郊與鄉村設廠的比較

㈠市內設廠——對小工廠利大，對大工廠利少——

(A)優點：

(1)職工的來源、教育、娛樂較易解決。

(2)接近市場，對原料的供應，產品的推銷都較為方便。

(3)資金募集與通融便利。

(4)可享受現代市政的利益（如防火防盜及清潔之保持、動力供應等）。

(5)相關行業的補助服務多。

(6)對資訊處理、業務顧問方便。

(B)弊端：

(1)地價高昂，大工業不易有充分廠址。

(2)受律例限制處太多——如燃煤、音響、污水、煙囪等限制。

(3)賦稅較重。

(4)受生活程度影響，工資高於鄉村與市郊。

㈡鄉村設廠——有利於大規模及有遠大理想之工業——

(A)優點：

(1)地價低廉，易購得充分廠地。

(2)無城市之限制，可建築理想的廠房。

(3)工資低，工人誠實，便於管理，且工人移動性少。

(4)租稅較輕，戰時亦較安全。

(5)容易接近水力動源及原料產地，可降低生產成本。

(B)弊端：

(1)職工的教育、娛樂都不方便。

(2)產品的推銷與資金的通融較爲不易。

(3)專門人手不易覓取。

(4)市場消息遲緩。

(5)環境布置的費用較大。

(C)市郊——

市郊位於城市與鄉村之間，兼有二者之利，由於交通便利，郊區居民得享市內一切益處，現代一般工廠多設於郊區，尤以中等企業爲最。

（一）工廠設立的新趨勢

今日企業家的選擇廠址，有以下兩大趨勢：

㈠因爲設廠於郊區，旣能享到城市一切益處，又能佔地價低廉的便宜，不但擴充便利，又不太受嚴格限制，所以廠址選擇郊區者，遠比選城市或鄉村者爲多。

㈡因爲集中設廠規模太大，管理不易，即內部之運送、保養、服務亦困難重重，加以原料出產非於一地，且工人太多，不易招募，所以現今有分區設廠（Decentralization）的新趨勢，如此一來，不但解決了以上的困難，而且對天災人禍等意外事件，亦僅影響於某一處，不致累及全部。至於分區設廠，又有以下兩種：

(1)橫線法——這種方法，也稱爲分組法，在此法之下，一個企業在全國各地設置分支機構與工廠，各從事於產品生產，以供當地銷售，廠與廠間的關係是互助，而不是附屬。

(2)直線法——這種方法，也稱爲母子法，它是在一個企業下，分着若干部門，分頭製造零件，然後彙集總廠加以裝配而成整個產品，再分銷各市場。總廠與各分廠，有母子關係，相互依

存。

第三節　廠房的建築

（一）廠房的選擇與設計

選擇與設計廠房時，必須考慮到工業性質及其製造程序，一般言之，廠房有樓房和平房兩種，其各具優劣，須按實際需要，決定取捨。

㈠平房與樓房的比較

(1)平房的優點：

(A)地面載荷力大，可將笨重的機器設備，安裝於大小適宜的水泥底座上，能減少操作時所發生的震動。

(B)柱子較少，又無電梯或樓梯所佔之位置，故建坪內地面能充分被利用。而且對理想的工作佈置，因無阻礙，易於實現。

(C)廠房易於擴充增建或改造。

(D)廠基堅固，不易損壞。

(E)可充分利用天然通風與光線。

(F)生產製造之督導較易。

(G)廠內運送便利，有利於連續製造，可節省時間與勞力。

(2)平房的用途：

裝置笨重機器或生產笨重產品的工廠，最好能採用平房；如煉鋼廠、機車製造及修理廠、飛機及汽車製造廠等。平房中若裝設閣樓，則可做為輕型製造工場、工具庫、檢驗室、辦公處之用，其下層若有地下室，則可做庫房、洗手間、物料傳送設備的通道。因平房佔地太大，故以鄉村或市郊建築之

為宜。

(3)樓房的優點：

(A)可將地價高而受限制的地皮，作充分有效的利用。

(B)可利用重力下降原理，將原料先運至最高層，再按製造程序，將半製成品依次運至下層。如此乃能縮短原料及半製成品的搬運途程，並減少物料搬運費用。

(C)利用樓房中由上而下的垂直面積，有利於某些製造程序的佈置。

(D)樓房內加溫及空氣調節費用，較平房低廉。

(F)樓上數層，噪音較輕，並且比較清潔。

(F)保養維持費用較省。

(G)溼氣較少，物料不易銹蝕。

(4)樓房的用途：

所需原料較輕，又必須設在大城市內的企業，以採用樓房為宜；如食品廠、紡織廠，及某些化工廠即須如此，其對於可利用重力為輸送原料及半製成品的工廠，更為適宜。

㈡屋面形式的設計

一般言之，樓房建築多採用平頂式屋面，在每一層樓宇，都可

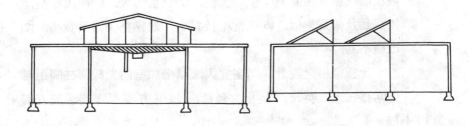

圖 4-1　鋸齒式　　　　　　　圖 4-2　氣樓式

裝設較多的通風與照明設備。平房廠房之屋面，則以鋸齒式
（Saw Tooth Type）和氣樓式（Monitor Type）者爲多，此
二式，多在其側面開窗，以供自然通風與透進光線之用。

（二）廠房的建造

廠房之建築，須注意材料的選擇，以今日言之，可分爲木料、鋼
架及混凝土建築三種：

㈠木料廠房——木料廠房之建築，以木料爲主，其地基及構架，
　　則以磚石砌成。其優點爲建築快、費用低，其劣點爲防火率太
　　低，且不宜建造三層以上的樓房。

　　　　此種建築之使用，約以二十年爲限。其廠房之地板如用木
　　料，須注意其負荷量，通常工作人員行動及機器震動之壓力，
　　每一平方英尺，以不超過三百英磅爲宜。

㈡鋼架廠房——鋼架廠房之結構部份採用鋼架，屋面用鐵皮鋁皮
　　或屋面板等。

　　　　其優點爲(1)柱頭少，開間大，可利用之地面最多。(2)結構
　　堅固，不易發生火災。(3)保養費用較低。(4)經久耐用。(5)震動
　　小。是飛機與汽車工業之最好廠房。

㈢鋼骨水泥廠房——此類建築之樑柱、樓板，均以鋼筋及混凝土
　　灌注而成。其優點爲(1)堅固美觀，(2)負重力大，(3)防火率高，
　　(4)震動及傳聲率低，(5)經常維持費小。缺點爲(1)建築費高，(2)
　　改變不易。

　　　　此種廠房之設計，門窗宜大，以增加室內光線；柱間距離
　　通常爲二十二英尺；地板之負荷，每平方英尺不得少於五百
　　磅。

廠房建築，按其材料分有以上三種，在我們選擇時，先須注意其

使用年限，建築費用，維護費，保險費，及改變計劃的難易，再參酌
自己企業的性質，經全盤計劃後，才能加以決定。

第四節 工廠的佈置

所謂工廠佈置，是指各部門地位的確切劃定，機器工具的適當安
置，使工作的進行能并然有序，達到迅速、經濟、效率的目的。所
以，這也是創辦工廠之初，必須注意的重要問題，待生產管理章中，
再爲仔細說明，唯製造程序，先在此加以敍述:

（一）製造程序的分類

製造程序，一般都將之分爲兩大類，卽連續式與集合式，但前者
又有單純連續綜合連續與化分連續三式，在此將其四式分別加以說
明:

㈠連續式製造程序 (Continuous Process):

(1)單純連續程序 (Simple Continuous Process)

原料由工廠之一端投入，順序而下，中經各種機器與製
造步驟，不但不加入他種半製品，中途也不稍停留，至工廠
之另一端送出時，已是製成品了。如釀酒、造紙、麵粉等工
廠屬之。（如圖 4-3）

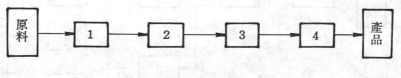

圖 4-3　連續製造程序

(2)綜合連續製造程序 (Continuous Synthetical Process)

將各種不同的原料，混合而製造出一種產品，這就是綜

合連續製造程序；如煉鐵廠除鐵砂爲主要原料外，尚有砂
石、焦炭、石灰石等原料，經碎料、水洗、篩礦、上料、吹
風，各原料才混入煉鐵爐，而後才製出生鐵來。其他如捲
煙、造紙等亦是。（如圖 4-4）

(3)化分連續製造程序 (Continuous Analytical Process)：

用連續製造程序，把原料化分爲各別數部份，最後除產
品外，還有副產品的生產。如製碱業、除碱的產品外，尚有
鹽酸、液氯、漂白粉等副產品。此外如糖廠、榨油廠、煉油

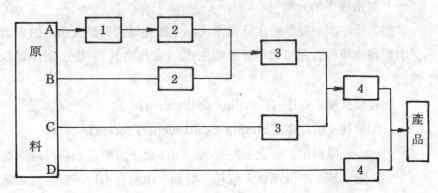

圖 4-4　綜合連續製造程序

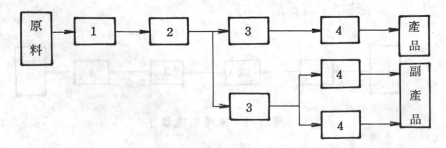

圖 4-5　化分連續製造程序

（製造進行路線）

廠等亦是。（如圖 4-5）

㈡集合製造程序（Assembling Process）

　　此者，又稱為斷續式製造程序，即先製成各種半成品或部份品，再把它裝配成預定的產品；如脚踏車，先分別製成鍊條、把手、龍頭、輻條、車圈等部份品，再把它們裝配起來（如圖 4-6）。這種製造程序，又有以下兩種：

(1)同類成份經過同種製造程序者；如服裝廠。

(2)不同成份經過不同的製造程序者；如汽車廠、造船廠等。

（二）製造程序的特色

㈠連續製造程序的特色：

連續製造程序，最能發揮自動生產的效果，其主要特色有五：

(1)能將零件及作業標準化。

(2)能按照作業程序排列機器。

(3)能使用專業機器並易於自動化。

(4)不必備有儲存零件的倉庫。

(5)能使搬運機械化，縮短搬運距離。

㈡裝配製造程序的特色：

(1)在某些程度下，能使用專業化機器，並且大體上皆可依工程次序排列之。

(2)在某些程度下，零件或作業會增加種類。

(3)由於製成品之種類不同，其所引起的加工工程變化、搬運路徑也隨之複雜。

(4)每變更產品種類時，不必重新調整設計、機械及工程的程序。

(5)在製品種類變化愈大，材料、零件的種類與原料、半製品的

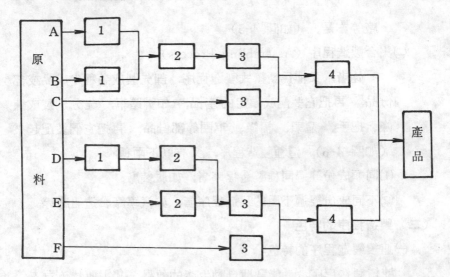

圖 4-6 裝配製造程序

存貨量愈多時，愈須於現場多增設半製品的倉庫。

第五節　廠房的照明與空氣調節

為保障職工及財產的安全，並注意職工的健康，提高職工的工作效率，近代企業家，無不重視工廠的防火、清潔衛生、機器保養、照明，及空氣調節諸設備，在此，僅將後二者特加說明：

（一）照明設備

廠房內，能有理想有效的照明設備，足以減少工作者的疲勞及意外事故的發生，提高工作情緒，減少工作中的損壞，進而乃提高了產品品質，並增加其生產量，所以照明設備，是補助設備中特別重要的一項。

㈠優良照明的特徵：

⑴光度強弱適宜：須將各種工作，按其需要配以不同光度的燈

光，其工作精密、觀察必須微細者，燈光亦應較强。

(2)光線分散適宜：工作物表面上所受的光線，分佈必須均勻，對電燈位置與燈罩種類，須仔細設計。

(3)强暗對照之避免：工作者的視力，在不協調或經常改變的光線下極易疲勞，所以照明的光線須普及工作場之各部。

(4)强烈光線的消除：若光度過强，或燈位不當、光的發射不宜，都會使光線過度集中，工作者將因此而感視力不適，眼睛極易疲勞，故須設法消除此種現象，如調整燈位、改良燈罩或燈泡等，皆有其效。

㈡優良照明的設施：

(1)設計廠房時，應儘量利用日光：

白然光對人之視力感受較爲舒適，且有益於健康。若室內照明以日光爲主，必須於廠房設計時，使日光能在室內均勻分佈，最低亦不能暗於十支燭光，爲達此一目的，應從下列設計做起：

(A)四壁窗戶，其面積不得小於室內地面面積的百分之三十。

(B)用玻璃磚砌成牆壁：利用能吸收熱量的新玻璃，則不須塗抹油漆。

(C)採用鋸齒式或氣樓式屋面：若屋面面積太大，光線射進難以充足，則只有使大量的日光，從屋簷下所開的窗子中射進來，以補充四周窗戶射入日光之不足，便只有採用鋸齒式或氣樓式屋面。朝北的鋸齒形屋面方向的側窗，射進的日光，可使室內中部的光線分佈得均勻。氣樓式屋面兩簷的窗子，比鋸齒形者較差，但對牆壁上窗子所射進的光線，也有相當幫助。

(2)燈光的設施要適當：

燈光之設置，通常有以下三類：

(A)專用照明：若干細微的操作或精密的工作（如金工、縫衣、某些檢驗），須要高度的光度，乃專設光度高的燈光以便利工作，謂之專用照明。當設置專用照明時，原有的照明不可取消，以免在黑暗與强光的對照下，傷及視力。

(B)普通照明：此乃全室或全廠中所設置的最低而均勻的一般光度照明；其設置的各個燈頭，高度須一致，分佈須均勻，光度須適中。

(C)補助照明：可能因廠內某些部份之光度不夠，爲工作之需要，在普通照明之外，所增加的照明設備，謂之補助照明。

不管以上那一類照明設備，若能配以反光罩，則更爲恰當，近代多用日光燈，比較起來似乎不夠明亮，但對於顏色之鑒別，則最爲適宜。

(3)牆壁的顏色要適宜：

牆壁、天花板，甚至機器設備的色調，對光線的反射及工人的工作情緒，有密切的關係。輕淡色的油漆有反射的性能，深色的油漆，有吸收光的性能，如灰暗的顏色會使室內光線減暗，白色則有百分之八十一的反射功能。對目力常接觸的表面（如牆壁）以淺綠色爲佳；小的設備或工具，可漆以包穀黃色；地板與工作檯面，用輕淡色；而且工作場之顏色，最好能與機器和加工料件之顏色調合。辦公室則以乳白、象牙、淺黃、淡綠各色爲宜。

(4)照明的保養要注意：

工廠應有一完整的保養工作日程表，如門窗玻璃的清洗，牆壁，天花板及機器的油漆，燈罩的揩拭，燈泡的換新，都按表進行，以免有所疏忽。

（二）空氣調節

空氣調節比光線的協調更為重要，因為閉塞的空氣不但有礙健康，且與生產直接有關，適當的空氣交流，才能保持員工的工作效率，其機器設備與原料成品，不致受太熱或太濕的影響而有所損壞。在此將其注意事項，略加敘述：

㈠空氣交流須適當——空氣雖須交流，但亦不可過分，而有傷身體。

㈡必須與溫度濕度同時調節——若室內只有空氣調節，而忽略了溫度與濕度，仍難達調節空氣的目的。一般言之，普通事務所之濕度以華氏七十五度為宜，但工廠職工須運用體力，故以六十至六十五度之間為宜。一般工作之濕度，則以百分之五十至六十為正常。

㈢注意空氣的清潔——因生產關係，廠內空氣最易混濁，必須設法予以濾清，濾清空氣，有用抽風的方法，使經過噴水的容器而清潔之。如會發生塵粒（如細砂、木屑），可在機器上裝置抽風機和砂粒集中器，以聚集與排除空氣中的油灰或砂塵。

㈣材料加工時須調節空氣——如紡織廠空氣過乾，容易斷紗，精細的儀器工廠，室內空氣溫度之高低，會影響機件的膨縮，都須保持適當溫度，故於材料加工時，須有適當的空氣調節。

第二編　管理概論

第五章　企業管理的概念

第一節　企業管理的意義

（一）管理的意義

　　管理一詞，是從英文 Management 翻譯而來，而 Management 又是由義文「Maneggiare」演變來的；其原意是指訓練馬羣，也是代表有計劃的控制，使之能服從指導、順利工作。

　　企業管理學者，對管理一詞所下的定義不一，如科學管理之父——泰勒（F. W. Taylor）說：「使部屬正確的知道要實行的事項，並監督他們以最佳及最低費用的方法去執行這些事項」；法國的費堯（Henri Fayol）則認為「管理是六種企業職能——管理、技術、經營、會計、財務、保護——之一」；在今日，我們可以說：「凡處理事務及對人的指導，使其循序進行，以達預定目的，都叫作管理。」

（二）企業管理的意義

　　計劃、組織、協調、指導、控制，是企業經營過程中不可少的五個基本活動；而金錢、時間、人員、物料、機器、方法，是達成工作的基本要素；最後目的，則在達成目標、工作與任務。

　　所以企業管理的意義，乃是「運用計劃、組織、協調、指導、控制等基本活動，以期有效的利用企業內所有的人員、金錢、物料、機器、方法、時間等因素，並促進其相互間的密切配合，順利達成企業

之特定任務或工作，實現企業的預定目標。」

第二節 企業管理的內容與範圍

對於管理的內容，爲便於記憶起見，古力克博士 (Dr. Luther Gulick) 特創了「POSDCORB」一個字，分開來就是：

P 代表計劃——Planning

O 代表組織——Organization

S 代表人事——Staffing

D 代表領導——Directing

Co 代表控制——Controlling

R 代表報告與考核——Reporting and Reviewing

B 代表預算——Budgeting

至於企業管理的範圍亦頗爲廣泛，可包括事務、人事、貨物、技術、財務、營業各方面的管理。

所謂事務管理，是指總務部門的各種事項，如文書、檔案、事務所的設立、服務及雜務的處理。人事管理包括人員的選訓、分職、考核、待遇、福利等事宜。貨物管理包括原料、物料（間接材料）、半製成品、成品的採購、收發、存儲、登記諸事的管理。技術管理包括廠址的選建、佈置，及產品的設計、製造、銷售，製造工作的排列、分派，及製造控制的方法等。財務管理，包括整個的「公司理財」——研究公司資金籌集、分配、運用諸問題——所謂營業管理，則包括市場分析、進貨與銷貨問題，以及一切有關營業推廣之事宜。在以下各章中我們再一一予以說明。

第三節　企業管理的演進

　　人類的管理行為，在上古卽已出現，如人類對個人、對家庭之管理，部落時代領袖對羣居份子的管理，後來社會君主官吏對國家、地方的管理，各團體組織的內部管理，皆為管理之事實，但這些管理與我們此處所談的管理並不相同。

　　管理亦屬科學，故隨時代之演進而增加了新的需求、新的原理、新的內容，這些新需求、新原理、新內容的產生，乃歷史演進的結晶，故而必須從歷史的軌跡中去求瞭解，在此特從四個時期加以說明：

　　（一）家庭產銷時期的管理　古時，農工不分，一人而兼百事，原本自織而衣，自耕而食，迨自給有餘，乃日中為市，物物相易，以家庭為勞工單位，就地取材，原無企業之管理，當時所謂管理者，無非父子、兄弟、夫妻、姐妹全家人之分工合作而已。在此時期，其特色有五：

　　㈠產銷合一。

　　㈡勞資合一。

　　㈢情感第一。

　　㈣日中為市。

　　㈤農工商不分。

　　（二）手工業產銷時期的管理　自水陸交通便利以後，社會組織進步，首先使人類感覺不同者，就是手工業的發達。手工業工人以其製品供人消費，於是買賣盛行，農工商逐漸分野。隨手工業而興起的，又有所謂行會制度。同地的同業工人結合為一行會，以保護相互間的利益，行會對於其本業的範圍內有最大的權威。學徒制度、工作

狀況、買賣行市，皆受行會的支配，其影響無異壟斷。

工業革命後，手工業雖逐漸崩潰，然迄至今日，仍有其特殊地位。譬如德國要算是一個高度化的工業國家，可是據德國手工業調查委員會在總報告中曾說到：「在蒸氣機時代有一種意見，以爲技術進步，必致生產的集中與手工業的毀滅，今已證明完全不正確。而手工業在經濟生活中的地位，反而鞏固。」就是我國目前也有保障手工業的法律。不過產銷管理方法，已由行會制度漸漸進入合作社的制度，手工勞作的動力，一部份採用電力而已。

（三）**小場制產銷時期的管理** 手工業行會制度的末期，代之而起者，則有小場工業，或稱爲家庭工業時期。在此時期，有資本的商人，居於企業家的地位，購買原料，分給鄉間工人製造，然後收集轉售於消費者。此種制度，偏重於商業方面。其組織分爲三部門：

㈠採購原料。

㈡分配原料與收回製成品。

㈢推銷製成品。

有些管理學家指小場產銷的管理爲工廠制度的前驅，其實還說不上工廠的雛形組織。

（四）**大規模產銷時期的管理** 以上三個時期，工業動力多係利用雙手。自原動機發明，科學與工業，獲得長足的進展，各種代人操作的機器，相繼問世，生產遂大量增加。譬如今日美國較大的工廠，其所僱用工人，動以萬計，似此龐大組織，若在管理方面，沒有盡善盡美的方法，實難期其有成。管理方法，約有幾點特質，茲略述於次：

㈠組織方面——大規模企業所採取之方式，無不以「主管與幕僚組織法（Line and Staff Organization）」爲依據。所謂主管組織（Line Organization），係指上自最高負責當局，下至各

最低單位，其間有行政聯繫之連串工作單位，或工作部份的組
合。幕僚組織（Staff Organization）則與軍中的參謀組織相
似，凡企業組織中各部門，其任務爲提供一切有利資料或意
見，以協助企業達成目標者，皆曰幕僚部門（Staff Departm-
ent）。至於幕僚部門的內部組織如何？應視其規模而定。

㈡分工與合作——在十九世紀初期，一般工業規模尚小，僱工亦
少，對於工匠技藝的要求甚爲苛刻。例如今日工廠中的車工、
鑽工、銑工、磨工、鉗工等工作，在當時皆須由一人操作，所
以合格的工人，須爲多才多藝的能手；工人旣少，管理亦易，
況且多數廠主，本人便是手藝高强之輩，經驗豐富的人，全部
廠內工作自可親自監督指導。時至今日，則非分工合作不可。

㈢生產專業化——今日生產方法，除採用分工制度及機器代用人
力外，尚有一普遍趨勢，卽生產專業化。在二十世紀以前，造
船廠不僅製造船身，且兼造引擎與鍋爐，其後造船廠的主要任
務，已改爲專造船身，而將製造引擎、鍋爐、齒輪等工作，交
付各項專門廠家承造，俾使本身得以聚精會神，從事一種單純
業務，而易精益求精，達成減低成本，增加生產的目的。

㈣生產標準化——標準化的意義，較之專業化尤爲狹小。一個工
廠的出品，不僅宜求其性質類似，卽其式樣、結構、尺碼等，
亦宜在可能範圍內減至最少。構成產品的零件，尤須儘量使其
一致，俾可互換使用。

㈤經營方式——過去企業的經營方式，多係採取獨資或合夥方式
經營。現代大規模的企業，已證明獨資或合夥不甚適用，另訂
有公司組織法規，由無限公司，進而爲有限公司，更進而爲股
份有限公司。前二者爲人合組織，後者爲資合組織。股份有限

公司的經營人與出資人完全分開。股東個別的權利極小, 股東
會則握有基本的但非直接經營的權力, 實為企業組織一大進
步。

這些都是企業管理演進的史蹟。

第四節　管理、組織與企業經營

（一）管理與組織的關係

組織的目的可使管理獲得有效地推行, 管理是執行企業政策、營
業計劃並予以監督、指導、調整的機能。由於執行管理能發現組織的
缺點, 適時將企業組織加以修正, 二者有密切的因果關係, 無法分割
支離。有了一個優良適當的組織, 固然未必卽可收到管理的大效; 但
是組織不善或凌亂, 則管理必難於收效。反之, 若管理鬆怠, 組織就
等於形同虛設。組織可比做一輛汽車, 而構成汽車的各種機件: 如引
擎、車身、輪軸、駕駛盤等, 猶組織的各部份; 管理則可比為駕駛汽
車的司機, 汽車的進、退、快、慢等動作, 概由司機操縱指揮。如果
一輛新配的汽車, 由一位技術相當拙劣的司機駕駛, 則行駛阻礙, 必
然處處發生毛病; 反之, 如果一位技術精良的司機, 其經驗也很豐
富, 叫他去駕駛一輛陳舊不堪, 機件配置不妥的汽車, 這位司機仍難
操縱自如。所以組織與管理必須互相配合, 相輔而行, 纔可產生良好
的效果。

組織與管理雖有密切的關係, 但也有明顯的區別。譬如公司章
程、制度及規章等, 是屬於組織方面; 而執行這些規章、制度的精神
及方法, 顯然是屬於管理方面。組織在其形成的過程中是動的, 可是
一旦被形成以後, 則組織是靜的; 相反地, 管理是動的。組織應配合
新的任務, 或新的環境, 或新的關係的發生, 宜予變更舊的組織, 因

此屬於靜態的組織仍須富有彈性。組織若固定化了，就會阻礙企業經營的發展。

（二）管理與組織對於企業經營的重要

組織與管理是人類社會生存條件之一，從前外國人笑謔我們中國人如一盤散沙，這就是指我們的組織不夠堅强，管理不夠嚴密。所以國人才未能好好地團結，組織與管理的良窳，可使一國强盛或衰敗。而企業方面何嘗不是如此？企業資本雖多，規模雖大，設備雖新穎精良，但若無完善的組織與良好的管理，企業仍然無法獲得發展；甚至長此以往，企業的前途終必陷於癱瘓或倒閉。所以組織與管理在企業與國家一樣地重要。過去許多企業家以爲有了精良的機器，新式的設備，企業就無愁發展，他們那裏知道組織與管理的不善，卽使是新穎的機器與良好的設備，亦無從發揮其效能，反而增加了企業許多困擾。美國科學管理祖師——泰勒在他的工場管理（Shop Management）一書中說：「只要事業的性質相當複雜，無論採用何種制度，建立一個有效能的組織必定是遲緩的，有時候且需很大的費用。許多企業公司的董事們差不多都重視最新而最有效能設備的經濟價值，而願出高價以購得之，但極少數董事知道，良好的組織，無論付出何種代價，有很多比設備還要值得寶貴。他們也不十分知道，世上沒有不付代價而能建立良好組織的。他們所以對於機械願出高價，是因爲一旦購入以後就可以看到它們，而若爲無形的而且在平常人看來前途不能一定的那種組織費去許多錢，不啻是虛擲了。其實，如果工作比較複雜者，組織良好而設備欠缺應該比設備良好而組織欠缺所得的結果好些。最近美國有一位金融家詢問一位最成功的製造家，如果某工廠已有最新的設備，則各種組織的選擇究竟有無重大關係？製造家的答覆是：『捨棄我的現行組織與燒毀我的價值幾百萬元的設備，要我選

擇其一，則我寧願選擇後者，因爲我可以借得金錢在短期內重新建立我的設備；而我的組織不是二三十年內所能恢復的。』」在今日自由經濟制度下的企業，只要有良好的組織與管理，那末它的前途必是光明的。

第五節　管理方法的檢討

（一）企業管理基本方法應用變遷的階段

(1)慣例管理：這是一種尊重傳統的古老方法，過於「墨守成規」，多爲家庭生產及手工生產時期所採用。

(2)觀察管理：這是一種觀察而模仿他人的管理方法，常常「因襲盲從」，難以有良好的適應。

(3)科學管理：此乃以科學方法實施管理，下章中將予說明。

(4)人性管理：此乃以人性爲出發點；一切管理工作都由人策劃、執行，所以必須特重人性，俾收管理之效。

（二）企業管理失敗的原因

(1)主管不了解外界情況及其變遷趨勢。

(2)領導者故步自封，抱殘守缺。

(3)管理者對產品及市場，不知研究發展，以求出奇制勝。

(4)主管對部屬約束過嚴，不能發揮其才智與潛能。

(5)是非不明，賞罰不公。

(6)貪圖小利，徒務近功，無遠大眼光。

(7)工作人員因循苟且，不能創造發展。

(8)主管及部屬均缺乏積極進取的精神。

(9)主管無領導能力，受部屬之左右及包圍。

(10)內部瀰漫沉寂與不愉快的氣氛，缺乏朝氣。

（三）現代企業經營的基本要領

　　茲就經營現代企業，所應該把握的重點，分別說明如後：

(1)樹立正確的經營政策：正確的企業經營政策，最重要的是要能遵循國家的政策，審度當前的環境，求有利於繁榮國民經濟，並適應動員需要。

(2)建立合理的管理制度：企業經營工作，經緯萬端，工作人員也為數眾多，如果沒有整套合理的管理制度，則將使大家無所適從，不獨內部雜亂無章，發生互相推諉，或顛三倒四的現象，影響工作的推行，而且也將大量的浪費人力、財力、物力，造成重大的損失。

(3)採用有效的工作方法：無論處理任何工作，都應有適當的方法，才一方面可以把事做好，同時也可以節省時間、精力、財務、金錢等的消費。工作方法愈有效，則工作愈作得好，愈作得快，金錢與財務的消耗也愈少。

(4)維持良好的公共關係：企業須與有關的各方面，建立良好的信譽，獲致真實的友誼與支持，以鞏固其地位，並促進其業務順利開展。

第六章　科學管理的概念

第一節　科學管理的意義

我們知道「科學是一種有條理有系統，而且態度客觀的學問」；也就是以客觀的態度去分析、研究問題，並用有條理、有系統的方法去探求眞理的學問。它是人類活動的一種方式，用觀察、分析、綜合、證實等方法，去澈底追求萬事萬物的眞實情形。

而科學管理，是以客觀態度去研究、分析，有計劃有標準的利用人力物力，在經濟原則下，以最科學的方法，去提高效率，完成工作。管理之父泰勒（F. W. Taylor）曾說：「在科學管理號召之下，管理人員和勞工人員雙方的徹底思想革命，就是雙方不再把如何分配盈餘來當爲唯一的重要事情，而把他們的注意力，一起移到如何設法增加他們的盈餘上面……」又說：「對於所有的問題，凡是有關公司內工作者，不再採用過去的個人判斷和意見——不管是工友或老闆——而必須完全以準確的科學調查和知識代替之。」所以科學管理，必須以準確的科學調查和知識爲依據，要把握時間，適應空間，對人力物力，作經濟而有效的運用，以求取勞資雙方的利益。

在此，我們再將「管理科學」與「科學管理」之不同加以闡釋：所謂「管理科學」可說是科學管理的延伸，是以現代科學理論方法與控制，對問題作系統分析，提供最適合的行動方案，作決策者的抉擇，俾有效的運用資源。而「科學管理」乃針對問題設計管理程序、方法與技術，俾提高效率。

第二節　科學管理的演進

科學管理的演進，可從知與行兩方面說明，所謂知者，在此乃指科學管理的思想；行者，是指生產方式演變而言，玆分別說明於下：

（一）科學管理之思想發展

科學管理學者，向稱泰勒（Frederick Winslaw Taylor）爲科學管理之父，此正如經濟學家之稱亞當斯密（Adam Smith）爲經濟學鼻祖一樣，在他以前，亦並非全無其思想，只是那種思想並未成熟，那種行動只限於一隅，如紀元前一九五八年巴比倫的「最少工資法」；紀元前一六四四年中國的工業分工辦法；紀元三百年前希伯來的工業技術轉移，都是局限於某一部份。

後來英國的巴拜治（Charles Babbages）提出工廠的組織和工資計算的方法；歐文（Robert Owen）提出人的因素對工業管理的重要，而强調組織中的主管領導術；西元一八八〇年，美國也有公司在採用新管理方法，但都未出泰勒的科學管理。

至於科學管理之父的泰勒，生於一八五六年的美國費城，一八七八年入米地維鋼鐵廠（Midvale Steel Co.），由工人而工頭，而總工程師，努力研究管理方法，俾使管理者與工人的利害相一致，而提高其工作效率，卒撰成件工制度（A Piece Rate System）與工廠管理（Shop Management）兩文，後來不斷的做科學管理研究，一九一一年又發表了科學管理的原理（Principles of Scientific Management）一書，風行全球，而奠立了科學管理的思想基礎。

（二）工業演進與科學管理的產生

科學管理的演進，乃隨工業時期的進步應運而生，而工業之演進，可分爲以下四個時期：

⑴家庭生產時期：此時期之生產，乃專供自家消費，每一家庭，賴其各分子之協力，以滿足全家人的需要，雖偶而亦與鄰人作物物交換，但絕非生產之目的，其生產方法，亦僅靠手工而已。

⑵手工生產時期：此時，也以手工生產為主，唯其出品不再專為自用，而以供應顧主為目的，交易行為已行確立，製造專業化亦因斯而起，並且已有行會組織。

⑶茅合生產時期（Cottage Production）：此一時期，雖仍以手工業為主，但其規模則較之手工業時期為大，而且已有了雇主與工人關係；商人或工匠，為逃避行會控制，乃於郊區或鄉村以其資本購置原料，委託工人代為製造而給予報酬，也有工人自購原料、自置器具以行製造，而由大商人定期收購者。所以此一時期，可算是工廠生產的前驅。

⑷工廠生產時期：此一時期為十八世紀各種動力紡織機及蒸汽機先後發明之後，生產方式大有改變，不但機器代替了手工生產，企業和工廠制度也應運而起，且工廠規模日趨龐大，設備增多，產量劇增，市場擴大，工人僅依勞力換取工資而無權管理；投資者又散居各地無法管理，即專門負責管理的第三者，由於事務繁複，技術進步，也不能再以往昔經驗來事理事務，於是管理學家，遂想出些管理的原則和方法，來適應當前的管理與經營，這就是科學管理。

　　所以，科學管理，實在是隨工業的演進與發達，應運而生。且隨民主思想與資訊時代的來臨，更增進了科學管理的層次。

第三節 科學管理的對象

科學管理的範圍極廣，對企業言之，則不外人、事、物、財、時五方面：

（一）對人的管理 人是一切事業的基礎，機器再新穎，設備再完善，若沒有人的合作，輕則虧損，重則停頓，所以人事管理實爲科學管理的重要一環，管理學者瓦爾特（G. E. Walters）曾說：「人爲管理的基礎；是所以需要管理的原因；也是管理的目的。」因爲人是活的，又各有其思想意識，若管理不當，必導致不良後果，故企業經營者，無不愼重其事，凡任用、訓練、待遇、服務、考核、獎懲、退休、保險、撫恤，皆設法公平合理，使各適其才，各安其位，並能和睦相處，發揮最大工作效率。

（二）對事的管理 企業之對事管理，範圍亦極廣泛，凡廠址選擇、廠房的建築與布置、生產管理、銷售管理、文書管理、倉儲管理、運輸管理、櫥窗與事務所布置等一切事務處理，皆包括在內。

（三）對物的管理 企業對物之管理，包括物料與設備兩方面。凡材料的採購、驗收、運輸、倉儲、供應，及對半製成品、製成品及工具的管理，以及機器、生財器具、車輛、房屋、土地等固定資產的一切管理皆屬之。

（四）對財的管理 財務管理，直接有關於財源的富竭，資金運用的當否，對企業之前途，影響頗大。其內容包括理財、會計與預算三方面：理財得當，才能做好資金的籌措和調度；會計辦好，才能使帳務的處理，成本的分析，內部的牽制，做得恰到好處；預算是財務的計劃，更不能稍有疏忽。

（五）對時間的控制 科學管理，最重工作效率，而工作效率原

爲某一定時間內所表現的工作能量，所以時間的研究與控制，自應爲科學管理重要對象之一，不但要不浪費時間，更須把握時間、節省時間、計算時間，以決定最經濟的工作方法，並藉以訂定成本標準和獎金制度。關於這些問題，我們都會分章詳述。

第四節 科學管理的目的與效果

（一）科學管理的目的

科學管埋的目的，各學者亦各有其論述，但歸納起來，則不外乎人盡其才、物盡其用、各負專責、增進效率。

(1)人盡其才：人爲組織的本體，企業經營者，對職工的任用、考核、訓練、升遷，皆須公平合理，決不可因人設事，務求人盡其才，才盡其用，適才適所，俾發揮人之最大效用。

(2)物盡其用：企業經營者，最忌虛耗浪費，凡物料、財務事務之管理，都須有條不紊，有軌可循，根據其完善的系統，密切的配合，恰當的運用，發揮物料、金錢、事務的最大效用。

(3)分層負責：分工合作，是企業經營成敗的主要因素，也是現代企業之特徵之一，爲使龐大複雜之企業有條不紊，則各部門須有各部門的職責，各個人須有各個人的工作範圍，不但要平行分工，更要上下分工，俾得各司專職、權責分明。

(4)增進效率：所謂效率，就是用科學方法去增加工作的功效（開森氏 H. N. Cosson效率定義），也就是要使企業以較少的人力、財力、時間去得到最高的績效，這也是科學管理的最終目的。

（二）科學管理的效果

(1)簡單化（Simplification）——科學管理，能使工作步驟、工作

手續、操作方法皆形簡化，而達到省工、省時、省料的目的。所謂簡單化，就是化複雜為簡單，化錯綜為單純，俾得減低成本，並大量生產。但其僅限於產品之種類、規範、式樣之減少；其不像標準化那樣的，擴大到材料使用與製造程序的簡化；但簡單化與標準化必須相輔相成，互為配合，方能發揮其最大效力。

(2)制度化（Systemalization）──制度化乃是將人、物、時、財的處理，訂定有條理、有系統的辦法，使一切事務的進行，都能依一定規制循軌而行，既不致踰越規範，又不致為之不足，如此，上下左右皆遵循其固定制度，步入理想的目標。

(3)效率化（Efficiency）──我國開科學管理風氣的學人王雲五先生說：「效率是使體力和金錢都不要犧牲而仍能增進生產量。」艾默生（H. Emerson）說：「效率是有用減除無用的力與事，而增加有用的功效。」考森（H. N. Cosson）說：「效率是用科學方法而增加工作的功效。」所以，效率就是費小力而求大成的意思；基於此，我們得知：效率化就是要做到以較少的人力、財力、時間，而得到最高的工作成績。這自然是科學管理的效果。

(4)標準化（Standardization）──為使產品形式減少及成本降低，必須對產品、原料、設備、作業程序定出種類、式樣、模型、工作方法及程序的標準，俾使生產設備、產品種類、生產手續，乃至工作時間儘量減少，這就是標準化。如此才能促進大量生產，並減低生產成本，同時由於產品之大小、式樣、質料都有一定規格，不但運送與庫存方便，即消費者購買時，亦可憑說明書或樣本指出所欲物品，交易極為便利。並且標準

化實施之後，各項貨品既有標準，式樣亦大量減少，工人工作固定，情緒集中，技術熟練，不但生產率增大，貨品品質，也會因而提高。

第五節 科學管理的原則與步驟

科學管理之原則，各家說法不一，玆擇其重要者介紹於下：

（一）泰勒四原則

(1)各種工作皆須以科學方法詳加考驗，以代替過去不科學的訣竅法（Rule of Thumb Method）。

(2)選擇適當的人做適宜的工作，加以啓發訓練，以代替過去工人自擇工作、自行訓練的放任方式。

(3)管理者與工人應合理分工，各辦其應辦的適當工作，以矯正過去將大部份工作與責任委之於被管理者之弊。

(4)促進勞資雙方之誠意合作。

（二）費堯（E. H. Fayol）十四點原則

(1)力行分工合作。

(2)權力與責任應有適當的配合。

(3)集權與分權須恰到好處。

(4)注意命令的統一。

(5)注意指揮統一，以期一個首腦和一個方案控制有關的動作。

(6)須維持組織上階層次序的嚴整。

(7)應維持人與物的良好秩序。

(8)應重視紀律，不僅消極的制裁，更須積極的獎勵。

(9)使員工任期有合理的安定，俾盡才能。

(10)應使公眾利益先於私人利益。

⑾應培養團體精神。

⑿應鼓勵和發揮員工的創造力。

⒀員工報酬力求合理公平。

⒁首長應竭力設法將公正的觀念，灌輸到整個組織的每一角落，
使員工能竭盡智能，忠於職守。

(三) 艾默生 (H. Emerson) 十二項原則

(1)高尚的理想。　　　　　(2)豐富的常識。

(3)合適的忠告。　　　　　(4)嚴明的紀律。

(5)公平的處理。　　　　　(6)正確的紀錄。

(7)統一的命令。　　　　　(8)標準的時間。

(9)標準的環境。　　　　　⑽標準的工作。

⑾正確的指導。　　　　　⑿有效的獎勵。

以上各家對科學管理各有其說法，但歸納起來不外以下五點：

(1)訂定標準，注重效率。

(2)分工合作，各負專職。

(3)獎懲適當，量才爲用。

(4)正確實驗，詳細分析。

(5)命令統一，精益求精。

至於科學管理的步驟，通常是先「決策」；再「計劃」；然後建立
起物質和人事的系統（組織）；利用組織去執行計劃（執行）；並做到
密切的「配合」；最後加以「檢討」——這是科學管理的六大步驟。

第六節　科學管理演進的趨向

前曾述及，科學管理隨工業與社會之演進而演進，至於其演進之
趨向，可從工業化、專業化、企業化、科學化、人性化分述於下：

（一）**工業化** 所謂工業化，係起源於工業革命（一七七〇——一八〇〇年），在這期間，科學史上所稱的「大發明」，其中包括世人所知的：瓦特發明蒸汽機（Watts' Steam Engine），卡萊發明動力織布機（Cartwright's Power Loom）等，將機器代替了人工，使人類的文明進展到一個新的世紀。在此以前，不論英國或其他國家，主要的還都是農業社會，農業社會的典型是自給自足，卽使在手工業時代，亦是以家庭爲基礎。但是自從機器發明之後，擁有資財者便集資開設工廠，而形成工廠制度，由工廠制度而形成大量生產，再加上近代運輸設施的發展，市場擴大了，利潤增多了，因而資金日益擴充，組織亦日益擴大，隨之在管理上產生了下述的問題：

(1)組織結構複雜，職能與層次增多，因而控制、協調、授權等有其必需。

(2)機器設備的重要性，駕馭了人力，在生產上，往往認爲對勞力的需要減少，而對資本的需要加多。

(3)雇主與雇工的關係明確建立——勞資問題發生。

(4)生產觀念有激劇的改變——市場觀念形成，消費者第一的想法出現。

（二）**專業化** 專業化的理論，起源自英國經濟學家亞當斯密（Adam Smith）的分工理論。將分工理論運用於工業，便是在生產及任何操作中，工作可加以分割，每人僅擔任其固定的一部份，其優點是：

(1)工作簡單易於學習與傳授。

(2)長期而持續地工作，易於使技術熟練，並能在熟練中求取改進。

分工結果無疑是大大地提高了工作效率，但也發生了弊病。其中

最顯著的便是機器的重要性駕馭了人力，人成了生產的附庸，工作又非常的單調重覆，而最嚴重的又莫過於工人生活與地位之缺乏保障，因為工作技術既簡單，傳授又非常容易，雇主往往以低工資的女工與童工代替，並盡量壓制勞工以減少人工支出，這種情形遭致社會的重視，形成了十八世紀初葉各國工廠法的產生。

分工雖有弊端，但其好處卻是不可否認的。我們從分工的理論，到今天由於生產技術的改進，與科學昌明的演變，人類智慧領域愈趨複雜艱深，千行百業，往往要集個人畢生精力的鑽研，始有些許成就，所以專業是人類文明進步必然的結果。但在管理上形成了一個問題，那就是一方面如何使專業性的人員，在專業的研究上而不失其整體目標的瞭解，但要除卻只見樹木不見森林的毛病；另方面如何培養通才，亦是各國工業化過程中所急需解決的，以免因專業化而缺乏統籌全局，廣博深遠的管理人才。

（三）企業化 工業革命專業化形成，使生產組織型態改變，往昔的家庭工業漸受淘汰，而且由於事業擴張發展，競相設法增厚其資本，各工業間連絡併吞，形成今日的企業。大的企業內部管理當然複雜，其對社會國家都有影響。例如美國在製造業的一千七百萬工作人員中，二十三個大的公司佔了百分之十五的人數，每個公司都有五萬以上的人員。其中最大的通用公司，在一九五九年，其資產數達七十億，佔所有企業資金的十分之一。雇用人員三一二、〇〇〇人，薪金支出二十億，佔所有私人企業總薪金支出的百分之二。稅金支出二十億，亦佔美國政府收入的百分之二‧五。試想這樣大的企業，其興衰成敗與其經營目標，自為政府與社會所重視；今日的企業不僅以利潤為主，尚須達成服務社會大眾的目的，這便是企業化的精神。所以美國福特公司揭櫫了三大目標：

(1)高額的盈餘以加速資本形成。

(2)優厚的報酬以提高員工生活。

(3)低廉的售價以服務社會大衆。

這就是加強管理提高技術，從而走上現代企業化的道路。

（四）科學化 科學化是企業擴大的結果，隨組織的複雜，市場競爭的劇烈，與效率的要求而來。談效率，不能不加強管理；而管理必須運用科學的方法。科學管理鼻祖泰勒對科學管理是建立在下列的基本概念上：

(1)管理是一種科學，而非憑藉經驗。

(2)工作人員必需予以選拔、訓練、並明確分配工作。

(3)管理人員應與工作人員密切合作，力求遵循科學的法則從事工作。

(4)智力與勞力的工作分開，可減低生產成本，增進效率。

上列概念爲科學管理奠定了基礎。今日的管理已是一種專門的學科，逐步進入專業的領域，我們見到許多機構裏，已有管理幕僚單位的設立，從事組織分析、程序分析、績效分析、工作簡化、品質管制、工作評價等工作，甚至進行業務硏究（Operation Research）及應用電腦、儀器解決管理上各種問題等。作爲一個主管人員，當然要瞭解這些工具的用處，支持這些方法的建立。但最重要的，還是本身要體認到科學法則的重要性。所謂科學法則，就是觀察、分析、綜合、試驗、求證等心智的活動。宇宙萬物都有其軌律可循，我們應根據事實循合邏輯步驟，推理研究，分析比較，而後所下的判斷，再給予必要的驗證，考查其效果，這就是科學方法。

（五）人性化 人性化是管理概念的最新發展，也是近年來管理上最受重視的一項課題。其形成原因很多，如教育的普及，民主觀念

的興起等等，但最重要的乃是科學的發現，證明人力是生產中最主要的因素，而人力又只能智馭，切不可力取的。根據行為科學一再試驗，大凡生產效率高的單位，都是在工作環境以及在許多其他工作條件上，給予員工最大滿足的地方。我們應深澈地瞭解，人是有思想、有情感、有慾望的，而這些思想、情感與慾望，又俱將影響及於工作。可是非常不幸的，若干年來，我們迄未加注意。由於物質文明進展的結果，我們常常忽略物質文明中人類智力的貢獻。故近代管理學家論到管理人性的問題時，莫不慨乎言謂：「當一個機器發生毛病時，工程師或技術人員會立即將之停頓，予以檢修；但當人們在工作中無法適應時，我們卻視若無睹，甚至予以唾棄，這是一個多麼可悲的事實！在這個環境下，又如何能使工作人員盡其全力地從事工作？」基於這種體認，企業管理始對人的問題有了新的發現與研究，亦即針對人性特質，包括思想、情感、慾望等因素來研究與工作發生怎樣關聯，找尋合理處理的方式。這種研究的結果，為管理上增加了一門新的課題，名之曰「人羣關係」(Human Relations)。

人羣關係所包括的範圍至廣，茲簡要說明其四大基本概念如下：

(1)相互利益　往昔的生產觀念，認為雇主與雇工的利益是互相衝突的，但泰勒早期在其科學管理著作中就曾提及：「雇主與雇工的共同利益，可藉由減低成本與增加生產而獲致。」近期來復由於科學的試驗，人羣關係的促進，非但能使工作人員獲得最大滿足，且能導致工作效率的顯著增進，因此良好人羣關係的建立，實係滿足管理人員與工作人員之雙方需要，皆能獲得其利。

(2)個別差異　個別差異是心理學上的發現，說明人無論在智力、性情、氣質、體力以及社會活動上，俱各不同，其不同固不論

出自遺傳抑或環境，管理者所需注意者，應瞭解這些不同的因素，每一項俱將直接或間接影響及工作。所謂用其所長固為主管用人不可缺少的措施；但最重要的還在養成接近屬員，明瞭其志趣與愛好的種種傾向，始能據而給予有效的領導，並給予必要的協助。

(3)激勵原則　激勵原則主要是說明人類行為皆有其原因，原因係通常根源於某種需要，因需要而產生種種獲取滿足的行為。我們既瞭解行為有其原因，因而啓示我們要針對行為的原因，求取解決途徑，切不可僅注意及結果。管理者若能洞察屬員的需要，以工作為激勵的手段，使之達成所希冀的目標，並給予有效的獎賞與滿足，則對人性需要及工作願望，不得不予以瞭解。對此問題，我們將在第二十五章深入探討。

　　人的需要，因人的不同而千差萬別，但歸納之，不外生理上慾望與心理上慾望兩種，生理上慾望所求者強，但其滿足也速，彈性亦小；心理上慾望往往隱而不顯，遞增無窮，彈性極大。求生為人類基本本能，溫飽之後，才有成家立業之念，進而擴大其活動領域，增加其社會活動；再進而有榮譽感、上進心、成就慾，逐步上升，了無止境。管理者若能洞燭此中道理，當可領悟駕馭之道，非僅限於物質條件之一途，精神領域實有其無窮盡之運用餘地。

(4)人類尊嚴　人類尊嚴起於民主觀念，但實含有道德與倫理的意味。因為人類文明本以創造人類幸福為鵠的，故企業應採取措施以滿足員工的需要。再者，人類尊嚴亦富有「人定勝天」的觀念，說明今日文明實係人類努力的結果，若使人類尊嚴遭受斲喪，則一切文明將失其憑藉而趨向幻滅。

　　以上四點說明近代管理的演變，由於這些演變，構成管理概念的整體。從工業化中，體會了企業組織管理的必要；從專業化中領略了分工與合作，效率與人性調和的問題；從企業化中，啓示了現代企業應行努力的方向；從科學化中，特別強調了管理的科學途徑與方法；最後人性化則說明了管理的最近趨向。由於這些演進，每一過程都給管理增加了若干新的概念，而且是一種自然累積的結果，管理者唯有從這些瞭解中，咀嚼管理的眞諦，才能對管理問題有較完整的認識。

第七節　科學管理與標準化

　　在談到科學管理之效果時，曾提及「標準化」(Standardization)問題，因現代科學管理，無不以「標準化」為目的，故在此再進一步將其實施範圍與貢獻加以闡述：

(一) 標準化之運用範圍

　　標準化運用的範圍，大致可分爲六類：(1)產品標準化，(2)原料標準化，(3)設備標準化，(4)勞工標準化，(5)工作標準化，(6)程序標準化，玆簡述於下：

(1)產品標準化　在工業不發達的國家，每見一種製造工廠，常常製造多種不同的產品，如同一紡織廠，同時製造布疋、氈毯、衫襪、花邊等等；此種情況，求之於工業成熟的國家，早已少見，一廠出品不過是其中的一兩種，惟其如此，才能構成標準化，以便專工製造，從而獲得下列的結果：

1. 可以養成熟練的製造技術。

2. 可以減少使用機器的種類。

3. 可以減少原料的儲存量。

4. 可以增進製造的速度與生產力。

5. 可以簡化業務和工作上的計劃。

(2)原料標準化 確立產品的標準，而使之永久持續，當自原料標準化開始；但原料標準化，並不是使用最優良的原料，而是適合於一定目標的品質，這種品質的原料，一經選定以後，卽以此為標準，永久的使用，其產品當然也就不會變更，而可以保持經常的狀態。所以原料標準化的效益很多，略舉於次：

1. 可以確保產品的品質。

2. 可以定量購買原料，旣無缺乏之感，又無過剩之慮，且可獲得較廉的進價。

3. 可以減少製造部門對於原料的策劃。

4. 可以便利原料的檢驗及產品的檢查。

(3)設備標準化 在工廠中除原料以外，凡輔助完成工作者，統稱為設備。所謂設備標準化，並不是說設備得如何堂皇精緻，而是要適合於製造的目標，此可分為機器與工具兩項說明：

1. 機器標準化 使用的機器，要減少其種類至最小限度，甚且各種零件可以互換使用，同時要考慮到機器本身的產量和使用年齡。

2. 工具標準化 工具係指一切用具而言，其式樣、大小，應合乎正常的標準，以免雜亂無章，而可收應用存放之便利。蓋工具最為瑣細，如果沒有標準，足以影響工作的進行。

(4)勞工標準化 工作中有需要體力較強者，有需要心思較細者，工作的性質不同，所需要的勞工對象也就不同，所以一切工作，都應當先有詳細的研究。何種工作，需要那一類的勞工，制定規格，以作選擇勞工的標準。

(5)工作標準化　勞工標準化，旣有待於工作的分析，所以工作標準化，又爲勞工標準化的先決條件。所謂工作標準化，包含兩點，一爲某一種工作，應該怎樣的動作，才能合乎理想；二爲各種動作的連續，應該有一定的程序，使能節省精力和時間。

(6)程序標準化　程序標準化與工作標準化是互爲關聯的，當然不可分離的，亦不可混爲一談。因各種工作的動作經過詳細分析後，進一步是考察各種連貫動作的關聯，然後加以細心的研究，才將生產過程中不必要的動作或步驟，逐步減少。考察完畢，以所得的結果製成工作指導片或工作單(Instruction Card or Operation Sheet)，作爲施工的標準。此種程序不僅成爲製造計劃上、管理上的根據，對於訓練人工上，亦可節省無數精力與時間。所以很明顯的，工作標準化是分析的，程序標準化便是綜合的，其目的在結合原料、設備、勞工、工作標準化而成爲完善的「程序標準化」。

（二）標準化的貢獻

實施標準化後，不管對於生產者、消費者、商人，乃至於社會的繁榮，國家的經濟，均有莫大的貢獻，玆列舉數點於次：

(1)促進大量生產　標準化使產品種類減少，在設計、購買、製造、檢查、售賣等等變爲簡單，促進工廠大量生產。

(2)便利交易　從前購買貨品，須親看貨品，今則查閱產品的說明書或樣本，指出某某貨號，卽可通訊購買。所以大小、式樣、質料，均可自己隨意選購。像函售商店的商品目錄，都列出一定標準的商品，以便推銷。

(3)減低生產成本　標準化可節省人力、時間、原料，並減少設計費用、設備的折舊，與工具的消耗等，使產品成本減低。

(4)便利運輸與倉貯　標準化對於運輸一項，極為經濟，如同一性質，同一規模的貨品，可混合裝車，裝卸既便利，又可節省運費。標準化的貨品經分類以後，可一併存儲於棧中，不必因存戶的不同，分別堆藏。如鄉村農作物倉庫，收到農戶的五穀，分類代藏，將來發還時，僅按品類，原存量的多寡，交還原主卽可，不必全屬原來的貨品。還有貨物標準化後的低劣質貨品，存儲下等堆棧，棧費卽可較少，同時低劣質貨品，因不與優良貨堆在一處，不致損及優等貨品，保藏方法也較為得宜。

(5)危險減少便於理財　實行標準化後再加以正確的市場報導，可以增加貨品銷路，間接減少市場的風險，如烟葉的市價，必須先知為何等類；汗衫的價格，要先知道是幾支紗織的。這樣，市場擴大後，風險分散亦易，損失隨之減少。

標準化的物品，借款質押，也都較為便利，如棉紗、麥等經過分類的，堆於貨棧中，每可十足質押現款，蓋以標準化貨品市價穩定，銀行樂於收受標準化棧單；卽遇市價低落時，銀行可隨時出售貨品，所以標準化後，可以作為理財的根據，又可以穩定貨品的價值，便於金融的維持。

(6)工人技術熟練產品優良　工業施行標準化以後，各項貨品既有標準，式樣亦大量減少，工人工作不致時常變更，所以技術易於熟練。技術熟練後，非但生產速率增大，卽產品的品質亦因此提高，工場內的原料絕少浪費，直接間接均可使生產成本減輕。

第八節　科學管理與合理化

科學管理最初是產生於機械業的工程家，對於機械的說明較多，

當時不但工業界以外的人士，莫明底蘊，就是同屬於工業範圍以內的紡織業、造紙業等，都以爲科學管理不適用於一般工業；然而根據上面所述的原則和條件，可以看出所謂科學管理，是一種合理合情的辦事方法，不僅適用於工業，卽其他一切事業，乃至於政府機關，無一不可適用。所以在科學管理風行以後，由此而引伸，便產生所謂合理化（Rationalization）運動，推廣至一切事業和機關。

（一）**合理化的產生** 德國合理化之所以產生，一則受了美國科學管理的影響，二則受了第一次世界大戰後，德國淪爲戰敗國，由於喪失殖民地及工業地域，生產力遭强力破壞，與受鉅額賠償所困擾，因之發生通貨膨脹。爲了挽回生產力，支付賠款，以及拯救通貨貶值企圖使國民經濟正常發展，所採取的方策就是合理化運動。一九二一年德國設立了合理化管理局（Reichshuratorium für Wirtschaftlichkeit, R. K. W.）推進合理化運動。此風一起，各國亦多仿效。例如法國西北方因受戰時德國軍隊的破壞，亟圖從新建設，所以組織了法國生產聯合會，從事合理化的設計與執行。德國合理化運動雖然是貨幣貶值的產物，然等到一九二五年羅迭諾（Walther Rothenau）的大力推行，才能開始，由此可見建築事業，非在幣制整理以後不能實現。

（二）**合理化的性質** 合理化與科學管理，在性質上並無多大區別，都是以增加效率和減少浪費爲目的，不過科學管理的指標，係以工商企業爲其範圍，而合理化則推廣至於一切事業和機關；科學管理的指標，在協調勞資兩方的利益，而合理化則兼顧到一般大衆的福利，可以說合理化是科學管理的延伸，亦卽進一步的科學管理。故在今日而言科學管理，決不能忽視合理化運動。

（三）**合理化的功效** 根據工業的德國（H. Levy, Industrial

Germany）一書所統計，自公元一九二五年至一九二八年間，德國
經推行合理化運動之結果，其增產情形，計爲：鐵砂增加百分之十
六，銅礦增百分之三十一，銀、錫、鋁增百分之四十三，汽車增百分
之百，鐵路增百分之二十四，水泥增百分之四十一，褐炭增百分之三
十四，化學出品增百分之二十五。但自一九二九年起，對於效率低微
的同類工廠，以合理化運動爲之，減少或歸倂，計有鐵廠由一百四十
五減至六十六，礦坑由四十八減至二十五，化鐵爐由二十三減至九，
西門子馬丁鋼廠由二十減至八，鐵條廠由十七減至十，鐵管廠由八減
至三，鐵絲廠由九減至四。凡此所舉，固僅涉及工礦事業的一部份，
然由此已可窺見合理化功效之一斑了。

第三編　生產管理

第七章　工廠佈置

第一節　工廠佈置的意義與原則

　　工廠佈置，乃指各部門地位的確切劃定，機器工具的適當安置，使工作的進行能井然有序，俾達迅速、經濟、效率的目的。良好的佈置，能使全部工作如水流暢通，順序進行，不致有間斷或重複的現象發生。對「製造程序」，已於第四章第四節中先行述畢，一般分爲連續式（包括綜合連續式與化分連續式）及裝配式兩大類別，談到工廠之佈置，務須以此爲準繩，參酌運用，而依據下列九大原則行之：

　　（一）**化斷續程序爲連續程序**——斷續程序不但佈置困難，而且由原料、半成品至製成品，搬動、儲存，需時勞力，且有積壓資金之弊；而連續生產程序，因爲順流而下，既無工作間斷及重複之弊，也無輾轉搬運的浪費，可增高效率，減低成本，又易於佈置，故工廠佈置宜力求連續化。

　　（二）**維持各部門之均衡**——有連帶關係的各部門，佈置機器時應力趨之均衡，若一部門生產力過多，另一部門又過少，必形成脫節的現象。

　　（三）**機器設備力求直線化**——根據製造程序，從生產之開始到完成，使順一直線進行，將不得已的回程和退後動作儘量減少。

　　（四）**機器距離務求適度**——爲便於原料或製成品的臨時存放，

及工作人員動作之方便，安置機器時，必須留下適度的空隙。

　　（五）**機器佈置須有伸縮餘地**——機器佈置要保持彈性，一旦製造程序與佈置有抵觸時，則易於改置，卽材料、機器或製造方法有所改進時，亦不須變更全部的佈置。

　　（六）**保持物料移動的最短距離**——有連帶關係之各工作部門，其距離應使之最短，俾收移動迅速之效。

　　（七）**注意工作位置的高低**——機器裝置過高，工人工作困難，過低，則容易疲困，故須高低適宜。

　　（八）**適宜的內部運輸**——專供運輸的通道，宜力求寬敞，並畫以白色界線，最好能有自動傳送裝置。

　　（九）**便利檢查**——爲免機器之意外或故障，並防成品之走樣，工廠之機器乃隨時檢查，故佈置機器時，須顧及檢查之便利。

第二節　機器的排列方法

　　機器的排列方法，有以下三種:

（一）按產品種類佈置（Product Layout）

　　此類佈置，又稱之爲直線佈置（Line Layout），最適宜於重複製造大量的標準產品。乃是將全部產品分爲若干件分產品，將製造每一件分產品所需用的各種機器置於一處，以直線形的排列，使製造程序成爲連續性（如圖 7-1）。若產品種類不多，有大量市場需求者，可採用此類佈置。此類佈置的優劣點，大致如下:

　　㈠優點:

　　　(1)順流而下，毫無間斷，生產效率因而增高。

　　　(2)原料和半成品的運送途徑短，可減少物料搬動儲存，並節省
　　　　工作時間與成本。

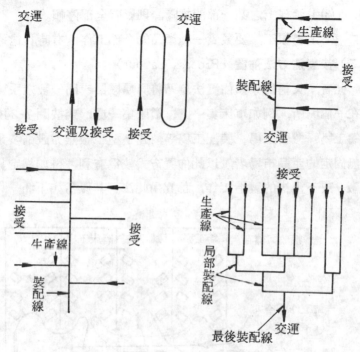

圖 7-1 按產品種類佈置情形圖

⑶在專用機器設備上，半技術工人可以擔任工作，需用人工亦
　較少。

⑷生產控制與管理容易；確實成本亦易於計算。

⑸在一貫的生產線上，不良品極易鑑別出來，故檢驗工作比較
　經濟。

㈡缺點:

　⑴機器排列按某一產品之製造而佈置，如產品改變卽不適用，
　　故缺乏彈性。

　⑵專用機器設備所需的投資金額高。

(3)生產線上之某一部門故障，則影響全部停頓。

(4)工場領工，要負責一種產品的全部工作，有時負擔過重。

（二）按製造方法佈置（Process Layout）

此者，又稱爲分類佈置法，乃將同類機器或同一製造手續者，安排在一個場所，例如車床集一處、鑽床集一處；或按圖 7-2 所示，分成鑄工場、機器工場、裝配工場等；凡小型工廠無力設備多量機器，又無固定的產品市場者，以此佈置方式較爲有利，再如靠定貨製造的工廠，或不重複的製造工作，都宜用此法。其優劣如下：

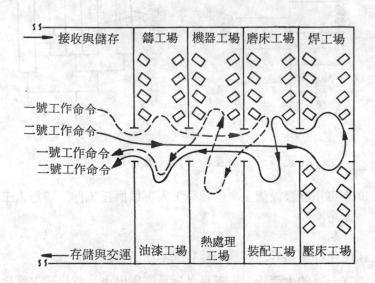

圖 7-2　按製造方法佈置圖

㈠優點：

(1)最初的投資額較低。

(2)機器的用度與生產量富有彈性。

(3)如遇機器發生故障，或工作遭遇困難，對全部生產工作之進

行，不會發生嚴重影響。

(4)領工對工場工作專精，指揮效力大。

(5)工人專司某一機器，工作熟練，可提高品質，減少消耗。

㈡缺點：

(1)物料搬運移動次數較多，成本增加，工作遲緩。

(2)在「通用機器」上操作，需要有技術的工人。

(3)每一道工作完成或成品運出某一工廠時，常須檢驗，所以檢驗工作增多，檢驗費用加大。

(4)製造的排列、分派及縱催，需要較多書面工作，故管制工作與生產計劃複雜，費用亦大。

(5)很多物料躭擱於庫房，且生產線上之在製品亦多，等於積壓資金。

（三）混合式的排列 （Combined Arrangement）

將上面兩種排列，去其短而存其長的混合使用，頗有其益處；這種混合式的排列，可設法減少物料搬運的費用與時間的浪費，並且在一個從事重複製造標準產品的工廠中，若將昂貴的機器取出而另集一處，則能收充分使用之效；或將有震動、生衝擊的機器裝置於另外一處，亦可防震動。其運用之妙，則全存乎一心了。

第八章　物料管理

第一節　物料管理的意義與目的

（一）意　義

　　凡企業經營上所必需的原料 (Raw Materials)、燃料 (Fuel)、物料 (Supplies)、配件 (Spare Parts) 以及尚有殘餘價值的呆廢料，通稱爲「物料」；凡用來研究各種物料的種類、數量、保管、移動，以適合工商企業活動上之需要者，如材料的採購、驗收、運輸、儲存、發放、登記等事項的管理，則稱之爲「物料管理」。

　　因爲物料乃以企業資金購置所得，與現金實有同等價值，而且企業的生產，不能無中生有，其製成品須由原料變成，在工廠的全部成本中（原料、工資、管理、雜費），原料高佔百分之三十至百分之七十，所以一般皆公認，原料是企業五大M因素 (Management, Machine, Money, Material, Man) 最重要的一種，物料管理不當，必使整個生產陷入絕境。

（二）物料管理的目的

　　物料管理的重要已如前敍，而所以要嚴格的實施物料管理，其目的有以下三者：

　　(1)提高物料週轉率——在良好的物料管理下，大企業之庫存材料，都訂有最高或最低標準，平常存量，即限於此一標準中，除非有特殊情形，絕不多存或使其不足。何時生產何物？生產需何物料？物料需要幾何？應該何時採購？都靠物料管理者來決定，若決定得當、適時，自然能提高物料的週轉率，這是其

首要目的。

(2)使物料能適量適時的供應——欲達到第一個目的，又須做到供應的適時與適量，物料管理部門能依請料單事先備齊所需物料，而適時送交生產部門；且能按用料單上數量，如數發交，生產才能如期進行，若無良好的物料管理，又何能達到此一境地。

(3)減低費用、增加盈餘——物料管理之一、二目的，亦無非在使生產順利進行，而且儲物過早，資金呆滯；過晚，妨礙生產；過多，則浪費、滯存；過少，又減損工作，所以物料管理，卽在減少此等浪費，並縮減費用，使成本低減，盈利加多；這是物料管理的最終的目。

第二節　採購的政策

採購，是物料管理的一件大事，由採購的發生，才有了搬運、驗收、儲存、發放諸事。在企業界，有各種不同的採購政策，在此先將其分別說明於下：

（一）按臨時的需求而採購

因為有些物料，在臨時製造某種產品時才行需要，對這種需求不正常的物料，只有用「按臨時的需求而採購」的政策。這種臨時性的不正常需求，其採購常極迫促，故採購單位對此類物料之來源與可靠的供應商，須於平時有所瞭解，以免臨時向隅。

（二）定期採購

凡經常需要之物料，採購部門應依生產計劃，定期採購，以隨時供應。

（三）隨時需用隨時採購

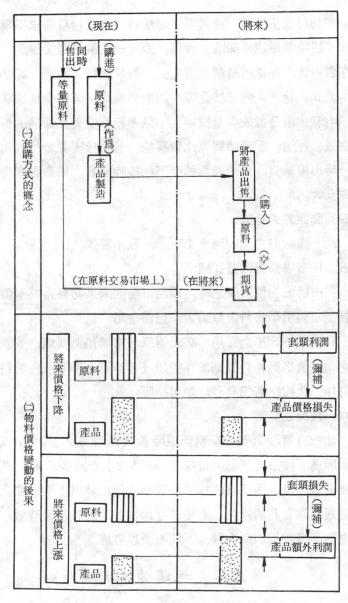

圖 8-1　套頭購料方式圖解

在物料價格下降，或其價格忽漲忽落，及物料需求不確定時，則宜採「隨時需用隨時採購」政策。因此一政策是隨需隨購，故存量之保存費用低，存量所積壓之資金少，而且物料之損壞，霉爛的損失亦少，尤其在物價走向下坡之際，如價格急降，若作少量採購，對價格亦頗有利。但分批或少量採購，不但不能享受大量採購的折讓，而且其交通、運送、手續諸費也比較高些；若由於需要量估計稍低，或由於一時市場缺貨，或由於承銷商不能按時交貨，則會影響生產計劃，損失莫大。

（四）套頭方式採購

此一採購方式，如圖 8-1 所示，茲不贅述。

（五）按市場情況大量採購：

在市場上物價低廉之時，預測市場之未來物料行將漲價，卽按生產計劃，將所需物料大量購入，儲備待用。

只是此一政策之採用，必須對原料市場預測準確，並須先將購入時之低廉價格與物料長期堆存費用（包括資金積壓）、物料長期堆存損耗作一比較，若仍有利，始可採購。

（六）投機性採購

此一政策，乃是在原料低廉時而大量採購；其與第五種政策不同，因爲「按市場情況大量採購」，乃依生產計劃購入，其數量以生產需要者爲限，而投機性採購，則不管是否超出生產需要之數量，大量購進預測有利的物料。有時其存儲過多，品質易失時效，且有積壓資金與存儲費用加高之弊，不能不予以考慮。

第三節　採購的方式與原則

（一）採購的方式

(1)合併採購——所謂合併採購，就是用一個訂貨單，把要買的各類物料，一次訂購完成。採用這種方式時，是因為待購的物料種類多而數量少，如按類分別訂購，不但手續繁複，交貨費用也會增加，故合併採購為宜。

(2)計劃採購——企業所需的物料，如屬定期需要，則宜按生產計劃之日程，估計好各時期所需物料的數量，先通知供應廠商準備妥當，俾隨時按量取料，而無存量太多之弊。

(3)訂約採購——為獲得大量採購的優待，又不致為存料而積壓資金與提高保存費用，並能有連續供應的保證，生產企業乃與供應廠商簽訂長期合約，規定各時期所需要之交貨數量，供應商按合約而定期送料，謂之訂約採購。

（二）採購的原則

(1)所購的物料要適用——採購人員應充分瞭解所欲購置之物料規範（如長短、高低、寬窄、容量、物理性質、化學成分），及其差異的容忍限度，務使採購之物料合乎製造上的需要。

(2)購入要適時適量——採購人員，除注意市場狀況外，與料庫及財務人員尤須密切連繫，務使物料能在適當時間適量購入；既不使物料庫存缺乏影響生產計劃，又不致堆積太多而集壓資金。

(3)控制運輸時間——欲使物料能及時送達工廠，對賣主與運輸機構均須密切連繫，切實力行有效的「踪催工作」（Follow-up-work），若為訂約採購，務須訂明交貨日期、違約責任。

(4)維持合理價格——採購之物料首須符合需要標準，不可只顧價格的低廉，原則上自宜以同一標準而價格低廉，且無延誤時間者為選購對象。

第四節　採購的程序

物料的採購，須按以下之程序進行：

（一）提出請購單

任何物料的採購，都必須依主管批准的請購單（Purchase Requisition）辦理（如表 8-1）。請購單的提出，通常有以下三種情形：

(1)經常材料之請購——經常材料之庫存量降至訂貨點時，倉庫部門卽依存料卡或材料總帳之記錄，提出請購單，購足其經常存量。

(2)訂製材料之請購——生產部門依生產計劃之材料表，剔出經常材料後，提出訂製材料之請購單。

(3)共同消耗品之請購——各部門辦公用品等，多由事務部門提出請購單。

　　每份請購單先由請購人簽章，送請主管核准後，交採購部採購。通常申購人須填寫一式三份：正份為採購部的採購憑證，其餘兩份，一份請購人自存，一份也先送採購部，待採購部填明價格及運送方法等以後，仍送還請購部門以作參考。

（二）辦理估價

採購部接到請購單後，卽以信函、電報、電話、公告、或面談等方式，洽請廠商報價，而蒐集其填就的估價單（如表 8-2），以作比較。

（三）決定購料廠商

當收到各廠商之估價單或報價單後，卽將貨品規格、進貨價格、付款條件、交貨日期，甚至廠商之信用，愼審比較，以決定進貨對象。

表 8-1

物 料 請 購 單

請購部份：＿＿＿＿＿

民國＿＿年＿＿月＿＿日填製　　（　　）字 No.＿＿＿

物料編號	名稱	規範說明	單位	用途	請購數量	核定數量	估計單價	估計總價

請購根據：　　　需要日期：　　　附圖：＿＿＿＿件

預算月份：　　　希望交貨地點：　　　份｜附樣品：＿＿＿＿號

備考：　　　驗收單（　　）字No

主管　　　　課　長　　　　複核　　　　填單

表 8-2 估價單格式

× × 股 份 有 限 公 司

戶名		**估　價　單**		日期	

Sold to＿＿＿＿　　　　Quotation　　　Date　年　　月　　日

品　　名 Description	數　　量 Quantity	單　　價 Unit Price	金　　額 Amount	備　註 Remarks
總　　計 Total	萬　　仟　　百　　拾　　元　　角正			

交貨日期（Delivery）：＿＿＿＿＿＿＿＿＿＿

付款方法（Payment）：＿＿＿＿＿＿＿＿＿＿

期　　限（Validity）：＿＿＿＿＿＿＿＿＿＿

（四）填發購貨單

購料廠商既經選定,採購部卽可開出購貨單(Purchase Orders),其內容與格式如表 8-3。通常填寫七份,兩份送交賣主,其留下一份視爲合同,另一份於簽章後退回買主之採購部,以作爲訂貨合同之通知;採購部將之送往會計室備查付款。一份留於採購部作紀錄與踪催之需。一份送往收貨員,一份給物料控制科。

（五）踪催購料

爲使賣主如期交貨,不致延誤或脫期,採購部發出購貨單後,卽應注意踪催。通常採購人員將購貨單,按交貨日期排列,以書信或報表方式,通知期近之賣主準備交貨,期限迫近,可以電報電話急催之。

（六）驗　　收

貨物送達時,驗收人員卽按購貨單所列條件檢驗點收;其詳情將於下節中再行說明。

（七）付　　款

會計部門將物料驗收單核對之後,編製支出傳票,交出納支付賣主貨款。

第五節　倉庫佈置的設計

（一）倉庫設計之重要

良好的倉庫設計可收到以下效益:

(1)減少搬運時間,以降低人工成本。

(2)物料儲存正確,提高倉儲空間週轉之能力。

(3)減少物料受損之機會。

(4)防止及減少偷竊之發生。

表 8-3 購貨單格式

× × 公 司	號 數＿＿＿＿＿＿＿＿
購 貨 單	日 期＿＿＿＿＿＿＿＿
	交貨期限＿＿＿＿＿＿＿
	交貨地點＿＿＿＿＿＿＿
台照	付款條件＿＿＿＿＿＿＿
請依本單所開規格條件供給下列 貨物：	運輸路線＿＿＿＿＿＿＿

請購單號數	品 名 及 規 格	數 量	單 位	單 價	總 額

貨價總計新臺幣　　　萬　　　仟　　　佰　　　拾　　　元　　　角正

賣 主 承 諾 條 件	1. 2. 3. 4. 5. 6.

以上各條賣主須絕對遵守，但有拖延或不能履行者，保證人宜負全責，如屆期前後買主允可賣主延期履行時，保證人仍負連帶保證之責，除由賣主立約存查外，特由本公司簽給此證，付執爲憑。

承銷廠商簽章：　　　　　日期：　　　　購貨機關簽章：

(5)節省寶貴的儲存空間。

(6)減少倉庫之建造成本及維護成本。

在介紹如何設計及佈置一個倉庫，並以最新式之「自動存提式」（Auto Mated Storage／Retrieval System）之設計及佈置前，先作幾個重要的名詞解釋：

(1)儲存空間：爲儲存一個單位物料之三度空間之大小。

(2)儲存架：爲由地板延伸至天花板之一個垂直物料儲存架。

(3)儲存架列：爲由一系列之儲存架連接構成之一列物料儲存架。

(4)通道：爲相鄰兩物列間之空間，以供存提物料之輸送機具運轉之用。

(5)單位通道：爲一個通道加上相鄰兩邊之物架之寬度。

（二）設計之步驟

(1)確定儲存物體之形狀、尺寸及重量

任何倉儲之設計與佈置，需先考慮到二個物料實體上的問題。第一是物料之形狀及尺寸大小。物料之形狀、尺寸是決定所需儲存空間之主要條件。不同的物料有不同的尺寸、空間的需求。例如：方形的物料箱、板墊，圓形的鋼鐵線圈，鋼胚，圓筒形之地毯，不規則形狀之引擎。不論是何種形狀，必須先決定一個最小之單位儲存空間，當然若儲存的物體種類很多，則也需要考慮到不同的單位儲存空間。然而過於考慮多種不同的單位儲存空間，在此計劃階段中是不必要的。僅只考慮最大物體的尺寸、長、寬、高卽可。第二個考慮的是物體的重量，因爲它會影響倉儲物架的結構需求。僅考慮最大單位重量的物體卽可。

(2)決定需要多少儲存空間

在任意一段時間內所欲儲存最多的物體之存量，可以決定所需之

總儲存空間之需求。總儲存物體是包括所有不同的物體。決定最大儲存物體之數量是根據現在的生產量再加上未來之預估需求量而成的。

(3)決定倉儲每小時存提數量

存提速率與生產或出貨速率成直線關係。存提速率之決定是很簡單的。以最大的存提速率來做爲倉儲的存提速率以提高倉庫的營運速率，不要以任何的平均每小時之需求量來做爲根據。

(4)決定所需之搬運機具及「儲存架列」之數量

由每小時所需之存提速率，可以決定所需之搬運機具之形式及數量。以「自動存提式」之物料搬運機具來說，假設其每小時可以做三十五次的存提物料之工作，那麼所需之機具數量爲：

$$\frac{物料所需之存提速率（次／每小時）（由步驟3獲得）}{35（次／每小時／機具）}$$

　　＝所需之搬運機具數

機具之選擇原則上要採用效率最高者。此外尚須考慮到倉庫進出的頻率分配情形來決定機具的選擇。一部搬運機具可以供給許多條通道使用，也可以專門固定在某一條通道上使用。在一條通道配置一部機具之情況下，每一部機具可以供給兩列儲存架列之用。

(5)決定單位儲存高度及倉庫高度

一般倉庫高度的範圍都在三十呎至九十呎間，視儲存高度及儲存數量而定。從經驗中得知，最有效率的高度是在五十呎至七十呎之間。倉庫高度的決定必先決定單位儲存之高度。假設物體之實際尺寸爲長、寬、高各四呎，則單位儲存高度除了四呎以外，尚須加上六吋至九吋之寬放高度供搬運機具存提物體之用，以此單位儲存高度除以倉庫之高度再減一，就可得知多少層的單位儲存高度，亦即多少層的

儲存位置。減去一個單位儲存高度是做為天花板及地板之間隙之用；以七十呎高度之倉庫為例，其儲存架層數如下（採用六吋寬放高度）：

$$\frac{70呎}{單位儲存高度（40呎＋6吋）}$$

$$=15-1=14層單位儲存高度。$$

(6)決定所需之「儲存架」數

採用下列計算公式卽可：

$$\frac{所需儲存物之數量}{2\times 搬運機具數（步驟四）\times 單位儲存高度層數（步驟五）}$$

$$=所需「儲存架」數$$

例：

$$\frac{10,000個儲存單位}{2\times 5部搬運機具\times 14層儲存高度}$$

$$=72個儲存架。$$

(7)決定倉庫之長度

倉庫長度之計算，須先決定「儲存架」之長度。「儲存架列」之長度卽為在同一列上所有「儲存架」之總和。因此，須先計算單位儲存架之長度，單位儲存架長度為單位物體長度加上機具存提操作所需之長度及儲存架支柱之長度。例：設單位儲存長度為4½呎，則72個「儲存架」之「儲存架列」長度為 4½ 呎×72＝324呎。理想的「儲存架列」之長度為介於二五〇呎至四〇〇呎之間，以便使搬運機具達到最高的使用效率。上述僅考慮到「儲存架列」之長度，整個倉庫的長度須再加上搬運機具操作時所需之長度及空間之需求。

(8)決定倉庫之寬度

要決定倉庫之寬度必須先計算「單位通道」之寬度。一個單位通

道之寬度包含一個通道及相鄰兩邊之「儲存架」之寬度，因此一個「單位通道」之寬度以物品之最大寬度乘以三倍再加上「寬放寬度」即可。將「單位通道」之寬度乘以全部之通道數即爲整個倉庫之寬度。例如一個倉庫有五個通道，則其倉庫寬度爲：

物品最大寬度（4呎）×3＋寬放寬度（1¼呎）

＝單位通道寬度（13¼呎）

單位通道寬度（13¼呎）×通道數（5個）＝66¼呎。

因此整個倉庫的寬度約爲67呎。

(9)成本之預估

成本之估計最好能同時採用「高估」與「低估」兩種，如做預算時僅能採用一個數據時，則可以以二者之平均值來表示。

（三）其它考慮

前述九個步驟是告訴我們如何設計一個倉庫的過程，此外還有其他因素也必需考慮到、例如：

①搬運機具的選擇：採用自動化電腦控制的設備，抑採用其他的輸送方法，何者較佳？須由工業工程師以工程經濟的技巧來分析決定。

②建築物的載重負荷能力。

③物料是否需特殊的溫度、溼度之控制。

④是否需特殊的防火消防設施。

第六節　物料的搬運與驗收

（一）物料的搬運

物料之搬運，可分廠外裝運和廠內搬運兩部份來講：

㈠廠外的裝運：物料的裝運，首須達到安全、如期、經濟之目

的，故必須從包裝、運輸工具及裝貨方法三方面去多加注意：

(1)貨物的包裝：貨物的包裝，須注意以下事項：

(A)包裝須配合物料性質——物料之性質，有易燃者，有易爆者，有怕潮者，有懼曬者，故包裝時須按其性質處理，以免毀損。

(B)包裝費須力求低廉——在不妨礙堅固安全的條件下，包裝所用的內外材料，宜力求可重複利用，且價廉質輕、不佔地位者，以節省包裝及運輸費用。

(C)包裝物品之重量、容積須易於搬運起卸——包裝成的每件物料，須合於路局、郵局，或運輸公司的規則，並考慮到人工之負荷，每一物包，以二十立方呎以內之容積，二百五十磅以下的重量爲宜。

(2)運輸工具的選擇——輪船、火車、汽車、飛機爲今日貨運的主要工具，在不延誤所定的期限下，依安全、經濟以爲選擇。

(3)裝貨的方法——爲達安全、完整、無損之目的，負責裝運人員，應注意裝卸方法，何者在上，何者在下，何者在前，何者在後，何者宜與何者相間相夾，如何安置，如何綑縛，皆須按貨物之大小、性質、重量而做決定。

㈡廠內搬運：

工廠生產，以連續製造程序最佳。從前廠內搬運，多用人工，費時間、費金錢，太不經濟，今日工廠，則多已利用機械搬運，如地面式的手推車 (Hand Trucks)、拖曳車 (Truck Tractors)、提舉車 (Power Lift Trucks)、推置車 (Stackers)、重力滾動傳送器 (Gravity-roll Conveyors)、動力傳送器 (Power Conveyors)、吊運式

表 8-4 驗收單格式

××公司 物料驗收單

驗收倉庫 ＿＿＿＿＿＿

交貨日期 ＿＿＿＿＿＿

購貨單　字 No＿＿＿＿＿＿　字 No＿＿＿＿＿＿

驗收單　字 No＿＿＿＿＿＿

材料編號	名稱	規範說明	單位	定購數量	驗收數量	單價	金額	總計	累計數量	累計金	計	額

請購單（　）字 No＿＿＿．交貨通知單（　）字 No＿＿＿　交貨地點:＿＿＿

承購廠商:＿＿＿　L/O No＿＿＿　合計

外購 Free No＿＿＿

備註:＿＿＿

經理　　　　總務主任　　　　材料股長　　　　驗收　　　　會驗

的鏈鎖自動傳送器 (Chain Conveyor)、吊桿起重機 (Cranes)、蒸汽牽引機 (Locomotive Tractor) 等。

（二）物料的驗收

貨物運到之後，由專人根據購貨單上所定的數量、名稱、規格、交貨日期負責查核，除此而外，貨品之損壞者，亦應拒收。如須以試驗、測定、或計算等，則須與有關人員會同辦理，具有特殊性、專門性者，亦應與申購單位共同驗收。

收貨部在收到貨物檢驗合格後，卽塡寫物料驗收單（如表8-4），註明收貨日期、承購商行、請購單、購貨單的字號、材料名稱與規格、驗收數量等項。一般言之，驗收單應塡具一式六份，分別送往採購部、請購單位、庫房、製造部、材料登記員（物料控制部），並留下一份自存。若驗收不合格，則將貨品退交採購人員。以退回原廠商，或由原廠商另換合格物品再行檢驗，如係逾期交貨，應注意計扣違約罰金。

第七節　物料的保管與儲存

物料採購的品質再好，搬運的再無損耗，若保管不良，仍能損毀變質，甚至會發生危險。在此特將物料保管的十一原則與物料儲存的方式，分別加以介紹：

（一）物料保管的法則

(1)凡有相斥性或相吸性的材料，宜分隔置放，不得混存一地，以免性能消失——如陰電瓶與陽電瓶、磁石與鋼鐵等，一經觸犯，立卽發生本質變化，或失去效用，或失去效能。

(2)凡氧化性較強之物料，應置於顯度較大之處；夏季尤須注意——如火酒、汽油、火藥等，顯度不夠，極易燃燒或爆炸。

(3)凡種類不同或品質相異的材料，宜分區儲存，不可互混——庫存物料太多，如不劃分區域，任地置放，不但檢查與發放困難，而且能使材料之墮性定律顯現出來；卽新料先發，舊料滯存庫中，時間一久，舊料易成廢料。

(4)物料庫內應劃分區段，每一區段以儲存一種同質材料爲原則——在分區儲存下，爲防混雜，並易於識別，可在各區之天花板上，分別標識該段物料的通性，以免混雜，而生危險。

(5)物料儲存於通廊中者，須分別在各廊下之地板上，標明材料的符號。

(6)物料庫中所用的厨架箱桶，都應有標記或簽條，以標明所存材料的種類。

(7)物料庫中，應按所分區段及所儲物料，分別於地板上標明之。

(8)所分區段與存料地點，以及所存的各種物料，應具詳細表册，以便於查考。

(9)凡潮濕性較大的物料，應放置於乾燥地點——因爲潮濕性大的物料，其滲透性亦大，當氣壓過低時，表面卽現濕潤，必須置於乾燥地區，始能減少腐蝕。

(10)凡風化性較大的物料，宜存放於空氣窒礙之處，以減少消耗與無形損失；如蘇答、苛性鈉等，卽須如此處理。

(11)凡體積大，又很笨重的物料，宜放置下層地面上；體積小而輕的物料，宜置於上層；長度大的物料，宜置於架上，以免有頭重脚輕，顛覆損壞之虞。

　　以上之十一原則，乃物料保管中一般應注意的問題，其他枝節頗多，管理人員尙須時時注意。

（二）物料儲存的方式

(1)集中式 (Centralized Types)——合一切物料為一庫而儲存的
方式叫作「集中式」; 我們必須注意的是, 集中式的集中, 並
不是指漫無秩序、雜亂無章的把物料隨意的集中在一起; 而在
一個倉庫之內, 仍依其品質而分類, 依其類而分區, 故仍是井
然有序, 毫不混亂。在此, 將其優劣點分別舉之於下:

1. 優點:

(A)便於管理——物料按類分區的全集中於一庫之內, 由一個
物料管理員, 卽可將全庫管理。

(B)節省人力——只要少數工人, 就可承擔一切運送、存放、
包裝、捆紮等雜務。

(C)可節省建築設備及其他若干費用。

(D)佔地之面積較小, 尤能收財政上節流之實效。

2. 缺點:

(A)難與製造部門之需要相調劑。

(B)易生意外危險。

(C)運輸困難, 耗費時間。

　　因為集中式有以上之缺點, 在今日一般較大的企業, 大多不願採
用它。

(2)分散式 (Decentralized Types)

　　上面所談到的集中儲存方式, 其優點都是從消極方面著眼, 其缺
點卻都是積極因素。不管是研究企業經營的學者, 抑是實際從業的工
商企業家, 無不著重積極因素的創建。在此所要介紹的「分散式儲
存」, 就是從這個觀點去建立其理論基礎; 其主要目標, 乃以生產效
率為前提。

　　為使製造部門領料便利, 物料管理員與工人, 都可實行工作替換

制，晝夜各有人工作，故能永不停息。爲使物料供應迅速，其物料儲存，則採用分散辦法。

所謂分散儲存方式，乃完全依各製造部之需要，而分別設置分庫，凡該部所需的大量物料，在不衝突之原則下，宜儘量使儲存於靠近它的分庫內，以備隨時領用。至於此一儲存方式的優點，爲一般人所公認者，首爲運送便捷，經濟時間；其他如物料保管人員與各製造部能保持密切關係，洞悉生產需要，不致供應不及。此法的缺點爲：物料儲存分散後，職守不專、責任不明，難於控制，而易生流弊；但事實並不盡然，因爲物料之儲存雖然分散，但其管理仍能集中，一切管理工作之程度並未稍變，只不過物料庫本身的工作程度比較繁複了些而已，所以分散式才能爲今日之一般大企業所採用。

第八節　物料的分類與識別編號

爲使物料的識別、分配、管制等工作簡化省時，並便利儲運及機器記帳、統計分析，在物料管理中，極宜將所有材料加以分類與編號，在此將其分別說明於下：

（一）物料的分類

物料之種類頗多，若按其使用價值看，有新料、舊料、呆料、廢料；若按其使用目的，則有土木、電器、化學機械、醫藥及其他雜項。但普通企業按其庫存之所有，多區分爲生產用原料、機件、在製品、工具、消耗材料、製成品等庫存物品：

(1)生產用原料 (Raw Material)——卽供生產之用的一切原料，如鋼鐵、石棉、纖維……等。

(2)機件——購入之機器用件，如鍛件、鑄件、活塞、齒輪……等。

(3)在製品 (Goods in Process) ——是指生產原料已開始一部份

加工，但尚未完成的半成品。

(4)工具——包括手工具、型具夾定器、木模、銑模、量具等等。

(5)消耗性材料（Supplies）——此乃供給生產所用的間接材料，如潤滑油、砂布等。

(6)製成品（Finished Goods）——此指已製造完成，即將交貨的成品。

不管物料按何者分類，在庫存控制方面言，所必須遵守者乃「同類相聚、異類相分」的原則，再分其類，再在每類之中，擇其名稱與性質相類者集於一處後，再按其規格（如大小、厚薄、長短、容量）區分，並以文字或記號表明之；這也就是物料的識別編號了。

（二）物料的標識編號

現代企業，不但將物料分類編號，實則工作、部門、會計科目、運送路線等，也都可用符號代表之。在物料方面之標識記號，有以下四種編法：

(1)數字編號法（Numberical System）：此乃以阿拉伯數字來代表物料的類別、名稱、規格。假設生產用原料為第一類（以01代表），鋼鐵為其中的第二項（以 2 代表），3×4×2 型鋼以14代表，則可編寫為「01—2—14」。

(2)文字識別法（Muemonic System）——用英文原文之第一字母或某一品名之縮寫代表之，如 Steel 以 S, Cenment 以 C, Electrical Switch Button 以 EBS 代表之。

(3)十進分類法（Decimal System）——此法創自杜威，所以也有稱之為杜威制（Deway System）者，現以下例說明之：

假設「原料」為分類中的第一類，「金屬」為原料類的第一種，「黃銅」為金屬中的第二項，「可切割的黃銅」為黃銅項下的第三綱，

「0.008×0.5×100之可切割黃銅」又爲其綱中的第五目，那麼在十進小數法之下，便可把這種規格的可切割黃銅，編寫爲「11235」。

(4)混合法（Mixed System）——此法是將上面所說的數字法與文字法混合（如 1—3—S），或將以上三法混合（如 11—C—1）均可。

除以上之編號方法外，也有在物體之某一定點，按種類或規格的不同，而塗以不同顏色者，也有貼以標籤區別者。

第九節　存量控制

因爲物料在製造業的預算中分量頗重，所以企業管理者對物料管理特別重視；而想做好物料管理，則必須先從存量控制做起，良好的存量控制，可使管理者隨時明瞭各種物料的正確存量，了解物料的收發情形，而使必需之物料經常保持適當存量。並能由內部牽制，以遏止物料之浪費、走漏及舞弊；使管理部門得悉耗用實況；使採購部門有準確的參考；使會計與生產部門便於成本統計。這都是存量控制的益處。

一般言之，單位總成本開始時會隨「固定訂貨成本」之減少而減少，但至某一程度後，訂貨成本之減少已抵不上「儲存成本」之增加幅度，而使單位存貨「總成本」增加。若以圖 8-2 表示之，Q_0 爲其「經濟訂購量」，因此時的「總成本」最低。

在本節，我們進一步來介紹此一問題。

(一) 請購點及一次訂貨數量

物料儲存過多會產生積壓浪費，過少又形成停工待料，故特將其最高與最低標準，予以介紹。爲維護此二界限，又須「請購點」與「請購量」加以輔助之，在此一併予以說明：

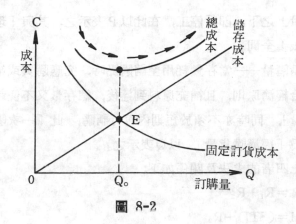

圖 8-2

(1)最低存量——這是庫存物料所必須保持的最低存量，在此以R
表示。當物料存量只有最低存量時，便應着手訂購，所以也有
把它視爲「申請點」者，不過有些工廠，其申請點之數量，也
可能在最低存量之上，這只是企業管理者的個別規定而已，不
管如何，「最低存量」乃庫存物料之警戒線。此者又可分爲以
下二者：

　　1. 理想最低存量：當物料降至此一界限，必須立卽補充，否則在
　　　補充或申購之物料未到達前，存量降至實際最低存量下，若
　　　用量或存量稍一變動或補充不及，卽須停工（以 R_1 表示）。

　　2. 實際最低存量：此者卽安全存量，乃預防物料在補充或耗用
　　　方面發生意外時俾爲應急之用（以 R_2 表示）。

(2)最高存量——此乃某項物料於某特定期間（如一年或一生產週
期）內之最多存量，在此以M表示之。如物料逾此界限，卽爲
浪費。

(3)請購點——當物料耗用而剩下某一特定數量時，則須請購補
充，否則購運時日稍一延誤，物料未到而存量已降至「安全存

量」之下，卽行停工，在此以 P 表示之，其與「理想之最低界限」全同。

(4)請購量——當存量耗用至請購點時，究應購買或補充多少，方合經濟原則，且補充原料到達後，總存量又不使超過「最高存量」，同時亦不須於短期內再行請購，此「一次購貨量」稱之為「經濟購貨量」，以 Q 表示之。

以上四者的求法及關係如下：

(1)$R = R_1 + R_2$

(2)$M = (ST_2) + R_2$

(3)$P = R = R_1 + R_2$

(4)$Q = ST_2$

〔附註〕

S＝每日消耗量

$R_1 = ST_1$

T_1＝購運日數

T_2＝年度或生產週期日數

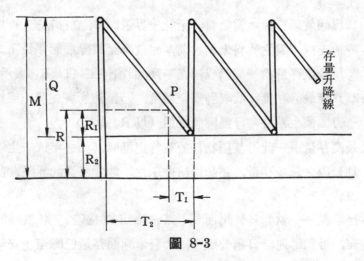

圖 8-3

表 8-5　物　料　記　錄　卡

分類		編號		品名		規格	
單位		最低存額 (2)	最高存額 (3)	每年平均耗用數額 (4)	存貨單位價格 (5)		
廠商號數 (1)							

訂購				收				到				發				結	存貨 存
購貨單號數	出售商號	訂購數量	訂購日期	日期	訂單號數	製造單數	訂購總數	號數	數量	單價	總價	領料單號	發料日期	發給部門	數量	總數量	基隆倉庫 臺中倉庫 臺北倉庫 高雄倉庫 臺南倉庫 總倉庫

表 8-6 卡櫃標籤

分類＿＿＿＿＿				編號＿＿＿＿＿			單位＿＿＿＿＿	
品名＿＿＿＿＿＿＿＿＿					規格＿＿＿＿＿＿＿＿＿			
月　日	單　　據　　字　　號				收　　入	支　　出	結　　存	

（二）庫存控制的方法：

　　庫存物料的控制，通常有記錄（Records）、請購（Requisition）、報告（Reports）三種方法；簡稱爲「三R」制：

(1)記錄制——每種材料都用活頁卡片來記載其收入與發出，並隨時結出其存貨數量，管理人員只要翻閱卡片，就可知道某項物料的現在庫存數量，這種活頁卡片，相當於材料分類帳，其格式如表 8-5，爲便於尋找，在活頁卡的上端或下端，須將物料的名稱、編號寫出，爲做採購之參考，須將其「最低存量」與「最高存量」標明。所以記錄制，不僅能供給所需的資料，有效的控制物料之數量和金額，同時對製造計劃、成本計算，都有很大助益。

　　因爲此制是一料一卡，物料庫內之記錄卡爲數頗大，爲查閱及歸檔方便計，可用各種不同顏色的紙夾幫助分類。

　　記錄制中比較簡單的是「卡櫃標籤」（Bin Tag），此種標籤是掛在物料存放之處，上載材料編號、品名、規格，及收入、支出、結存的數量，簡單明瞭，可隨時與存料卡及實地存貨核對之。我國企業界採

表 8-7 物料收發存月報表格式

物料收發存月報表

單位名稱＿＿＿＿＿＿＿＿＿ （ ）字No

民國　　年　　月　　日共＿＿＿頁, 第＿＿頁

材料		規　格	單位	上　月結存量	本　月收入量	本　月發出量	本　月結存量	備　註
編號	名稱							

用此制的頗多。不過此制也有其缺點, 如標籤之易於掛錯或失落, 物料管理員於收發料匆忙中之漏塡, 都須多加注意。

(2)請購制—— 物料控制之嚴密與否, 與請購制的關係頗大, 一個適當的請購制度, 必須符合下列兩大原則:

1. 物料請購必須經物料控制部門審核: 這是針對防止浪費及禁購不必要的物料所應遵守的原則, 不管是那一部門, 凡申請購買, 都須由物料管理部門查對存量, 加註意見, 送請主管核准。

2. 必須在最低存量 (Minimum Point) 方可採購; 其購量不得超過一次訂貨量或最高庫存量 (Maximum Point)。

根據這兩個原則, 企業的採購, 多由物料控制部門或物料庫負責辦理, 物料卡辦事員, 一發現卡中結存欄之數量低於最低存量時, 卽應在最高庫存量之內, 申請補購。

(3)報告制——每到月終, 物料庫按平日逐日登記的收發情形, 編製成「物料收發存月報表」, 卡中結存數量, 也同時編列表內 (如表 8-7)。

此表，通常複寫四份，一份送會計部，連同收發材料憑證，以行記帳並核算成本；一份送製造部，俾使得知該月用料情形、庫存數量；一份呈送主管；一份自存。每至年度結算時，再編製「年終物料盤存表」，以為決算報告表編製的根據。

對庫存控制的三R制，只要能善自運用，必能有良好的成果。但有些企業的控制方法運用頗佳，却仍會發生漏洞，其原因出在負責物料控制的辦事人員身上，所以在此特提出兩點注意事項：

1. 物料簿記員的辦事地點不可設在物料庫內，以防止其與物料庫內職員勾結竊取而竄改記錄。此乃內部牽制所不可忽略的問題。

2. 物料管理部門最好能接近製造部門：此乃便利於製造部門或工程設計部門的取得參考，以配合工作之進行。

（三）盤　　存 (Physical Inventory)

由於庫存的實際數量與物料卡上的數量難免有所出入，所以物料管理者，常須把庫存的實際數量，作定期的清點，一則使存量管制更為有效，再則使賦稅有可靠的根據，這就是所謂的盤存工作了。盤存的方法，須視物料數量及種類之多少、在製品的標準化程度、製造方法而各有不同，不過常用者，有以下三法：

(1)申請點盤存——每週存量降至「申購點」時，卽行清點庫存物料。

(2)定期盤存——各種物料按其類別及地點區分，每年至少清點一次，由曾受專門訓練之人員擔任之。

(3)每年或每半年全部盤存——每年或每半年，將全部物料都盤存一次，自然庫存之記錄數量比較正確，但如此清點不但費時，而且工廠內的生產工作，及與其有關的其他業務，都將因之全

部停止。

第十節　收料發料與退料

（一）收　　料

企業每日收入的物料，不悉幾何，其規模宏大者，次數尤多，如不能周全準備，必錯誤百出，導致混亂；尤其進料數量若與記載者有所出入，不但妨礙生產，更影響損益之計算。

而收料，是驗收後不可缺少的一步物料處理手續，當物料到達指定場地，由主管派員驗收，並由用料單位人員會驗，會計人員監驗，驗收完竣，即點數收料，入倉存庫。

（二）發　　料

物料庫將物料發給申請領料的單位，叫做發料。發料時必須由用料單位開具領料單（Materials Requistion），物料庫接到領料單時(1)先須查核其號碼是否前後連續，如不連續，須問明其間斷原因，並檢查領料單之號碼有無錯誤。(2)領料單上如有更改，負責人須加蓋印章。(3)領料單字跡塗改模糊者，須換填新單。(4)須由單位主管批准蓋

表 8-8 Materials Requisition

請領部份＿＿＿＿　　　領　　料　　單　　　號　　數＿＿＿＿					
帳　戶＿＿＿＿＿＿＿＿　　　日　期＿＿＿＿　製造令號數＿＿＿					
分編 及 類號	物 料 名 稱 及 規 格	數　量	單　位	單　價	總　價

章。以上檢查通過後，方能發料。(5)發料時應請領料人員當場驗視，如物料之數量、規格已與單上相符，則請其於「經領人」處簽章。(6)物料發出，卽須在領料單上加蓋「發訖」戳記，並登錄材料帳內。

領料人準備領料時，卽須開具領料單一式三份：一份送物料庫領料；一份送會計登帳；一份自存，其格式如表 8-8。

（三）退　　料

在庫存管理言之，退料實屬收料範圍，通常有三種情形：

(1)餘料繳庫——此者，乃製造部門將其領用而剩餘之材料，再退回料庫。餘料退回時，退料單位應填寫退料報告單 (Returned Material)（如表 8-9）連同所退物料，至倉庫辦理之（也有

表 8-9　Returned Material

退料部份_____ 帳　戶_____ 請領單號數_____	退 料 報 告 單			號　數_____ 日　期_____ 製造令號數_____		
分　編 及 類　號	物 料 名 稱 及 規 格	數 量	單 位	單 價	總 價

由物料保管人員開具退料單者）。通常退料單為一式三份：一份交物料倉庫；一份交會計記帳；一份自存。管理人員點收物料之後，務須於退料單上蓋以「退訖」或「收訖」字樣，以便核對。

(2)壞料繳庫——所謂壞料 (Spoiled Material)，是指損壞而不能

使用的材料，這是任何工廠皆難以避免的，依物料管理的原
理，對其價值亦應有正當記載，而將之退回物料庫。在壞料
退回時，須開具壞料報告單，連同壞料一併繳回料庫（如表
8-10）。

表 8-10

部份＿＿＿ 帳戶＿＿＿	壞料報告單	號數＿＿＿ 日期＿＿＿					
材料編號	名稱及規格	單位	原領數量	損壞數量	原領價值	損壞價值	損壞原因

物料庫主任　　記帳人　　收料人　　單位主管　　填單人

(3)廢料繳庫——所謂廢料（Scrap Material），乃指工場在製造
過程中，所遺留下來的碎殘物料；如翻砂廠的鐵屑、印刷業的
廢紙污紙，只不過在本廠製造功用上失却效用，但其本身仍有
殘餘價值存在，所以製造部門應於一定期間內將其蒐集，開具
廢料報告單，與廢料一併繳回料庫（如表 8-11）。

　　壞料與廢料報告單，皆須複寫三份，其處理情形與退料報
告單同，故不贅述。

表 8-11

材料編號	名 稱 及 規 格	單位	數 量	單 價	總 價	備　　　註

部　份＿＿＿＿　　廢　料　報　告　單　　號　數＿＿＿＿
帳　戶＿＿＿＿　　　　　　　　　　　　　日　期＿＿＿＿

（四）呆　料

呆料之形成，可能是由於新產品之發明，舊產品停止製造，物料庫存放的舊產品物料已無用處，而成爲呆料；也可能由於新機器之代替舊機器，舊機器的配件已不適用，也形成呆料。

呆料若存放太久，由於損壞、變質、價值日益減少，物料管理人員應經常清理，並設法賣與同性質而仍沿用舊機器的工廠，價格可能不會太低。亦可在售賣舊機器時，將呆料一併售與承購商。

第十一節　物料的計價

假若各批物料的購買價格全同，那麼領用時的料價，照原價計算卽可，但各批物料之購入時間、數量、市場、價格若有差異，而各批於物料庫中又混在一起，發料時，究應以何者爲計算標準，實爲物料管理上一大問題，故在此特介紹數種計價方法於下：

（一）**直線平均法**（Straight Average Method）

此法係將新進材料之單位價格，與舊材料之單位價格相加，求出總和後，再以批數平均之，卽得其平均價格，例如某物料之進料情形如表8-12，那麼一月四日前發放時之價格爲十五元；八日前發放時之價格應爲15＋16÷2＝15.50元，八日以後發放，則有兩種情形：(A)如第一批材料已發完，應按照二、三批進料之平均單價（16＋17÷2＝16.50元）計價。(B)如第一批材料尚未發完，應按三批進料的平均價格（15＋16＋17÷3＝16元）計價。

表 8-12

收				料	
日期	批數	數量	單 價	金	額
1.1	1	200	$15.00	$ 3,000.00	
1.4	2	150	16.00	2,400.00	
1.8	3	100	17.00	1,700.00	

此法的優點是計算簡單，稍具數學知識者卽可勝任；其缺點在於期末對各種材料價值，常須加以整理才能使帳面價值與平均成本相符，徒費手續，而且帳面價值與平均成本之差額，常須轉入製造成本內負擔，對產品單位成本影響頗大；此其不可取之處。

(二) 加權平均法 (Weighted Average Method)

此法係將某一月內收進物料之數量與單價之乘積，與期初材料數量與單價之乘積相加，再以兩批物料之總量相除，以求得其商，例如一月一日與一月三十一日之兩批物料，其加權平均之單價爲：$\frac{200\times15+600\times16}{200+600}=15.75$元。其收發及計價情形如表 8-13。

表 8-13

收			入	發			出	餘		存
日期	數量	單 價	總 價	日期	數量	單價	總 價	數量	單 價	總 價
1.1	200	$ 15.00	$3,000.00					200	$ 15.00	$3,000.00
1.31	600	16.00	9,600.00					800	15.75	12,600.00
				1.31	700	15.75	11,025.00	100	15.75	1,575.00

　　此法之優點，在於計算工作簡便，每月只須計算一次；採用分步成本會計並屬大量生產之企業，可採用此法。其缺點爲缺乏彈性，而且加權平均數至三位小數時，卽失却其正確性。

（三）移動平均法（Moving Average Method）

　　物料庫購進的各批物料，是經混合後才行使用，所以，應將新進材料的數量與單價之乘積，與舊存材料數量與單價之乘積相加，再以二者之總數量除之，以所得之商，爲發料計價之標準。例如（參看表 8-14）：一月四日以前領發者，其價格以十五元計算；八日前三日後領發者，則以加權後新得之平均數：

表 8-14

收			入	發			出	餘		存
日期	數量	價 格	總 價	日期	數量	價格	總 價	數量	價 格	總 價
1/1	200	$ 15.00	$3,000.00	1/3	100	$15.00	$1,500.00	100	$15.00	$1,500.00
1/4	150	16.00	2,400.00	1/6	200	15.60	3,120.00	50	15.60	780.00
1/8	100	17.00	1,700.00	1/10	100	16.533	1,653.30	50	16.533	826.65
1/12	50	18.00	900.00					100	17.2665	1,726.65

$$\frac{100\times15+150\times16}{100+150}=15.60$$ 元計價。十二日以前至八日之領料價

格為$$\frac{50\times15.6+100\times17}{50+100}=16.533$$元

十二日以後之計價為$$\frac{50\times16.533+50\times18}{50+50}=17.2665$$元

　　此法的優點是彈性較大，得因時、因料制宜而變更發料價格，故能適應市場實況及正確成本計算之目的。其缺點為計算麻煩，非少數人所能勝任。

（四）先進先出法（First-in First-out Method）（簡稱為 Fifo 法）

　　此法乃以最先購進的物料，假設其最先使用，其成本按最先購料價格計算。若領用物料包括兩批購入之物料，便應按照每批所包含的數量，各按其原價計算。如表 8-15 內所示：一月三日發料，按一日進料價格十五元計算即可。一月六日發料，其中包含一二兩批之進料，以先發首批為原則，故首批所餘之一百件以第一批原價十五元計算，另一百件，則依第二批進價十六元計算。一月十日發料時，包括二三兩批進料，先以第二批餘存之五十件按十六元計價，另五十件則按第三批進料價格十七元計算之。

表 8-15

收			入	發			出	餘			存
日期	數量	價格	總價	日期	數量	價格	總價	數量	價格	總價	
1/1	200	\$15.00	3,000.00	1/3	100	\$15.00	\$1,500.00	100	15.00	\$1,500.00	
1/4	150	16.00	2,400.00	1/6	100 100	{15.00 @16.00	3,100.00	50	16.00	800.00	
1/8	100	17.00	1,700.00	1/10	50 50	{16.00 @17.00	1,650.00	50	17.00	850.00	

　　先進先出法之優點爲製成品成本與銷貨成本能表現正確價格，在物價穩定時最爲適用。但在物價上漲時，所計算出的成本會發生偏低現象，有虛盈實虧之嫌，物價下跌時，成本計算又會偏高，有虛虧實盈之弊。

（五）後進先出法（Last-in First-out Method）（簡稱 Lifo）

　　此法適與上一方法相反，認爲發出的物料，常爲最後入庫者，所以，對發出物料之計價，也應以最後購存者的價格爲根據，直到發出物料的數量，已達最後一批之購入量，再按次後一批計價；餘此類推。玆根據表 8-16 說明於下：

表 8-16

收		入		發			出	餘		存	
日期	數量	價 格	總　價	日期	數量	價格	總　價	數量	價 格	總　價	
1/1	200	$ 15.00	$3,000.00	1/ 3	150	$15.00	$2,250.00	50	$ 15.00	$ 750.00	
1/4	150	16.00	2,400.00	1/ 6	100	16.00	1,600.00	50 50	15.00 16.00	1,550,00	
1/8	100	17.00	1,700.00	1/10	100	17.00	1,700.00	50 50	15.00 16.00	1,550.00	

　　一月三日發料之單價，乃依當時最後一批之價格十五元計之。一月六日發料，依當時最後存料價格十六元計之。一月十日之發料，依最後進料價格十七元計算。

　　此法之優點爲計算出的成本，與市場價格相吻接，而物料之餘存者，其價值爲最先購入各批物料的價格。

（六）標準成本法（Standard Cost Method）

　　此法又稱預定價格法（Predetermened Price Method），應用此法時，企業主管人員應於每期開始前，估定一種最近的平均價格做發

料價格的標準，如其收料價格仍根據上表，發料之價格估定爲十六元（每次發料價格全同），如此一來，此估定之標準成本必與實際成本發生差異，至期末則須加以調整，耗費人工，影響期末的損益，所以此法除計算方便外並無可稱道之處；在物價穩定時，亦有採用價值。

（七）最高成本法（Original Cost of Highest Price Stock Method）

此法乃於發料時，選用其一定期間內庫存材料最大價格者爲計價標準，如表 8-17 所示：一月三日發料按十五元；一月六日發料，按當時進料之最高價格十六元計算，一月十日則按其所有物料之最高價十七元計算。

表 8-17

收			入	發			出	
日期	數量	價格	總　　價	日期	數量	價格	總　　價	
1/1	$15.00	$15.00	$3,000.00	1/3	100	$15.00	$1,500.00	
1/4	150	16.00	2,400.00	1/6	200	16.00	3,200.00	
1/8	100	17.00	1,700.00	1/10	100	17.00	1,700.00	

此法之優點，在於減少企業家估計成本過低的風險；其缺點則有過於穩定之嫌，而難達大量生產之目的。

除了上述七種計價方法外，尙有原始成本法 (Original Cost Method)，重置成本法 (Replacement Cost Method)，分批法 (Lot-method) 等，但原始成本法、分批法寓義於先進先出法內，重置成本法寓義於後進先出法內，故不再贅述。

以上各法，各有利弊，企業經營者究宜選用何者，則應以企業經

營性質、物料種類、市場變動情形、會計制度等，審慎研究，適當採
用。

<h2 style="text-align:center">第十二節　料帳的記錄</h2>

物料帳是物料管理的主要控制工具，也是生產管理、成本控制的
中心工作，它是記載物料收入、發出、結存的帳簿。茲將物料分類帳
的記錄方法與功用介紹於下：

（一）記錄方法

(1)收入物料之記錄——物料簿記員接到物料報告單之副聯時，卽
　　以此為憑證於物料帳之收入欄內，按收到日期、收到數量、單
　　位成本、及收入物料之總成本逐項記錄之。

(2)發出物料之記錄——對所開出之領料單，由物料保管員交物料
　　簿記員，簿記員依所開物料號數，自該物料帳戶中求其單位成
　　本，填入領料單內，再求其成本總額，然後將發出日期、領料
　　單號數、發出數量、單位成本、所發物料之總成本額，逐項記
　　入該物料之發出欄中。

(3)退料之記錄——物料簿記員根據退料報告單，按收料情況記入
　　該物料帳之收入欄內；但退料總非眞正收入物料，只是前發物
　　料之退回或減少，故宜以紅字記入發出欄內以示減除；如此，
　　收料總數與發料淨額，均可有準確之計算。

(4)廢料及壞料之記錄——簿記員依廢料或壞料報告單，將廢料或
　　壞料，記入所已開有的廢料或壞料專戶中的收入欄內。而後如
　　發出此種物料，須另開領料單，而記入發出欄中，與其他物料
　　之發出全同。

(5)調整存料——分類帳結存數量，有時與實際盤點數會有出入，

必須於實際盤點後設法轉正，俾使之相符。

（二）料帳的功用

(1)節省時間與勞力——欲知存料多寡又無料帳可查，則非實地點驗盤存不可，大企業之盤點費時費力，有物料帳則一查便知。

(2)便於控制物料——依料帳可編成物料之一切表報，對物料之分配、數量，都能一目瞭然，對物料之控制助益頗大。

(3)聯繫各部業務——採購部藉料帳不致使採購過量或不足；製造部藉此有所需之原料而順利完成計劃；財政、會計等部門亦可藉料帳有所依據，尤可控制料庫與物料管理人員，以防弊端。

第九章　時間與動作研究

第一節　時間與動作研究的意義與目的

（一）起　源

科學管理之父——泰勒，為了確定工人的工作標準，乃於一八九五年在機器房內研究工作時間，首先發現同樣的工作由不同的工人來做，其工作時間必不一致；有人能以其靈活的方法縮短工作時間，也有些人以無益的動作而消耗了精力與時間。泰勒乃以馬錶（Stop Watch）記錄每種動作的工作時間，而定出其標準時間來。

因為生產的進行，就是若干動作的聯合與繼續，唯有講究動作的效率、廢除不必要的浪費、縮短加工的時間，才能增加工作效率，所以吉爾布列玆（F. B. Gilbreth）——動作研究的創始人——乃將各種操作細分為若干基本的單純動作，以改進工作方法。例如他研究泥水匠搬磚及砌磚的動作，發現工人步行、彎腰、取磚、伸直、手臂的屈伸，有很多耗費時間、精力的無益動作。經其研究之後，乃製成一置磚器，令一副手將磚依正反面放置器上，磚高至砌磚工匠之腰身，置磚器隨牆壁的加高而升高，如此以來，砌磚工匠就不必行走，也不必彎腰，即可取磚，手臂得以伸屈自如；原先砌磚所需的十八種動作，經改善後則只有五種即成了，而且工作效率也由每小時砌一百二十塊磚增加到砌三百五十塊了（幾近三倍），既省體力，又少疲勞。

（二）意義與目的

由以上的說明，乃知泰勒首創時間研究(Time Study)，嗣後效用日見擴大，吉爾布列玆師其意而加以推進，創立了動作研究（Motion

Study)。實則，動作研究乃時間研究的初步，也可以說兩者有不可分的密切關係。動作研究，是探討如何減少不必要的動作，以及如何操作始能增加工作效能；時間研究，則包括機器運用的時間和工人動作的時間，予以精密的考察，並制定其標準。所以，二者是兩位一體的東西，時間研究已包括動作研究在內，動作研究也少不了時間的研究，其最終的目的一致──其目的如下：

(1)尋求最省時、最省力的旣快速又完善的工作方法；改善工作狀況。

(2)訂定標準、合理的工作時間，做爲建立獎工制度的依據。

(3)做爲工作標準化、程序標準化的基礎，以利大量生產。

第二節　動作分析

動作分析，在詳細研究各個動作，探討動作中多餘、浪費、及不合宜之處，俾摒棄多餘的、合併重複的、糾正不適宜的，最後考慮人、時、地的情形，排列成最佳的動作方法。

一、簡單動作研究──對簡易可見的動作，利用馬錶予以測定，並行分析，而後將不必要的動作取消或合併，再將保留的動作順序組合，以尋求最佳、最快的動作。

二、細微動作研究──利用電影的拍攝方法，及絕對準確的時間紀錄，作細微動作的研究，它不但能將整個動作永久記錄在底片上，同時又能放映出來供大家研究；尤其是慢動作的攝影，更能將每一動作所表現的姿勢、角度、遲緩詳爲觀察，對動作研究之效果頗大；此乃吉爾布列妓所首創的細微動作測視法，他更將一切操作的循環（Motion Cycle）分爲若干最基本的單純動作，而稱爲動作原素（Motion Element），動作元素大致有以下十八種：

(1)尋找 (Search)： 用手指或眼睛去摸索與觀看之動作； 用 Sh 符號代表。

(2)發現 (Find)： 對瞭解目的物存在時之心理反應； 用 F 代表。

(3)選擇 (Select)： 物體發現後， 而由兩個或兩個以上目的物， 選擇其中合用者； 以 St 代表。

(4)握取 (Grasp)： 用手指或手掌接觸目的物而緊握； 以 G 為代表。

(5)運實 (Transport Loaded)： 將目的物由原處運送至施工處的動作； 以 TL 為代表。

(6)放置 (Position)： 將目的物運送至新位置後， 停止其運送的動作； 以 P 代表之。

(7)裝配 (Assemble)： 將目的物納入指定處所， 並使之穩固； 以 A 代表之。

(8)應用 (Use)： 對機械、 工具、 儀器等的操作或使用； 以 U 代表之。

(9)拆卸 (Disassemble)： 將施工後之目的物， 就其構成部份加以分開之動作； 代表符號為 DA。

(10)檢驗 (Insepect)： 對物體品質、 規格、 顏色及其他特性， 根據標準加以檢查； 以 I 為代表。

(11)預放 (Pre-Position)： 將目的物或工具置於某一位置， 以備下次應用； 以 PP 為代表。

(12)放手 (Release Load)： 將完成的目的物放下而置於指定地點的動作； 以 RL 代表之。

(13)運空 (Transport Empty)： 放手後， 將手移至另一目的物， 或空手而回的動作。 以 TE 代表之。

(14)休息 (Rest for Overcoming Fatigue)：暫時停止工作以恢復精力；以 R 爲代表。

(15)遲延 (Unavoidable delay)：爲工人不能控制的原因而發生的遲延；如機器突然不靈、原料補充不及；以 UD 爲代表。

(16)故延 (Avoidable delay)：工人可以控制的遲延；以 AD 爲代表。

(17)計劃 (Plan)：對某項工作進行前的思考；如決定工作方法，或考慮次一工作的時間；以 Pn 代表。

(18)持住 (Hold)：持物於手停留不動之瞬間；以 H 爲代表。

第三節　動作經濟原則

動作經濟原則 (The Principles of Motion Economy)，乃在設法節省勞力，使每一動作皆能發揮其最高效能；所以也就是不浪費動作的原則。此者包括㈠人體的動作，㈡工作場地佈置，㈢工具與設備的設計三方面，共有二十二項原則：

（一）用於人體的動作經濟原則

(1)雙手宜同時開始，亦同時完成其動作；俾使動作均衡減輕疲勞。

(2)除規定休息時間外，雙手不可同時空閒；俾免「故延」產生。

(3)雙臂應同時作對稱反方向的運動。

(4)手的動作盡可能要用最低級者——手的動作普通分爲五級：第一級是手指的動作；第二級是手指與手腕的動作；第三級是手指手腕與前臂的動作；第四級是手指手腕與前臂與上臂的動作；第五級是手指手腕前臂上臂與肩膀的動作。

　　手的動作以第一類最敏捷、輕鬆、省力，等級愈高，費力

愈大，也愈不經濟，所以工作場所或檯面的安置，機具用品的置備，物料的安放，最好能適合第一、二級者。

(5)要儘可能利用物體的自然運動量，如需體力制止，則應使物體運動量減至最小程度，或縮至最短距離，以減少體力之消耗。

(6)連續的曲線運動，較具有方向突變的直線運動為優。

(7)彈道式運動，比受限制或受控制的運動要迅速、輕易和準確的多。

(8)要儘可能使動作輕鬆自然而有節奏。

（二）工作場所安排之適合於動作經濟原則

(1)工具與物料須放置於固定地方，以便於取用。

(2)工具、物料應置於工作人員雙手最易握取之近處。

(3)物料運送應利用動力輸送至工作者之近處。

(4)要儘可能利用墮送方法，使配裝完工之成品自動滾去，或自動落入盛器內。

(5)工具、物料須按照最適當的工作程序排列。

(6)工作場所須有適度的光線，俾使視覺舒適。

(7)工作檯及坐椅的高度，須使工作者坐立舒適。

(8)工作椅務求使工作者保持良好姿勢。

（三）工具與設備之設計的動作經濟原則

(1)儘量以夾具或足踏工具代替手的操勞。

(2)儘量將同時使用的兩種以上工具合併為一。

(3)工具與物料儘量能預放於工作位置之處。

(4)應按照各個手指之能力與方便，分配操作時的負擔。

(5)手柄之設計，應增大與手之接觸面；輕便工具之手柄，其底部應較其頂端狹小。

⑹機器上的槓桿、十字桿、手輪的位置，應能使工作者極少變動
其姿勢，並能利用機器的最大能力。

第四節　時間研究

（一）時間研究的意義

時間研究（Time Study），乃是運用「時間研究」的技術與工
具，來分析、決定完成一件工作所需要的時間，以達標準化目的。

（二）時間研究的用途

時間研究在企業管理上的用途頗大，如:

⑴作爲擬訂「獎工制度」（Incentive-Wage Plan）的根據。

⑵對新的生產命令所需成本與時間的估計。

⑶協助動作研究，改善工作方法。

⑷在設計或改善工廠佈置時，可使各階段的機器生產能量一致。

（三）時間研究的類別

⑴個別工作的時間研究（Job Time Study）──此乃在標準化
之下生產相同的產品時，完成某一零件或某一單位工作所需的
「標準時間」。

⑵施工時間研究（Operation Time Study）──對原料或零件
的化學成分或大小不同時，所爲之施工時間研究（如切割之施
工時間研究）。

⑶生產時間研究（Production Time Study）──爲求各種個別
工作的詳細資料，乃對一種工作的時間作整天的研究。此種時
間研究，通常須靠以上兩種時間研究來加以補助的。

第五節 標準時間的決定

利用馬錶、時速表示器 (Wink Counter)、微分鐘 (Microchr-ono-meter)、馬斯透克機 (Marsto-chron)、時報機 (Kymograph)、機械時間記錄器、時間研究記錄表、視距儀等工具所得的資料記載下來以後，加以分析研究，再來決定標準時間。對標準時間的決定，通常有下列五種方法:

一、平均數時間法: 此法乃以多次測定時間的算術平均數為標準時間。

二、中位數時間法: 此法乃將每次所耗時間，按長短順序排列，取其居中者為標準時間。

三、最小時間法: 此法乃於測定的時間中，取其最短的一次為標準時間。

四、衆數時間法: 此法乃在許多次測定中，選其相同時間最多者為標準，也有稱其為模範時間法者。

五、優良時間法: 此法乃由觀察員的判斷而決定標準。

以上五種方法，平均數與中位數法，因方法簡便，故用者最廣，但不太精確; 最小時間法則太嚴格，企業管理者採用不多; 優良時間法雖較衆數法富有伸縮，但有時會過於主觀; 衆數法比較公允，故用者頗多。

不過這種標準時間，很難適合每一個體，所以有人提倡，按各人技術、勤勞、體力的「等級因素」加以調整，決定其寬容度，然後再以基本時間加寬放時間，求出標準時間來——假設等級因素為80/60，測定時間為三十分鐘，各種寬容度為 5 %，其標準時間為:

$$\frac{80}{60} \times 30 + \frac{80}{60} \times 30 \times 5\% = 42 \text{ （分鐘）}.$$

第十章　生產控制

第一節　生產控制的意義與任務

（一）生產控制的意義

生產控制 (Production Control)，乃適當的逐步控制各生產階段之流程，使於預定日程中，以最低成本，製造標準化產品。凡生產中對機具、人工、物料、計劃、製造方法與程序、生產進度與成本，乃至產品品質，皆包括於生產控制之中。

（二）生產控制的任務

(1)在計劃方面——此處所謂「計劃」，只是指製造部門接受製造命令後對控制工作的計劃而言，並不是指「生產計劃」；如所需人工、所需原料、操作方法、製作程序、所需機具等的決定皆屬之。

(2)在執行方面——此乃根據所決定的計劃，嚴格控制，按照程序，逐步實施：

　1.準備工作：包括製造途程 (Routing) 的排列，與製造日程 (Scheduling) 的排定。前者在佈置工作路線，後者在安排工作日程。

　2.控制工作：包括分排製造工作 (Dispatching) 與蹤催製造工作 (Follow-up)。前者在發佈工作命令，指定工人開始製造與完成工作之時間，並指示生產製造之工作重點；後者，除在考核製造工作之進度外，對足以影響工作進度的相關因素，均在查考、控制。

(3)在考核方面——包括(1)檢查工作進度；(2)檢討工作績效；(3)提出補救辦法；(4)擬定改進方案。

⑷在聯繫方面——製造部門為溝通意見，以利生產之進行，必須
　與各部門保持密切聯繫：如為了有關工人之意見交換，須與人
　事部門聯繫；為了交換成本與生產費用之意見，須與會計部門
　聯繫；為了交換有關物料品質、數量、所需時間諸意見，須與
　物料部門聯繫；為了交換有關生產數量或日程的意見，須與銷
　售部門聯繫。

第二節　生產控制的方式

因為各企業的製造方法與程序不同，所以對生產控制工作之實施
亦各有異，不過以通常言之，約有以下四類:

（一）分令控制（Order Control）方式

這種控制方式的實施，乃按照每次工作命令的規定，或依照每批
產品的特性進行，所以也稱為「分批控制」（Job-Lot Control），最
適於「裝配式製造程序」。每批產品或每項工作命令，可分別實施控
制，視其個別需要，擬定控制重點與標準，易於檢核，而生專精之效。

（二）分期控制（Flow Control）

此乃按照生產時對產品製造之期限或規定的速率加以控制，故又
稱「速率控制」（Rate Control），其製造工作之資料相同，所需的指
導監督控制方法一致，適用於連續製造程序。

（三）分區控制（Block Control）

當工廠將同類產品，在廠內分區同時製造時，其產品相同，指導
監督的方法一致，各區控制的方式相同；可採用此種控制，故最適用
於綜合連續製造程序工業的生產控制。

（四）負荷控制（Load Control）

此乃於同一連續製造程序下，可製造若干不同標準之產品時所常

採用的控制方法，與分區控制之方法相類似。

第三節　生產控制的程序

生產控制須從排列製造途程，排列製造日程，分派製造工作，及蹤催四個步驟做起：

（一）排列生產途程

此乃製造工作的第一步，其目的在安排一距離最短的生產路線，以節省人工、費用、時間，並增加產量，提高效率。其基本任務，在擬定一個經濟合理的有效施工程序，編製一份具體詳盡的作業表（Operation Sheet）。

這種作業表，也稱為「生產途程表」，或「操作表」，表內包括操作方法、操作程序、所需物料、人工、機器、工具，及標準操作時間，和機器設備的性能、速率等。此表乃以「製造命令」為根據，而又可為排列製造日程與分派製造工作之參考；製作此表時，務須注意各生產部門工作負荷的平衡，不可你重我輕，違反經濟合理的原則。

（二）排定製造日程

為使各種製造工作，能在工廠現有設備條件下，有計劃、有秩序、有條不紊的在短期內達到預期目的，而不致有三天打魚兩天曬網的不均衡現象，企業管理者，乃根據實際情況，預計每次操作所需要的準確時間，按操作之先後次序，排定「製造日程總表」（Master Schedule），表內指明某月某日應完成若干某種產品；如非一次完成的製造工作，其每一階段則應另作「製造日程明細表」（Detail Schedule），分別指明其施工進度。

（三）分派製造工作

對製造工作的分派，在指定於何時、何地、由何人、用何種機

器、去製造何種規格、何種數量的何種產品；卽根據上述的製造途程、製造日程，按先後順序，把適量的製造工作指派給各擔任製造工作的單位，令其按照旣定路線及時間開始工作，並如期完成。

製造工作的分配，多以書面通知，把產品種類、數量、規格、時間等應注意事項，逐一記載，送達有關之工作單位，强制其執行，這就是下達「工作命令」。

（四）蹤　　催（Follow-up）

製造途程、日程決定後，並已由工作命令分派了製造工作，卽須依旣定條件，派員「追蹤催查」，使其如期完成。

與製造工作進度有關的蹤催，有下列三種，茲將其介紹於下：

(1)材料的蹤催——假若材料不能配合製造上的時間需要，緩不濟急之下，其停工、怠工之損失必大，所以製造管理部與採購部隨時蹤催。

(2)製造的蹤催——製造的蹤催，常視製造方式而各異，大體言之，連續製造程序因其製造步驟早已啣接排定，其蹤催較爲簡易；只須注意原料的檢查和製成品的紀錄。

斷續製造程序的蹤催，因其同時爲若干製造命令而工作，所以比較繁複，對每一工作由起始到終了，均須一一記錄，隨時加以蹤催、改正。

(3)裝配的蹤催——在產品製造複雜；需要很多裝配零件的製造情形下，有一種「父親制蹤催」最爲適宜；此制乃各部的蹤催員，只負其所在部門製造工作之蹤催，當某一工作往他部，該蹤催責任亦隨而轉移於另一部門之蹤催員。

凡屬裝配工業，其蹤催工作的進行，特別注意各種零件的集中，而設有裝配中心站，儲備零件，零件一齊，蹤催員卽許其及時裝配，不得延誤時間。

第十一章　品質管制與檢驗

第一節　品質管制的意義與標準

為滿足消費者的慾望，並兼顧製造經濟的要求，以獲取最大利潤，則必須使產品達到預定的規格，蘇華德博士（Dr. W. A. Shew-hart）首先在一九三一年於美國貝爾電話實驗所，提出統計分析的製造控制，二次大戰後，美國更有品質管制學會（American Society for Quality Control）的設立，從此以來，品質管制便成了企業界生產管理中的重要一環。

（一）品質的意義

所謂「產品品質」，是產品必須符合的一定規格，它是指生產過程中每一階段的特性而言，如汽車輪胎的抗張力、硫酸的純度等，像產品的性能、成份、強度、式樣、尺寸、色彩、純度、耐用程度、表面情況皆是。凡是一種產品，能達到原來的計劃目標，其品質就算符合標準了。

（二）品質管制的意義

至於品質管制（Quality Control），乃是在生產過程中，發現了不良品，或發現擾亂不良生產的因素，立卽加以改善及有效管制的一種科學方法。也就是運用一項制度來管理產品在製造中所發生的各種差異，這些差異的發生，是由於原料、人工、機器，及製造條件所形成的。

（三）容忍限度

同一種產品，粗略看來，好像差異很少，實際上，沒有兩件產品能完全相同，縱然機器工具再好，工人技術再高，所用原料再齊，仍

不會絕無差異,所以在生產中,也只能以實際標準來代替理想標準了。也就是說, 只有把產品的差異規定到某一限度, 這限度通常稱為「容忍限度」, 產品品質能達到此一標準的容忍限度內, 也就認為合格。

容忍 (Tolerance) 限度, 也就是可允許的差異, 通常由設計部門決定, 但必須徵求銷售、製造與檢驗部門的意見, 因為它有「規格上限」(Upper limit) 到「規格下限」(Lower limit) 的伸縮標準, 也被稱為「可允許的差異」, 或簡稱「允差」(Tolerances), 凡產品「機遇性的差異」, 皆可容納於允差之中; 例如某產品的標準長度為二英吋, 因機器準確度欠佳, 產品在 2.00±0.005 之允差中者, 皆可允收。

(四) 品質變動的原因

上面所提到的「機遇性差異」(Chance Variables)乃製造過程中不可缺少的變異, 其與「本質差異」(Assignable Variables), 是品質變動的兩大原因, 茲將其分述於下:

(1)機遇差異 (Chance Variables) ——這種變動因素, 是由於原料品質的差異、機器準確度欠佳、檢驗工具天然上的誤差等原因所促成。此種差異、即知其所在、也難以完全消除或糾正, 好在其對產品並無多大影響, 也只有從機器設備的改良, 及注意檢驗方法及原料上, 來盡量減少偏差了。

(2)本質差異 (Assignable Variables) ——此一差異的發生, 通常是由於意外原因所致, 如機器操作錯誤, 製造程序偏差, 或因刀具磨損, 或因工具不當, 甚至受保溫變動的差異和不適當的廠房佈置所影響。不過本質差異, 並非突發, 應在平日隨時注意易於變動的各因素,無須變更製造步驟,即可糾正或控制。

第二節　品質檢驗

（一）品質檢驗的意義

當談到「品質管制」時，有些人常把它與「品質檢驗」混爲一談，其實二者並非相同，所謂「品質管制」，是從管理技術去完成品質的要求，「品質檢驗」只是該技術中的一部份，它是應用各種試驗方法與測量儀器，去量測產品的尺寸或性能，以與規定的標準作比較，決定產品的是否合於規格範圍。從前評定品質的好壞，只是用事後的檢驗，這雖然能發現產品的瑕疵，但在檢驗過程中，不良品仍在繼續生產，對成本之浪費頗大，而且已不能提高全部產品的品質水準，雖然如此，檢驗人員在製造過程中因爲提供了檢驗資料，便給領工及工程師尋求到了不合標準的原因依據，也就大大的幫助了「品質控制工作」。

（二）品質檢驗的組織

檢驗工作在公司組織上的地位，頗爲重要，如檢驗制度不能確立，檢驗部門組織鬆懈，則必千瘡百孔，難達經營目的。所以必須注意。

(1)檢驗部門的組織──如製造的產品非常精密（如藥品、飛機），品質控制頗爲重要，便應將檢驗部直屬於廠長或製造部經理等高階層管理人員負責，在製造不甚精密的產品工廠（如洗衣機、眞空吸塵器）中，品質管制重要性較低，可將檢驗部附屬於科組之下或由工廠管理。

不過檢驗業務，雖可獨成一個單位，但檢驗工作，必須與生產管理部門、製造部門及工程師室密切聯繫，但最忌一人兼管品質數量二者，並且也不能同時置於一個主管下，那常會使「緊急生產命令」大規模生產下的產品，品質低減，因爲他

表 11-1　製造不甚精密產品之工廠檢驗部

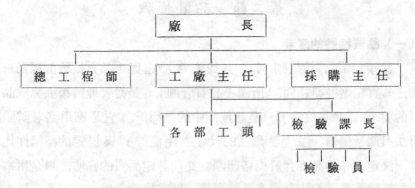

表 11-2　製造較精密產品工廠之檢驗部

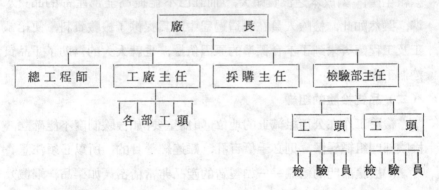

表 11-3　檢驗部門的分組

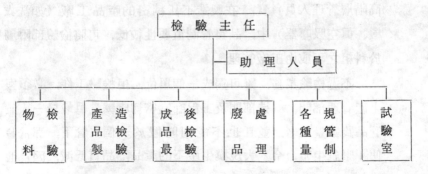

們會捨品質而就數量的。

(2)檢驗人員

1. 檢驗主管: 檢驗部主管, 關係於檢驗工作之成敗, 故須愼重選擇, 他必須有行政管理及擬定檢驗方法的能力, 能瞭解工廠設備的性能, 熟識檢驗工具的使用, 及品質標準的規格, 並能明確的判斷何種產品能適應消費者的需求, 發掘製品不合標準的原因。

2. 檢驗員: 檢驗員之素質雖可視需要情形而定, 但一般說來, 他們必須正直無私, 感觸敏捷, 頭腦精細, 態度認眞, 對細微的檢驗工作, 能手眼俱到, 不嫌繁瑣。 並須接受必要訓練, 對讀藍圖、用儀器, 以及機器能力、產品規格諸方面, 皆須具有基本知識。至於對微小的測量器或零件等的運用, 女子較男子爲宜, 就是發現疵品而須停止機器操作, 工人在不滿的情況下, 對女性檢驗員也比較態度緩和。

(3)檢驗部門的職員

檢驗部門在代表企業, 維護產品品質的精良, 其業務範圍大致如下:

1. 與有關部門會商產品設計、 製造方法、 品質標準, 並策劃「統計品質管制」之實施。

2. 主持一切物料 (如原料、零件、 消耗材料), 在製品或製成品之檢驗, 並有權通過或拒絕。

3. 選用、 管制、 維護, 並檢驗各種儀器、工具、量具、機器。

4. 監督有關檢驗業務上的各項工作 (如成品的清潔、光度、包裝)。

5. 監督疵件或廢料的整修或處理, 保證不良物料不再混入製造

程序中。

(三) 檢驗工具

大規模的生產下，產品數量龐大，人工量測不能應急，且難達最大的準確程度，故近代工業，多以「機器檢驗」(Mechanical Inspection) 代替「人工檢驗」(Manual Inspection)。由於時代的進步，檢驗工具也日新月異，其種類不勝枚舉。茲將重要數種簡介如下：

(1)尺寸量規 (Dimensional Gauqes)

　　1. 測微器 (Micrometers)

　　2. 固定量測規 (Fixed-Sized Gauqes)

　　3. 核對測微儀 (Comparator-Type Gauqes)

　　4. 氣壓量測器 (Air Gauqes)

　　5. 居翰生標準規 (Johanson Gauqes Blocke)

(2)自動測驗儀

　　此種儀器，乃應用光電池構造而成，其用途至為廣泛，可測量光滑面上有無裂痕，剔除不鋒利的刀片，測定不同的顏色，度量鋼珠直徑，如一般大工廠，所用的「電子檢驗儀」，凡肉眼難辨的隱藏品質，都可藉此而獲得準確答案。

(3)X光檢驗儀

　　此者，原僅限於醫藥及實驗室之用，近年來，其用途已推廣至工業方面，而為測驗鋼鐵材料及鑄件內部裂痕的唯一方法。

(4)電器儀

　　在電器及汽車業者用途頗大，如「差動儀」用來觀測高度旋轉之物件，像觀察固定時的狀態一般，如物件在旋轉時有不規則的情形或發生劇烈震動，皆可用它來鑑定。

(5)試驗室的試驗設備

用爲試驗室檢驗的儀器，如硬度試驗機、材料拉力試驗機、用做各種化學分析的儀器，種類繁多，不復贅述。

第三節　品質檢驗的方法

品質管制的方法，大體說來，可分爲「檢驗法」與「統計法」兩大類。本節先將品質的檢驗作一簡單介紹:

（一）依是否用儀器來分

(1)經驗檢驗法——此法乃最簡單的檢驗方法，全憑五官之經驗來辨別品質的優劣，如以聽覺判定機械的毛病，以視覺辨別布疋的色彩與粗細。此法迅速但不正確。

(2)儀器檢驗法——此法是依儀器或設備來檢驗品質的優劣，有些工廠，把儀器附置於生產機器上，生產中察看儀器，便可知品質是否合乎標準。此法最合經濟有效原則。

（二）依檢驗地點來分

(1)定址檢驗——將檢驗地址設於某一處所，所受檢驗之產品皆運至此一處所檢查，謂之「定址檢查」，此者又可分爲兩種:

(A)集中檢驗: 將製品運至所定處所，實施檢驗，稱之集中檢驗，此者可將檢驗工作區分爲若干部份，對檢驗儀器亦可集中保管，並且檢驗者與工作人員不在一處，自可不受領工的影響，最適用於物料進廠或成品之最後檢驗。

(B)分散檢驗: 直線式製造程序的工廠，將檢驗工作安排在製造程序中的每一部分，隨工作之進行而實行檢驗。故能迅速發現疵病以行改正,只是易受工廠中機器、光線、或工人影響。

(2)巡廻檢驗——在這種檢驗下，檢驗人員須至產品存放地點去就地檢查，對體積重大的物品（如大機械、大鍋爐）最爲適宜。

第四節 品質管制圖的製作

品質管制圖爲品質管制之「統計方法」應用，茲將其簡介於下：

(一) 管制圖的構成

管制圖之設計，務須使人易於明瞭而不需其他補充說明，一張完善的管制圖（如圖 11-1）能使一般人一目瞭然，其構成部份如下：

(1)縱軸——表示品性的量度，若爲平均數或個別數管制圖縱軸常需 12δ，若爲其他管制圖時約需 9δ。

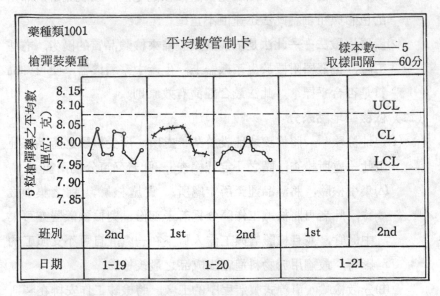

圖 11-1

(2)橫軸——表示製品的次序或製造日期。

(3)中心線（Central line 簡寫爲 CL）：此乃作業水準或平均品質線，多由觀測之數據計算而來。

(4)管制上限（Upper Control Limit 簡寫爲 UCL）:　在中心線以上三標準差處的管制界限，如圖 UCL。

(5)管制下限（Lower Control Limit）:　在中心線以下距離三標準差處的管制界限，如圖 LCL。

管制上下限自一九二四年創造管制圖以來，皆將之置於距中心線三個標準差處，因爲定管制界限時必須注意管制上易生的兩大錯誤:㈠樣本因機遇原因落在管制限外而使判斷錯誤（實非製造程序之改變問題），若將製造程序修改，則人工、工具、材料均受損失。㈡此乃製造程序已生本質上之改變，但樣本因波動原因仍在管制限內而使判斷錯誤，喪失尋找非機遇原因之機會，以致廢品增加或使生產程序難達理想。

若將上下限定於四個標準差處，上述之第一種錯誤減少，第二種錯誤增加；若置上下限於兩個標準差處，則第一種錯誤增加第二種錯誤減少。所以專家與學者們皆認爲上下限置於距中心線三個標準差處最爲適宜。

（二）管制圖的製作

管制圖之種類頗多，如平均數與全距管制圖（$\bar{X}-R$）、平均數與標準差（$X-\delta$）管制圖、不良率（P）管制圖、不良個數（np）管制圖、缺點數（C）管制圖、一值管制圖、移動平均值與移動全距管制圖、或然率管制圖……等，在此將最常用的兩種介紹於下:

（甲）平均數與全距管制圖（$\bar{X}-R$）

此種管制圖係由平均數（$\bar{X}$）與全距（R）兩種管制圖組合而成，前者可管制平均數之變化，後者能管制變異之程度，對計量值（如重量、尺度、時間、成分、強度、硬度、電阻）之管制最爲適用。此管制圖須分別從R與$\bar{X}$管制圖作起而行合併。

（壹）求中心線與上下限:

(I)公式

A. 全距（R）管制圖求管制界限公式

(a)原羣體標準已知時之求法：

$$C \cdot L = \bar{R}$$

$$\left. \begin{array}{l} UCL = \bar{R} + 3\delta = D_2 \delta X' \\ LCL = \bar{R} - 3\delta = D_1 \delta X' \end{array} \right\}$$ 式中 D_1 與 D_2 可於管制圖之乘數表中查得。

(b)標準未知時之求法

$$C \cdot L = \bar{R} = \frac{\Sigma R}{K} \quad （K爲樣本組數）$$

$$\left. \begin{array}{l} UCL = \bar{R} + 3\delta = D_4 \bar{R} \\ LCL = \bar{R} + 3\delta = D_3 \bar{R} \end{array} \right\}$$ 式中 D_3、D_4 可從表中查得。

B. 平均數（$\bar{X}$）管制圖求管制界限公式

(a)原羣體標準已知時的求法：

$$C \cdot L = \bar{X}'$$

$$\left. \begin{array}{l} UCL = \bar{X}' + 3\delta = \bar{X}' + A\delta X' \\ LCL = \bar{X}' - 3\delta = \bar{X}' - A\delta X' \end{array} \right\}$$ $A = \sqrt{\dfrac{3}{N}}$ 可從表中查得。

(b)標準未知時之求法：

$$C \cdot L = X' = \frac{\Sigma X}{N} \quad （N爲全部樣本數）$$

$$= \frac{\Sigma X}{K}$$

$$\left. \begin{array}{l} UCL = \bar{X}' + 3\delta = \bar{X}' + A_2 \bar{R} \\ LCL = \bar{X}' - 3\delta = \bar{X}' - A_2 \bar{R} \end{array} \right\}$$ 式中 $A_2 = \dfrac{3}{d_2 \sqrt{n}}$ 可查表。

(II) 舉例

(A)原羣體標準已知時：

設某羣體的 $\bar{X}' = 500$　$\delta X' = 2.224$　n （樣本數）$= 5$

(a)平均數管制圖求上下限實例：

C.L＝$\bar{X}'$＝500

UCL＝$\bar{X}'+A\delta X'$（由表11-4查平均數圖之管制界限

　n＝5 之一行，知 A＝1.342）

　　＝500＋1.342×2.224＝503

LCL＝$\bar{X}'-A\delta X'$

　　＝500－1.342×2.224＝497

(b)全距管制圖求上下限實例：

C.L＝$\bar{R}$＝$d_2\delta X'$（由表11-4查全距圖之中線欄知d_2

　　＝2.326）

　　＝2.326×2.224＝5.2

UCL＝$D_2\delta X'$

　　＝4.918×2.224（由表查全距圖管制界限中之

　　D_2 知其爲 4.918）

　　＝10.9

LCL＝$D_1\delta X'$

　　＝0×2.224＝0

(B)原羣體標準未知時求$\bar{X}$與R圖之界限並作 $\bar{X}$R 管制圖：

設某種製品淬火後測量其硬度，每五個成一樣組，經求出其$\bar{X}$與R後，列成一表（表11-5），試以此表資料作成 $\bar{X}$R 管制圖：

依表11-5中二十組樣本分別計算$\bar{X}$與R圖之中心線與上下界限：

(a) $\bar{R}$管制圖：

C·L＝$\bar{R}=\dfrac{\Sigma R}{K}=\dfrac{33+6+13\cdots\cdots+20+30+27}{20}$

　　＝23.3

表 11-4 建立管制圖之乘數表

取樣數 n	平均數管制界限圖			標準差 中線		標準差管制界限圖				全距 中線			全距管制界限圖			
	A	A_1	A_2	c_2	$1/c_2$	B_1	B_2	B_3	B_4	d_2	$1/d_2$	d_3	D_1	D_2	D_3	D_4
2	2.121	3.760	1.880	0.5642	1.7725	0	1.843	0	3.267	1.128	0.8865	0.853	0	3.686	0	3.267
3	1.732	2.394	1.023	0.7236	1.3820	0	1.858	0	2.568	1.693	0.5907	0.888	0	4.358	0	2.575
4	1.500	1.880	0.729	0.7979	1.2533	0	1.808	0	2.266	2.059	0.4857	0.880	0	4.698	0	2.282
5	1.342	1.596	0.577	0.8407	1.1894	0	1.756	0	2.089	2.326	0.4299	0.864	0	4.918	0	2.115
6	1.225	1.410	0.483	0.8686	1.1512	0.026	1.711	0.030	1.970	2.534	0.3946	0.848	0	5.078	0	2.004
7	1.134	1.277	0.419	0.8882	1.1259	0.105	1.672	0.118	1.882	2.704	0.3698	0.833	0.205	5.203	0.076	1.924
8	1.061	1.175	0.373	0.9027	1.1078	0.167	1.638	0.185	1.815	2.847	0.3512	0.820	0.387	5.307	0.136	1.864
9	1.000	1.094	0.337	0.9139	1.0942	0.219	1.609	0.239	1.761	2.970	0.3367	0.808	0.546	5.394	0.184	1.816
10	0.949	1.028	0.308	0.9227	1.0837	0.262	1.584	0.284	1.716	3.078	0.3249	0.797	0.687	5.469	0.223	1.777
11	0.905	0.973	0.285	0.9300	1.0753	0.299	1.561	0.321	1.679	3.173	0.3152	0.787	0.812	5.534	0.256	1.744
12	0.866	0.925	0.266	0.9359	1.0684	0.331	1.541	0.354	1.646	3.258	0.3069	0.778	0.924	5.592	0.284	1.716
13	0.832	0.884	0.249	0.9410	1.0627	0.359	1.523	0.382	1.618	3.336	0.2998	0.770	1.026	5.646	0.308	1.692
14	0.802	0.848	0.235	0.9453	1.0579	0.384	1.507	0.406	1.594	3.407	0.2935	0.762	1.121	5.693	0.329	1.671
15	0.775	0.816	0.223	0.9490	1.0537	0.406	1.492	0.428	1.572	3.472	0.2880	0.755	1.207	5.737	0.348	1.652
16	0.750	0.788	0.212	0.9523	1.0501	0.427	1.478	0.448	1.552	3.532	0.2831	0.749	1.285	5.779	0.364	1.636
17	0.728	0.762	0.203	0.9551	1.0470	0.445	1.465	0.466	1.534	3.588	0.2787	0.743	1.359	5.817	0.379	1.621
18	0.707	0.738	0.194	0.9576	1.0442	0.461	1.454	0.482	1.518	3.640	0.2747	0.738	1.426	5.854	0.392	1.608
19	0.688	0.717	0.187	0.9599	1.0418	0.477	1.443	0.497	1.503	3.689	0.2711	0.733	1.490	5.888	0.404	1.596
20	0.671	0.697	0.180	0.9619	1.0396	0.491	1.433	0.510	1.490	3.735	0.2677	0.729	1.548	5.922	0.414	1.586
21	0.655	0.679	0.173	0.9638	1.0376	0.504	1.424	0.523	1.477	3.778	0.2647	0.724	1.606	5.950	0.425	1.575
22	0.640	0.662	0.167	0.9655	1.0358	0.516	1.415	0.534	1.466	3.819	0.2618	0.720	1.659	5.979	0.434	1.566
23	0.626	0.647	0.162	0.9670	1.0342	0.527	1.407	0.545	1.455	3.858	0.2592	0.716	1.710	6.006	0.443	1.557
24	0.612	0.632	0.157	0.9684	1.0327	0.538	1.399	0.555	1.445	3.895	0.2567	0.712	1.759	6.031	0.452	1.542
25	0.600	0.619	0.153	0.9696	1.0313	0.548	1.392	0.565	1.435	3.931	0.2544	0.709	1.804	6.058	0.459	1.544
超過25	$\dfrac{3}{\sqrt{n}}$	$\dfrac{3}{\sqrt{n}}$	......	......	......	*	**	*	**	......	......	......	......	......	......	......

表 11-5

樣 本 號 數	X	R	樣 本 號 數	X	R
1	29.4	33	21	24.8	45
2	23.4	6	22	37.8	22
3	23.0	13	23	33.0	23
4	33.8	20	24	34.6	30
5	24.0	20	25	36.4	18
6	28.8	31	26	24.8	28
7	36.6	32	27	35.4	19
8	27.6	23	28	38.8	47
9	34.8	26	29	23.2	8
10	32.2	29	30	34.0	23
11	33.8	29	31	26.8	20
12	38.0	28	32	34.2	28
13	26.4	27	33	27.2	21
14	33.0	27	34	25.8	17
15	28.2	17	35	27.8	38
16	29.8	20	36	21.0	21
17	20.0	8	37	33.4	26
18	33.0	20	38	31.4	31
19	29.0	30	39	29.0	26
20	33.2	27	40	28.8	12

$$UCL = D_4\bar{R} = 2.115 \times 23.3 = 49$$

$$LCL = D_3\bar{R} = 0 \times 23.3 = 0$$

上式中 D_4 與 D_3 可從表中查得； 或由 $D_4 = 1 + 3\dfrac{d_3}{d_2}$

$D_3 = 1 + 3\dfrac{d_3}{d_2}$ 求得。

(b) $\bar{X}$ 管制圖：

$$C.L = \bar{X} = \frac{\Sigma X}{K} = \frac{29.4 + 23.4 \cdots\cdots + 29 + 33.2}{20} = 29.9$$

$$UCL = X + A_2\bar{R} = 29.9 + 0.577 \times 23.3 = 43.3$$

$$LCL = X - A_2\bar{R} = 29.9 - 0.577 \times 23.3 = 16.4$$

式中 A_2 可從表 11-4 中查得或由 $A_2 = \dfrac{3}{d_2\sqrt{N}}$

（N爲樣本數，此處爲5）求得。

根據以上資料則作成 $\bar{X}-R$ 管制圖（圖11-2）

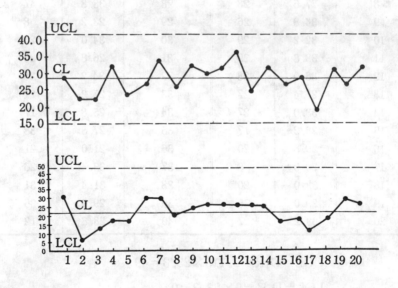

圖 11-2 $\bar{X}-R$管制圖

（乙）平均數與標準差管制圖（$\bar{X}-\delta$）

因每組內樣本數多少不同，其測定值亦隨之有異，故樣本增多時（$\bar{X}-R$管制圖每組樣本數須在十個以內），以R值代表其變異已不準確，須以標準差（δ）代之。不過樣本增多不僅對取樣及檢驗麻煩，

計算亦頗不便，有時且能失卻控制之時間性，故非至不得已時不宜採用 $\bar{X}-\delta$ 管制圖，而以 $\bar{X}-R$ 管制圖爲佳。在此僅作簡要說明。

(a) $\bar{X}$ 管制圖中

$$C.L = X = \frac{\Sigma X}{K}$$

$$UCL = \bar{X} + A_1\bar{\delta} \quad (\text{式中 } A_1 \text{ 可查表})$$
$$LCL = \bar{X} - A_1\bar{\delta}$$

(b) δ 管制圖中

$$C.L - \delta$$

$$\left.\begin{array}{l} UCL = B_4\delta \\ LCL = B_3\delta \end{array}\right\} \quad (\text{式中 } B_9、B_1 \text{ 可查表})$$

　　將以上兩圖中心線與上下限求出後，卽可按資料將兩圖上下併繪（$\bar{X}$ 圖在上 δ 圖在下）。

（三）管制圖的看法

　　管制圖上的點最好能集中在中心線附近，如果有的點超過控制界限（在上下限之外）則表示生產程序本身有了毛病，而此多以非機遇原因形成者。如各點均在控制範圍內自爲較好現象，不過仍須注意以下幾種情形：

(1)點在中心線一方連續出現者：

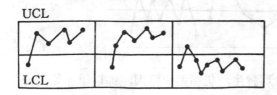

(2)點在某一方出現較多:

(3)連續顯示同一指向者:

(4)點接近界限:

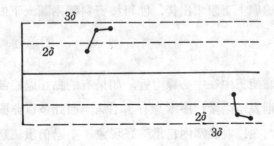

(5)週期性:

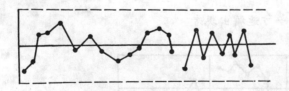

如有以上幾種情形發生，仍須追求原因，加以阻止後改良。

第四編　銷售管理

第十二章　市場分析

第一節　市場的意義與種類

（一）市場的意義

(1)狹義的市場——此乃指移轉貨物所有權或實際分配貨物之場所而言。所謂貨物所有權的移轉；如交易所中期貨的買賣，實際上並不一定有貨物互相授受的場所。

(2)廣義的市場——此乃指貨物（原料、半成品、製成品）、資金（貨幣資本及其代用品）之所有權移轉，或實際分配貨物、資金及勞務（體力與智力的勞作及一般服務）等。

（二）市場的種類

市場若根據歷史演進言之，乃由物物交換（直接交換）市場，演進至貨幣交換的市場（間接交換），一直發展成現在信用交換（現在財貨與將來財貨交換）的市場。一般對市場的分類，標準不一，類別亦多：

(1)按市場之是否具體分：

　1.抽象市場——此乃指商事關係所集注的場所；如都會市場、農村市場、臺灣市場。

　2.具體市場——此乃指商人聚集而實行交易的場所；如菜市場、交易所等。

(2)按市場之性質分：

1.金融市場——融通資金的市場。

2.物品市場——如菜市場、食糧交易所等。

(3)合作市場。

(4)按市場在國內國外分：

1.國內市場——市場在一國領土之內者；如臺灣市場、上海市場。

2.國外市場——在本國領土外之市場；如東京市場、紐約市場。

第二節　市場分析的意義與方法

（一）市場分析的意義

對企業販賣過程中，所能影響市場產生變化的各因素，加以剖析與研究，謂之市場分析。

企業經營者，其資本再雄厚，組織再嚴密，管理再優良，信用再穩健，若市場分析錯誤，輕則白費心機而無利可圖，重則有破產倒閉之虞。反之，若分析正確，必能把握當前市場形勢，進而測定未來市場趨向，自能獲取宏利。

（二）市場分析的方法

市場分析，主要是對「四P變數」作一詳細的分析與估計；所謂四P變數，是指產品 (Product)、通路 (Place)、定價 (Price) 及促銷 (Promotion) 四個重要的變數 (Four P's Variation)，這四個變數乃行銷主管所掌握的四大行銷手段，也稱為「行銷組合」(Marketing Mix)。以市場的選擇言必與此四者相衡量、配合，其關係如圖 12-1。

圖 12-1

對這四個變數的變動，一般用下列四種方法以求瞭解：

(1)觀察法 (Observation Method)：

此者，乃爲了避免對方反感，自動的去發掘問題，而不直接詢問顧客；可從購買者對物品查閱時之表情觀察之，並作成紀錄，以爲分析之依據。

(2)調查法 (Survey Method)：

此法可以直接接觸、電話交談或通訊方式來獲取資料，故所欲調查之問題，宜於事前擬就，其問題須力求簡要，並能引起對方興趣，而使之誠心合作。

(3)實驗法 (Experimental Method)：

觀察法不直接與對方接觸，調查法完全信賴對方，而實驗法則兼取二者所長，對商品銷售，可從不同店位，不同陳列方法，去測定銷售趨向；故能獲得許多無法控制變數的變化資料。

(4)科學方法 (Scientific Method)：

以上三種方法，雖然簡便易行，但其結果，常欠精密，所以科學方法對市場分析之效果較大；一般須從下列四個步驟去做：

1.觀察——由此一步驟去發現問題、規劃問題，俾增進現象的

認識與瞭解; 如發現同業產品售量增加, 乃由觀察尋其原因。

2. 假設——將現象或情形作更縝密的分析, 再尋求發生之各種可能原因, 並作初步研判; 如經觀察而假設自己產品隨同業而改良之。

3. 預估將來——對未來的影響及可能發生之結果, 加以估計, 如時間匆促尙宜尋求答案; 如假設改良產品形式而預估未來的結果。

4. 假設檢定——利用統計抽查, 或實際的方法, 來檢定假設之正確性或可靠程度, 然後採取必要行動。

第三節　對購買者的分析

所謂對購買者的分析, 卽市場特性之分析; 因為購買者或者說消費者是企業利潤的泉源, 是「企業的衣食父母」, 所以對購買者的各種問題, 必先作仔細分析, 俾知己知彼, 達到營利目的。

(一) 估計購買者與潛在購買者之人數

購買者是指目前市場上對我們某項產品有需要, 也有能力購買的消費者; 其人數乃企業擬定短期計劃的重要依據。潛在購買者 (Potencial Buyers) 是指有能力購買, 但目前尙無需要, 而須經宣傳、說服始行購買的人; 其人數之估計, 乃預測企業發展, 和決定投資方向的準繩。

這兩種數字的求得, 乃以全國總人口與各地之人口數目為基礎, 並須分析國民所得的數字及其分配情形。

(二) 分析購買者本身之特性

(1)年齡與性別——有些物品與年齡之老幼, 或性別的不同有密切

關係；如老年人喜歡素淡色、年青人喜歡濃厚色、兒童喜歡帶
圖案的衣服；婦女愛鮮艷，男人較樸素，其愛好不同。據於此
者，企業之銷售政策、產品設計、生產數量皆須慎審決定。

(2)階級與職業——社會各階層，因其生活習尚、購買力等之不
同，所需商品自亦不同，如普通烟酒對下階層或勞工社會消費
較大，報章雜誌則對上階層或軍公教銷售量大，而且上戶人家
比較奢侈，一般人民比較樸素，所以階級與職業，也是分析購
買者特性之一。

(3)教育程度——教育程度較高的人，很少有低級慾念，常偏重於
抽象感或藝術感的物品，尚高雅、講興趣；教育程度低的人，
卻只憑一時直覺，並重視物品的實用性與價格的低廉，企業經
營，為滿足購買者的慾望，對此者不能不詳為分析。

(4)所得水準——一般言之，所得水準與生活程度是決定產品銷售
的重要因素，如美國國民所得高，其購買力亦強，行則汽車，
住則高樓、用現代化的工具，過現代化的生活，自非他國國民
所能比及。對所得水準之估計，除所得總額、平均所得須詳加
分析外，對所得分配、消費傾向、物價水準的變動、國民所得
消長之趨勢，都須詳集資料。

(5)居住地區——居住地區亦能決定銷售狀況，如以我國言之，北
方人吃麵，南方人食米；鄉下人愛價廉實用物品，城市人愛時
髦重式樣；這一切在市場分析時，亦須列入考慮。

(6)宗教信仰——因各宗教教旨、禮儀、用品限制之不同，其物品
需要自亦各異；如回教之禁食豬肉、佛教之必用香燭，都是決
定購買者購買特性的因素。

（三）分析購買之週轉期

因商品的性質與需要關係，商品之購買各有其不同的週轉期，有須要天天購買的，有一週、一月、或一年購買的，對此者分析清楚後，才能決定正確的存貨數量與銷售方法。

（四）分析購買的動機

人的慾望，正如其思想一般複雜，所以必須把他的購買動機分析明白，看他是為什麼而購買（是為了顯耀、舒適、實用、或安全）？才能決定企業銷售之手段與數量。

第四節　對市場結構的分析

對市場結構之分析，在此僅就以下數點言之:

㈠供求關係——市場上的商品若求過於供，則物價上漲，利潤增加，按常態，企業經營者必吸收游資增加生產。經相當時間後，因商品增加，而購買力有其限制，必使之供過於求，物價降落，若盲目生產必受大損。故必須知曉供求關係，以免生產過多，而蒙受跌價時賠本的損失。

㈡同業競爭——俗語云:「商場如戰場」，我們必須知己知彼，才能應付現代市場上的競爭。此者，不但要瞭解競爭者的數目，更須分析主要競爭者的價格與銷售方法，市場上同產品的品質、製法、服務、商標特性，都須一一分析，將其合理而有利者，無妨借其長以補己之所短。另外本企業在市場上所受的評價、所佔的分量，亦須徹底知曉，俾當機立斷。

㈢商業循環——商業的盛衰循環，是經營者決定政策的主要因素，在繁盛時期，商人必多備商品；此時，購買力增強、需要加多，物價上漲，商品的週轉率增大，商人利益豐厚。衰退時期，則市場商品充斥，消費者購買力低弱，倒風特盛，物價雖低卻銷售不易，企業

家於此時期，務須注意市場變化，以策安全，並待時機。

㈣季節變動——富有經驗的經營者，不難分析出市場的季節性變動，而預為準備。如歐美之聖誕節、中國之農曆年都是市場上季節變動的明顯時期，再如夏天的草帽，多天的毛布，必是旺季，如能加以注意，方能有完善的準備。

㈤金融影響——貨幣價值的變動與銀根的鬆緊，都能影響市場情況。如去年二元可買米一斤，今年二元僅能買得半斤，乃表示貨幣價值降低，也是購買力低落的證明，必影響消費市場之銷售。而且貨幣流通量大於市場需要，則銀根鬆弛（頭寸寬），反之，則銀根緊縮（頭寸緊）。銀根鬆弛時，市場利率低，物價看漲，資金週轉容易，可多購置原料或商品，以應顧客需要。銀根緊縮時，市場情況適得其反，為償還債務，企業者乃抛售商品，物價告跌，商人須預為準備，俾應危機。

㈥商品變化——在日益求新的現代市場上，新產品的出現，或舊商品品質的改良，對企業經營者成敗的影響至鉅；前者如尼龍織品的打擊原絲製品，後者如多泡氟化牙膏之代替舊品，使企業家時時皆須注意商品變化，以應消費者慾望之滿足，而達競爭目的。

㈦法令更替——一種新的法令，尤其有關財政、金融、經濟政策方面者，常引起市場上大的騷動，企業經營者於市場分析中，亦務須注意，俾隨時變更營業政策，以適應新法令下的環境。國際貿易者，尤應注意。

第五節　「目標市場」與「市場區隔」

企業在行銷中依「行銷組合」言，須依顧客的市場需求去設計「產品」；針對市場上顧客便利的地點與時間去設計「通路」；依消費

者對產品的效用評價及產品的生產、運銷成本去訂定「價格」；據市場上顧客提供之資訊去從事「推廣」，這是一種「戰術性」的決策，但終以「市場」為依歸、相配合，否則其經營必遭致失敗。所以必須重視「目標市場」與「市場區隔」。

（一）「目標市場」及其選擇條件

企業對「目標市場」的選擇，必須考慮其外在環境及本身條件：

(1)企業環境的變動趨勢：

影響企業的外在環境因素很多，如政治、經濟、人文價值、社會、人口變動等，都對市場產生很大的衝擊，可能是行銷的助力，也可能是它的阻力。所以選擇「目標市場」時，必須慎審考慮外界環境變動的趨勢。

如臺灣近二三十年來政治穩定、經濟繁榮、社會安定，在生活素質提升下，高級產品的需求便因而增加。

又如人口統計（demographics）環境趨勢，近幾年的出生率一直下降，對嬰兒產品的市場、國民教育的市場都產生了影響。國內以嬰兒服飾為主要業務的麗嬰房近年為因應此趨勢，其服飾的年齡層已逐漸擴大至國小高年級。另因臺灣地區人口年齡結構有老化的傾向，老年人愈來愈多之下，使老年人的市場越來越擴大，如老人食品，退休後老人的住宅、醫療、旅遊、助聽器、拐杖，這些市場隨著老年人的成長而擴大。

因為職業婦女的愈來愈多，雙收入家庭愈來愈普及，這對市場會產生很大的變化。託嬰服務的需求會增強、外食速食的遠景也看好。現在很多父母對兒女的敎、養、育、樂，投注很多心血，比較有寬裕的收入增加很多小孩用品的購買。同時職業婦女因為工作，缺乏時間陪伴小孩，要表示母愛，對小孩的玩具、用品便增加了購買。

　　另如家庭所得提高，根據恩格爾法則，家庭消費支出的結構產生
了變化，而對市場產生衝擊：花在食品支出的比例下降，花在敎育、
旅遊、服務、醫療等費用比例則提高。再如環境保護及消費者運動的
興起，也都是企業經營者應考慮的因素。

　　(2)企業本身的資源條件

　　企業外部環境分析可提示經營者企業的機會（opportunities）與
威脅（threats），企業內部資源條件的分析則能揭露企業的長處（st-
rength）與短處（weakness）。企業對目標市場的選擇一方面如上文
所述要掌握外部環境趨勢，另一方面則要能發揮本身獨特的資源條
件。其配合之狀況如下圖（圖 12-2）。

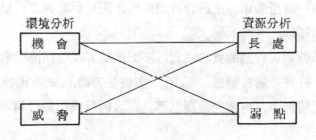

環境分析　　　　　　　　　資源分析

機　會　　　　　　　　　　長　處

威　脅　　　　　　　　　　弱　點

圖 12-2 *目標市場的選擇*

　　在環境中潛伏着各種機會，而一個企業想在激烈競爭環境中獲取
獨特的競爭優勢（comparative advantage），便必須選擇那些能特別
發揮其本身長處的機會並加以開發，成爲其生存發展所憑藉的利基
（niche）。也就是說企業須仔細檢討每項環境分析下所顯露之市場機
會，每個市場機會均有其主要的成功要件（KSF, Key Success Fac-
tors）。但環境分析所顯露之機會對本企業固是機會，對本企業的競
爭者也是機會，然則，吾人有何基礎可憑藉以便在此新市場機會中取
得差別優勢（differential advantage）？那就是要選取與本企業的長

處能相匹配（matching）的機會。

（二）市場區隔化（Market segmentation）

(1)「市場區隔化」的必要與意義

有關「市場導向」的企業經營理念，特別強調對企業「目標市場」的深入瞭解，然後針對目標市場的特色，設計有效的行銷手段以滿足其需求。

此一「市場導向」的經營理念，在實際運用上有一基本問題必須解決，就是「市場」事實上是由許多異質性（heterogeneous）的顧客所組成的，他們的背景、價值觀、需求特性各不相同。現實市場中，並沒有一位「典型」或標準化的顧客可以作為企業服務的對象，並根據這一典型的顧客來設計行銷手段，滿足顧客要求，以達成企業經營的目標。

且依據顧客行為的實證研究，不同的顧客（包括消費者和工業用戶在內）往往在購買動機、偏好、習慣等方面，表現出極顯著的差異。在此情況下，企業究竟應以那一顧客的行為作為行銷策略制定的參考有了問題。

為解決此一問題，乃有「市場區隔化」的觀念產生。區隔化觀念承認市場所具有之異質性，並企圖發掘某種相關變數，將一個紛歧錯綜的市場，區隔為若干小市場。希望藉由此一步驟，使各小市場（segments）表現出較同質（homogeneous）的特性，俾供企業作為制定行銷手段的基礎，以增進行銷的效能。

(2)「市場區隔」的一般基準

企業經常運用的區隔基準很多，通常包括以下四者：

(A)地理變數

　　a 地理位置（北部／中部／南部／東部）

　　　　b都市化程度（都市／城鎭／鄉村）

　　⑻人口變數

　　　　a年齡（少女／少淑女／淑女）

　　　　b性別（男／女）

　　　　c家庭生命週期

　　　　d所得、敎育、職業與社會階層

　　(C)心理變數

　　　　a內向或外向

　　　　b依賴或獨立

　　　　c流行領導者或追隨者

　　(D)購買行爲變數

　　　　a使用率（重度使用者／中度使用者／輕度使用者）

　　　　b購買行爲發展階段（創新者／早期接受者／中期接受者／
　　　　　晚期接受者／落後者）

　　　　c品牌忠誠度（忠誠者／游離者）

　　　　d追求利益性質

　　因爲市場區隔的前提在於整個市場需求特性的變異太大，因此上述區隔基準的選擇是否適當，應視區隔後各次級市場（submarkets）是否表現出較大之區隔間（intersegment）差異與較小的區隔內（intrasegment）差異而定。例如研究發現，以家庭生命週期各階段作爲預測家庭消費行爲之變數，較以戶長年齡爲佳；因爲在前一區隔標準下，各次級市場表現出較特殊之購買特徵。

　　⑶「市場區隔」標準之靈活運用

　　在實務運用上，僅僅合乎上述原則是不夠的。企業想依據某一區隔制定其行銷策略，此一區隔尚需符合下列三點要求：

1.可衡量性（measurability）： 卽此一區隔標準能够具體而準確的將顧客予以區分，同時所需成本不可過昂。例如某些心理變數，在觀念上雖可藉以區隔市場，但在實際上，却由於衡量困難而無法運用。

2.可接近性（accessibility）： 卽此經區隔化後的各次級市場，可分別經由不同之通路或媒體，以供應適合之產品或行銷信息。否則，卽使已確知這些次級市場之存在，也無法設計適切的行銷手段以滿足之。

3.足量性（substantiality）： 卽經過區隔化後之各次級市場，必須有一箇或多箇存在有足够的需要量，方值得針對此等市場發展專門行銷策略；否則，卽係「過度專門化」，亦非明智之舉。

所應强調者，不管何種產品或勞務，其最好的區隔標準，有賴企業自己去發掘。目標市場的區隔方式本身就是企業一項重大的創新領域。企業經營史上甚多重大的成功均係肇基於獨特的市場區隔策略。而且隨著市場環境及顧客購買行為的改變，原屬恰當的區隔方式，今後不一定仍屬最佳。目前運用成功者，未必能保證未來的成功。如何不斷探究和追尋最好之區隔標準，這件工作本身卽代表企業所應面臨的考驗和任務。

（三）市場區隔策略與行銷組合

企業的市場區隔策略基本上有三種類型：

(1)無差異行銷

如某某百貨公司其目標市場是針對一般的消費大衆，運用一套行銷組合來滿足它，如圖 12-3 所示。

(2)差異行銷

如某飲料公司以高價格飲料來滿足白領階層市場，也同時以較差

的飲料來滿足較低階層勞動者市場。亦卽，分別以多套行銷手段來滿

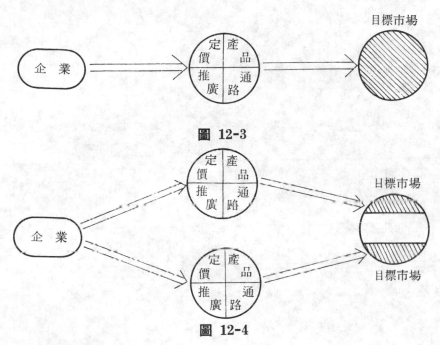

圖 12-3

圖 12-4

足其不同市場特性的區隔。如圖 12-4 所示。

(3)集中行銷

如三商百貨針對少女市場發展其行銷手段，麗嬰房針對幼兒需求
發展其行銷手段。如圖 12-5 所示：

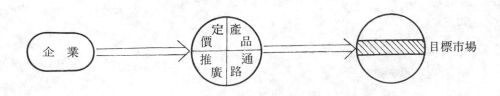

圖 12-5

第十三章　銷售研究與預測

第一節　銷售研究

銷售研究（Marketing Research）是最近五十年，因產品流通區域的廣大，同業競爭的激烈，乃利用科學方法，對一切銷售情形與需要加以研判，定出對策，以推廣銷售業務。看起來與市場調查的意義相似，實則銷售研究包括了一切有關銷售活動的調查與分析，所以，其範圍頗大。在此特將銷售研究的方法，分別言之於下：

（一）**探測研究**（Exploratory Studies）

(1)意義——利用他人已知或已有的資料，對未知之現象和事物，或對造成某種現象的原因，不斷的加以探討，以獲取眞象，謂之探測研究。

(2)方式——

　1.參閱有關典籍：在進行研究時，研究人員在有關典籍（如年鑑、手册、研究報告……等）中，按其需要選擇參考資料加以研討，獲得欲求之結果。

　2.訪問有關人士：研究人員向有特別專長或經驗學識的人徵詢意見，以獲得客觀的結果。

（二）**敍述研究**（Descriptive Studies）

(1)意義——此乃對需要了解的某一特定情況之特性，從收集的資料中去分析研判，以獲得預期的結論。

(2)方式——

　1.個案研究法（Case Method）：此乃在若干對象中，去選取

一個或數個個案，深入的去研究分析，以發掘其共同特質，或將各個案特定之特質加以比較，以求其結論，而知其全貌；此法不易客觀，且常形以偏概全，故不如統計調查法之眞實。

2. 統計調查法 (Statistical Method)：此法乃依統計學之抽樣理論，去選擇樣本，再用通訊或訪問方式，以所擬好的「調查問卷」或「調查表」，去徵求意見或收集資料，而後，將資料加以整理、分析，求得結論，作爲日後業務之參考。

（三）因果研究

(1)意義——此乃從已有的事故中，去分析研究、實驗、觀察找出其因果關係，並確定其方向與份量。

(2)方式：

1. 一致法 (Method of Agreement)：從若干個別事件中去仔細觀察，找出若干事件所發生的現象中共同之處，此共同之處，可能就是其因果關係中相互的共同原因。

2. 差異法 (Method of Difference)：爲了解某種現象發生的因果關係，乃先假設若干可能有關之前題，再一一分析，若(A)所有事故之發生皆具有某一特定前提；或(B)所有不具有此一特定前提的事件均無此種現象發生；或(C)所有事件的其他前提都屬於共同的，則此前題必與此發生之現象有關。

3. 隨同變異法 (Concomitant Variations)：如果甲前題是乙現象的原因，那麼「甲」變動時，「乙」也一定會跟着變動。

第二節　預測的意義與種類

（一）預測的意義

預測（Forecasting）是利用已有的情形和資料，對未來的可能情況，加以研判和估計，以減少未來的風險。但預測並沒有固定的方法，必須隨客觀環境而變化，因為未來的現象有一部份是不定性的，所以預測的結果，也不會完全正確，可是為了決策和計劃有所依據，也只有「盡人事以待天命」了。

（二）預測的種類

(1)長期預測——預測之長期短期區分，不能以數字為之，乃採用經濟學上的觀點，當各種因素可能發生較多變動的時期，稱之為長期，在市場預測中，常以一年以上者為長期，以決定以後的擴充計劃和投資方向。

(2)短期預測——以經濟學的觀點，凡一切因素變動的可能性較少之時期，稱之為短期，在市場預測中，常以一年以下的預測為短期，以此決定其生產數量、銷售計劃和資金調度的方案。如果資料齊全，可靠度比較大。

第三節　預測的方法

（一）淺近法（Naive Method）

這是一種簡單的計劃法，並未廣泛的考慮到許多有關因素，但因為它提供了許多有力的理論，故仍為企業者樂於採用。在實施時，又可分為以下幾種方式：

(1)因素列舉法（Factor-Listing Method）——此法是將能影響企業行動的有利與不利因素，一一列舉，再從比較中去發掘今

後應選擇之途徑。 此法的缺點是: 不能以數字表達數量的特性, 同時也未將各事的重要程度用權數來區別。

(2)連續模式與趨勢模式:

1. 連續模式 (Continuity Models) ──此法是根據最近所發生的資料與變數, 作為預測的基礎, 而假定目前的情況, 在不久的未來是穩定的, 以此去推測未來可能發生的結果; 如保險公司以死亡率去編製生命表卽是; 對變化幅度輕微的事物, 可以此法做短期預測。

2. 趨勢模式 (Trend Models) ──此法乃將過去的資料, 配合一種長期趨勢線, 然後以外挿法求得預測數字; 其預測之過程如下:

   (A)分析有關市場變動的因素──如人口的變動; 所得水準的變動; 其他有關產業的消長。

   (B)計算預測項目與有關因素的相關係數 (可用統計原理與方法)。

(3)算術平均數、衆數與循環模式:

做銷售預測時, 可利用一般統計學上的算術平均數、衆數及循環的模式。「循環變動」是經濟變動的一類, 是屬於一種週期性反覆進行的運動。不管所採用的是算術平均數、衆數、循環的模式, 都須採用較長時期的資料。若數列不能穩定, 則任何有關趨勢或循環的預測方法均不可靠, 為減少誤差的程度, 可用平均數模式來估計未來趨勢; 但資料須屬於偏態分配。若資料屬於常態分配, 則宜用衆數模式 (參考統計學), 以利用過去出現次數最多的特性來預測未來變化的趨勢。

（二） 前引落後數列法及差異指數法(Lead-lag Series and Pressure

Indexes):

(1)前引落後數列法：在經濟現象中，有些資料的變動是隨着他種資料而變動，例如毛貨幣供給量增加，躉售物價會隨而增加，我們計算出其循環係數後，將其繪於同一圖中，以其在圖上所形成的曲線，按其起伏，便可觀察出其中關係，以及是否有前引或落後的現象，如有此現象，則將某階段之時間加以調整（前引或後延），所求得的相關係數必定很高。

(2)差異指數分析法：利用各種不同的比率，及各種不同的測量方法，來預測經濟或商業的變動，而決定企業之決策，謂之「差異指數變動法」；例如用原料的存貨與成品訂單間的比率來預測原料價格的漲落——原料存量多，而成品訂單少，原料價格便會跌落，反之，原料價格則可能上漲。

（三）意見徵集法（Opinion Polling）

此法乃向有關人士及機構廣徵意見，經整理之後，作為某項問題的預測。

（四）計量經濟法（Econometrics）

此法乃以經濟變數的變動關係，採取數理的方法，來分析過去的資料，進而推測未來的變化。運用此法以行預測時，先須在各經濟因素間建立一個模式、公式或制度，再來測定某因素的變動對其他因素的影響；例如消費（C）是受所得（Y）的影響，可以 $C = f(y)$ 來表示其關係。當某種模式建立後，再就過去的資料來證明這個模式的正確性。

第十四章　情報管理 (MIS)

第一節　情報研究與蒐集

基於電腦高度化利用水準，電腦系統技術性之發展，經營科學計量經濟學之發達，及應付國際競爭和經營環境之複雜與改善等因素，現代企業經營管理，遂產生新的管理技術，卽「情報管理系統」，亦稱爲「管理情報」(Management Information System)。簡稱爲MIS。

（一）情報 (Information) 的意義

情報係指爲解決某一特定問題而經過評估之資料，或稱之爲「資訊」；是包羅萬象的各種情況之消息。一般人所關心的情報仍僅及於對其生活或事業可能立卽發生直接影響，或可能滿足其好奇心部份。「情報管理」一詞之情報，不僅指可滿足好奇心或可能導致直接影響的消息，同時，並含一切被認爲只有參考用途之資料。如經營管理中員工工作情況、當日之利率、生產量、材料消耗、產品銷售、現金流動、顧客愛好、員工健康狀態及其眷屬人數之增減、生產成本、交際費開支等情形，恒視爲參考資料者，均應歸類爲情報之一部份。

（二）情報之價值及其重要性

企業經營所作適當的情況判斷，適時作妥當決定時，必須盡量蒐集情報。情報蒐集得愈多，判斷當然亦愈方便與正確。情報之價值在協助管理人員以下任務：

(1)配合所負職責，爲適當分配時間之依據。

(2)達成決策減少不確定成份，在決定時情報完整，後果如何？及

有何影響？均可了解。如無情報，決定後果，受或然率或運氣
所支配，不正確的情報，卽將作不正確之決定。

(3)達成較佳決策由於情報之正確，可達成較佳之決策。

(4)使判斷可應用於較高層次之問題。

(5)達成決策之時間較快。

由於情報之以上價值，情報有如下之重要性：

　　1.不使現有銷售力降低，

　　2.提高現有銷售力，

　　3.加強現有銷售力，

　　4.使其他企業之現有銷售力降低，

　　5.不使其他企業之現有銷售力提高，

　　6.削減舊公司之現有銷售力。

（三）情報之決定與研究之設計

(1)情報之決定，必須配合決策程序及決策缺口 (decision gap)
對於問題瞭解愈多，決策缺口愈小。

(2)情報分析之意義，在於建立控制標準與資料回收途徑，以確定
正確之問題。

(3)探討性研究之意義，在於設立有關行動方案之假定，以供核驗
決策，有賴瞭解決策者、決策目標、決策標準與方案接受條
件。因情報本身不是目的，所蒐集之情報與目的有否關係？決
策須了解最後決策之目標。

(4)結論性研究之意義在於根據決策標準蒐集情報以核驗假定
(Hypothosis)，建立範式 (Model)，以供選擇方案。對範式未
經證明前則爲假定，如假定成立卽應採行，建立假定亦須「情
報」，分析現有資料，發現因素與因素之關係。根據假定配合

目標，並配合決策目標定標準，否則僅為資料而非情報，何種
程度接受須訂標準。如銷售廣告須強調：(1)營養，(2)方便，(3)
現代化，(4)回憶率。如其回憶率為(1)三五％，(2)四○％，(3)二
七％，則可定三五％為標準，能應用各種情況，以營養號召與

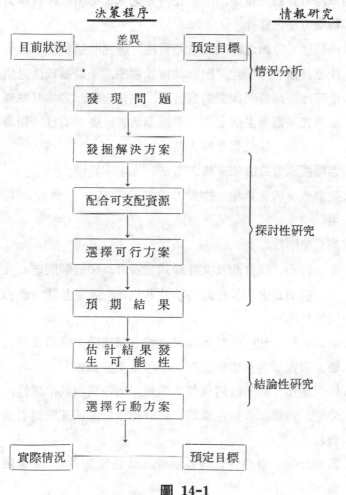

圖 14-1

方便，均達三五%，乃可就高者用之。

茲就情報研究及決策程序列圖如圖 14-1，以資參考：

（四）情報蒐集

(1)情報蒐集的科學方法：

過去均有資料之蒐集，惟現在情報之蒐集必須依據科學方法。
其科學方法之條件：

1. 系統性　情報之時間須有連貫性，研究問題須視其趨勢，並
注重其構想與假定，配合其情報程序，予以系統性之處理。

2. 準確性　衡量要代表眞實情況，嚴格定義，力求其準確性。
如研究某區學生購買力，要蒐集情報，要有項目，而嚴正確
定其定義，以免蒐集時失其準確性。

3. 客觀性　對於情報蒐集之方法，尤重客觀性。

4. 完整性　情報蒐集，亦宜力求其完整性，以免分歧而不適
用。

(2)情報蒐集階段：

1. 蒐集計劃　此計劃及文件樣式之設計，須瞭解問題，並研討
適於某項目之情報紀錄方法及其格式，並將具體方法指示由
何單位辦理。

2. 情報蒐集　此階段將與經營直接有關活動之成績及調查、實
驗、研究等業務情報記錄，予以蒐集及報告。

3. 情報處理　此階段將蒐集之情報，再予研判其準確性，並予
分類、轉錄、合併、整理、統計紀錄之，使其成爲有價值之
資料。

4. 資料分配　對經營管理各階層，以適當方法配與適用之資
料。

第二節　情報管理系統的建立

（一）情報管理系統之功能

情報管理系統之運用，須發揮下列三種功能：㈠首先對於經營當局各管理階層，須能提供各別管理上所需情報；㈡對於經營當局各管理階層在任何時間與處所所需情報，均能即時提供情報；㈢情報管理系統爲適應高級管理當局要求，應提供戰略計劃所需經營情報。

（二）情報管理系統之結構

情報管理系統之運用,要發揮上述各種機能,須由以下三種不同機能之系統所結合之統一機構,俾能達成共同目的之一種綜合管理系統：

(1)電腦處理系統。

(2)通信系統。

(3)經營系統。如圖 14-2 的MIS 結構圖：

圖 14-2

電腦處理系統與通信系統，在運用時須互相配合處理，並須符合下列條件：

(1)電腦本體須能同時多元處理之大型電腦。

(2)須具備中央檔系統 (Central File System)，以便將各種資料爲適應不同目的而反復整理。

(3)須為分時系統 (Time Sharing System)，俾供異地多數之管理人員共同利用。分時系統為電腦與通信回路相連，由多數人共同利用電腦之系統。

中央檔系統之普遍利用，常在技術上完成大型記憶裝置，情報回復方法 (Information Retrival) 以及資料精編 (Data Reduction) 方法之進步等為基礎。中央檔系統之功能，厥為將若干資料由一部記憶裝置記憶，隨時可以輸出，或將其精編為較有價值之情報，以適應各項不同目的而利用。此方法亦稱為單一輸入系統 (Single Input System) 或綜合檔系統 (Integrated File System)，由企業內部各階層所產生之資料，全部集中於一處，再精編為各階層所需之情報，並提供中央檔系統之功能所顯示者，即為經營情報系統之基本結構上所具特徵，其優點為隨時隨地及同時對任何部門或階層可提供所需之情報。此綜合性情報溝通之中央檔系統 MIS 之結構圖如圖 14-3。

中系檔系統
MIS

情報經路

經營之各部門

圖 14-3

經營各部門之資料集中於中央檔，並將綜合性情報，對任何部門同時可提供之。

情報管理系統之另一環為經營系統，由戰略計劃系統 (Strategic Project System)、經營管理系統 (Management Control System) 及

作業管理系統（Operational Control System）三項補助系統（Sub-System）所構成。　戰略計劃系統爲企業最高管理當局所策劃之戰略計劃，其內容爲設定企業將來之成長及發展應採取之戰略目標，以及爲達成該目標之經營方針。　戰略計劃實爲適應問題之發生而隨時策劃，實有異於長期計劃，具有不規則性之特徵。其次，經營管理爲遵循管理當局之戰略計劃，由企業各部門主管有效運用組織，而達成經營目的之處理。經營管理包括企業經營業務之全部，即生產、推銷、財務、人事等部門，實亦屬綜合系統（Tatal System），故應力求業務各部之均衡發展。

　　所謂作業管理，　則爲控制各人業務，　依事先制定之處理程序完成。依一定之程序處理，屬於合理系統，具數字模型之特性，可運用作業研究方法進行。作業管理可藉電腦自動處理。

第三節　情報管理系統建立之步驟與組織

（一）情報管理系統建立之步驟

　　情報管理系統爲一多元性組織，其建立概可分爲：㈠情報系統之開發，㈡情報環境之整理，㈢啓蒙教育之實施。依此三大分野，情報管理系統建立之步驟，依圖 14-4 所示之程序進行。

（二）情報管理系統建立之高級管理階層人選之條件

　　情報管理系統之建立，首重決定其方針，其方針之決定，須具備下列條件：

　　⑴企業之最高管理當局自任決策者。⑵成爲企業全體性之計劃。⑶作爲企業長期計劃之一部份。而對於建立情報管理系統，對高級管理階層之人選尤須具備以下條件：

　　㈠强有力而民主之領導能力　須以民主方式使企業部門之管理

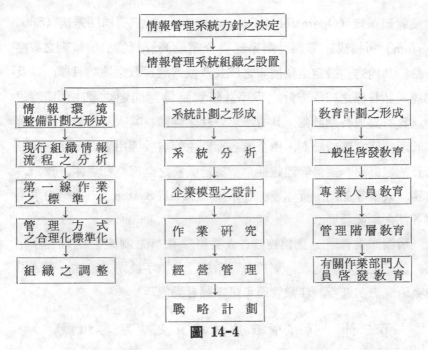

圖 14-4

階層及從業人員，認識此項系統建立之重要性，並要求其積
極協力，切忌運用強制方式，致破壞企業中人員之合作。

㈡科學及綜合的經營判斷能力　因此項系統爲結合經營科學與
電腦之綜合性系統，故須能以將有系統及數值化之掌握經營
決策之處理等各項能力，最高管理階層，自須具備科學及綜
合之經營判斷能力。

㈢對電腦之理解能力　對電腦所具基本性能，卽記憶、演算及
控制三項性能，及企業利用電腦時所引起各項問題。如業務
方式之改變、處理準則之變更等，均須有具體及適切之理
解。

(三) 情報管理系統建立之組織

　　情報管理在機構組織言，須爲隸屬企業首長之直屬組織，並由企劃、電腦及人事三部門之高級管理者爲核心組織。因情報系統對於上自首長而下至基層人員所及之影響爲整體性，故須爲企業首長之直屬機構，始產生其組織功能。其組成份子，由具有管理綜合知識與能力之管理者，企劃部門具工作經驗者，及電腦關係之專家，尤以系統分析的（System Analyst）等高級專家，爲設計多元之經營管理情報系統所不可或缺者。且須各部門人員之情報管理系統之積極理解，並進而建立協力體制，亦需人事專家負責敎育訓練工作。

（四）情報管理系統建立之基準

　　情報管理系統之建立尤重系統計劃（System Planning）須先具情報管理系統之基準：

(1)情報系統對企業計劃、程序之策劃，及控制其達成之功能，尤其影響企業經營之內部及外部因素有關情報，隨時提供最高管理階層，俾有助首長擬定戰略計劃與企業決策。

(2)對經營管理各功能，衡量各別業務績效，及提供評價方法，同時須提供高級管理階層，對具有統一性之企業全體業務績效，予以綜合檢討及評價。

(3)在科學經營管理技術日新月異之今日，須經常以嶄新方法，繼續發展情報管理系統，促進該項發展，準備必要之情報，及隨時提供爲原則。

(4)情報管理系統具有動態特性，以能應企業遭受社會、經濟、政治等環境之激烈變化而變革與發展。卽應具備動態型系統，始稱完整。

(5)企業建立情報管理系統，須先擬定綜合性企業模型。擬定模型須依業別，先作模型分析，描繪企業所欲建立情報管理系統之

企業模型。其基本構想爲企業家應以何種企業活動機能或途
徑，以推進企業之成長，作澈底分析。亦卽創造企業利潤，促
進企業成長所必要之經營上各項機能結構，加以明瞭。例如某
一企業創造利潤過程爲先開發新產品，再開拓銷售市場。則該
企業情報管理系統之長期模型，應依研究及開發→市場調查→
設備投資計劃→資金計劃→生產計劃→人員計劃之順序，將以
上各要素按時間過程作動態之組合，觀察其符合其功能之營
運，測定其利潤。

（五）企業建立情報管理系統應注意之要點

(1)管理階層須具有服務精神，不須有強制性行動，重視管理需
要，不爲情報編製難易所拘束。且須對情報管理系統之管理目
標或要求項目之設定，視爲管理業務之一環，並以諒解與洽商
方式進行，勿求直接效果，尤屬重要。

(2)建立情報管理系統須先斟酌以下各點，以定優先順序：1.系統
開發困難性之程度，2.所需人員及其他各項成本，3.所需期
間，4.情報可供反覆利用之程度，5.將來可能潛在性情報之利
用價值。

(3)注重企業內部相互補充性效果之提高，務求同一資料可供多次
製造不同管理資料，且須開發管理階層對於管資理料之需要、
能自動處理之系統，及資料檔之利用，須儘量能被用於一般性
管理報告，對需要資料之整理與分析，尋求情報管理系統所需
項目，以求周延。

(4)企業情報系統之組織，要審愼計劃及準備後，始能設置，切勿
草率從事，致損失人力物力而無功效。

(5)企業經營人員應改變對電腦觀念，正確認識電腦性能，了解其

應用界限，努力應用管理科學，如作業研究方法，在經營管理之策略分析，電腦之使用不應消極削減人員或降低成本，而應以企業經營之策略高度化爲積極之目標。並須覺悟 MIS 對企業組織帶來的變革，並預作準備。過去企業組織是依據機能與職能來劃分，規定其責任與權限之範圍而建立內部控制制度，但 MIS 之實施，資料處理效率化後，並不重視此權能之劃分，而趨向於一高級適向之管理（Top Oriented Management）。

(6)建立情報管理系統前，須先澈底檢討企業性質與規模，和經營管理上之需要，在長期計劃下，先從日常業務範圍內，對個別的分支制度，堅實而一步一步發展，以至於綜合之情報管理。

第四節　情報管理系統之模型

(一) 資料與情報

企業情報管理系統之模型，建立之始須先區別資料與情報在概念上之不同，企業經營活動或個別交易內容，或自外部所獲各種資料，依原始形態之通信（Message）對於特定問題或狀況之價值，則未加評價。任一企業每日均產生龐大數量資料，依各地各分支機構依個別明細形態分類，以日報、旬報、月報或期報方式報告或傳遞，以供各種業務統計、經營管理及分公司指導資料之參考依據，亦可爲對外報告編製之依據，且多有使用打孔卡系統或電腦，集中處理。可用統計推算以預測未來企業經營，藉作業研究方法尋求最大利益或最佳決策之計劃。亦卽依經過整理之統計資料爲基礎，適應各階層需要目標，加以計算、分析、解釋、預測或特殊資料之抽樣，並參考統計結果作爲個別執行職務之指針，卽稱爲情報（Information）以別於僅屬記

錄性質之資料（Data），本章第一節，曾亦有所說明。

　　情報實以利用為目的，所以欲利用或需要情報時應能提供所需部份為原則。通常將情報報告着重是書面方式，發送有關單位後卽認為已達成目的，至收件單位如非卽時利用，亦往往存查而失去情報價值，有時或因無法提供所需情報，或因失時機，或因資料陳舊而缺少利用價值，致引起低估情報利用價值之情形。如需要某種情報時，由於檢索情報之程序複雜，或其計算作業需時過多，而棄之不用，如解決利用情報時所可能發生之困擾，須先解決產生情報所需作業問題，對於情報是否完成或保管何處等懸慮自可解決，並能建一體制，隨需要而可卽時獲取，故須賴電腦之普遍利用。最近電腦有分時使用（Time sharing）方式或線上（On line）方式之應用，並將成為電腦利用方式之主派，在企業或政府機構，關於情報管理方面，將利用末梢裝置而發展電腦之異地操作。卽在主要地點設置末梢裝置，藉通信回路與電腦中心連絡，可隨時查詢記錄於電腦記憶裝置之資料。將資料整理及分析之程式由電腦記憶，僅操縱末梢裝置命令程序，則可獲取所需情報。書面保存方式已不存在，故均可從末梢裝置隨時查詢資料或檢索情報，建立一套嶄新之利用情報系統。通常使用之末梢裝置，以電動打字機等打字機型式為多，具有多用性，較為普遍。配合電腦之使用而增加效率，並可藉而將文字或圖解之畫面放映，閱讀最終結果，更可將情報以音聲收聽。資料之產生、歸卷、編製，提供情報之過程，將以電腦為主體構成自動系統，協助企業實現業務處理已為普徧採用。

（二）電腦情報系統

　　電腦為主體所構成之情報系統，其資料查詢或情報檢索之發展步驟，可包括以下各項：

(1)目標情報之設定　發展情報系統之始，須先瞭解各階層所需何項情報，先確定目標情報。如未確定目標，則情報編製程序無從擬定，基礎情報亦無法選擇。目標情報設定後，亦可配合決策及經營環境之變化而改變。設定目標情報時向各階層管理者調查尋出特定問題之重點，或就企業現有之普通情報系統加以改進，期以達成事務合理化之一環，以及促進經營或業務合理化之可行方法。

(2)情報編製程序之檢討　設定目標情報後，卽須檢討須使用何種基礎資料及決定處理程序，亦卽進行情報組合之計算、編製方式以及模型之建立。情報編製程序或可將現行處理程序進行改以電腦處理，或可重新導入經營科學方法而另行建立處理程序。如新建立方式，需要實績分析、資料數量預測、模擬方法之事前研究及其籌劃與人員訓練等。

(3)資料之控制與確立累積體制　配合情報系統所需資料確定後，卽控制其資料及確立資料累積體制，以便由資料發生處所集中資料處理中心。雖提供情報部門可藉電腦與末梢裝置之運用而達合理化，但由於蒐集資料耗用大量人力及時間，易致未能有效配合而失去均衡，自無從發揮其應有之效果。故情報結構優劣可決定情報系統之基礎穩定與否。須藉線上系統實施徹底之事務處理合理化，爲發展情報管理系統必經途徑。

(4)建立資料檔　情報管理系統之先決條件爲資料檔之建立與管理。資料檔之媒體，通常使用磁碟記憶裝置，如隨機出入記憶裝置等。資料檔最重要問題爲歸卷之資料項目，記憶之時間排列，及索引號碼之編列等均應妥爲解決，而資料數量愈少愈佳。

⑸資料查詢系統 資料檔成立後，將資料檔之特定資料與前期比較增減。而資料之累積藉線上系統處理，可經常獲取卽時情報有助於瞭解現狀。對所需資料，任意指定號碼、操縱末梢裝置指南之號碼册等使用，故應力求易於理解及簡便者為原則，以使電腦專家以外之一般人士稱便。

⑹情報回復系統 完成以上步驟，將進入藉末梢裝置卽時提供情報階段。惟實際上以完成程式者逐次使用，其效果之良否，繫於系統分析與編寫程序（Programming）之能力而定。各企業內部之電腦人員，電腦知識之廣度與深度，管理階層各級人員之瞭解與認識之程度，足以衡量一企業實施情報管理系統之成功情形。使用末梢裝置任意獲得情報之實現，將引起保密上之困擾，只限於特定人員或職務關係需要保密或不宜公開之資料，通常使用特定之末梢裝置或字鍵暗碼，限特定人員使用或使用特別暗碼方式，俾保持情報之秘密。為配合利用情報系統之各人需要，在末梢裝置將各種指定條件之無數按鍵時，為防止順序、項數及可能範圍之限制而發生錯誤，其操作程序及項目等須具體顯示於機上，俾每一項目逐次操作，卽採用電腦對話方式亦應有效配合使用。同時為幫助機器之操作，應置備各項情報之末梢裝置操作指南。對情報組成、顯示意義、情報用途等，均宜使企業內部有關人員充分瞭解，並認識其利用價值。如僅為系統設計（System Design）者所瞭解，而強使其他不熟知人士使用，或忽略大衆意願，往往運用無效。故須避免此項疏忽，而務求情報管理系統之有效運用。

第十五章　產品的設計與訂價

第一節　產品設計

（一）產品設計的意義

　　企業為滿足顧客的愛好與需要，以拓展銷路，增加利潤，乃對其產品之品質、規範、色彩、式樣、形狀、大小、輕重、原料、牌名、商標、包裝等加以規劃、設計，謂之「產品設計」（Products Planning）。

（二）產品設計的範圍

　　產品的設計，大致包括以下三項：

(1)新產品的製造——對新產品之設計，特別要着重滿足消費者新的需要慾望。

(2)已有產品的改良——為了促進已有產品的銷路，將其品質、形狀、包裝、色彩等加以改良，以配合顧客的愛好。

(3)增進原有產品的新用途——此項設計，在改變原有產品的形狀與結構，使其產生新的用途而增進其效用；此乃產品設計中最有效最經濟的方法。

（三）產品設計的要點

　　產品之設計，乃以暢銷為目的，對顧客的愛好，原料的供應，成本的高低，技術的優劣，市場的需要，都須審慎考慮，一般言之，須注意以下八大要點：

　　一、新的思想與觀念——產品設計，必須注意消費者的新需求，所以要把握時代，運用靈感，並注意競爭者行動，代理商的意見，消

費者的建議，乃至社會的動態、政府的政策，都能啓發新的想像與觀念。

二、產品選擇的七大要件——產品設計時，首須對下列七大問題加以分析，能全部獲得圓滿答案，才可計劃生產。

(1)消費者是否急需？

(2)市場有無類似產品？

(3)現有技術對該產品製造有無困難？

(4)現有設備能否利用？

(5)製造成本是否合理？

(6)可否利用現有銷售途徑？

(7)該產品能否獲得較高利潤？

三、產品色彩的選擇——鮮明與調合的色彩，能吸引顧客的注意力，激起其購買慾望，配合其心理意向，並能表現商品的特質，增加銷售量。

四、產品的外形與規格——產品的外形與規格，要合乎方便、美觀、精緻的原則。

五、產品的用途——產品用途，須注意實用、耐用兩大原則。

六、產品成本的決定——須使其低廉、合理（參看成本分析）。

七、產品的商標政策——須求其特出，使其易識易記（參看商標與專利章）。

八、產品的包裝技術——須求其美觀、適用、易儲、易運（參看廣告與包裝章）。

第二節　工業設計

（一）工業設計意義的混淆

自從美國有位大師把「用機器大量生產的產品設計」，用了 Industrial Design（中文直譯稱爲「工業設計」）這個名詞以後，四、五十年來，發生了無窮的誤解和爭論。

工業設計的定義，最權威性的，當推國際工業設計社團協會（International Council of Societies of Industrial Design, ICSID）所釐訂的定義（是英國工業設計敎育家 Misha Black 爵士所擬者）：

「工業設計是一種創造的行爲，其目的在決定工業產品的眞正品質；所謂眞正品質，並非僅指外表，主要乃在結構與功能的關係，俾達到生產者及使用者，均表滿意的結果。」

以上的定義，可能祇有工業設計師看得懂，對一般人而論，還是非常模糊的。

後來美國工業設計師協會希望把它的定義，以易於瞭解的更明確的文字寫出來，以便社會人士對此行業有一清晰的認識。

該協會乃盡心盡力開始搜集有關「工業設計」的各種定義，負責整理的瑪里瓊莉絲小姐最後說：「別開玩笑了，你會相信任何兩個設計師會同意一件事嗎？唯一他們會同意的，就是避免用流行式樣設計（Styling）這個字眼，以免自降身價。——許多精心撰寫的定義中，把許多專業都包括在內，立卽會引起有關專家的抗議。」

說眞的，工業設計與其他行業不同的特長，主要是他們能搜集各方面的意見和常識，來美化產品；但是許多工業設計師都强烈反對流行式樣設計 Styling 這個字眼，因爲它實在太簡單及膚淺了，它抹殺了許多工業設計在其他方面的貢獻，例如人體工學的研究，產品功能的改善，安全方面的考慮，產品壽命的延長，生產經濟化、簡單化及標準化等等——上述種種，當然有許多專業人員如生產工程師、市場專家、價值工程師、人體工學專家等等，他們對各該專業的深入，

當然駕凌乎工業設計師之上，但是問題是一個工廠要發展一件新產品時，是否有足夠的經費來邀請這許多專家。

有人把工業設計師設計一件產品比喻成建築師設計一幢房子，他對結構計算可能比不上結構工程師；他對混凝土、電氣、水管各方面的知識亦可能比不上專業的技師，可是他却能組合各方面的專長，把大樓建造得美輪美奐。——如果說得通俗一點，如果把工程師、市場專家、藝術家、人體工學專家等比作單一色彩的黃狗、白狗、灰狗、黑狗……，則工業設計師可說是具有上列各種顏色的花狗，花狗與單一色彩的狗不同，使人們不得不承認有他存在的必要，以下是支持此說者的各種定義：

①Neil McIlvaine：「工業設計是一種把有關技術、藝術、科學、人性各方面的觀點及抽象資料，予以組合變化，創造出美觀實用的產品形態、結構及功能。所以工業設計極重視單一產品或系列產品與使用者的關係，工業設計師乃是產品發展工作中的總領隊；所謂產品，包括日常生活中所有的產品，從消費品到生產財都是；他研究此一產品對使用者可能產生的影響，務期此種新產品對人類生活環境有所改善。」

②Arden Farey：「工業設計乃是替製造產品創造新觀念及規範標準的行業，期使該產品能達到最經濟、功能好及具有高度的美觀；其工作經常與企業中的其他專業人員合作進行，如經理人員、生產管制、工程師、製造專家人員等；工業設計的貢獻乃在處處為使用者的需要及感受而着想；此行業應具有外型設計的專長，及對人體因素的瞭解，並能融合技術、文化、經濟、法律、安全、環境及專業意見的能力。」

③Carroll Gantz：「工業設計是一種替人造物創造新觀念及規範

標準的行爲；藉以增加其功能，美觀及配合人們心理上的需要；這種行爲需要有組合美學、技術及人體因素的知識能力，並充份瞭解文化、社會、經濟、法律及職業上的責任等。」

④Robert Smith：「工業設計乃是根據使用者的需要，創造出用機械生產的產品，或系列產品以支援環境的要求。」

也有人說工業設計乃是生產者與使用者的橋樑，二者都是老闆，要能雙方皆大歡喜，才是工業設計師的貢獻，以下是這種想法的定義：

（二）工業設計意義的確定

①Jack Hockenberry：「工業設計乃是一種服務業，它一方面要滿足使用者在安全、用途、外型的要求；另方面要考慮到生產者之易於銷售及其技術及生產設備的條件。」

②一九七三年管理百科全書：「工業設計師者，乃受雇於工業、商業、政府或團體，從事於產品及或其環境之設計或計劃之工作。對於購買者或使用者，工業設計師必須使該產品滿足他們在美學及功能的需求。對於雇主（通常爲製造廠）必須達到易於銷售並獲得利潤。工業設計所處理之主要工作，乃在決定大量產銷售產品有關人性之各種因素，例如表面吸引力，外型對購買者之心理反應，線條、色彩、比例等等，同時設計者亦考慮使用方便、功能、安全、維護、生產成本，運輸費用及銷售價格等；所以工業設計師必須與工程師、研究專家、市場專家以及經理人員密切合作。」

（三）綜合定義

以上的許多定義，美國工業設計師協會請 Neil McIlvaine 歸納如下：

「工業設計乃是一種創造及發展產品或系統新觀念，新規範標準

的行業，藉以改善外觀、功能以增加該產品或系統之價值；使生產者及使用者俱蒙其利。

「其工作恆與其他發展人員共同進行，如經理人員、市場人員、工程師、生產專家等，工業設計師之主要貢獻，乃在滿足人們之需要及喜好，特別對於產品的視覺、觸覺、安全、使用方便等等。工業設計師在綜合上述的條件時，必須考慮到生產及技術上的限制、市場的機會、經費的限度、經銷經售、售後服務種種因素。

「工業設計乃是一種專業，其服務宗旨在求保護大眾安全及增進大眾福祉、保護自然環境及遵守職業道德等。」

　　以上的總結，再以圖示如下，俾便一目瞭然：

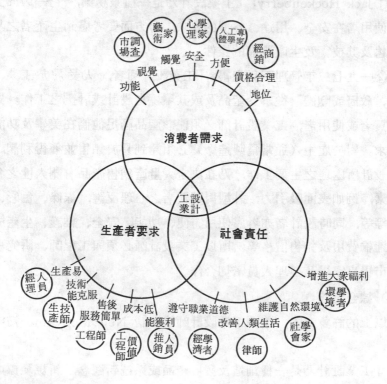

第三節　產品價格的變動原因

在自由經濟制度下，任何產品都難以有一成不變的價格，若將其影響價格的原因予以歸納，最重要者有以下七者：

一、**產品的供應**——在經濟學的供需關係中，早已說明了供需對價格的重要，我國有句古話說：「物以稀爲貴」，所以產品供應充裕，其價格卽落，供應稀少，其價格必漲。

二、**市場的需求**——產品需求中，無彈性之產品需要增加，價格上漲，需要減少，則價格下跌。需要有彈性的產品，價格上漲後，需要可能減少，所以需要增加對價格並無太大影響。

三、**市場的範圍**——市場之大小，常與價格的變動成反比。

四、**經濟的變動**——經濟繁榮時，物價易高，蕭條時易低。

五、**商品的性質**——凡不易儲存、保管的產品，或式樣容易變換者，價格變動較大；堅固耐用或經常使用的產品，價格變動遲緩。

六、**競爭的強弱**——競爭性大的產品，其價格波動亦大，無劇烈競爭的商品，其價格則較平穩。

七、**政府的法令**——基於經濟需要或社會政策，政府常頒行鼓勵或限制的法令，對產品價格，不無影響。

第四節　新產品的訂價

新產品的價格訂定，企業經營者可根據實際情況，從以下五種方法中去加以選擇：

（一）成本利潤相加法（Cost Plus Pricing）

此法乃以成本爲基礎，再加上預期的利潤，卽爲其售價。計算簡單，不受需要變動影響，能保障利潤率是其優點；但成本往往無法得

到事先精確的計算，故與實際成本有一差距，且此法只顧到生產一方，而未考慮需要與效率的因素，不利於競爭。

（二）彈性增漲法 (Flexible or Variable Markup Pricing)

此法之特點，乃成本以外的售價部份（卽利潤），不予固定，而視經濟情形的變化，隨時做機動調整。其優點爲適應市場供需情形；但價格的決定須隨時依需要而定，手續繁雜，對利潤亦乏固定之保障。

（三）直覺價格法 (Intuitive Pricing)

此法，乃依市場情況的反應訂定價格；亦卽以生產成本與市場的需要作基礎，推測未來趨勢，衡量競爭情況，決定加減數額，實爲以上二法的綜合產物。

（四）實驗價格法 (Experimental Pricing)

先選出新產品的樣品，以不同價格試銷，經過若干時間後，以其中利潤最高之售價爲今後售價。

（五）模仿價格法 (Imitative Pricing)

此法乃模仿同業而訂定與其相等的售價。公平合理，有利競爭。

第五節　零售價格的訂定

（一）奇數價格 (Odd Price)

產品的訂價，全爲單數，如以九元九角代替十元，以三十九元五角代替四十元，使顧客直覺的認爲價格低廉，所以是訂價的有效辦法。

（二）心理上的價格 (Psychological Prices)

消費者心理上的需要，可用曲線表示出來；根據消費者需要曲線的彈性來訂定零售價格，卽謂之「心理上的價格」。

（三）習慣性的價格（Coustomary Price）

為便於顧客之計算，某商品常訂有某種價格，久而久之，消費者卽形成了一種習慣，將其視為當然的價格。如肥皂每塊一元五角，若提高到一元六角，卽會減少銷售量，若降低到一元四角，售量卻只有少量的增加。

（四）顯耀價格（Prestige Price）

有些貨品是藉價格來表示它的品質，以滿足消費者的顯耀慾望；如手飾等奢侈品，售價跌過某一水準，由於顧客的疑心，反而會減少銷售量，因為它已喪失了滿足消費者顯耀慾望的效力。

第六節　相關性貨品的訂價

「相關性貨品」可分為「代用性貨品」（Substitute Goods）、補助性貨品（Complementary Goods）、成套貨品（Tie-in Goods）三種，其價格之決定，各不相同，兹分別介紹於下：

（一）代用性貨品

在經濟學中，我們知道「需要彈性大的商品，價格變動的可能性較小，需要彈性小的物品，其價格變動的可能性大」，代用性貨品，卽須設法根據不同的需要彈性去選擇市場，決定價格。如需要彈性小的甲物品缺貨時，其價格必漲，此時有代用性的乙物品，卽可運往市場，其價格自可比過去為高；若需要彈性大的物品漲價，其代用品的價格亦隨而上漲，銷路皆不會理想。

（二）補助性貨品

如手錶與錶帶，煤氣爐與煤氣，須互相依存而使用之，雖亦可單獨出售，但其銷量必相互影響。為促進銷路，可對補助性貨品之一種，售價降低，來刺激另一種補助性貨品的需要；如消費者以廉價購

置了煤氣爐，則煤氣的銷路必隨而增大。

（三）成套的貨品

此亦屬補助性貨品之範疇，只是成套的貨品其相互依存性更低，其需要彈性的差別亦較大；如餐具、茶具、兒童服裝，常須成套出售。訂價之前，首須了解何種為主要商品，何者為附屬商品，主要商品的需要彈性較小，定價宜較高，附屬商品的彈性大，定價宜低。

第七節　差別價格

（一）差別價格的意義

差別價格（Differential Pricing），乃根據顧客的購買能力、需要情形、購買地點、購買時間之不同，而對同類商品訂定不同的價格。

（二）差別價格設立的條件

(1)需要彈性——消費者因其所得、地區、愛好之不同，其需要彈性乃生差異，企業經營者須先對此需要彈性加以研究分析，才能訂定同類產品的差別價格。

(2)封閉的市場——差別價格的實施，須具備互不往來的封閉市場，否則兩市場之商品可以彼此轉售，差別價格便無從保持。

(3)市場的分離——企業經營者須根據消費者需要彈性之不同，而使市場分離，才能從不同的市場，保留不同的價格。

（三）差別價格的種類

(1)數量的差別——購買量多的顧客，給予折扣優待。

(2)地區的差別——按地區需求的不同，訂定不同價格；如我國蘆筍罐頭，在西德、香港、臺灣，各有其不同價格。

(3)時間的差別——商品因季節或早晚而有不同的時價。

(4)用途的差別——商品因用途不同，而有不同的價格；如工業用水與家庭用水價格之不同。

(5)銷售對象的差別——如某些商品銷與軍警、機關、個人，有其不同的價格。

第十六章　廣告與包裝

第一節　廣告的意義及功用

（一）廣告的意義

　　廣告是企業完成銷售的主要手段；是推展商業的原動力之一。它是透過社會大眾的視覺或聽覺，將商品的名稱、性質、用途、服務等，公告於眾人，以引發購買慾望的大眾傳播行為；是有目的的服務手段。

　　因為近世科學發達，商品種類日多，顧客與生產的距離日遠，所以企業經營者乃靠廣告來宣傳他所要銷售的貨品，而消費者在有某種需要的時候，考慮買什麼貨品？到何處去買？也靠廣告的指示，對產銷、購買者雙方，廣告都負有重大的任務。但其功用，不限於此，茲將顯而易見者，略述於後：

（二）廣告的功用

(1)開拓銷路——廣告能惹人注意，而引起人們興趣，使產生購買慾望，增加對商品的信心，刺激顧客行動，使商品增加售量，擴大銷路。

(2)影響社會——廣告有一種無形的潛力，能轉移思想潮流，造成時代風尚，改變人們的生活習慣，甚至報章雜誌靠廣告收入減低售價後，訂戶普及，有促進社會文化之功效。

(3)提高生活水準——廣告能增加銷路，促使生產者大量生產，因而成本減低，價格低廉；且能誘發人們的新慾望，隨時介紹生活中所需物品，使生活水準逐漸提高。

(4)增進知識——新產品之發明，企業者必大登廣告，卽舊貨品，也在不斷宣傳，耳濡目染之下，使人們增加了不少知識，如電器的用法，藥品的功能，在廣告中隨時都能獲得。

(5)加惠企業——廣告使企業者銷路通暢，利潤加多，其職工之紅利、福利隨之而增，因此職工生活安定，情緒高昂，便可集中精神精益求精。

第二節　廣告的方式

廣告旣爲拓展銷路的重要工具，故須講究技術，其方式有以下數種：

（一）**開創式**——此乃根據商品本身的特點，配合當前新奇的事務，相互引喻，引人注目；新產品皆可採用此一方式。如氫彈、原子，被人引用到商品上，就是在新奇上着眼，達到開創式的廣告功效。

（二）**渲染式**——當某種商品在人們心目中已有了相當信譽，很爲顧客注意時，可採用此一方式，再提高商品聲望。如英納格錶在有了信譽後，其一九五九年之新錶廣告，特別以「閃光花邊，燦爛奪目，光芒萬千，普照全球」作渲染。

（三）**揭由式**——將商品特點和可能發生的效用分條列出，說明人們對此商品的需要性，就是揭由式的廣告。如三洋超寬螢幕電視機，舉出其超寬綜藝體螢幕、寬頻道映像回路、純眞灰色螢光幕等特點來作宣傳。

（四）**論述式**——把商品的優點、特性，和人們發生的問題明白的敍述出來，並分析其利益，最後加以論斷，說明人們對它的需要性，是謂論述式廣告。如保力達的廣告：「賺錢是人人所喜愛的，但

無健康身體卽無法賺起，要身體健康，必須常服保力達」，就是論述式的。

（五）**陳列式**——此乃將商品各種式樣，一一公告於廣告中，使顧客看了樣子後而產生購買行為。如大同電鍋，將各型樣式陳列刊登，使顧客先有一認識，再進而選擇購買。

（六）**比較式**——此者，乃將商品優劣、功能、後果做一比較，而使人明白利害，如特胃靈將胃病患者服用特胃靈前後的照片刊登出來，並以「昔日眞憔悴，今日多風采」字句以為渲染。最禁忌者，不可因比較而攻擊同業，更不可過分誇人，引人反感。

（七）**新聞式**——針對讀者的好奇心，將廣告作成新聞題材，吸引他們閱讀研究的方法卽新聞式廣告。如萬安製藥公司，卽以「中國藥能根治肝膽病」為標題，其內容則用新聞報導方式引人注意。

（八）**提示式**——這種廣告方式，是以各式各樣的廣告，把商品的特性、功能、歷史、榮譽，隨時提示讀者，使其需要時卽聯想到某種商品而購置之。此者，又有下面幾種方式：

(1)品質提示：此乃偏重於商品品質之說明，或本身品質前後改良之比較。

(2)形狀提示：此乃將商品商標、包裝形狀，在廣告中刊出，使讀者認識清明、印象親切。如「鐵漢伏虎丹」卽以其盒子樣式刊登廣告。

(3)名稱提示：資本雄厚的企業，為培植一個店號或一種商品的印象，乃用整幅廣告來表現他一個商店或一種商品的名字；它必須有電影、廣播、戶外等其它廣告相配合才有效用。

(4)內容提示：此者，乃將商品的內容擇要公告；很多書刊都採用此法，把刊內重要題目，登於廣告上。

(5)榮譽提示: 此乃將商品所得到的讚譽刊登出來, 以爭取銷路;
如芝柏錶的廣告中有一八六七年拿破崙三世對它的盛讚。

(6)效用提示: 此乃介紹商品的效用, 引起需要者急切購買; 如硫
克肝之廣告, 強調服用後之效果能提神解勞、強肝健身即是。

(7)證明提示: 此乃將商品所得到的獎狀、證明等刊登在廣告內,
以獲取優良評價; 如特胃靈將臺中市所頒之獎狀, 刊登出來。

(8)薦舉提示: 此乃以商品受惠者的筆調, 將受惠情形刊登廣告,
公開推薦; 如保力達、特胃靈、鷂鵠茶都常有之。

(9)歷史提示: 此乃將商品行銷的歷史在廣告中刊登出來, 以增加
消費者對商品的信心。如若干保險公司, 將受保人數及資產總
額刊出, 爭取信譽。

(10)使用提示: 此乃將商品之使用形態或使用知識刊登廣告; 如光
陽本田九十強力機車, 畫出一個男士騎車爬坡的雄姿, 使人們
望而嚮往; 小本田機車指出用車的簡便方法——踩、換、跑而
引人購買。

(11)口號提示: 把商品的特性編成順口易記的口號, 刊登出來; 如
天女奶粉的電視廣告編成一首歌詞使人學唱。

(12)警告提示: 此乃用警告的口吻, 指明不用某一商品的危險。如
強心提示心臟病的死亡率; 滅火器推銷者強調火災的危險皆
是。

(13)交通提示: 此乃交通事業營業機關所作的廣告; 如航空公司路
線說明之提示廣告。

(14)趣味提示: 此乃以有趣的文字或故事來表達商品的方法。

　(九) **勸誘式**——根據人們固有本能所可能產生的需要, 參酌時
代情況、社會環境, 用適當的文字圖畫, 去引起購買慾望者, 即爲勸

誘式的廣告。如利用防止疾病的心理、注重衞生與保護健康的需要、愛美節約、以及孝親愛子的本性，去促成人們的購買行動。

（十）**滑稽式**——廣告的圖、文，能笑趣橫生，以滑稽的材料，引人注意者是謂滑稽式的廣告。此者，又有以下數法：

(1)幽默：以幽默的筆調，使人在一視一聞之下，產生購買的需要。

(2)引喻：將商品比成人們最感興趣的東西，而引其購置；如某種電視機引來了兎寶寶。

(3)諷刺：以諷刺的圖、文，使人感受缺少某商品的痛苦，而引起購買慾望；如胃病患者不服「安腸胃」時之痛苦畫面，即有此作用。

(4)暗示：此乃以廣告之圖、文，暗示其對某商品的需要。

對於滑稽式之廣告，雖宜以滑稽為主，但須恰到好處，適可而止，萬勿畫虎類犬，引人反感。

（十一）**分類式**——如報刊上的小型分類廣告即是，務須簡要、明白。

（十二）**通告式**——以徵求、銘謝、聲明、闢謠、遷移、減價、特價、贈送等理由，刊登廣告以引人注意。

以上幾種方式，不一定皆能分別清明，為達廣告目的，常有數式綜合運用者，這就是運用之妙，存乎一心了。

第三節　廣告的設計與製作

不管選擇報紙、雜誌、招貼、電氣、遊行、電影、電視、傳單、日曆那一種廣告媒介，都必須有良好的設計與製作，才能發生效力，而廣告的設計製作，可從下列數端論起：

（一）標　　題

標題是廣告精神之所寄，有以企業名稱者（名稱標題）；有以商品之褒獎榮譽者（信譽標題）；有以命令口吻去提醒者（命令標題）；有以勸誘文字強調商品效用者（勸誘標題）；有以暗示文字去引起人們之好奇者（幽默標題）；有利用不同情感、不同需要去引人共鳴者（情感標題）；不管那種標題，在製作上均須注意以下六個原則：

(1)新穎突出：利用人們好奇心理，以新奇而富有刺激性的標題，去吸引觀者。如三星氟化牙膏曾以「免費招領花園洋房」為標題，在「免費招領」的刺激下，人人都願一覽其內容。

(2)簡潔明朗：標題文字，務使讀者一視而悉其梗概；如某種痱子粉以「何必受熱痱之苦？」為標題，蘋菓西打以營養、解渴、幫助消化為標題，都夠簡明的了。

(3)不可誇大：廣告須有眞實性，以免讀者生厭起疑，有些商品自謂「獨霸世界」、「舉世無雙」、「起死回生」，都過於浮誇了。

(4)趣味盎然：標題要能抓住讀者，使細心研讀，則必須富有趣味，如鷓鴣菜以「專捉夜啼郎」、民航公司以「欲飛乎？」為標題，都能使讀者在興趣盎然中去看完廣告內容。

(5)詞物配合：標題與商品要切實配合，不可牽強附會，或做超出範圍的宣傳。

(6)嚴忌抄襲：廣告標題要自我創造，若抄襲別家，不但無甚效果，且幫助了被模仿之商品，使其增強了廣告。

（二）文　　字

廣告的文字，等於推銷員的言詞，在宣傳功效上，力量頗大。一般言之，有用會話方式，有用小說筆調，也有用敍述筆法說明商品優點，或用理論去說明商品之必需，而以新聞體裁更能引人注意，但

不管用那種體裁，皆須注意以下幾個條件：

    (1)主旨明顯：廣告在宣傳商品之特色，根據此一主旨，故應詳述其優異之處，其他方面，僅可附帶說明，萬勿喧賓奪主。

    (2)內容一致：內容敍述，務須首尾互應、前後一致，不可以陳詞爛調，混亂內容；最好能層次分明而一氣呵成。

    (3)簡潔淺近：文字宜簡明通俗，使人一目瞭然，萬勿以過深的成語令一般大衆匪解。

    (4)誠摯生動：文字要熱烈生動，言之誠懇，令人有逼眞之感，方能對廣告產生信任。

    (5)平衡順口：各句字數，不宜相差太多，更須求其順口，各段文字要求平均，以便於排列。

（三）字　　體

    廣告的字體，能增加畫面的美麗，吸引觀衆的注意，一般在字體設計上，應注意以下四點：

    (1)爲求廣告的華麗，字體宜求其藝術。

    (2)不能只顧美觀，而忽略了廣告目的；故所用字體，務須便於閱讀，易於認識。

    (3)字體的大小、粗細、色彩，都須詳細設計。

    (4)在同一稿本上之字體，以不超過四種爲宜，而不同的字體，尤須調合、自然。

（四）圖　　畫

    圖畫不但容易引起人之興趣，而且不分國別，不論程度，不管年齡，皆易於領會圖中意義，又能描繪產品之形式、包裝、用法，補助文字之不足，令人便於記憶；造成顧客的新需要。至於廣告圖之製作，也不可違背畫理，雖須引人注意，却不宜奇形怪狀，使觀者之注

意力過於集中圖畫，而忘却廣告原意；也勿過於詼諧、滑稽，令人感到輕薄，而貶低商品價值，尤須注意者，乃廣告圖畫，時時處處，務須切合商品的形狀和性質，萬勿畫虎類犬，張冠李戴。

第四節　包裝的意義及目的

（一）包裝的意義

包裝（Package）並不是「打包」，因為「打包」是將若干單位包裝好了的產品，打成包裹，以供運輸之方便；而包裝則是使用各種包裝材料（如玻璃、紙張、木材、馬口鐵、布、塑膠等），將產品置於容器中，以保護產品，減少損壞，增加美觀，所以 F.A. Pains 說：「包裝乃為了運輸及銷售所準備的商品之藝術、科學、與技術。」

（二）包裝的目的

(1)保護產品——包裝在保護產品，使其不致在出廠、倉儲、搬運中受外界的影響，而有損壞、變質、蟲蛀、腐敗，乃至失竊的情事發生。

(2)便於使用及貯藏——若干商品，必須包裝後才適於使用及貯藏；如汽水、牛乳、麵粉、蛋、茶杯等，不管液體、粉狀、顆粒或易損物品，須經瓶裝、袋裝、罐裝、盒裝後，才便於使用或貯藏。

(3)幫助宣傳——在包裝時，可做成各式各樣的優美外形，或印上各種藝術圖形，以引起消費者的購買慾望，自能收宣傳之功效。如包裝平凡，常易抹煞優良品質，降低產品的經濟價值；所以西洋人說：「包裝是無言的銷貨員」，實有其道理。

第五節　包裝的政策

爲達包裝的目的，故有若干不同的包裝政策，兹擇要列舉數端：

（一）萬花筒式的包裝（Kaleidoscopic Package）政策

此一策略是藉着對包裝的需要，而連帶引起顧客對商品的需要；例如凡存集森永牛奶糖包裝內的字，而湊成「森永牛奶糖」字樣者，則可換取糖菓或獎品，存積某某商品包裝紙若干份，則可換取美麗月曆一份。若採用此一政策，必須考慮到包裝復雜化以後，所增加之包裝費用是否能夠收回，及分配商之是否會嫌麻煩而不欲銷售。

（二）類似包裝（Apparent Resemblance）政策

所謂類似包裝，是一家製造的若干種商品，在包裝的外型上求其近似，令人一見包裝卽聯想到這是某廠的出品。或用同一圖案，或用同一顏色，或用同一挿圖均可。這種包裝政策，不但可增加廠商的聲勢，若用之於新產品，更可增加其銷售力；蓋新產品在未取得消費者信任時，靠同廠舊商品的信譽，很快卽可暢銷。

但採用類似包裝之廠商，高級品質之商品，則不可採用類似低級品質商品的包裝，以免消費者由聯想而低估高品質商品的經濟價值，使廠商遭到損失。

（三）雙重用途的包裝（Dual-use Package）政策

商品之包裝物，在商品用完之後，仍可做其他用途，以增加消費者對商品的好感，並使帶有廠牌、廠名之容器，長存消費者身邊以發揮廣告效用的方法，謂之雙重用途之包裝。如成衣店包裝襯衣的精美塑膠袋，糕餅店堅固美觀的糖盒，皆有此種作用。

（四）改換包裝政策

利用新的包裝材料，或改良包裝之印刷，以透過視覺藝術，吸引

購買者，卽爲改換包裝政策。此一政策，能增加老客戶的購買量，並吸取新的客戶，使代售商樂於銷售；產生廣告的吸引作用；而且由於包裝材料、構造方法的改良，亦會節省費用。

第六節　包裝的技術

包裝的政策旣已確定，則對包裝之設計、形狀、體積、材料、構造尤應加以注意：

（一）設　　計

包裝的設計與衝動的購買（Impulsive Buying）有莫大關係，因爲一種優秀的包裝設計，能兼有廣告與銷貨員之雙重功能：如某消費者初入店內，可能對某商品原無購買動機，但當其發現該商品時，因包裝動人而欲購買。所以對包裝上的文字、圖畫、彩色、排列皆須審愼設計。

（二）形　　狀

爲引起顧主的注意力，一般企業對其產品包裝的形狀，都特別重視，如美國蘋果西打的瓶形，於若干銷售地，皆易爲人辨認，尤其化粧品的包裝，更是形狀百出的吸引顧客。所以包裝之形狀，必須使人悅目。

（三）體　　積

商品包裝之大小，須考慮到陳列、放置、儲存、携帶等因素，並受其本身體質的限制；如牙刷、檯燈，都有其一定的大小，球類有其一定標準；牙膏、鞋油雖有大、中、小號之分，但最大號者亦不能太大，一者爲價格不宜太高，再者顧客皆不欲用之過久，對顧客心理，務須考慮。

（四）材　　料

　　包裝材料之選用，須按商品的性質，使具有防潮、隔熱、免震、遮光等功能，並宜考慮到材料成本。對貴重物品，爲避免消費者低估商品價值，萬不可用粗糙材料包裝。

　　近代包裝術日益進步，透明包裝已普遍風行，如能採用透明材料自更理想。

（五）構　　造

　　包裝的構造乃高度技術上的問題，體積相同，材料相同，其構造方法應多做變化，如用厚紙折疊紙盒，有無數剪裁編組方法，宜選其牢固易圻者，奶粉罐之開啓，四方壓製者多用罐鑰匙捲啓，日本明治奶粉，則用螺旋口式，開啓後較易保存，這些構造上的問題，都直接影響到商品的銷路。

第五編　財務管理

第十七章　財務管理的概念

第一節　財務管理的意義與重要

（一）財務管理的意義

　　財務管理（Financial Management），有對內與對外兩部：對內的財務管理，包括計劃、調度、控制企業所需要的資金，對外的財務管理，則指企業資金的籌措與處理。也就是說：財務管理一方面在研究如何取得企業所需之資金，一方面在計劃如何去適當的分配資金；運用資金；控制資金？所以財務管理就是研究企業資金籌措、分配、運用的方法，並進一步去做適當的策劃與分配。

　　財務管理，不管是對內抑是對外，其任務無非在使企業之財務，能達到充裕、適時、經濟的三大原則。財務管理的得失，將影響企業的成敗，所以對財務管理，除研究其本身資金的運用與分配外，對國家的金融政策、國民購買力、市場資金的可得率，亦須加以了解。

（二）財務管理的重要

　　任何企業，其目的都在減低成本、增加效率、擴大銷路、獲取最大利潤。一個企業之盈虧，必須在生產、營業、財務各方面，都有良好的制度與管理始可，而其成效的表達，財務狀況尤為明顯。因此，健全的財務實為奠定健全管理的基本工作；如果財務管理不當，企業的資金調度必形混亂，其他管理又何以稱心如意？而且財務管理不

當，必流於浪費，企業資金不能充分利用，又何以獲取大利；而當賠累無法避免時，又難使虧損儘量減少，若此時仍不能設法挽救，整個企業便會因資金調度不善或財務費用過鉅而告破產，由此可見財務管理的重要了。

第二節　財務管理的組織與職掌

財務管理組織的部門與職掌，乃依據企業的規模、性質而不盡相同，但以普通言之，乃由財務長負其總責，下設會計、成本、稽核、信用、出納諸課，規模較大、員工眾多的企業，又有在財務處下設有薪工組者，茲將其職掌，分述於下：

一、財務長——財務長（會計長）乃企業內部財務的首席顧問，對企業負設計並監督一切財務事項及財務部門之責。

二、會計科——(1)編製預決算，(2)登記並保管會計帳表，(3)編製會計報告，(4)審核收付款事項，(5)審核原始憑證，(6)編製記帳憑證及登記帳冊，(7)其他有關會計事項。

三、成本課——(1)蒐集成本資料，(2)分析與計算成本，(3)關於成本及產品副產品的帳冊登記，(4)關於成本記帳憑證及報表的編製，(5)預算的彙編及執行，(6)其他有關成本事項。

四、稽核課——(1)會計制度的擬訂與推行，(2)會計事務的指導，(3)審核決算，(4)審查帳目，(5)查核各單位之現金財務，(6)監視投標比價及驗收，(7)對不經濟支出的研究與建議，(8)核擬盈餘分配諸事宜。

五、出納課——(1)資金的籌劃調配，(2)現金票據的收支保管，(3)員工薪津的發放，(4)現金出納的登記與送報，(5)稅捐解繳，(6)其他出納事宜。

六、信用課——(1)信用的調查與分析，(2)賒銷政策的擬定，(3)金

融與物價之市場調查，(4)信用、金融市場及物價調查報表的編製與保存，(5)有關信用之證明與建議事項，(6)其他有關信用調查與服務事項。

七、薪工組——(1)員工工作時間的核對，(2)員工薪津與獎金之計算，(3)發放薪工，(4)處理薪工支付帳戶與報表。

第三節　　財務管理的原則

過去一般人認為企業經營所需要的只是經驗，這種經驗從學徒時開始學習，慢慢的就能運用自如；近數十年來由於工商業的突飛猛進，對企業的經營，已非觀察與經驗所能應付，一切皆須做專門化、系統化、科學化的研究，財務管理自難例外，不過根據專家們研究與經營的結果，咸認為財務管理必須依據充裕、適時、經濟三大原則，而注意以下各項要點：

一、要有妥善的財務計劃，以配合各業務的進行與擴展。

二、要審慎的研究資本籌集之有利途徑與方法。

三、固定資本與流動資本的分配要適當。

四、流動資產與流動負債的比率要適當（普通為二比一）。

五、要善予利用借貸資本，以提高利潤率。

六、需用臨時流動資本時，以籌措短期資金為宜。

七、需用固定資本及經常性流動資本時，以籌措長期資金為宜。

八、財務上須建立嚴密的內部牽制制度。

九、要注意企業之收益力（Earning Power）。（通常乃以期初及期末資產總額的平均數為分母，以本期淨利為分子，求出其比率。）

第十八章 資金的籌措與分配

第一節 資金的意義與種類

（一）資金的意義

資金是企業創立的最基本因素，通常所稱的資金，是包括某一企業的土地、房屋、機器、工具、材料。若嚴格追究，土地謂之自然資金 (Natural Capital)，對企業言之，它並沒有再生產的功能；房屋、機器、工具、材料謂之人為資金 (Artificial Capital)，均有再生的功能。所以資金乃是「供生產及營利所用的財貨」，它是企業的血液，其充足與否，能直接決定企業的興衰斷續。

（二）資金的種類

一般人對資金的種類，認為有固定資金與流動資金兩種，其實資金的範圍頗為廣泛，因其分類標準之不同，故有種種區別：

(1)以資金的性質分

1. 固定資金 (Fixed Capital)：

固定資金是指購置固定資產與長期投資，而供企業長期經營活動之用的資金。它是由(a)自有資金(b)長期借入資金(c)由分期付款方式所取得之資金所構成。這是一種長期性、固定性的資金，若依其需要時期，又可分為以下三種：

　　(A)創業資金 (Initial Fixed Capital) ——這是指企業創立時期所需的固定資金；包括創業固定資產及開辦費支出兩部份。

　　(B)擴充資金 (Extending Fixed Capital) ——這是企業為

擴充經營規模所需的固定資金；包括擴充固定資產及擴充
費用支出兩部份。

(C)經常資金 (Ragular Fixed Capital)——這是企業繼續
經營中所經常需要的固定資金；包括經常固定資產、經常
費用支出兩部份。

2. 流動資金 (Working Capital)

流動資金乃用於流動資產以供企業營運週轉的資金，也有稱其為
週轉資金 (Circulating Capital) 或運用資金 (Current Capital)
者，依性質的不同，流動資金又可分為以下兩種：

(A)固定性流動資金 (Fixed Working Capital)——這是企
業所需的最低數額的流動資金；包括創業流動資金及經常
流動資金兩種：

(a)創業流動資金 (Initial Working Capital)：是企業創
立時所需的最低數額流動資金，等籌辦已成正式開業，
便無存在必要。

(b)經常流動資金 (Regular Working Capital)：是企業
正式開業後所需的最低數額流動資金，是企業經營中所
經常需要者，在時間上與企業之壽命相同。

(B)變動性流動資金 (Variable Working Capital)——這是
企業臨時所需的最低額流動資金；由於各企業之業務不
同，故其差別亦大，有部份需要、有全部需要、也有完全
不需要者。此項資金又有季節性流動資金與特種流動資金
兩種：

(a)季節性流動資金 (Seasonal Working Capital)：企業
在其營業旺季所需最低額數的流動資金叫季節性流動資

金。

(b)特種流動資金（Special Working Capital）：企業在特別需要時所需的流動資金叫特種流動資金；這種資金，通常多因下面四種需要而產生：

（Ⅰ）由於商場之漸趨繁榮，產銷業務特佳，須額外增加資金以應週轉。

（Ⅱ）由於市場不景氣，必須增加額外資金以維持正常營業。

（Ⅲ）由於大災或意外之損失，須增加額外資金以擺脫難關。

（Ⅳ）由於製造方法的改變，或有新的發明、新的設計，須要大量資金以供設計、實驗、廣告宣傳或其它週轉之用。

(2)以資金用途所需之時間分：

資金，尤其是銀行借款形式的資金，常視其時間之長短而分爲短期、中期，與長期三種：

1. 短期資金：

資金之需要，以償付購買材料、工資、運費及其他維持生產以應市場需要等項目者，其借款期限在三十、六十、九十天；卽延長期限也不會超過一年者，謂之短期資金。

2. 中期資金：

如資金支付或借入，以購買可用數年的機器、工具、供應品及其他設備，期限在兩、三年而不超過五年者，謂之中期資金。

3. 長期資金：

　　　　如資金支付或借入，以購地、建屋，或買可供長期使用
的大件機器，其資金之投資常在十年、二十年、三十年以上
者，謂之長期資金。

(3)以資金的所有權分：

　1.自有資金：

　　　　資金之所有權歸企業所有者謂之自有資金，乃指股東投
資及盈餘的總和而言，也就是一般所謂之「狹義資本」。包
括以下二者：

　(A)原投資——卽股東投資部份，乃由原出資額與增資額所構
　　成。

　(B)累積資本——卽保留的盈餘；如資本公積、法定公積、其
　　他依法所提存的各項準備，以及未分配之盈餘皆屬之。

　2.借入資金：

　　　　此者，乃向他人所借入的資金；包括借款和公司債；其
所有權歸於債權人。

(4)以資金籌集的地區分：

　1.國內資金：

　　　　凡於國內所籌集的各項資金，稱之爲國內資金；其計算
時，以本國貨幣爲單位。

　2.國外資金：

　　　　於國外所籌集的各項資金，稱爲國外資金。此類資金須
受政府法令所限制，其數額計算，常以外國貨幣爲單位，並
以外匯牌價爲準。

第二節　長期資金的籌措

企業長期資金的籌措，雖也有用累積盈餘、出售不適用的資產、長期抵押借款、吸收職工儲蓄者，但其主要來源爲普通股、優先股及公司債的發行。

(一) 長期資金籌措的工具

(1)普通股 (Common Stock)

普通股是公司資本的主體，也是公司主權的表徵；持有此種股票的股東，須負擔公司的一切風險，但亦有權出席股東大會、選舉董監事、審核盈餘分配案及公司活動之報表及資料，故有參與公司事務之權，如本企業發行新股份，亦可優先認購。

關於普通股股金的繳納，可以現金、勞務及財產抵償，但實際仍應按各項法律之規定辦理。我國新公司法一四〇條有「股票之發行價格不得低於票面金額」之規定，如此以確立股東義務，保障債權之利益。至於普通股對公司有何利何弊，在此提出，以供參考：

　　1.普通股對企業之利：

　　　　(A)普通股之股息，對公司的財務負擔無甚束縛；有盈餘則發，無盈餘則停，旣無債券利息非發不可的限制，也無優先股股息累積不已的毛病。

　　　　(B)企業可藉普通股數額之增加，而提高其信用地位。

　　2.普通股對企業之弊：

　　　　普通股之持有人，可參與公司事務，對公司有分潤管理權之弊。

(2)優先股 (Preferred Stock):

優先股是針對普通股而言，其對股息及剩餘財產有優先分配權，

但一般言之，皆無營業管理權，投票權也受限制。在此將發行優先股的時機、優先股的種類、優先股的利弊，分別說明於下：

1. 發行優先股的時機：　企業發行優先股，往往有下列五種原因：

   (A)證券市場不景氣時，只有公司債或優先股才能發行。

   (B)投資者感到普通股所冒風險較大，而不為一般人所歡迎時，而企業方面又感到普通股股利高，會增加成本之支出。

   (C)企業欲增加資金，又恐有失原股東之控制權時。

   (D)因公積金多屬於普通股，如增發普通股則會減少原股東之利益，影響股票價格之降落。

   (E)企業之普通股股息，久久難以發出，致無人問津，而影響未來利潤時。

2. 優先股的種類：

   (A)累積的與非累積的優先股 (Cumulative and Non-Cumulative Preferred Stock) ——前者乃當年股息分配不足時，得與次年應給之股息，累積併付的優先股；後者則只以當年股息分配為優先，倘本年分配不足而次年有豐富盈餘，仍不補付。

   (B)參加的與非參加的 (Participating and Non-Participating) 優先股——前者除應得的優先股息外，並可與普通股共同分享紅利；後者則僅享股息不共享紅利。

   (C)可調換的與不能調換的 (Convertible and Non-Convertible) 優先股——前者可在一定期限內，以其優先股調換普通股；後者則不能。

(D)有表決權的（Voting）與無表決權的（Non-Voting）優
　　先股——前者可藉表決權的行使而參與企業之事務；後者
　　則無此權。

(E)優先收入的（Preference to Income）優先股——此種優
　　先股，其股息的領受，應在普通股之先。

(F)優先資本的（Preference to Capital）優先股——此種優
　　先股，在公司財產分派時，其領受應在普通股之先。

(G)優先收入及優先資本的（Preference to Both Income
　　and Capital）優先股——此者的股息及剩餘財產之分配，
　　均在普通股之先。

3. 優先股對企業的利弊：

(A)對企業之利：

(a)優先股之表決權多受嚴格限制，故不影響企業原有的管
　　理權。

(b)優先股使投資者有優先於普通股的權利，易於獲取長期
　　資金。

(c)除參加的優先股外，其他優先股只有固定股息，而分紅
　　的權利則不能如普通股一般的隨盈餘而增加。

(B)對企業之弊：　優先股的股息多可累積計算，在未償清其股
　　息前，普通股無法給息，影響公司信譽，甚至使股票價格
　　暴落。

(3)公司債：

公司債（Debenture Bond）乃以公司信用與資產為擔保，所發
行的一種公開出售之債券。此種債券須訂明固定利率、付息日期、償
還期限等條件，並可低於票面價值發行，未到期前公司亦可收買。這

是公司向外籌措長期資金的方法； 也是公司向外舉債的合法債務契
約。是一種可以自由流通轉讓的有價證券。

1. 公司債與股票的比較：

    (A)債權人的利益在股東之前； 卽公司先淸償公司債後，才可
分派盈餘或分配剩餘財產與股東。

    (B)債券有一定的利息，而股票的收益能力則常有變動。

    (C)債券利息須定期支付，而股息只在有盈餘時方能分配，股
東無權強索。

    (D)公司債有一定的償還期，而股票永不發生償還問題，不過
股東得於公司解散時，分配剩餘財產。

    (E)債券持有人無投票權及公司管理權，股東則可藉表決權而
參與公司事務之管理。

    (F)公司債券可低於票面價值發行； 股票則不可以。

由以上的比較，我們不但可瞭解公司債與股票的不同，更能看出
公司債的特點來。

2. 公司債的類別：

公司債的種類頗多，如以債券形式言有記名與不記名者； 以債券
發行之目的言，有擴充設備、整理舊債，及爲支付公司債利息所發行
的公司債； 依是否參加利潤分配言，有參加公司債、非參加公司債；
以償還方法言，有分期償還、通知償還、償債基金等公司債，及年金
公司債； 但主要者還是依時間之長短，與是否有保證來分，現將此兩
種分法所分成的種類，詳細加以敍述：

    (A)依時間之長短分：

        (a)長期公司債——長期公司債券的年限，約爲五年以上；
通常是三十年至五十年之間（歐美諸國亦有百年者）。

其發行的原因多爲以下五者：

（Ⅰ）因公司需要鉅額資金，僅以一種方法籌措，又難以滿足時。

（Ⅱ）普通股之新股東，可獲取一部分管理權，故發行公司債，旣可籌措資金，又不影響原來之管理。

（Ⅲ）債券利息較少、成本亦低。

（Ⅳ）債券利息支出，可減少所得稅額。

（Ⅴ）能提高投資報酬，增加公司信譽。

長期債券，雖有以上好處，但亦應受以下三點限制：

（Ⅰ）公司盈餘若不穩定則不可發行：因公司債利息，到期必須支付，盈餘不穩，必影響公司財政及信譽。

（Ⅱ）利率低於投資報酬時才能發行：若利率高於投資報酬（自然利率）時，市場利率必高於資金與收益之比，不宜發行債券。

（Ⅲ）在人民習慣於投機，或有豐富商業常識之地區，應以股票爲宜。

(b)短期公司債——短期公司債之時期是一年至五年。短期公司債之發行，乃因債券發行之時，市場利率頗高，如發行長期者，公司須長期負擔高利，故先發行短期債券以供週轉，待利息下跌時，再發行長期債券。

(B)依有無抵押品分：

(a)無抵押的公司債——此種公司債券，全靠信用發行，故不必設有抵押品而增加麻煩；如美國的通用食品公司，卽靠其信用發行此種債券。

(b)有抵押品的公司債——由於抵押品之不同，故此類公司債又可分爲以下數種：

（Ⅰ）以不動產作抵押的公司債 (Real Estate Mortgage)：

①加速到期債券 (Accelerative Bonds)：只要違反義務，債券卽視爲到期而處理其抵押品。

②一次確定金額債券 (Closed-End-Bonds)：此種債券，將抵押品金額一次確定，但債券可以分次發行。

③非一次確定金額債券 (Opend-End-Bonds)：此種債券，其金額不事先確定，發行次數亦無限制。

④最高限額債券 (Limited Open End Bonds)：此種債券之發行次數並無限制，抵押品之金額却有最高限定。

⑤續購資產抵押債券 (After-Acquire Close-Bonds)：此種債券，是指用此債券所購之資產亦爲抵押品之一，但在下列情形下，可使之無效：（ㄅ）還清舊債再發新債；（ㄆ）以舊債券換新債券；（ㄇ）獲得債券人同意後，修正原來契約；（ㄈ）設立子公司，以子公司名義發行債券或購買財產：（ㄉ）以租用財產方式獲得財產。

（Ⅱ）以證券作抵押的債券 (Collateral Trust Bonds)：

以子公司的債券，長期投資，或用子公司的股票、

公債及與財務有關的票據或附屬公司的股票為抵押
而發行債券，如其發行者之信用可靠，或其保障條
件、抵押價值够標準，亦能順利售出。

3. 公司債對企業的利弊：

(A)對企業之利：

(a)公司債之持有人，通常無干預公司事務的權利；公司可
利用他人的資金，但不受他人的拘束。

(b)債券利息固定，不管公司有多麼優厚的利潤，債券持有
人並無分潤權利，所以不會影響股東權利。

(B)對公司之弊：

公司若經營不善而不能如期還本付息時，債券持有人可以
公司債權人身份，向法院控告，甚至得要求法院任命清算
人進行清理。

(二) 長期資金籌措之方法選擇

(1)注意固定資產與長期負債的比例——為迎合投資者的心理，公
司債之發行，以不超過固定資產實際價值的四分之三為宜，若
長期負債已達固定資產實值的四分之三時，為表示理財者的穩
健，最好增發股票。

(2)以預期利潤為斷——預期利潤平穩的企業，收益力固定，發行
公司債或優先股，皆可減低運用資金的成本，並避免他人之分
潤管理權。若預期利潤低於優先股股利或債息，或收益不平穩
的企業，以發行普通股為宜。

(3)優先股數額的決定——優先股之發行，以預期利潤為是否發行
之依據，其發行額，以不超過資本淨值（資產總額與負債總額
之差）為宜。

(4)注意季節性——與季節性有關的企業，為避免利息之浪費，不宜發行公司債，如此尤能保持資產負債表上財務狀況的優越外觀，而易於短期資金的獲得或融通。

(5)商業循環的影響——商業繁盛時期，以發行普通股或參加優先股較易脫手；商業衰落時期，若預估其利潤能高於債息，自以發行公司債為宜。

(6)重視法律規定——我國公司法第二四七條規定：「公司債之總額，不得超過公司現有全部資產減去全部負債及無形資產後之餘額。無擔保公司債之總額，不得逾前項餘額二分之一。」公司法第二六九條規定：「最近三年或開業不及三年之開業年度，課稅後的平均淨利不足支付已發行及扣發行之特別股股息者；或對已發行之特別股約定股息而未能如期支付者，皆不得公開發行具有優先權之特別股。」凡此法律規定者，都不能忽視。

第三節　短期資金的籌措

企業由於存貨之維持、應收帳款之積壓，及原料之準備，而產生了流動資金問題。其中正常的流動資金靠長期資金支付，另一種有季節性的流動資金；即短期性或臨時性者，則須籌措短期資金。茲將其籌措方法說明於下：

（一）向銀行借貸

商業銀行以經營短期信用、調節企業之短期資金為職責，企業資金不足，可向其來往銀行借貸，其借款的方式有(1)信用借款，(2)抵押借款，(3)信用透支（我國多採透支契約）等。此種籌措短期資金之方式，對企業極為便利，平時應爭取銀行的信任，但也須注意銀行的大小，以免週轉不靈（所以臺糖公司每年與臺銀所定之透支數額，均在

十億元之上）；　並須了解銀行的經營政策（如最長放款時限，　最高放款限額，利率多寡）。

（二）票據貼現

以承兌票據向銀行貼現，是企業籌集短期資金的最佳方法；這是一種以交易行爲作根據的短期信用制度，比質押制度更適合於現代企業的需要。現在的貼現票據，有以下二類：

(1)商業承兌的票據——申請人因交易行爲所發生的債權債務，由債權人向債務人發票而請其承兌的票據。

(2)銀行承兌的票據——申請人因交易行爲所發生的債權債務，由債權人或債務人，向訂有契約的往來銀行發票而請其承兌的票據。

（三）售賣有價證券

若企業所需之流動資金不多，且握有有價證券（如商業票據、公司股票、公司債券），則可將其售賣而應急需。

（四）賒帳進貨

企業於有信用之時，易得賣主信任，進貨時，可賒欠一段時日，亦能使流動資金的數量，獲得暫時調節。

（五）私人借款

企業於籌措臨時週轉金時，亦可向私人借款，而負擔若干利息，以應急需。

（六）預收定金或行現銷

此者，乃對顧客實行信用緊縮，前述之第四項的賒帳進貨，乃求之於人，聽之對方，此者乃以自己主動；但不可忽略者，仍以獲得顧客的諒解爲宜，不可因此而影響業務的拓展。

第四節 資金的分配

商業資金，週轉快、彈性大、富於流動性；工業資金的固定資本高，且須經過生產過程，所以週轉慢、彈性小；在資本的結構上，工商業確有不同，即為同業，亦因其性質、政策之異，而各有不同分配，故而談到資金的分配，只能在原則上將其應注意的事項加以敘述：

（一）短期負債與流動資產的比率

短期負債除流動資產所得的比率，又稱為流動比率（Current Ratio），此為企業資金分配時，必須注意的一大問題。假若某企業有流動資產十萬元，而短期負債為兩萬五千元，其流動比率為四比一。到底此一比率以多少為宜，過去一般學者咸認為二比一，而晚近學者則認為五比一為宜，甚至有主張五倍以上者；也就是說企業每一元短期負債，須有五元的流動資產作為償付保證。

不過流動資產中，常有大部存貨，其變現非短時所能成者，因此有人主張以速動資產（Quick Assets）代替流動資產，求其速動比率（Quick Ratio），來做為企業償債能力之測驗方法，速動比率則以一比一為最低限度，然後斟酌實情加以決定。

所謂速動比率，即速動資產與短期負債的比率；而速動資產，乃指現金、可立即出售的有價證券、短期票據，及可靠的短期應收帳款等資產的總額。

（二）固定資本與流動資本的分配

企業的固定資本過多，形同凍結資金，影響企業的效能與利潤；過少，又恐不能適應企業的需要。若流動資本過多，一面易生浪費，另外會引起不經濟或不合理的擴充；過少，又妨礙業務之發展，並會

導致失敗。所以固定資本與流動資本的分配，必須要根據營業的需要，適當分配。在美國估計固定資本，多以週轉爲之，卽以固定資產與銷貨做比例，其輕工業多爲四比一（每四元銷貨有一元固定資本）。而其流動資本，則爲三個月銷貨額的數量。

（三）注意所需資本的類別

需用固定資本，或不可缺少的流動資本時，須籌集長期資金；若以短期資金替代，極易陷企業於不拔之地。需用臨時流動資本，則須籌措短期資金，以減輕運用資金的成本。

（四）自有資本與借貸資本的決定

自有資本在資本總額中固可代表財務狀況，但自有資本的比率高，未必就是收益力强；也可以說借貸資本多的企業，雖然負擔加重，甚至增添了風險，但就借貸之本身言，若利潤大於利息負擔，仍不失爲增加利潤的方法，所以自有資本比率的高低，並非決定借款與否的重大因素，而應以企業之收益力爲依據。一般言之，營業愈活躍，流動資本的需要愈大，借貸資本的運用則愈爲重要。在美國製造業者，自有資本佔資本總額的百分之八十至九十，一般鐵道及公用事業公司佔百分之三十五至六十五，銀行業多在百分之十以下，由此可見借貸資本的重要。

第十九章　預算控制

第一節　預算控制的意義與目的

（一）預算控制的意義

　　預算控制（Budget Control）是一種現代財務管理的方法，它是設計和控制觀念下的產物，在補救會計工作的弱點，而使企業能兼具實際和標準兩種資料；確定最有利益的經營，樹立平衡發展計劃，除替各種工作提供一種預先設計的方法，使企業之各部門得到一考慮周詳的概算外，並提供了各種方法以考核工作的結果，發掘工作的弱點，以便及時糾正。同時它也提供了有效的方法，俾使最高管理機構在授權各部門主管之下，並不妨礙其全面控制。

　　預算的表示，乃為會計中的「資產負債」和「損益表」上所可能發生的項目，但預算表所列者並非實績，只是一種估計或預期的數字而已，所以，預算是將來行動的預定；是對於未來一定期間之業務經營與財務收支的估計，也可以說是一種使人易於明瞭的總計劃。

（二）預算控制的目的

　　從預算控制的意義中，我們已可粗淺的了解為什麼要實施預算控制，若深究之，則不出控制（Control）與協調（Co-ordination）兩大目的：

　　(1)控制：

　　　　預算乃根據以往的紀錄及將來的情形，產生一種估計的數字，
　　　　再以此數字與實際產生的數字相比較，俾瞭解兩者的差異，據
　　　　其差異原因，而為合理的調整，訂定預期的標準，最高管理機

構與各部門主管或監督人員，便可藉此標準衡量工作結果，達到控制目的。

(2)協調：

預算是表示各部門將來的行動，是爲了達成某一共同目標而建立的，故能面面兼顧，而維護各部門的平衡關係。如生產、採購，各有其特質，若能綜合需要，編製預算，便可生協調各部業務之效，而羣策羣力，同爲共同之目標而努力。

第二節　預算的種類

企業預算的種類，因其標準之不同，可細分爲以下數種：

（一）以期間的長短分

(1)長期預算：對一年以上的預算稱爲長期預算，也有三年到五年者。

(2)短期預算：如半年、三個月、一個月，甚至一週的預算屬之。我國公司都採一年之預算，而美國大多採用三個月或半年者。

（二）以預算的性質分

(1)部門預算：此乃企業各部門所編製的預算，大都按其經營活動而編製；如財務預算、銷售預算、生產預算……等。

(2)綜合預算：此乃企業之全體經營計劃，並包括預估損益計算及預估資產負債表；又稱之爲總預算。

（三）以預算的機能分

(1)營業預算：此乃指經常的經營活動之預算；又可分爲銷貨預算、宣傳與運銷預算、生產與人工預算、材料與採購預算、維護費預算、間接費預算，及其它特種預算等。

(2)資本支出預算：此乃企業之各種設備預算；如房屋設備、機器

設備、雜項設備，及土地購置諸預算。

（四）以預算的彈性分

(1)固定預算：此乃對企業之全體綜合利潤計劃及各部門間調整，而依生產量、直接勞動時間，或機械操作時間所編製的單一預算。

(2)變動預算：此乃隨生產量（或銷售量）之增減變化，而增減其成本費用支出的預算；如生產量在百分之八十時，其成本費用定爲若干，生產量在百分之九十時，其成本費用定爲若十，生產量再增加時成本費用又爲若干，它是一組包括各種不同開支的機動性預算（Flexble Budget），在不同製造量下，可選擇其中之一組。

第三節　預算的原則

良好預算的編製，乃企業成功的最大依據，在未論及其編製方法之前，先須注意以下諸項原則：

（一）最高管理者必須主持預算

預算旣是企業成功的最大依據，所以管理者必須信賴它而予以全力支持，時時視預算爲主要管理工具，並以身作則遵守預算的指示，進而控制預算，以發揮其最高效力。

（二）各部負責者必須參與預算

爲使各部門主管認可負責，故須使其直接參與預算，而使之對預算上有關各該部的數額同意承諾。

（三）必須建立責任預算制度（Responsibility Budget）

責任預算制度之建立必須由責任中心來表示，所謂責任中心卽表示每部門應爲之責任，故在各責任中心所產生的成本乃屬可控制之成

本，不可控制的成本則在預算以外；如財產稅之增加並非各部主管所可控制者，自難課以其責任。

（四）必須有足够的實行時間

爲使執行者能有效的實行任務，故時間不能太匆促，原則上總須能恰到好處的完成預算所定的項目，而不致增加成本或超越預算範圍。

（五）預算的目標必須合理

預算的目標太高，使執行者難達目的，太低則不費心力卽可達成，難期其利，都不能發揮預算的作用，故須合情合理。

（六）預算內容必須與實際內容相配合

凡實際一定會發生者，皆須訂定詳盡；如直接人工費中，務須將假期給付、退休金，以及其他額外給付等逐項定入，不可遺漏。

（七）必須檢討預算之差異

企業之最高階層，並不直接參與各部門預算的控制，爲瞭解預算與實際的差異，最好由最高管理階層負責審核與檢討，並藉以考核各部門工作的成績。

第四節　預算的編製

企業預算之編製，應依據私經濟「量入爲出」的原則，根據過去經營的情況、經營者的意向，與將來發展趨勢的預測而行編製，其編製方法，約有以下三途：

（一）由部門預算編起

此者，乃以某一小單位的預算爲出發點，依次編及其他部門，再綜合各部門預算編成總預算。因爲企業之銷售業務爲全體活動中重要的一部份，由銷售才決定製造，形成購買，進而引起現金的收支，而有了財務行爲，因此預算之編製順序爲(1)銷售預算，(2)生產預算，(3)

製造成本預算，(4)購買預算，(5)銷售費用預算，(6)管理費用預算，(7)財務預算，(8)主要預算。據於此而有預計資產負債表、預計損益表，乃形成全部營業計劃書。其編製形式，略示於下：

(1)銷售預算 (Sales Budget)

因為銷售是企業的動力，銷售預算自然成了一切預算的中心，其內容就是銷貨估計，通常是根據以往的銷售情形、推銷員的估計，以及市場狀況及商業預測編擬而成，其格式如表 19-1。

表 19-1

產品型別	銷 售 預 算 ＿＿季															
	前 一 季		本期估計		每　　月　　估　　計							
					六　月		七　月		八　月		九　月	
	數量	價值	數量	價值	數量	價值	數量	價值	數量	價值	數量	價值
A 產品												

B 產品

根據銷售預算的預估銷貨收入及各部門估計的生產成本，就能估計出未來的盈利。將銷貨預算，按地區或銷貨人員劃分之後，與實際銷貨額相比較，即可知銷售業務的成效。但必須注意的是：售貨量預算編成後，必須再輔以銷售費用預算，才能將收益的具體事實表示出來。銷貨費用有二，其一為個人推銷費用：包括薪津、獎金、旅費、佣金、福利等等；其二為機關的費用：像運費、倉儲、折扣、耗損、廣告、宣傳、辦公諸費皆屬之。

銷售費用預算的編擬，在市場及經濟情況變化不大時，有以下二法：

1. 以過去數年的平均數做基準，再估計未來的變化比例加以調整。

2. 找一個有代表性的年份做基期，再根據物價指數調整而成。如果市場情況變化太大，則以「利潤計劃公式」，再估計銷售量費用之寬容度，只要以預期收益減去預期利潤，就可得到費用的寬容度。銷售費用的估計，可從表 19-2 中的利潤預算中見其一斑：

表 19-2

利 潤 預 算													
項目＼月份	總計	一	二	三	四	五	六	七	八	九	十	十一	十二
銷貨毛額　折　讓													
淨銷貨額　銷貨成本													
銷貨毛利　各項攤提　銷售費用　管理費用													
未付稅前之淨利　所得稅													
付稅後之淨利													

(2)製造預算 (Manufacturing Budget)

企業之總管理者，在生產管理人員的協助下，以銷貨預算為依

據，編製生產預算及物料、採購、人工、製造費用等分項預算，及
一部份工場與設備預算，而後彙總而成製造預算。

表 19-3

| 生　產　預　算 | | | | | | | 年 |
| | | | | | | | 第　　季 |

產　品　型　別	原 有 存 量		生　　　產		交　　　貨		存量（結存）	
	估計	實際	估計	實際	估計	實際	估計	實際
A-111								

表 19-4

生　產　預　算			
××年第×季　　產　品　型　別	生產數量	生產成本	每月產量　每週產量
A-111			
F-145			
AF-150			
W-410			
COE-60			
訂　　　　貨			
No 4292			
No 4293			
No 4294			
Total			

(A)生產預算 (Production Budget)

生產預算一般分爲定貨生產與大批生產兩種，前者須根據定貨單，預算較難擬訂，但仍可決定一適當標準，再設法調整差異。後者應以銷售預算爲依據而行擬定，擬就之後，並可做爲工廠生產的總進度表，足以穩定生產，並有效運用資金、人工，與設備，更可滿足銷貨預算的需求，其格式大致如表 19-3、表 19-4。

(B)物料預算 (Material Budget)：

確定原料、零件、配件的種類與數量，以及購進的時間，以此而適應生產預算的需要。

(C)購料預算 (Purchase Budget)：

根據物料預算及工具、設備……等其他需求計算而來，因爲這就是物料採購的預算金額，故編製時，務必考慮到各種物料價格的趨勢及公司財務在各時期的狀況，如編製得當，則可使採購適時，價格低廉，尤能隨時保有適度的存量。一般言之，物量的購買量，可按下列公式決定：

應購數＝需用數＋應存數－現存數

(D)人工預算 (Labor Budget)：

人工的供應，在我國多爲長期雇用，自應事先調配。而人工預算，就是在確定完成生產計劃所需要的直接人工，如此項預算估計適當，對人事部門的招訓升調頗有裨益，而出納部門更可以人工預算加上間接人工工資及加班工資，來估計全部之工資需求。

(E)製造費用預算 (Manufacturing Expenses Budget)：

此乃根據預估的生產量，或以過去的成本，或依標準成本所

表 19-5

各工場製造費用預算						_____年	
部門_____		第____季			生產額_____		
預算 項　　目	費用合計		單位成本		過去單位	差　　別	
	估計	實際	估計	實際	成　　本		
直 接 人 工							
間 接 人 工							
直 接 材 料							
消 耗 材 料							
其 他 攤 費							
合　　　計							

表 19-6

編號：_____	××公司設備年度預算						主管單位	日期
							簽章	
計劃	產品名稱	計　劃	支　　出			預 期 收 益	支 出 年 份	
編號	(或部門)	項　目	資本	費用	合計	預期增 加利潤	節省 成本	報酬 %	第一 年	第二 年	第三年

表 19-7

×× 公 司 總 預 算

× 年 × 月

預 算 項 目	上 期 預 算	本 期 預 算	備 註
I　銷　售　預　算 　A產　品　銷　貨　額 　B產　品　銷　貨　額 　C產　品　銷　貨　額 　　合　　　　　　計			A
II　製　造　預　算 　(1)期　初　存　貨 　(2)製　造　成　本 　　　材　　　料 　　　人　　　工 　　　製造費用 　(3)期　末　存　貨 　(4)銷　售　成　本 　　　毛　　　利			(1)+(2)−(3)=B A − B = C
III　銷　售　費　預　算 　　廣告費預算 IV　一般管理費預算 　　營　業　損　益			D E C − D − E = F
V　財　務　預　算 　(1)營　業　外　損　益 　　　淨　　損　　益 　(2)資　本　支　出　預　算			G F − G

擬就，能確定各生產部門所需的攤費，所以也可說是「製造攤費」。其格式如表 19-5。

(3)資本預算

　　此乃長期計劃之一部，在表明爲達某一新的計劃其資產與成本間的關係，凡資本之來源、資本支出之用途、數額，以及資本營利的可能性，皆編入預算，其格式如表 19-6。

(二) 由總預算編起

(1)先估計此一預算期內，所欲獲取的利潤額，編製成總預算。(如

表 19-7)

(2)依預估利潤，計劃收益與費用的數額，編製「預估損益計算書」。(如表 19-8)

(3)再根據損益計算書，編製收益預算（即銷售預算）。

(4)編製成本預算——如銷售、製造，及管理費用諸預算。

(5)預估資金之收支、籌集、運用、編製財務預算。

（三）折衷編製

不管由部門預算抑是由總預算編起，都有其長，也有其短，所以一般企業經營者，多採此兩法之折衷而編製之。先由管理者預定該期的預期利潤，決定預算編製之方針；依此方針，編製各部門預算——

表 19-8

預 估 損 益 計 算 書

年　　月　　日至　　年　　月　　日

科　　　　　　　目	上 期 實 績	%	本期末預估	%	

依銷售、製造、財務各預算編製之——然後總合各部門預算，編成企業的總預算。

第五節　績效預算

(一) 績效預算 (Performance Budgeting) 的意義

過去，在行政管理的預算上，只在強調各類費用的性質，卻不能表明為什麼需要這些支出，更未能與下年度應完成的計劃相連貫，所以，預算便不能做考核工作成績的依據；也就無法瞭解所用的材料與人工，是否已作最有效或最有利的分配，由此可見，過去的預算制度，實缺乏科學管理的基礎，因此，才有績效預算的出現。

績效預算，簡單的說就是以各部門的工作計劃為基礎，並依照各別計劃的執行進度工作，來測量其成本的需要，再根據此種預計之數字編訂預算，以為執行與考核的依據。

(二) 績效預算的原則

績效預算的目的，在求支出與計劃的密切配合，並將工作成本化，藉以明瞭每項工作的成本，並從過去的資料中預測未來工作的單位成本，它是建立在以下六大原則之上：

(1)統一規劃——預算中的支付成本，須根據整個經營方針及統一的工作計劃以估量之。

(2)個別分類——個別分類有三級：第一級是計劃項目的分類；第二級依照各級之主管機關分類；第三級按各別的業務計劃或詳細的歲入來源分類。此外，如各單位組織形態不同，或業務性質特殊，其分類自應適合實際情形的需要。

(3)分層負責——為使結果之考核有所依據，所以各級權責，必須劃分明白，並使之各負其責。

(4)協調配合──對計劃的七要素──目標、組織、人力、設備、標準、方法、成果──必須使之協調、配合；不論是工作的項目，人員的配備，執行的過程，財務的配合，效果的測量，都須上下一致，左右相隨。

(5)彈性控制──利用彈性預算，估計應為之成本，以便與實際執行後的成本比較。

(6)正確可靠──這是說要參酌過去，預測未來，能用一良好的測量方法，對計劃中的工作各因素，有一確實的估計，並正確計算工作之成本因素，用以產生績效報告，以促進管理之改進與成本之控制。

（三）績效預算的執行

績效預算雖是一種有根據、有計劃、有標準、有成效的優良制度，若執行不徹底，仍將虛費心機，所以必須從下列六點，切實做起：

(1)詳細分析各部門的職責、權限、組織、及人力、物力的配備，研究有得，則擬定一優良的工作程序及方法。

(2)訂立具體的業務計劃，並指定執行該計劃的部門與工作。

(3)建立完善的工作衡量制度；用具體的數字表達工作結果。

(4)採用管理會計制度，俾於各不同方案中，依人工、原料、間接諸成本，及一般費用，來測定工作數量、績效、結果。

(5)擬定適應業務及管理需要的績效報告。

(6)建立內部稽核制度，從事分析、考核及建議管理的改進。

第六節　預算的執行與控制

（一）預算的執行

企業須根據計劃去經濟有效的使用資金，以產生營業計劃的預期效果，這就是預算的執行問題；所以預算的控制，就是在保證營業計劃所列工作或業務事項有效完成的手段。其執行中，須注意五大要件：

(1)預算編製時盡可能使各部人員參加：預算既由各部門共同議成，執行中則少有異議，並可自動激發他們的責任感，共負起預算控制的責任。

(2)建立會計制度：有了良好的會計制度，則銷售、製造、收入、支出，或其他預算之執行，都可有一準確記錄，這種記錄，可做為各部主管及預算部門執行或核對預算的根據。

(3)設置監督機關：為使預算制度成為經營活動的有效管理工具，通常在企業內有預算委員會、統制長、預算課長或其他人員，負責預算的監督。

(4)建立報告制度：各部門應將預算執行的結果作成報告，經常呈報與預算主管，並同時註明其變動原因。

(5)研討變動之原因及分析差異：對預算變動的原因，預算主管及屬員應有一精密的研析，找出原因以謀改善（對差異之分析，當於下節中詳細說明），如確有必要，預算委員會則只有根據實情，作預算的追加或修正。

（二）預算的控制

企業的預算控制，其方法亦頗多，在此僅將普通所常用者，介紹四種於下：

(1)預算卡控制制度：

此一控制制度，是以預先核准的「預算卡」（如表 19-9）做為控制預算的工具，其使用方法有以下六點：

表 19-9

<u>× × × ×</u>　　項目預算卡

年月日	憑 證		摘 要	動支金額	預 算 額	預算餘額	會計核對	備 註
	字	號						

1. 任何部門的支出，必須憑會計部門製成的預算卡才能報銷。
2. 若支出數額，已達預算卡上的預算額，非依法追加預算，不得再行開支。
3. 預算卡發給經辦部門，由其在預算額內自行使用。
4. 每項支出須隨時登錄於「動支金額」項下，並從預算額中減去動支金額，以算出預算餘額，登錄明白。
5. 預算卡的發給，以一項一卡為原則，以防止各預算之流用。
6. 預算卡之登錄，有由會計部門負責，有由各使用部門自行負責而由會計核對者。

(2)預算票控制制度：

此一控制制度，是先製成與印花稅票相似的預算票，按預算額發給各使用部門，以此為控制預算的工具。與預算卡制大同小異，只是在模仿印花稅票的貼用辦法，而不用預算卡，此者從以下的使用方法中，可見其梗概：

1. 每月按各部門各項預算的既定數額，由會計部門發給等值的預算票，各部按其實際支出，貼用等值的預算票以行報銷。
2. 各部門領用的預算票如已用盡，則表示已達預算數額，如不依法追加預算，會計部門不得補發。

3. 不得流用的預算項目，不同的使用部門、不同的使用年限所印製的預算票，其顏色亦應不同，以便於識別。

4. 預算票之票面金額，須印製成大小不同的金額，如五角、一元、十元、百元、千元等，以便利報銷。

5. 其他使用方法與範圍，與預算卡略同。

(3)內部支票控制制度：

此一制度，與預算卡、預算票制度都相類似，它是以事先核發的內部支票為預算支出的控制工具。它不用預算卡或預算票，而模仿銀行存款辦法，設計成內部支票，建立量入為出的心理，以加強費用成本的控制。其使用之方法如下：

1. 會計部門根據預算，每月通知各使用部門，使其知悉其各項支出預算之存款數，並確定各項預算存款的帳號，連同內部支票簿發與各部門使用。

2. 各部門以支出憑證報銷時，須檢附等值的內部支票方為有效。

3. 若預算存款已支用完畢，非依法追加預算，不得再開具內部支票。

4. 各使用部門開具內部支票時，須於支票存根內註明其預算存款之餘額。

5. 內部支票簿使用完畢，須繳回會計部門註銷其存卷。

(4)會計帳表控制制度：

此一制度，是利用會計報表來控制預算的支出；此乃近代企業管理的一項重要控制工具，其使用方法如下：

1. 在採行此制度前，應先實施會計事務分散處理辦法——即企業內各部門之各項支出的審核、傳票的編製、帳簿的登記、

成本的計算、報表的編製、以及辦理決算等事務，必須由會計部門派員長駐各部門辦理之。

2. 各派駐會計人員，對其所經辦之事務，應隨到隨辦隨結，以便於預算之控制。

3. 會計部門，每月須依照各部門與各生產批號及各項費用所核定之預算，編製預算分配表，並通知各部門，以為預算控制的依據。

4. 各部門會計，須及時依各項預算分配表，詳登於各有關帳册內。

5. 各部門有支出時，經辦人員須將有關憑證送會計部門審核，此時須核對預算，若未超過，始可准於報銷。若預算已盡，則須依法辦理追加手續，否則不得編製傳票或簽章。

6. 各部門會計人員對預算執行的結果，須根據帳册按週或按月編製各項成本分析表、資本支出累計表、購料支出累計表，以及其他各有關統計表。於報表中，務須列明各項支出的實支與預算的比較差額，最好能詳舉其差異原因，俾便於預算控制小組之檢討。

7. 各部門的預算小組加以檢討後，對可能超過預算的項目，應隨時注意，必要時，須及時設法補救。

8. 預算控制小組，須將控制預算的有關報表，提報預算執行委員會，該會於召開定期會議時，提出檢討、分析，並附具改進意見，呈請企業主持者決定應有的措施。

以上四種預算控制制度，各有其利，但會計帳表控制制度之優點尤多，玆列舉於下：

(1)節省費用與手續：因此制利用會計帳表為控制工具，不必再設

預算卡、預算票與內部支票，自然也不需統制之處理手續。

(2)報表定期，查核容易：此制之下，會計帳務皆逐日處理，會計報表定期而迅速，能發揮會計效能。各部門所需數字，無論何時，一查便知，便利於預算的控制與執行。

(3)預算實績與帳面數額無不符之弊：此乃因此制度之下，任何部門之預算支出皆須與會計帳冊一致。

(4)適應力強：此制極為機動，又富彈性，對預算成本之差異原因，能適時分析與改進。

(5)能改進管理、減低成本：此制實行之下，預算的控制與執行各部門皆自負其責，即派駐之會計人員亦視同屬員，可使之加強控制預算的責任，對成本盈虧視之己出，故有促使管理改進及成本減低之益。

(6)包容廣大，確實有效：其實施範圍不僅包括有關費用項目，即產銷計劃、工程進度、單位成本的控制，也包括在內。其實施乃將預算之執行與成本之控制合而為一，企業之一切經營活動幾乎全置於其系統的控制下，故較其他制度確實有效，有助於經營。

(7)能發揮會計之固有效能：此制不必借用帳外設帳的統制方法，完全能依正常之會計方法為之。

第七節　差異分析

預算付諸實施後，其經營的實績與原定預算，不一定會完全相合，此種不同，我們稱之為差異 (Variance)。為篇幅所限，本節僅將差異發生的原因、差異分析的方法、及企業經營中對差異之報告，作一簡略介紹：

（一）差異發生的原因

差異發生，其原因很多，但歸納起來不外二者，其一來自標準本身，其二來自執行情形：

(1)來自標準本身：來自標準本身者又有以下兩種原因：

1. 標準本身設立得不夠適當。

2. 標準本身之設立本來適當，却因爲環境、情況的改變，而使原標準有了不切用的情況。

(2)來自執行情形者：來自執行情形者，又有內部因素與外部因素，其產生的結果，則不外方法的差異、條件的差異、價格的差異、及產量或銷售量的差異等，在此分別加以說明：

1. 來自執行情形的差異因素：

(A)內部因素——內部因素之引起，大多由於控制之不當；如原料品質或數量、規格的差異，工人的怠工，準備的不週，工具或機械的不當，動力供應的不協調，甚至偶發事件的發生，都足以發生差異。

(B)外部原因——如商品季節上的影響，景象的變化，時尙與消費者的慾望、市場競爭，購買力的變化，經濟與政治上的各因素，都是差異發生的外部原因。而此等因素均反應於價格的變化、操作或訂貨契約內容與條件的演變，以及銷貨與管理費的調整等。

2. 由執行而生差異的結果：不管內部或外部差異，其結果不外以下四者：

(A)方法差異 (Method Variance)：此種差異，乃由於實際執行所用的方法而產生；如生產方式或製造程序的改變銷售重點的移轉，都屬於此類差異。

(B)條件差異 (Conditions Changed Variance)：此種差異，全由於外界條件的改變而產生；如經濟組織結構的變更，消費者所得及慾望的改變，關稅的改革，工資率的調整等皆是。

(C)價格差異 (Price Variance)：此種差異，乃由於實際支付價格超過或低於標準所產生；如工人工資率的改變，使實際工資高於或低於原定標準而產生之差異卽是。

(D)產量或銷售量之差異 (Volume Variance)：此種差異，是由於生產量及銷售量與預定目標不同而產生者；產量之差異受內部影響較大，銷售量之差異，則除內部因素外，亦受外部因素之影響。

（二）差異分析的方法

在此舉出幾個實例，藉以明瞭差異分析的方法:

(1)銷售差異的分析——銷售差異之種類亦多，如銷售量差異、售價差異、銷售費用差異、銷貨收益差異等，在此僅以售量差異之分析表（如表 19-10）供作參考。

(2)直接人工差異分析:

　　單位標準時間（以小時為單位）乘以每單位的標準工資率，所求得的是「標準單位人工成本」；每單位實際時間乘以每單位的實際工資率，所得到的是「實際單位人工成本」，所以直接人工差異，是在兩個因素下所產生:

1.實際時間與標準時間之差;

2.實際工資率與標準工資率之差。

　　對直接人工差異的分析，可以下面三個公式計算之:

(A)時間差異＝（標準時間－實際時間）×標準工資率

表 19-10

××企業銷貨量差異分析表

部門 _____

產品種類 _____　　　　　　　　　　　　　　　　年 ____ 月

製品名稱	預算數 單位(1)	數量(2)	金額(3)	實銷量 單位(4)	數量(5)	金額(6)	增減 單位(7)	數量(3)	金額(9)	差異 價格差異 (5)×(7)	數量差異 (1)×(8)	異因 原因
產品A	30	18,000	540,000	30	20,000	600,000	—	+2,000	+60,000	—	+60,000	外銷增加
產品B	50	30,000	1,500,000	45	25,000	1,125,000	-5	-5,000	-375,000	-125,000	-250,000	代替品出現
產品C	60	22,000	1,320,000	64	25,000	1,600,000	+4	+5,000	+280,000	+100,000	+180,000	季節性需要
合計			3,360,000			3,325,000			-35,000	-25,000	-10,000	

(B)工資率差異＝（標準工資率－實際工資率）×實際時間

(C)淨差異＝標準成本－實際成本

例一 今假設：每單位產品之實際時間為六小時，每小時之實際工資率為三元，則實際單位成本為十八元。每單位產品之標準時間為八小時，每小時標準工資率為二元，則其標準單位成本為十六元，茲根據上列公式，計算其差異：

(A)時間差異＝（8－6）×2.00＝4.00元

(B)工資差異＝（2.00－3.00）×6＝－6.00元

(C)淨差異＝16.00－18.00＝－2.00元

此例之差異情形，可繪製成圖（如圖 19-1）以行表示。唯其僅

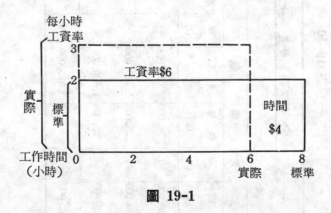

圖 19-1

能說明工作時間及工資率在實際執行時，一為偏高，一為偏低，如兩者都偏高或者都偏低時，則在圖形上不易表示，故再以例二說明如下：

例二 假設每單位產品的標準時間為八小時，其每小時之標準工資率為二元，標準單位成本則為十六元。每單位產品的實際時間為十小時，實際工資率為三元，則其實際單位成本應是三

十元。根據直接人工差異分析的公式，計算之於下：

(A)時間差異＝（8－10）×2.00元＝－4.00元

(B)工資率差異＝（2.00－3.00）×10＝－10.00元

(C)淨差異＝16.00－30.00＝－14.00元

其差異情形，如圖 19-2。

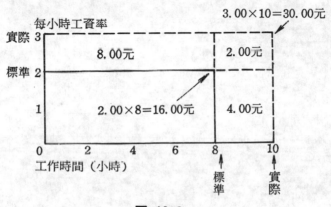

圖 19-2

图 13-8

第二十章　成本控制

第一節　成本控制的意義及研究目的

（一）成本的意義

成本是取得或製造所費的全部代價。對一般買賣業言，它包括進貨時所支付的貨價，再加上進貨所發生的附帶費用；對製造業言，則為生產與銷售其產品時，所支付的一切費用（如人工、材料、製造、銷售諸費）。

（二）成本控制的意義

成本控制（Cost Control）乃現代企業經營的重要課題，在美國會計協會年鑑中，傑克森（Jackson）曾說：「成本控制，乃一企業利用近代成本計算的處理，透過生產與銷售績效的衡量，而對其內部業務所定的指引與限制。」它包括兩種控制：

(1)會計控制——此乃以成本資料對會計紀錄間所訂的流轉途徑予以控制。

(2)管理控制——此乃管理當局，根據成本會計所提供的資料及其顯示之事實所決定的一種行動。

（三）成本研究的目的

(1)藉以測定與管制作業效率：

一個企業，若有良好、明晰的成本數據，管理當局便可藉以考核作業的效果，判定成績低劣的原因，而採取矯正措施。例如：產品的單位成本在增加，憑着詳細的成本數據，便可指出其原因究為計劃的不當，抑是直接材料或機器工作時間的過分浪費。

⑵藉以審核改進計劃:

對具有重大意義的改進計劃, 工程師必須以成本數據為基礎, 才能把浪費的施工或作業指示出來, 以供研究分析, 而採用最能節省成本的方法, 使資本支出後, 能得到最大的報酬。

⑶作為制定政策與決定政策的指導:

一個企業, 究竟該何時改訂價格、調整工資, 何時應提高存量水準, 何時擴充設備, 何地設立分廠, 何時增加新產品, 何時淘汰舊產品, 都必須根據成本控制而決定。

第二節　成本的要素及類別

(一) 成本的要素

成本要素 (Cost Element) 是形成製造成本的必要因子, 有下列三項:

⑴直接材料 (Direct Material) ——凡用於製造的材料, 經過機械或化學變化後, 形成產品的本質而可以衡量的, 即為直接材料, 如印刷廠的紙、鋼鐵廠的鑄鐵與石灰石等。

⑵直接人工 (Direct Labor) ——凡直接從事特定產品製造的勞務, 其代價可計算, 並能歸屬於特種單位負擔的, 即為直接人工; 如印刷廠的排字工、翻印工是。

⑶間接成本 (Indirect Cost) ——此者, 可分為下列四種:

1. 直接費用 (Direct Expense): 凡為某特定產品製造而支出的特別費用, 應直接歸屬該特定產品負擔者, 即為直接費用, 如一般建築業的開支多屬此者。

2. 間接材料 (Indirect Material): 凡用於製造各種產品一般性質的物料, 並非直接形成產品本質, 又不能直接計入任何

產品成本者，是爲間接材料；如機器廠的油料，紡織廠的煤屬之。

3. 間接人工 (Indirect Labor)：凡非直接屬於某特定產品製造之勞務酬值，不能直接計入任何產品成本者，卽爲間接人工；如管理員、工頭、清潔夫的薪工等。

4. 間接費用 (Indirect Expense)：凡一般性質的開支，如保險費、水電費、租稅、折舊等，不能直接計入特定產品成本中者，屬於間接費用。

（二）成本的類別

成本只是個籠統名詞，要達到控制的目的，則必須明瞭其性質與作用，俾比較研究，求出工作效率及浪費的情形。關於成本的分類，因着眼點不同，所以類別亦異：有根據行爲原則分成本爲製造成本、管理成本、發行成本、財務成本者；有基於形態原則分成本爲改變成本、移轉成本、在產品成本、製成品成本者；有基於制度原則而分爲標準成本、估計成本、經常成本、實際成本、統一成本者；有基於元素原則而分爲材料成本、人工成本、間接成本者；有基於空隙原則分爲主要成本、總成本、單位成本者；有根據性質原則而分爲固定成本、變動成本、半變動成本者；唯今日多將半變動成本合併不談。爲便於成本控制的說明，特將最後一種分類的三種成本，介紹於下：

(1)固定成本 (Fixed Cost)：在某特定範圍內，成本總額，不因產銷數量增減而變異者，謂之固定成本，其須一次投資，又非一會計期間所能消耗盡者：如廠房、機器等是（如下圖20-1的F線）。

(2)變動成本 (Variable Cost)：在某特定範圍內，成本總額隨產量的增減而成正比變化；其時效較短，祇由一期內之產品負擔

者，謂之變動成本（如圖之V線），如直接材料、直接人工等是。

(3)半變動成本 (Semi-Variable Cost)：在某特定範圍內，其成本總額可維持不變，但超過某一範圍，其成本總額卽發生變動者，謂之半變動或半固定成本（如圖之S線），監工人員薪金及維護費用等是。

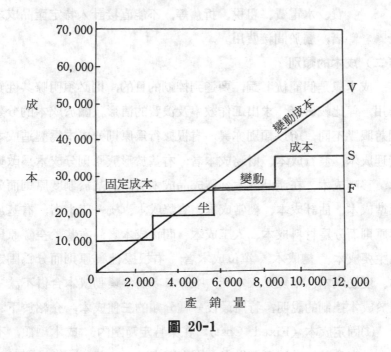

圖 20-1

第三節　盈虧平衡圖的繪製

在現代管理上有兩種重要職能，一爲計劃盈餘或利潤 (Profit Planning)，一爲利潤或盈餘的控制 (Control of Profit)；在已知的情形下，必須預計其盈餘，然後才能循預訂的計劃以行控制，而盈虧

平衡圖 (Break-even Chart)，可以簡單有效的方法，來說明在各種情形下，關於成本——售價——產量和盈虧的相互作用與影響，所以最適用於現代管理的成本控制。

（一）製圖方法

在製作盈虧平衡圖時，須有以下的假定：

(1)售價不變。

(2)固定成本不隨產量增減而生變動。

(3)變動成本隨產量增減而成比例變動。

(4)產銷數量相等，且無存貨。

有了以上的假定，再繪製圖 20-2 的盈虧平衡圖，其作法如下：

　　1.座標——以產銷額或生產量爲橫座標，成本額爲縱座標。

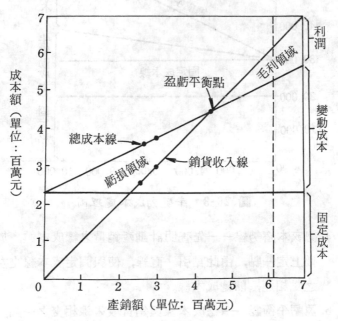

圖 20-2　簡單的盈虧平衡圖

2. 銷貨收入線——從橫軸的左端起，查明計劃的產銷量，從縱
軸下端起查明其成本額，卽可將各產銷單位的成本（或收
入）繪成一直線，該線之任一點皆與兩座標的距離相等。

3. 確定固定成本位置——查明固定成本金額，於縱軸上與此金
額相等之處定一點，由此點畫一與橫軸平行之直線，卽爲固
定成本線；但須注意者，有一部份半變動成本，在某一範圍
內保持不變（如圖 20-3）可併入固定成本內處理之。

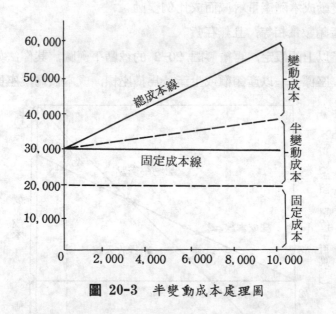

圖 20-3　半變動成本處理圖

4. 總成本趨勢線——先查明計劃產銷量之總成本額，於右側縱
軸上定一點，由此點引一直線，使與固定成本線交左側縱軸
之點相連，卽總成本線。

5. 盈虧平衡點——總成本線與銷貨收入線相交之一點。

（二）盈虧平衡圖顯示的事實

(1)表示某一銷售量下之利潤或虧損——根據橫座標之某一點，向上垂直引伸，使與總成本線、銷貨收入線各交一點，此兩點間的距離即為利潤或虧損。如圖 20-2 中，產銷量在六百萬時，a、b間的距離，即為其利潤。

(2)盈虧平衡的顯示——當總成本與銷貨收入線相交，即總成本與銷貨收入相等，盈虧平衡，收支一致。

(3)盈虧的表示——產銷量在盈虧平衡點以上時，產生利潤，在平衡點以下，則生虧損（參看圖20 2的毛利領域與虧損領域）。

(4)固定成本區的意義——中變動成本不加調整，則銷售額之增減與固定成本無關。

(5)變動成本隨產銷量成正比例的擴大。

第四節　盈虧平衡圖的應用

（一）盈虧平衡圖在管理上的用途

管理人員在各種預料的情況下，或在採用各種改變的計劃時，都可利用盈虧平衡圖，把成本與收入，預先策劃出來，而作以下各項用途：

(1)可表明各類成本相互間的重要性，各種成本與產量的關係，以及如何去控制成本。

(2)可表明銷售量對盈利的關係。

(3)可預知售價與成本的變動對盈虧平衡的影響。

(4)當售價與成本間的變化不一致時，可表明必須銷售多少，才能獲得固定的利潤——例如售價下跌而工資與物料反而上漲時，銷售量必須增加到何種程度，才能保持盈利的不變。

(5)可預計工廠規模改變，與設備更新，對盈虧平衡的影響。

(6)可評估一個新企業的籌創，或評估一個經營中企業的合併問題。

(7)可比較兩個或兩個以上公司的盈利能力。

(8)可依此決定管理政策；如編製預算，擬定減低成本方案，釐定售價等。

（二）盈虧平衡圖的應用

(1)運用範圍——假使一個公司有幾個性質不同的工廠而生產不同的貨物，以供應當地市場，由於這些工廠的新舊程度、生產效率、人工與材料成本各不相同，就很難繪出個有意義的盈虧平衡總圖。因為各地區的需求情況如有變動，卽使銷貨總收入依然未變，但是整個生產總成本已經受到影響，所以最好是每一工廠分別繪製。

不過，若各分廠的產品，是公司整個製造過程中之各個階段產品，把這些產品湊在一起，則成為此公司之最後產品，在這種情況下，此一公司雖有數廠，但仍如一個大工廠，當然可以繪製一個總盈虧平衡圖。

(2)應用實例——盈虧平衡圖既適用於某特定情況或某一銷售範圍，當銷售額超出某一範圍時，半變動成本就會向上攀升，此圖自應隨而調整。當變動成本發生變化或銷價產生變動，或兩者同時變動，該圖又須要修正。假若遇到某些特殊情形，固定成本也有變更，該圖也要調整。茲選數例，俾供參考：

1. 變動成本發生變化時的盈虧平衡圖：

假若工資率與材料價格有了變化，那麼資本總額就要另繪趨勢線來表示升或降，如圖 20-3 所示者。由於變動成本的變化，當銷售額為六百萬元時，使成本總額比過去上升或下降了百分之十，使成本總

額從五百三十萬升爲五百六十萬元，或降落爲五百萬元。可是固定資本仍於二百三十萬處保持不變，所以便形成 20-4 圖中 RT_1 或 RT_2 兩條新的總成本趨勢線；盈虧平衡點由於這個變化，也從 B 點（銷售額四百六十萬元）而升爲 B_1（銷售額五百一十萬元處），或降至 B_2（四百一十八萬元處）。

2. 半變動成本調整時的盈虧平衡圖：

若管理當局因故使預期銷售額減少，利潤必隨之縮減（如圖20-5之橫座標由六移至五，其利潤由七十萬降爲二十萬），如此以來，已接近收支平衡點 B（4，5）若再稍減，即生損虧，所以，只有將成本區域內的半變動成本減少；至於減少若干，則視變動情形而定；如圖20-5 內所示，因總成本線下移，原趨勢線（通過B者）與新趨勢線

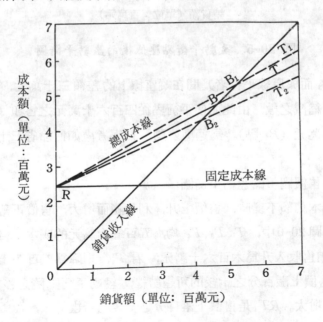

圖 20-4　變動成本發生變化時的盈虧平衡圖

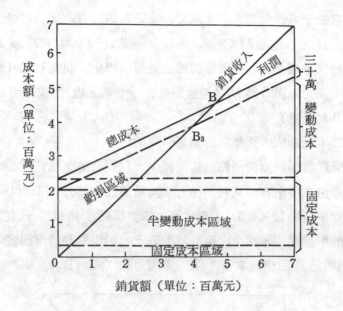

圖 **20-5** 盈虧平衡點壓低後的盈虧平衡圖

（通過 B_3 而與原線平行者）間在縱座標上的差額三十萬元， 卽半變
動成本應縮減之數， 由此而使平衡點從四百六十萬元之售額（B 點）
降至四百萬元（B_3 點）。爲適應變動， 自應考慮如何節省三十萬元成
本爲是。

　3.售價調整的盈虧平衡圖：

　在成本總額不變時， 售價上升， 利益隨而增大， 售價下落， 利益
減少；在圖 20-6 中， T、T_3、T_4 均爲五百三十萬元的成本， 但從橫軸
看 T_3， 銷售收入升爲六百六十萬元； 看 T_4， 則降爲五百四十萬元，
RT_3 是售價上漲百分之十後的新趨勢線， 盈虧平衡點隨之移往 B_3，
盈利區域增大。RT_4 是售價下落百分之十後的新趨勢線， 盈虧平衡點
移至 B_4， 盈利縮減。由此圖與第一例比較, 可知售價上升與變動成本

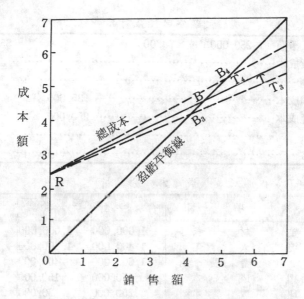

圖 20-6　調整售價的盈虧平衡圖

下降，其結果相似，而售價下降的影響，也猶如變動成本上升的結果。

第五節　收支平衡點的計算

在盈虧平衡圖中，已言及總成本與銷貨收入兩線相交之一點，謂之盈虧平衡點，或稱之收支平衡點 (Break-even Point)，其計算方法如下：

一、公式一　S＝F＋V

〔註〕S為收支均衡點的銷貨收入；F為固定成本；V為變動成本。

〔舉例〕：先將損益計算書之各成本，區分為F與V：

將上列成本分析之數字，代入公式一：

$$S＝F＋V＝1,600,000＋60\%S$$

（A）　　　　　大華公司損益計算書

銷貨收入淨額（1,250,000單位×\$4.00）	\$5,000,000
減: 銷貨成本……………………………………………	4,000,000
銷貨毛利…………………………………………………	1,000,000
減: 推銷成本………………………………… 35,000	
管理成本………………………………… 250,000	
……………………………………………	600,000
營業利益…………………………………………………	\$400,000

（B）　　　　　成 本 分 析

成　　本　　項　　目	合　　　計	變動成本 （F）	固定成本 （V）
直　接　材　料	1,000,000	1,000,000	
直　接　人　工	1,400,000	1,400,000	
間　接　生　產　費　用	1,600,000	400,000	1,200,000
推　　銷　　成　　本	350,000	150,000	200,000
管　　理　　成　　本	250,000	50,000	200,000
	\$4,600,000	\$3,000,000	\$1,600,000

$$變動成本占銷貨收入百分比＝\frac{3,000,000（變動成本）}{5,000,000（銷收淨額）}＝60\%$$

單位變動成本＝單價×變動成本所占比率
$$＝\$4×60\%＝\$2.40$$

$$S-60\%S＝1,600,000$$

$$0.40S＝1,600,000$$

$$\therefore S＝\$4,000,000 （銷貨收入在 4,000,000 元時收支平衡）$$

二、公式二　　　　$Sb＝\dfrac{F}{1-V/S}$

〔註〕Sb 為收支平衡點銷貨收入;　　　　S 為現在銷貨收入。

　　1-V/S 為邊際收益率

根據上例數字代入本公式 $Sb＝\dfrac{固定成本}{\left(1-\dfrac{變動成本}{銷貨收入淨額}\right)}＝\dfrac{1,600,000}{\left(1-\dfrac{3,000,000}{5,000,000}\right)}$

$$＝\frac{1,600,000}{0.4}＝4,000,000$$

三、公式三　$R = \dfrac{F}{(1-V/S)C}$（此公式乃以生產能量爲標準者）

〔註〕　R爲收支平衡點的生產能量百分比；

C爲最高銷貨收入的工廠生產能量。

假設C＝$5,000,000　　代入公式：

$$R = \frac{\$1,600,000}{\left(1 - \dfrac{3,000,000}{5,000,000}\right) \times 5,000,000} = \frac{\$1,600,000}{0.4 \times 5,000,000} = 80\%$$（生產能量百分

比）

以最高生產能量C乘其百分比（80%）則爲收支平衡點之銷貨收入。

卽　5,000,000×80%＝$4,000,000

四、公式四　　$PX = a + bx$（此公式乃以產銷量爲標準）

〔註〕　P爲單位售價；X爲收支平衡點的產銷量；

a爲固定總成本；b爲單位變動成本。

仍以上例數字代入本公式：

4X＝1,600,000＋2.4X

1.6X－1,600,000　　　　　X＝1,000,000單位。

第二十一章　盈餘處理

第一節　盈餘的意義與類別

（一）盈餘的意義

談到「盈餘」(Surplus)，首須了解它與損益不同。「損益」是指企業某一年度內「收入」與「費用」的差額，收入多於費用則為「純益」，費用多於收入，則為「純損」；而盈餘所指者，乃企業內整個「資產淨值」與「實收股本」相減的餘額，假若其資產淨值少於實收股本，即為「虧損」(Deficit)。所以盈餘乃「公司的淨值減除實收股本後所得的餘額，代表着某企業歷年營業所累積的成果」。

（二）盈餘的類別

盈餘的主要部份，乃由營業利潤而來，但有時財產的增值、股本的溢價、股東的捐贈、拍賣沒收股份的餘利等，也為其來源，財務管理者常為了使研究的人能夠了解營業盈餘可分派股息，而其他盈餘則只是股東的變相投資，乃將之分為兩大類：

(1)營業盈餘 (Earned or Operating Surplus)：此乃指由營運過程中所獲得的利潤，它是由累積盈利 (Accumulated Profits) 所形成。

(2)資本盈餘 (Capital Surplus)：此即我國公司法所指的「資本公積」的來源；可包括以下三種：

1. 捐贈盈餘 (Donated Surplus)──指股東、政府，或其他團體與個人所捐贈的財產。

2. 重估價盈餘 (Revaluation Surplus)──此乃指資產重估價

後，所產生的價值上的增加部份；也有稱它「評價盈餘」的。

3. 輸納盈餘 (Paid-in Surplus)——乃指股本溢價、拍賣沒收股份的所得，或交換股份的餘利。

第二節　公積的提存

（一）公積的意義

爲準備業務的擴充或彌補業務的虧損，企業從盈餘中提出部份資金，以鞏固其基礎，這就是公積金；英、美所稱的「Undividend or Undistributed profits」（未分配利潤）或「Retained Income」（保留收益），其涵義與我們所謂的「公積」相仿。

（二）公積的種類

(1)法定公積——此乃依公司法規定所必須提存的公積；我國公司法對公積規定頗爲詳盡，違犯規定，對負責人可各科以四千元以下的罰金，其意旨亦無非在使企業預先作必要的儲蓄，而鞏固企業根本。對法定公積可分爲下列兩種：

1. 法定盈餘公積：我國公司法規定：「公司於完納一切稅捐後，分派盈餘時，應先提出百分之十爲法定盈餘公積；但法定盈餘公積已達資本總額時，不在此限。」

2. 資本公積：根據公司法規定，下列金額應累積爲資本公積：

(A)超過票面金額發行股票所得之溢額。

(B)每一營業年度，自資產之估價增值扣除估價減值之溢額。

(C)處分資產之溢價收入。

(D)自因合併而消滅的公司，所承受之資產價額，減除自該公司所承擔之債務額及向該公司股東給付額之餘額。

(E)受領贈與之所得。

(2)任意公積——此者，並非法律上硬性規定必須提存的公積，是在法定公積以外，公司以章程規定，或經股東大會議決所自行提存的；我國公司法稱之為「特別盈餘公積」。其是否提存或提存若干，全由公司按其財務狀況與業務需要而決定，其用途也自由決定。

（三）公積的提存

關於公積的提存，絕非與個人儲蓄一樣；個人儲蓄是愈多愈善，而公積提存則必須恰到好處，如超過企業的實際需要，可能發生兩大困擾：

(1)由誤解而招致麻煩——因為提存過多，易使企業的名義資本（實收股本）與實際資本（股本與公積之和）間出現鉅大差額，年終結算時若按名義資本計算，利潤率必定過高，外界人士乃仿效創設，造成不必要的同業競爭，即本企業員工，亦易誤認利潤豐厚，而有所要求。

(2)造成資金浪費——因提存過多而不能充分運用，必使資金充斥、停滯，形成浪費。

實則法定公積之提存，法律有一定的規定數額不必贅述；任意公積之提存，則依實際需要而定，在此將決定任意公積提存數額之因素介紹於下：

(1)企業性質——凡民生日用必需品等需要彈性小、同業競爭激烈的產品，應多提存公積，以適應其起伏波動的業務。需要彈性較大或競爭較小的產品（如奢侈品），其業務平穩，可少提存公積。

(2)企業前途——凡企業前途遠大光明者，須儲備擴充資金而多提公積。及之，可少提公積。

(3)企業歷史──歷史短暫、基礎薄弱、信譽未徵的企業，爲加强基礎、公積宜多；歷史悠久、基礎已固、信譽已著的企業，可少提公積。

(4)企業營利──凡企業經營良好，資本報酬率遞增，當少提公積，以自力更生；反之，須借助外力，宜多提公積。

第三節　準備的提存

(一) 準備 (Reserve) 的意義

企業爲了某一特定目的，就其盈餘中提存一部份資金，這一部份資金卽謂之「準備」。

「準備」與「公積」在理財方面的作用雖大同小異，但二者確有不同之處：公積的用途僅由法律作籠統的規定；而準備的用途，則是企業按其本身需要，自己預爲指定的，也就是公積可應用於擴充營業與彌補虧損兩大前提下的任何項目；而準備則限制應用於提存時所指定的特種用途；故無法律約束，但提存之手續，則一如特別公積（任意公積）須經股東會議通過。

(二) 準備的分類

對於準備，一般按會計應用或理財上的需要來分類：

(1)會計應用上的分類：

　1.估價準備 (Valuation Reserves)──此乃用於資產估價方面的準備；如折舊準備、壞帳準備等──屬於資產的抵銷科目。

　2.負債準備 (Liability Reserves)──此乃用於標明債務的準備；如退休金準備、應付稅捐準備，及保險公司的賠償準備等──爲未知確數的負債科目。

3. 盈餘準備 (Surplus Reserves) ——此乃用於盈餘提存的準備；　屬於淨值項目 (以上兩種準備皆非淨值性質)，與以上兩種不同。其提存原因有四：(A)積存營業盈餘以擴充事業。(B)預防未來可能發生的非常損失。(C)調整前期確定的收益內容而引起後期可能產生的不利變動。(D)用以平衡股息，使各期股息趨於平穩。

(2)理財需要上的分類：

1. 股息平衡準備 (Reserves for Dividend Equalization)——此乃為調節盈虛，平衡每期股息的分派所提存的準備。

2. 償債基金準備 (Reserves for Sinking Fund)——此乃為償還公司債本，所提存的準備。

3. 意外損失準備 (Reserves for Contingency) ——此乃為未來之意外事故所提存的準備。

4. 擴充營業準備 (Reserves for Extension) ——此乃為擴充營業預籌資金所提存的準備。

以上所列舉的準備，有的是為適應實際需要而來 (如(2)之 1.、4.)；有的是受契約規定 (如(2)之2.) 而必須提存；像意外損失準備，則為了保持安全、做未雨綢繆之計；其原因不一，皆不能忽視。

第四節　股息的分配

(一) 股息 (Dividend) 分配的意義

當企業的資產減去股本及負債後尚有賸餘，而且其利潤亦確能負擔以後新舊兩種股息時，乃按照各股東所保有股份的比例，將本期或累積的盈餘加以分配，謂之股息的分配。

(二) 股息分配在法律上的依據

我國公司法對盈餘分配，規定由董事會作成議案，報請股東大會承認，而盈餘或股息之是否分配，其權則操之於公司。

盈餘分配，經股東大會認可後，須先通知交易所辦理過戶手續——股息分配是以過戶者爲準，來不及過戶者，應仍以原股東名簿之姓名爲準——基準日前的價格等於股額加股息，基準日後的價格則爲股額減股息。

法律對股息分配所持的態度，我國公司法認爲「宜以當年之營業盈餘爲分配的對象」；企業無盈餘時，不得分配，而且公積金已超過資本總額百分之五十時，或於有盈餘年度所提存的公積金超過該盈餘百分之二十時，企業爲維持股票價格，得以其超過部份派充股利。

（三）股息分配應守的原則

對股息的分配，因各企業的情況不一，自應個別考慮，但任何企業皆須先行考慮的，有以下三大原則（亦卽股息政策）：

(1)股息分排不能超過其營業盈餘之總額：

爲保持企業資產的完整，企業除營業之盈餘外，不可將資本盈餘作股息之分排（如公司法二三二、二三三兩條），若違背此一原則，而以本作息，雖能快於一時，卻易使企業虛盈實虧，基礎不穩。

(2)須使股息平穩：

因爲企業利潤不可能每年相同，若能使之每期平穩，才能提高企業信譽，擴大股票銷路；因而增高股票投資價值，如此一來，不但可使其企業安定，其股東亦股息平穩，旣能預計用途，又極易於變現，兩獲其利。要平穩股息，必須應用下列方法：

(A)設立股息平衡準備，以調劑盈虧。

(B)分派額外股息，以提高股東收益。

(C)分派股票股息，以達提存目的，並滿足股東之需要。

(D)利用期票股息，以濟現金一時之不足。

(3)經常股率不得超過預期的最低利潤率：

「經常股率」，乃指經常股息每期分派的數額。「預期利潤率」，乃企業對其將來經營所預測、所估計的利潤率，是一種非絕對數字的利潤趨勢。

因為預期的利潤不可能是一成不變的，為愼重起見，應依估計、預測，訂定最高與最低兩個預期利潤率；在有利環境下，有達到最高利潤率的可能，在不利的環境下，也可獲得最低利潤。企業經營者，對其經常股息的股率決定，萬不可超過這「最低利潤率」，若股率過高，則萬一利潤不足分派，其「經常股息」只徒具虛名，又何以獲得股息平穩之利？

（四）股息分配的方式

對股息之分配，有現金、票據、債券、股票等方式，茲簡介之：

(1)現金（Cash Dividend）——企業於決定以現金分配股息時，必須考慮現金之動用，有無影響資金的週轉，如因股息分配而使流動資金週轉困難，則宜以其他方式為之。

(2)票據（Scrip Dividend）——企業為有一較長時間的準備而延期付現，乃於股息分配時，予股東以短期票據，到期再給付現金。

(3)債券（Bond Dividend）——企業於股息分配時，為保留必要的資金，乃以債券抵付；等於是強制股東儲蓄。

(4)股票（Stock Dividend）——當企業想以盈餘來擴充資金；或有盈餘而無現金；或擬增資配股以穩定股票價格時，也有以股票而分配股息的，但增資配股後，常發生下列兩大影響：

1. 股東得不到現金，影響其預期收入。

2.因股票加多而減少股東權益，迫使股票價格下降。

所以主管人員以股票分配股息時，首須考慮以上的影響，詳細計量得失而審慎決定之。

第二十二章　財務公開與證券發行

第一節　大衆公司與財務公開

由於時代的進步、商業的競爭，以及經濟事業發展方向的改變，「大衆公司」與「財務公開」，乃成爲人們稱道的企業行爲。

（一）大衆公司

所謂「大衆公司」（Public Company），顧名思義來說，就是多數人的公司，其公司資金，乃發行股票向衆人籌集；股權分散於社會大衆，公司的利益，也分惠與社會大衆。由於資本大衆化，籌資容易，拓展業務也容易；由於利潤大衆化，乃能羣策羣力，以求發達；又能鼓勵國民積蓄，對公對私，都有莫大裨益。

（二）財務公開

(1)財務公開的意義——由於公司大衆化的關係，企業必須仰賴大衆投資（如股票、債劵之發行），而大衆之是否願意向你投資（購買證劵），則決定於企業經營之良窳，其經營優劣，又靠財務狀況之公諸於世，這就是「財務公開」（Full Disclosure）；簡言之，就是把企業眞象透過財務報告，充分表示於社會羣衆，以謀求其瞭解與信賴，俾引導社會資金於有利的投資途徑。

(2)財務公開與證券管理——財務公開，乃企業經營者與投資者的溝通信息，導致社會資金的投資，但資本所有人定視其「安全」、「利益」、「變現能力」而決定投資途徑；良好的證券管理，即在儘可能的防止欺詐、投機取巧。企業經營，本以自由競爭

為原則，證券的買賣及價值，取決於投資者對投資企業的評價，所以證券管理，首在使發行證券的公司財務公開，俾投資者以了解而有所選擇、決定，企業之資金亦可源源而入。

第二節　證券市場概念

（一）證券市場在金融市場中的地位

證券市場是「廣義金融市場」中的「資本市場」，是買賣長期信用工具的市場，股票、債券與公債、庫券都是該市場上的信用工具。我們特以 22-1 圖來表示資金透過金融市場而達成供需雙方的目的：

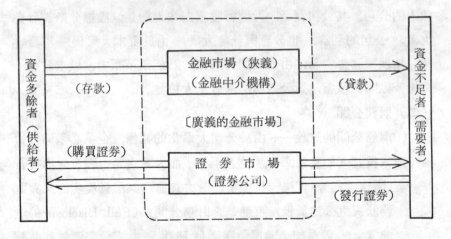

圖 22-1　金融市場與證券市場

依圖 22-1 可知，籌措資金的方式有二：一是間接金融，透過金融中介機構借款，作為短期資金用。二是直接金融，卽透過證券市場發行有價證券（股票、債券）方式籌措長期資金。

而證券的經濟機能卽在以發行證券的方法使需要的資金分割為一定數量的證券，多數投資者才易於購置，因而擴大籌措資金的層面，

並擴大資金的量值。惟在發行市場購買證券的人，也有需要利用資金的時候，因而需要隨時可以買賣證券的場所，即所謂的「流通市場」。另一方面，在「發行市場」階段未購買新發行證券的人，也可透過證券流通市場購買證券，運用資金，有了流通市場，便於證券之輾轉流通，可使短期資金轉變為長期資金，發行人始能做為安定的資金，而予以有效運用。所以證券市場包括發行市場與流通市場，是經濟主體（政府、法人企業、個人等）籌措及運用資金的場所。

（二）證券市場的意義

所謂證券流通市場，是一般所稱的「次級市場」（Secondary market）作已發行的證券買賣。發行市場即「初級市場」（Primary market），係指已發行的證券（股票、公債、公司債、投資信託受益憑證等），從發行人分散到投資者的過程。構成發行市場的主體，主要包括發行人、證券承銷公司及投資者。

（三）證券市場的作用

發行證券的方法，依發行人自行募集，或委託證券承銷公司辦理，可分為直接募集與間接募集二種。無論是股票或債券，均可採取直接募集或間接募集方式。一般而言，債券多採間接募集方式。股票的募集則有由原股東分認、洽定特定人認購，及公開募集方式。我國上市公司增資發行新股，依公司法第二六七條規定，通常皆採原股東分認方式，僅於初次申請上市前依有價證券上市審查準則第二條第二項規定，已發行證券委託證券承銷商辦理公開銷售（即再次發行）。

股份有限公司，因擴增設備投資等需要新的資金時，除以內部保留資金支應外，通常以發行股票、公司債，或以借款方式來籌措。公司增加發行其股票，就是增資；亦即以發行股票來達到增資的目的。

第三節　我國上市制度之演進

(一) 初期店頭市場之買賣

臺灣之有證券市場，始於民國四十二年春，當時政府為實施耕者有其田政策，徵收地主土地，轉放現耕農承領，以實物土地債券七成及臺泥、臺紙、農林、工礦等四大公司的股票三成搭配，作為原地主的地價補償。此類有價證券，連同政府前此所發行的愛國公積，遂在市面流通；臺灣各地，乃先後出現代客買賣的商號，營業鼎盛，已粗具證券市場的雛形。政府為實施該項證券的管理，先由臺灣省政府於民國四十三年一月二十九日公佈「臺灣省證券商管理辦法」，執行對證券商之管理；嗣於民國四十四年七月二十三日由行政院頒佈「修正臺灣省證券商管理辦法」，使市場轉入正軌。後政府為配合加速經濟發展，於民國四十七年在十九點財經政策方案中，列有建立證券市場專案，經濟部依此方案，於民國四十八年三月十六日成立「建立證券市場研究小組」，積極展開籌備工作。另前行政院美援運用委員會委請美籍證券市場顧問符禮思（George M. Ferris）來臺考察，其建議與經濟部之證券市場研究小組所得之結論頗為吻合，均認有設置證券管理機構以專責成之必要；而當時之初期證券商，其因經營不善而致閉歇者甚多，遂使以買賣四大公司股票為主之店頭市場，形成土崩瓦解之形勢。

(二) 政府策動成立之證券市場

民國四十九年九月十日，證券管理委員會成立，隸屬於經濟部，並將「修正臺灣省證券商管理辦法」再作修正，定名為「證券商管理辦法」，於民國五十年六月二十一日由行政院以命令公佈實施，並進行籌備臺灣證券交易所，採行公司制，由國內有關金融、信託及其他

公、民營企業參加投資，依公司法組織並經證管會特許，於民國五十年十月二十三日成立，至民國五十一年二月九日，正式開業，遂成為臺灣正式之證券集中交易市場。

（三）上市制度的變遷

證券上市指有價證券得經一定程序後，在證券集中市場買賣，依現行證券交易法規定，政府發行之債券，其上市由主管機關以命令行之（一四九條），公司發行之證券須於依證券交易法所定程序辦理公開發行後（廿二條、廿四條、四十二條）向證券交易所申請上市（一三九條）。證券交易所應訂定有價證券上市審查準則（一四〇條）以為准駁之標準，並應依上市契約準則（一四一條）之內容與其簽訂上市契約，報經證管會核准後方得定期開始買賣；但在證券交易所開業初期，其已具有經常記錄及公開行市報導之證券，視同已公開發行，一律在證券交易所上市，稱為「試行上市」，依證券交易所營業細則規定完成手續時為「正式上市」，故初期之上市制度，第一為公開發行之證券強制上市，第二為證券買賣，限於證券交易所集中交易市場內行之，沿用至民國五十四年，政府對於公開發行及上市之證券，採取寧缺毋濫原則，修正證券商管理辦法，對於強制上市制度，作彈性之排除，民國五十七年四月證券交易法公佈之後，除對上市公司增資新股仍採強制上市外，對於一般公開發行證券，改由發行公司自行決定申請上市與否。於是廢除「試行」與「正式」上市之制度，惟仍將上市股票分為第一、二類，以示其品質有所區別，至民國七十三年六月，為因應時代之需，容納高科技公司股票上市，乃增列第三類上市股票。綜觀證券上市制度，初期為「強制上市」，後演進至「自定上市」，繼為推行優良股票上市，採用鼓勵政策，而用以衡量上市標準之審查準則，亦因政策與經濟發展之結果先後歷經多次修訂，在民國五十七

年以前之「證券商管理辦法」時代，先後訂、修五次，五十七年「證券交易法」頒行以後，共再訂、修十三次，迄至民國七十四年五月先後共歷十八次。(上市審查準則過去亦稱爲上市審查細則，其訂、修時間爲 50.11、51.8、54.初、54.12、56.6、57.8、58.11、60.3、60.11、62.8、63.2、64.10、66.1、66.10、72.6、73.7、74.5、75.4)。

第四節　現行上市實務

(一) 公開發行之規定

爲管理股票或公司債之發行，財政部證券管理委員會已依證券交易法第二二條規定，訂頒「發行人申請募集與發行有價證券審核標準」，企業經營者欲「公開發行」時，務須依照以下規定辦理：

1. 股票上市必先完成公開發行程序，而公開發行之方式，依照規定，共有下列三種：

   (1)募集設立：公司於創立前，依公司法一三二條規定，公開對外募股，於完成後卽能合於規定，可申請上市。

   (2)募集新股：公司增資或增發新股時，依公司法第二六八條規定公開發行新股，從證券交易法第廿四條規定，其以前發行之股份視爲公開發行，在新股發行完成後，卽能符合規定，可申請上市。

   (3)補辦公開發行：依證券交易法第四二條之規定申請補辦發行程序，於公告後卽能符合規定，可申請上市。

2. 依公司法第二四八條規定，募集公司債時，經核准後依同法第二五二條規定辦理，卽能符合規定，可申請上市。

(二) 申請上市之手續

　　依照前項規定完成發行程序之有價證券，得依證券交易法一三九條規定，向臺灣證券交易所申請上市。

　　申請股票或公司債上市，由證券交易所供應申請書由發行公司依式填妥，連同所載文件送證券交易所，交易所收妥申請書及所附文件後，依照「臺灣證券交易所審查有價證券上市作業程序」予以審查，並按「臺灣證券交易所有價證券上市審查準則」之規定決定是否同意其上市，並就其規定條件，分屬為第一、二、三類，倘股權分散條件未能符合規定標準，依臺灣證券交易所營業細則第四十二條末項規定，得以其所送承銷契約所載承銷股份之數量及條件，預計其承銷後之資料，如能符合標準，可同意其銷售後股權分散符合標準時予以上市。

（三）各類證券上市條件

　　證券上市之條件，訂於「臺灣證券交易所股份有限公司有價證券上市審查準則」中，茲分述如後：

一、第一類上市股票

　　申請股票上市之發行公司，合於下列各款條件者，同意其股票上市，並列為第一類上市股票。

1. 資本額：實收資本額在新臺幣貳億元以上者。
2. 獲利能力：營業利益及稅前純益符合下列標準之一者：
   (1)營業利益及稅前純益占年度決算之實收資本額比率，最近二年度均達百分之十以上者。
   (2)營業利益及稅前純益最近二年度均達新臺幣四千萬元以上，並至少不低於年度決算之實收資本額百分之五者。
   (3)營業利益及稅前純益最近二年度中一年度符合第一目標準，另一年度符合第二目標準者。

3.資本結構：最近一年度分派前之淨值占資產總額之比率達三分之一以上者。

4.股權分散：記名股東人數在二千人以上，其中持有股份一千股至五萬股之股東人數不少於一千人，且其所持股份合計佔發行股份總額百分之二十以上或滿一千萬股者。

前項第三款之規定，對於金融業、保險業、航運業、漁撈業、觀光旅館業、公用事業或其他財務性特殊之企業，經報請主管機關核准後，不適用之。

二、第二類上市股票

申請股票上市之發行公司，合於下列各款條件者，同意其股票上市，並列為第二類上市股票。

1.資本額：實收資本額在新臺幣一億元以上者。

2.獲利能力：營業利益及稅前純益符合下列標準之一者。

　(1)營業利益及稅前純益占年度決算之實收資本額比率，最近年度達百分之十以上者。

　(2)營業利益及稅前純益占年度決算之實收資本額比率，最近二年度平均達百分之五以上，且最近一年度之獲利能力較其前一年度為佳者。

　(3)股權分散：記名股東人數在一千人以上，其中持有一千股至五萬股之股東人數不少於五百人，且其所持股份合計佔發行股份總額百分之二十以上或滿一千萬股者。

三、第三類上市股票

申請股票上市之發行公司，合於下列各款條件者，同意其股票上市，並列為第三類上市股票。

1.屬於創業投資事業管理規則第五條規定之科技事業。

2. 實收資本額在新臺幣五千萬元以上者。

3. 產品開發成功且具有市場性，經提出相當之證明文件者。

4. 經證券承銷商包銷其股票者。

　　申請股票上市之發行公司，非屬前項科技事業，而合於下列各款條件者，同意其股票上市，並列為第三類上市股票。

1. 實收資本額在新臺幣一億元以上者。

2. 最近年度決算有營業利益及稅前純益，且每股淨值不低於票面金額者。

3. 持股一千股以上之記名股東人數不少於三百人者。

4. 由證券承銷商書面推薦者。（詳附件 8-1）

5. 全體董事及監察人持有記名股票之股份總額符合主管機關之規定者。

6. 董事、監察人及持有公司已發行股份總數百分之五以上股份之股東，將其持股總額依本公司規定比率，委託指定機構集中保管，並承諾自股票上市之日起二年內，不予出售，所取得之集中保管證券憑證不予轉讓或質押，且二年期限屆滿後，集中保管之股票允按本公司規定比率分批領回者。（詳附件8-2）

四、特案上市

　　申請股票上市之發行公司，具有下列各款情形之一者，得同意其股票上市，並依各款規定分別予以分類。

1. 募集設立之新公司實收資本額在新臺幣三億元以上，股權分散符合第四條規定，而在奉准設立登記一年以內提出申請，經專案核准者，其股票列為第二類上市股票。

2. 公營事業之資本額及獲利能力符合第三條第四條規定之條件者，得不受股權分散之限制，其股票依各該條規定分類上市。

3. 觀光旅館業公司，實收資本額在新臺幣二億元以上，合於政府規定國際觀光旅館建築及設備標準，營業用房屋土地產權為公司所有或經依法設定典權或地上權之登記，具有第三條第一項第二款及第四款規定條件者，列為第一類上市股票；具有第四條第二款及第三款規定條件者，列為第二類上市股票。

4. 由政府推動創設，並有公股參與投資，屬於國家經濟建設之重大事業，經目的事業主管機關認定，實收資本額在新臺幣五億元以上，股權分散合於第四條第三款規定標準者，其股票列為第二類上市股票；但實收資本額超過新臺幣二十億元，股權分散合於第三條第一項第四款規定標準者，其股票得列為第一類上市股票。

五、不宜上市

發行公司合於第三、四、五、六條之規定條件，但其事業範圍、性質、或有證券交易法第一百五十六條第一項第一款第二款所列情事，及其他特殊情況，本公司認為不宜上市者，得不同意或暫緩其股票上市。

六、股票類別之調整

經列為第一類上市股票之公司有下列情況之一者，其股票改列為第二類上市股票：

1. 最近四年連續不能維持第三條第一項第二款規定條件者。

2. 最近二年連續不能維持第三條第一項第二款規定條件，且其最近年度淨值已低於實收資本者。

3. 因財務業務發生重大變故，經本公司報請主管機關核准限制或變更原有交易方法者。

經列為第二類上市股票之公司，符合第三條規定條件；或符合第六條第一項第五款但書規定條件，且最近年度決算有盈餘而無累積虧

損者，經其申請改類，其股票改列為第一類上市股票。

經列為第三類上市股票之公司，上市屆滿兩年後，符合第三條或第四條規定條件其申請改類者，其股票改列為第一類或第二類上市股票。

第一項規定，對於第六條第五款規定之公司不適用之。

七、公司債上市

凡經奉准公開發行之公司債，由發行公司申請上市者，本公司予以上市，並分別註明擔保公司債、無擔保公司債或轉換公司債。

八、股票上市前公開銷售

發行公司初次申請股票上市時，應依主管機關規定，先將其擬上市股份總額提出一定比率之股份，委託證券承銷商辦理上市前公開銷售。

前開「一定比率」，經證管會 73.7.30. 臺財㈠第二○五八號函規定：資本額二十億元以下者為百分之十，二十億至五十億元部份為百分之五，超過五十億元部份為百分之二，但其合計應提公開銷售股份之總額不得少於申請上市股份百分之五。

九、用新股承銷以達成股權分散標準之處理

申請股票上市之公司，如擬以增資發行新股之方式，達成股權分散標準，可在原股補辦公開發行完成後，以原股申請上市，同時向主管機關申請現金增資發行新股，並按增資後符合股權銷售標準之股份委託證券承銷商承銷，簽訂第二次承銷契約，連同發行新股申請書附具申明新股發行後一併上市之書件副本一份送證券交易所處理，將來辦理銷售則以第二次之承銷契約為準據。

第六編　人事管理與新工制度

第二十三章　人事管理實務

第一節　人事管理的意義與目的

（一）人事管理的意義

　　人事管理（Personnel Management），就是研究企業或機關中人與人關係的調整及人與事關係的配合，以充分發揮人力的理論、方法、工具和技術；也就是以合理的原則與科學的方法，來治理企業或機關內部的一切人事活動。所以，它不但在求人與事的適當配合，俾「事得其人」、「人盡其才」、「才盡其用」，並在使人與人能和諧、協調，互助合作，於羣策羣力之下，提高工作效率。

（二）人事管理的重要

　　任何事情都必須靠人去做才能成功，在事業上，不管其計劃如何周詳，其組織如何嚴密，其力量如何雄厚，其財源如何豐富，若不注重人事管理，必難發揮高度效力，管理學者瓦爾特（G. E. Walters）說：「人爲管理的基礎，是所以需要管理的原因；也是管理的目的。」由此可見人事管理是何等重要，故有人從實際的意義上稱人事管理爲「人類工程學」（Human Engineering），以表明其在管理上的機能正如電力工程學之對於電力的研討一樣，它是在研究人工力量（Labor Power）的科學。但在此我們必須認淸，人是有理智有感情的，不能像唯物論者，把他視之爲機器，而且人的特性會經常變動，每一

個體的特質也彼此不同；所以，人事管理是屬於動態的、多變的、複雜的，若管理不當，任憑你設備如何完善，資本如何雄厚，仍難免全功盡棄。

（三）人事管理的基本目的

由人事管理的重要性，我們得知企業與勞工關係必須改善才能增加生產效率。對勞資關係的理論固然很多，但我們不必捨近求遠，就以　國父孫中山先生和　蔣總統的話，就能建立起良好的關係來；國父在民生主義第一講裡說：「社會之所以進化，是由於社會上大多數人的經濟利益相調合」；　蔣總統在告勞工書中說：「勞資關係必須建立在互助合作的基礎上」，基於此，人事管理再運用科學化、人性化的方法，不難達成以下目的：

(1)繁榮社會經濟，普遍提高生活水準，以增進社會福利。

(2)改善勞資關係，調合勞資利益，使工資與利潤平衡分配。

(3)把握人性，發揮員工潛力，俾得人盡其才，才盡其用；使員工能得到更多的報酬，更好的生活，更安定的工作，與更滿意的升遷。

第二節　人事部門的組織與職掌

（一）人事部門的地位

在過去，人事部門並不是一個獨立單位，它曾隸屬於總務或秘書處，因此，在業務執行時往往會受牽制，自從人事管理被人重視之後，則不管它的名稱是人事處、人事室或人事科，甚至只設有人事管理員的小企業，也都由總經理直接統屬，與其他各主要部門的地位完全相同，且具有獨立性質；它處於幕僚地位來協助首長，在不受任何掣肘之下，根據人事制度，執行人事政策。一個健全的人事部門，通

常必須具有以下三個條件:

(1)人事部門必須獨立，其與其他部門應同屬於企業之最高管理當局，負責整個人事上的問題。

(2)人事部門必須建立在控制性質的基礎上，其絕非顧問性質，故可做積極的指導和監督。

(3)人事部門的主管，對其他分部的人事管理人員，若獲得分部首長之同意，則有權加以甄選或訓練，並做職務上的監督。

(二) 人事部門的職掌

在企業管理中，人事部門所職掌的業務範圍至為繁重，歸納起來，約有以下數類:

(1)員工的選用——此者，包括發掘員工來源、考選新進人才、指派工作、調職升遷、曠工及離職等管理工作。

(2)訓練——對新進員工的訓練。

(3)勤務——餐廳、康樂室、休息室、圖書館的設置，團體保險的辦理，以及咨詢工作的推行。

(4)資料與研究——主管個人資料、人事統計、人事規章、勞工調查、職業趨勢、勞工法案、員工態度等的紀錄與研究。

(5)薪工管理——主管員工之等級核定、工作分析、工資管理諸事務。

(6)保健安全——主管員工的保健、醫療工作及個人安全。

(7)考核——主管員工勤惰、操守、工作、為人等的考核記錄。

(8)勞資關係——主管勞工協約的執行、集體協調的維繫、工人不滿的處理等連絡勞資關係之諸事宜。

(9)公共關係——主管與商業機構、政府機關、職業團體、一般社會、公司員工、廣播新聞等處的連繫。

第三節　員工的選用

選用人才，是經營企業的基本大事，通常必須注意兩個前提，一為企業用人的標準，一為企業選用的方法:

（一）用人標準

一個企業有一個企業的特質，一個工作有一個工作的規格（Job Specification），所以在員工選用之前，必先以此為招雇的依據。

在企業的特質方面，所顧慮的是雇用政策(Employment Policy)，此者，乃由企業之最高當局決定; 如國籍或省籍、黨派或宗教、年齡或語言、男性或女性等是否有所限制。

在工作的規格方面，一般由需用人才之主管提供參考; 工作規格是一種列明工作特性和職工資格條件的說明; 大致包括工作名稱、工作性質、工作環境、使用之機器工具設備材料、技術要求、性格要求、體力要求、學識條件……等。

（二）選用途徑

(1)由介紹機構介紹——介紹機構，普通有政府（如社會處就業輔導中心）或私人職業介紹所兩種，私人介紹所常為了使失業人就業而獲取介紹費，乃不顧工作規格濫做介紹，故不如政府機構介紹者理想。以實用言之，企業之初期或基本工作人員可由介紹而來，尤以託學校介紹為宜。

(2)推薦——這是我國企業界中最普遍的一種方法，是由親友或職工保薦而來，能節省時間與費用，且對其一切較易明瞭; 但因情面關係，常會忽略規格，或造成私人派系。為需要計，高級工作人員可請有關係、有聲望之人推薦之。

(3)徵求——此者，或以報刊，或用招貼，使應徵者按時前來，或

口試、或測驗以作取捨，此法常能招致優秀人才。但僅以口試，而應徵人數多時，仍有濫取之弊。一般企業的專門技術人員，可以此法羅致之。

（三）選用的方法

(1)面試——所謂面試，也就是個別談話或當面試驗，凡介紹、推薦或應徵人數不多者，皆可採用，從面試中，一個人的風度、學識、能力、性情、經驗、技術等，都可表露出來。此法之方式簡便，在兩人面對之下，容易觀察其優劣特點，以決定取捨，故在美國極為普遍。為避免主觀之成見，面試時，最好由兩人以上主持之。

(2)考試——考試用人在我國已傳之數千年，在現代公、私機構中，仍被普遍採用。其優點為客觀、不受感情左右，又可以考試明瞭應考人的才識。但一個人的品德與實際經驗卻不易測出，所以考試合格人員，應再予以試用或實習後，再委以工作。一般言之，此法也只能用之於中、下級，至於樞要人員，則仍由普通人員提升，或由外界推薦為宜。

(3)測驗——有些特殊工作，應以測驗來選拔人才，例如偏重體能、智力、技術等各方面者皆然。至於測驗的內容，可包括以下三點：

(A)志趣測驗：以此來測驗員工的學習志趣。

(B)性格測驗：此者又包括工作興趣、普通智力、社會智力、領導或計劃能力等之測驗。

(C)表現測驗：此者在測驗工作質量的標準、應用工具的智識、及守時、勤勉的表現等。

第四節　員工的訓練

要想使員工優良，不但要嚴格甄選，更須在錄取後施以適當的訓練，俾使瞭解本企業的狀況，並對其本身的工作或技術有所熟練而生興趣，如此以來，對品質的提高、產量的增加、機器的保養、成本的降低、工人生活程度的增進，都有莫大裨益；何況在訓練中，又可藉以傳告企業的政策與規章，所以這是人事部門的一大工作。至於訓練的範圍，則視企業的規模、需要、性質而決定，其訓練方法與種類，大致如下：

（一）訓練方法

(1)講演法——對新教材新技術，萬不可以此法為之，而對一般性的問題，或受訓者已學過的問題，此法較有效果。

(2)問答法——在人數較少的訓練班中，此法最易受效，且易察知受訓者的欠缺處，而予以補充教導。

(3)會議法——此一訓練方法，從工人到主管的訓練都可適用，它是交換知識或意見的最好方法，不管有無機會發表，對任何問題都易生深刻印象。

(4)示模法——此法可使學習人的手、眼、腦、耳四者並用，且易使之發生興趣，它是以演示或實驗來配合講解的一種最好方法，必要時亦可用幻燈片、掛圖、電影等，幫助示範，而後令學者模仿，收效尤大。

（二）訓練種類

(1)工人訓練：

(A)在職訓練 (On the Job Training)：此乃待訓之工人，在其原有的工作崗位上，由其領工、技術員、或有經驗的工

人，對其原有工作予以指導。此法在受訓人數較少，訓練工
作簡單，或訓練必須特種機器設備而無更好的方法時，較為
適用。

(B)實習工廠訓練：企業當局於生產工廠外，特設一實習工廠，
指派專職人員負責教導，不但可訓練較多工人，且不致因訓
練而影響生產工廠之工作。 只是實習工廠與生產工廠的作
業， 難免有所不同， 實習機械費用亦高， 一般企業不易設
立。

(C)學徒訓練班： 為使學習者在訓練期間專心學習，有些大企業
乃自設訓練班，此者，必須使課堂講授與工廠實習並重，既
瞭解原理又熟識技能，訓練期間較久，儲備工人亦積，可培
養出理想的技工來。

(2)監督人員訓練：

監督人員訓練 (Training Within Industry for Superisors)
簡稱 TWI 訓練 (在此所謂的監督人員，並不包括行政首長)，
其方法以會議式最佳，其內容則大致如下：

(A)工作方法訓練 (Job Method Training) ——為使監督人員
能按科學管理原則， 減少不必要的工作，故必須實施訓練，
其要點在先使之瞭解現行方法，再進一步去研討新的工作方
法，並使之實行。

(B)組織原理訓練 (Principles of Organization) 訓練——將公
司各部門的組織狀況，工作部門與各幕僚單位的關係責任，
與組織中的良好原則、方法、系統、獎懲，以及對上對下的
態度，甚至對生產計劃、鼓勵方案、安全規則、人事政策都
應酌情教授。

(C)工作聯繫訓練 (Job Relation Training) ——爲使監督者維護和諧的勞工關係，所以必須使他貫徹上級命令，而又能兼顧勞工心理，切實承上啓下，發揮工作效率。

(D)工作敎導訓練 (Job Instruction Training) ——在現代企業中，不能以過去敎導「學徒」的方法來訓練工人，監督人員必須有引起學員興趣，維護學員注意的技巧，對講授之方法、對心理的瞭解、對口才的訓練、對態度的指示等基本敎法的灌輸，都須於訓練中敎導之。

(3)單位首長的訓練：

爲造就未來行政首長，一般企業所用方法廻異，但最好的方法是「導引經驗法」(Guided Experience)，此法是由行政首長選定欲培養人才後，卽指定去做某項工作，首長從旁指導，予以特別訓練，以收速效。

第五節　職務的分派

（一）職務分派的依據

職務分派，乃甄選與訓練後結果的運用，爲達「事得其人」「人盡其才」的目的，須依以下三個要件：

(1)工作分析的結果——所謂工作分析 (Job Analysis)，就是將有關企業中各工作或職務的性質、責任所需完成該工作之人員的條件，加以分析、研究，俾使工作人員瞭解其在組織中的地位、任務，而企業當局亦可依此實行工作評價，做適當的職務分派。

(2)甄選與訓練成績——已入選而經相當訓練之後，某一員工之智慧、技能、特長已大致可以看出，依其訓練結果，實施職務分

派。此與工作分析，自有互為參考的價值。此乃人事部門的最佳依據。

(3)各部門主管的意見及工作者本人的志願——各部門主管對工作者的特長、興趣、家庭環境較易瞭解，且可根據法令規章，及客觀條件提供意見，故為職務分配的好依據，但不能因此忽略了工作者本人的志願，陷其於苦悶或怠惰中，如實有必需，則應循「人性開導」原則，使其悅服。

（二）正式任用前的手續

(1)實習或試用

為求雇主和被雇者間的進一步認識，一般企業在派用職務前，多前行實習或試用，試用期間，雇主或被雇者，如有不滿均可隨時解約；蓋用通知書上已書有：「試用期滿各不予正式任用者，即為試用不合，不須發給遣散費用而卽解約。」

(2)辦理保證事宜:

新進人員在接受獲任用書後，須卽辦理保證書。對工作人員說，這是一種責任心的牽制，對企業言，則為一人事管理的安全制度，可避免無謂的損失或困擾。保證的種類可分為人保、舖保、和現金或財產保三種，人保重於刑事責任的牽制，舖保和財產保，著重於民事賠償責任的牽制，又人保和舖保均為無限責任，為一般企業所常用，現金或財產保之金額規定，乃屬有限責任，小規模企業有採用者，特別對負責金錢出入或分支部負責人施用之尤宜。

第六節　職位分類

（一）職位分類的形成與實施

　　人事管理必須要科學化、合理化、公正化，尤其在範圍日廣，組織日大，問題日多，法規日詳的今日，政府機關必須減少支出，提高行政效率，一般企業必須減低成本，增加生產，提高利潤，因此一個完善的人事管理工具便應運而生了。

　　此項制度，首先實施於公務機關，後來又推行於私人企業，凡採行者，成效莫不著焉。本來在第一次大戰後，美國羅特(M. R. Lott)即提出職務評價的需要，一九二〇年後，美、英、加等先進國家實行職位分類的成果頗佳，日本在二次大戰後也開始實施；至於我國在抗戰期間曾一度推行，惜不久停辦，政府遷臺後，倡導者頗多，直至一九五一年，始爲國人重視，一九五二年考試院成立「職位分類計劃委員會」，以研究籌劃，一九五三年七月二十七日，臺灣省政府公布了其所屬「各縣市自來水廠職位分類」等辦法及有關書表，並於翌年九月正式實施。嗣後經濟部爲改進所屬國營事業的人事管理，在一九六二年七月也試行之，而成績斐然；以電力公司言之，一九六六年七月的降低電價，實職位分類的一大成就。

（二）職位分類的意義

　　對職位分類的意義，在此我們可以用美加文官協會職位分類與報酬計劃委員會主席——依斯馬、巴魯基的話來做解釋，據他說：「職位就是職務（Duties）與責任（Responsibilities）的總合體，而爲權力機關所指定，且須一個人的全部或部份時間去工作的。所謂分類，就是將事物分門別類的意思，凡屬於相同的事務歸於一類；不同的事務另歸他類。」所以「職位分類」就是以工作爲本位，以客觀的科學方法，加以分析比較，其種類性質相同者，悉歸入一類；再進一步將難易程度、責任輕重相當者列入一組，如此歸納爲若干等級，再依等級決定報酬；以達「同工同酬」「權責分明」的目的。將來人事之考

選升遷，也以此標準爲考核的依據，俾得「因事擇人」而「人盡其才」，「才盡其用」。

（三）職位分類的方法

(1)先做縱的分類:

1.分門 (Service)：職位分類的第一步，是根據工作性質以分門別類，將每個職位其工作及責任充分類似者歸併一起，成爲各個不同的職門。如從事工程者爲工程門，從事管理者爲管理門，其他如總務門、人事門、業務門、會計門、財務門、醫療門……等等。

2.分組 (Group)：在各職門中，再按工作本質的異同，將其更相似且屬於專門性質的職位，分別集中成若干組。如下表××公司職位分類表的「會計門」中，又分成會計行政組、帳務組、審計組、成本組等。

3.分系 (Serise)：在每組中，按各職位責任的輕重，工作的繁簡，所需學識的高低，經驗能力的大小，及所受監督的情形，將比重相似的併爲一系，如下表中會計門帳務組中又分成四級會計員。

(2)再行橫的「評等」(Job Rating):

在職系中，按分類諸要素將工作愈繁，責任愈重，所需學識愈深，所受監督愈小者，列爲最高等，反之，工作愈簡，責任愈輕，所需學識愈淺，所受監督愈多者列爲低等。在各組各系中所分的級大致平衡，俾使之公平，至於究宜將職位分類至什麼程度，原則上要力求精細，但爲使分類工作簡化，自應視人事行政上的實際需要而定。

（四）職位分類的功用

職位分類，在激勵員工的工作情緒，本「人盡其才」，「同工同酬」之目的，以發揮從業人員的潛力，並在升遷任用諸方面，產生高度的效用：

(1)公平合理，免除抱怨——職位分類是按工作之難易，責任的輕重，能力之高低來決定報酬的多寡，故工作、責任、知能相當

表 23-1 ××公司職位分類表

門	組	系	門	組	系
總務門	一般行政組	一般行政員 I		財務行政組	財務行政員
	文書組	〃 II		〃	理財員
	文書組	文書員 I		出納組	出納員 I
	〃	〃 II		〃	〃 II
	〃	〃 III		證券組	證券管理員
	〃	〃 IV		稅務組	稅務員
	〃	〃 V	會計門	會計行政組	會計行政員 I
	資料組	資料管理員		〃	〃 II
	〃	統計繪圖員		帳務組	會計員 I
		圖樣保管員		〃	〃 II
	資產管理組	房地管理員		〃	〃 III
	〃	工具管理員		〃	〃 IV
	一般業務組	一般事務員 I		審計組	審核員 I
	〃	〃 II		〃	〃 II
	〃	〃 III		〃	〃 III
	〃	〃 IV		〃	〃 IV
人事門	人事行政組	人事行政員 I		成本組	成本會計員 I
	〃	〃 II		〃	〃 II
	人事管理組	人事管理員 I		〃	〃 III
	〃	〃 II		〃	〃 IV
	〃	〃 III			薪資計算員
	〃	〃 IV			

者，其待遇亦同，故合於公平原則，而無人抱怨。

(2)可免推委卸責、勞逸不均之弊——職位分類，對權責劃分清明，各按自己既定的工作分別進行，自然無人能推諉卸責，且職責所繫，自必盡力而為，其對每一職位所任之職務又規定詳盡，合於公平原則，勞逸不致有差。

(3)可提高工效，節省費用——因職位分類之下，工作責任有一定標準，再加以報酬公平，考績客觀，員工安心努力，工作效率激增。而其以工作為本位，如非業務擴展，則不需亂增人員，人事費用得獲節省。

(4)能選用得體——職位分類，將每一職位的工作本質，所需學識、才能、經驗，都做一明確規定，也可以說在用人標準上已有了客觀的條件，自能達到「因事擇人」、「人盡其才」、「才盡其用」的目的。

(5)能升調合理——在職位分類下，工作人員之職位，皆按其學經歷、能力、習性而區分，凡不稱職的人員，得酌情調任其所適職位，使才識高、能力強的人發揮所長，升任高職，絕不致懷才不遇才薄能鮮者，也不使尸位素餐、濫竽充數，務使之升調合理。

(6)可達考核公允之目的——職位分類，是以職位內的工作內容及處理情形為考核標準，且每一職位之責任，早已規定詳盡，再按工作者在工作上所表現的實情，予以評分，自能客觀、公允、無所偏私，無所隱藏。

第七節　考績與獎懲

(一)考　　績

　　考績是人事管理的重要工作，它是測度一個員工平時的爲人特質、工作成績、以及他所行所爲對企業貢獻的程度；它是獎懲、升調的根據，是提高員工工作效率的動力。所以考核制度必須客觀合理，否則將失去考績的意義，而影響獎懲、升調的不當，破壞了整個企業的管理，會引起勞資衝突和企業的不安，玆將其重要諸事，簡介於下：

　　(1)考核標準：

　　　考核標準，各企業不盡相同，一般多根據以下六項爲之：

表 23-2

	員工考績表 姓名＿＿＿＿＿＿　職位＿＿＿＿＿		部　　門＿＿＿＿　考核地點＿＿＿ 附屬部門＿＿＿＿ 考核日期＿＿＿＿　雇用日期＿＿			
一	工　作　品　質 (1)準　備　程　度 (2)週　到　程　度 (3)完　善　程　度 (4)對機器及材料之愛護情形	□特優 □評語	□水準以上	□合乎水準	□水準以下	□劣等
二	工　作　數　量 (1)可允收之數量 (2)完成指定工作之迅速	□評語	□	□	□	□
三	可　　靠　　性 (1)不　　曠　　工 (2)遵　守　時　間 (3)是否需要督導	□評語	□	□	□	□
四	態　　　　　度 (1)對公司政策 (2)對　同　事 (3)對工作主動	□評語	□	□	□	□
五	適　　應　　性 (1)擔任其他工作的能力 (2)能迅速適應新工作	□	□	□	□	□
六	其　他　資　料	評語＿＿＿				

1.工作的努力勤惰，2.工作的能力，3.品德操守，4.學問與技術的進修，5.人緣關係，6.負責態度。不過員工之環境與工作性質不同，故其著眼點亦應有異，如公共關係負責人員自應以人緣為主，工作監督者，則以負責態度為主。又如銷貨員以經銷數額為標準，宣傳員則可比照營業額訂定標準，再根據其他各項綜合考核之。

(2)考核紀錄：

1.缺勤記錄——此者多以簽到簿，工卡及請假單來考查員工之缺勤。

2.主管考績紀錄——各部主管將人事部門已印就的考績表，按表內項目忠實填報，加具批評，並分別等級，密封後於所定日期送往人事部門，俾供參考。至於考績表之格式與內容項目各企業不一，茲列一表俾供參考。

3.視導員紀錄——派往各單位查考的視導人員，平時將查考所見，記錄於冊，因其較為客觀，故更有參考價值。

(3)結果分析：

各考績表彙集後，卽可據以編成總考績表，詳細評定等級，並應分別將結果，與其已往者作一比較，而知此人之進退，並做為獎懲、升遷的依據，但受考者的優劣點，最好能分別予以通知，並給以具體建議，俾使之參考改進。

（二）獎　懲

考核是獎懲的根據是人事管理的動力，獎懲是考核的實施，是人事管理的工具，只有考核而無獎懲，猶如菓樹之只能開花而不結果，考核在辨明善惡，獎懲纔能揚善抑惡，故為人事管理所不能忽略。

(1)獎懲的辦法：

1. 獎勵——可分爲: 嘉獎、記功、獎金、加薪、晉級。

2. 懲罰——可分爲: 申誡、記過、罰薪、降級、調職、革職。

(2)獎懲應具之特性:

1. 合理性——主管對獎懲之處理須力求客觀、公正、合理，萬不可感情用事，務使受獎者心安理得，受罰者亦無怨尤。

2. 實用性——不管是精神的抑是物質的獎勵，都應以實用爲目的，獎賞的項目，也不可有名無實，對成人言之，錦旗獎狀絕不如金錢或實用物質來得實惠。

3. 目的性——懲獎務使達成旣定目的，以免行而無果，有些企業把工作獎金變成員工的變相津貼，如此以來優者未賞，劣者不罰，全失去了獎懲之激勵目的，要它復有何用。

第八節　人事的安定

在人事管理上務須遵守「難進難退」的原則——旣不輕進一人，也不輕辭一人。根據亞力山大訪問的結果，認爲每次辭退與新進一名勞工，將使工廠遭受到五十至一百元的損耗，技術需要愈高、訓練時間愈長者，其損耗也愈大，茲將其估計表之於下:

表 23-3

等　　　　　類	雇用(美元)	訓　練	消耗破壞	生產減少	損毀工作	總　計
高　級　技　工	0.50	7.50	10.00	20.00	10.00	48.00
需要二、三年訓　　練　　者	0.50	15.00	10.00	18.00	15.00	58.50
需要數日訓練者	0.50	20.00	10.00	33.00	10.00	73.50
不熟練工人與助手	0.50	2.00	1.00	5.00		8.50
書　記　人　員	0.50	3.50	1.00	20.00		25.00

　　由此可知解雇員工之損失頗大，故對員工之安定，不能不特加注意。

（一）人事流動率（Labor turnover rate）的計算與控制

　　人事流動率是測量企業人事安定程度的工具，一般言之，人事雖不能沒有變動，但變動絕不可太大，爲減少不必要的人事流動，故必須瞭解人事流動率而予以控制，它是員工進退與員工總數的比率，其計算方法至少有十七種之多，在此僅將最簡單與最多用的述之於下：

　　⑴最簡單的計算法：

$$T = \frac{S \times 100}{M}$$

〔註〕：
$$\left.\begin{array}{l} T = 人事流動率 \\ S = 離職人數 \\ M = 薪工冊上的平均人數 \end{array}\right\}$$

　　此法在計算離職率；是每月每百人中之離職數，與薪工冊內平均人數之比。

　　⑵應用最廣的計算法：

　　此法是計算純人事流動率，是以每百人中的補充人員除以薪工冊上的平均人數，其公式爲

$$T = \frac{100R}{W}$$

〔註〕
$$\left.\begin{array}{l} T = 純流動率 \\ R = 補充人數（補充離職者所雇用之人數） \\ W = 薪工冊上的平均人數 \end{array}\right\}$$

　　人事流動率求出之後，便應對企業現狀予以分析，追求各離職原因，一般言之，人事流動的原因約有以下諸點：

（二）人事流動的原因與其救治之道

　⑴雇主方面的原因——工資過低，待遇不公，考績不理想，升遷機會過少，地位不够，缺乏保障，福利太差，管理者態度不佳等。

(2)員工方面的原因——不安現狀，不肯服從，不善工作，意外災
　　害，或疾病、死亡等等。

(3)季節性及工業本身變動的原因——如機器故障、燃料斷絕，或
　　因意外事件或工廠原料產期已過而停工者。

　　站在企業管理者的立場，由雇主原因而形成的人事流動必須善加
注意，如消除勞資隔閡，做好企業關係；如報酬與福利的提高；如撫
恤與退休制度的公布實施；如考核、賞罰、升遷的公平嚴正，都足以
取得員工合作而打消其轉廠念頭，使安於工作。至於那些非離職不可
者，則須詳細記載其離職的事實，並徹底調查並分析其離職原因，再
根據所得結果，將人事政策予以合理的調整，也算對人事安定盡到了
最大的努力。其他有關帶人的方法上，我們將在第二十五章會進一步
的去陳述。

第九節　　福利的設施

　　員工福利，當以歐文 (Robert Owen) 一八〇〇年對工廠清潔，
工人學校、工人圖書館的設施為濫觴，而今則已由原來慈善的，義務
的觀念，演進為工人的權利。企業當局為減少勞資爭執，提高工作效
率，多已有物質與精神兼顧的福利設施，務期切合員工的需要而達其
普遍享受，並宜以解決員工生活上問題，配合社會上的一般公共設施
為原則，一般言之，有職工康樂、職工經濟生活、職工教育三方面：

（一）員工康樂設施的注意

(1)工作場所及設備——為適應安全與衛生的條件，不但要注意光
　　線、通氣、溫度、溼度，就是工作的工具與環境，以及防止傷
　　害的設備，都須有所建設。

(2)醫務室的設立——一面負責事先的預防，維護員工及其眷屬的

健康、治療，一面尤須注意衞生環境及設備的改善。

(3)娛樂設施——如俱樂部的設立，同樂會的舉辦，儘量設法調劑員工的精神生活。

（二）員工經濟生活的改善

(1)實施團體保險——本保險互助原則，由本人支付極少數保費，以解決員工傷害、殘疾、生育、老邁、死亡諸問題；如現行的臺灣省勞工保險即爲一例。

(2)設立消費合作社——消費合作社可使員工以低價購得日用品，也是代辦分期付款的最好負責者。

(3)辦理互助儲蓄——如經濟互助會、儲蓄會、聯合投資制度，都可使員工節約儲蓄。

(4)興建員工住宅——由企業大規模建造員工簡單住宅，既省錢又衞生，若能免費、分期償還、或酌收低租，足以安定員工生活，而不願移動。

（三）教育訓練的創辦

(1)創辦夜校——招收靑年員工，鼓勵其業餘進修，既可提高員工知能，又能培植所需人才。

(2)設立子弟學校——員工子女可免費就學，必要時亦可對外招生，藉本企業設備供做實習，必能培養良好人才；如臺灣大榮工職，即爲一例。

(3)平常敎育——如設置圖書室，購置書報雜誌，發行員工刊物，俾促使員工進修。

第十節　退休與撫卹

員工年齡老邁，或因公殘廢，基於人道立場除准其退休外，並應

爲其不能工作後的生活著想而發給若干退休或撫恤金，實則退休制度
除具有同情之旨意外，對在職之員工，頗有鼓勵與安定作用，私人企
業更係如此，在此謹將退休之種類與退休金的給付方式簡述於下：

（一）退休種類

(1)自動退休——依勞基法第五十三條規定：勞工有下列情形之一
者得自請退休：(I)工作十五年以上年滿五十歲者；(II)工作廿五
年以上者。

(2)强迫退休：勞基法第五十四條規定：(I)年滿六十歲者；(II)心神
喪失或身體殘廢不堪勝任工作者。

（二）退休金的給付

按勞基法第五十五條規定，退休金之給與標準爲：

(1)按其工作年資每滿一年給與兩個基數，但超過十五年後，每滿
一年給與一個基數，最高以四十五個基數爲限，未滿半年者以
半年計，滿半年者以一年計。

前項第一款退休金基數，乃指核准退休時一個月之平均工資。退
休金無法一次發給時，得經主管機構核定後分期給付。而雇主應按月
提撥準備金專戶存儲，俾爲支付員工退休金之用。

第二十四章　薪工管理

第一節　薪工管理的意義與政策

（一）薪工管理的意義

國父　孫中山先生在民生主義中說：「資本家改良工人的生活，也就在增加工人的生產力，工人有了大生產力，便爲資本家多生產。」這句話正道破了勞資協調的重要。

不可否認的事實告訴我們：適當的薪工可以鼓勵員工努力生產，若薪工過低，會直接導致人事流動、效率低劣，艾歐斯（Ralph W. Ells）曾看到有兩家公司爲維持航線，需在森林區的小鎮上開設商店，他們所派的工作人員，一家待遇較高，一家待遇較少，待遇少的一家的人員以種種理由辭職，後來該公司把待遇提高，員工便穩定了下來，所以他說：「直到現在，還無人發明醫治員工情緒不佳的病症，有比加薪更好的方法。」

不過，人總是以自己的利益爲先，工人不但要求工資提高，還希望工作輕快，時間短少，地位穩固，而企業家爲降低成本，獲取盈利，其想法與要求正與工人相反，這點就難怪薪工問題是勞資糾紛的起源了。自然，薪工的給付，必須合理。在此我們先不去引證經濟學家的說法，但一個健全的薪工制度，必須建立，在這個制度下，必須面面兼顧，公平合理，能以科學方法規定公平的薪工率，既能維繫企業利益，又能滿足職工生活，激起職工工作競賽的情緒，提高工作效率，這就是薪工管理的主要意義。

（二）薪工政策的原則

由薪工管理的意義，可知健全薪工制度，確爲現代企業成功的要件之一，當然健全的薪工制度，又必須以健全的薪工政策爲基礎，而健全的薪工政策，至少要注意以下各點：

(1)計算簡捷：爲節省薪工計算的費用，且使員工易於瞭解，免除誤會，計算方法務必力求簡明。

(2)薪工標準不可低於當地同業：良好的薪工標準，在於公平合理，企業在負擔能力之下，爲免於怠工、罷工或脫離企業情事之發生，並爲便於羅致人才，最好能將薪工提高到當地同業之水準以上，至少也不能低於同業之平均數額。

(3)薪工應做到同工同酬：薪工的差別應能反映各級工作難易和責任之輕重，凡同樣工作，其薪工應大致相等，最好能與職位等級的高低成正比，職位變動時，薪工亦隨而改變。

(4)薪工應具有適當彈性：如責任重、資歷久、成績好的員工，可使其薪工自動調整至較高水準，反之則反是，尤須適合一切特殊情況。但亦須有適度的硬性，俾保持各部門之內部調合。

第二節 工作評價

（一）工作評價的意義

薪工管理的目的，在使職工的薪工制度公平合理，儘可能做到同工同酬，鼓勵其工作情緒。雖然公司中的各類工作，很難準確的相互比較，但若能用客觀的態度，根據各類工作的共同因素，還是可以把各類工作的比較價值找出來，以爲釐定薪工的依據。用這些共同因素來比較不同工作的價值，就叫作「工作評價」；它是以科學方法分析各工作因素，權衡其價值高低，而評定公平合理的工資的一種方法。

（二）工作評價的步驟

工作評價的實施，是基於兩個要求，一則「爲事擇人，爲事求才」，再則按工作的價值給予酬勞，以期工資待遇的公平合理。因此，工作評價必須經常不息的進行，按部就班的實施，其步驟有以下三個階段：

(1)工作分析 (Job Analysis)——此者乃工作評價的基本，卽根據(A)工作艱難程度。(B)所負責任的輕重。(C)工作危險的大小。(D)工作所需開支的多寡。(E)對工作所需的努力等各因素，詳細分析每一工作之價值，予以詳細紀錄，再徵詢意見，補充修正而訂定方案。

(2)工作分級 (Job Classification)——依照上述修正決定的工作分析，將各類工作，在橫的方面分析爲各種不同的性質，在縱的方面按其價值的高低劃分成若干等級。

(3)工作定價 (Job Determination)——此乃參照市場標準，訂定本企業之薪工。

（三）工作評價的方法

一個企業，到底要如何利用工作評價來訂定薪工，一般都以下列三種方法爲標準：

(1)等級法 (Ranking or Grading Method)

此法是按照工作的難易，責任的輕重，所需教育程度之高低，將每種工作各由最下級到最上級排成次序，再參照外界工價，來規定某類某級的工資。在此法下所定的等級，因無甚因素做比較，亦無充分理由來解釋相互間的準確，此其欠缺之處，但在未採用較好的方法前，亦未嘗不可以應用。

(2)因素比較法 (Factor Comporison Method)

工作分析人員，先就決定的若干種因素 (Occupation Factors) 分成等級，並分別給各種因素以相同的比重點數 (Point Values)，當辦理此一分析工作時，必須把每一工作與其他工作相互比較，再列指各種工作因素的比重點數，然後計算各工作之總點數，（一般所應用的因素，大致是智慧、技能、責任、體力、工作環境等。）根據各工作所有的共同因素的點數總和，即構成各種工作的等級區分，再根據外界工資標準，將此等級區分，變為各種工作的工資率。工作者的點數愈多，其工

表 24-1

工 作	點　　　數						級位	每工小資時率
	智力	技能	體力	責任	工作條件	總分		
工具製造領班（日工）	27	37	16	22	5	107	106	$1.11
調整器及航海工具修造技工（日工）	28	34	17	19	7	105	106	1.11
機器房工具技工（日工）	14	34	19	17	5	99	100	1.05
一級泥水匠，廠外工作（日工）	17	28	30	14	11	100	100	1.05
焊工、焗匠、裝管工、索具裝製工匠（日工）	23	20	27	14	10	94	94	0.99
工場全能機械匠（日工）	21	29	24	15	5	94	94	0.99
一級裝置技工，廠外工作（日工）	17	22	27	15	10	91	91	0.96
管子裝置技工（活動工）	22	19	16	15	15	91	91	0.96
裝鉛技工（活動工）	17	16	20	16	17	86	85	0.89
汽車油漆工（夜工）	16	24	25	12	9	86	85	0.89
電力部工程師助理（活動工）	14	19	19	17	9	78	79	0.83
工具檢驗員（日工）	28	11	19	15	6	79	79	0.83
碼頭裝貨員（活動工）	4	8	33	10	16	71	70	0.74
黏度測驗員（日工）	18	20	15	11	6	70	70	0.74
焗爐製造助理技工（日工）	6	7	33	5	10	61	61	0.64
樣品間助理員（日工）	14	10	23	9	6	62	61	0.64
普通工廠外工作（日工）	3	3	37	3	9	55	55	0.58
焗爐間看守員（日工）	6	8	23	12	7	56	55	0.58
司閽（日工）	4	3	30	4	9	50	49	0.52
模板切工（日工）	8	6	19	8	6	47	49	0.52

作等級愈高，應得報酬愈大，點數愈少，應得的報酬也愈少。
（參看表 24-1）此法的缺點是要把「為數太多的工作」之同一
因素相互比較，進行起來相當麻煩；不過此法在評價職位上有
客觀的標準，容易達到公平目的，並且對各工作之高低及工資
報酬之多少，分別有數字記明，易使員工信服。

(3)計點法（The Point System Method）

　　此法為美國大多數公司所採用，它是將工作的價值，用積
點表示之。施行時有「工作評價手册」為依據。此手册中，工
作分析人員先要決定其共同因素；如技術要求（Skill）、能力
要求（Effort），負責程度（Responsibility），工作環境（Wo-
rking Conditions）的比重，若某些工作對「技術要求」要特
別重視，那麼它的比重就定得比其他三項高；如美國西屋電氣
公司規定：技術要求五十，能力要求十五，負責程度二十，工
作環境十五。比重決定後，把每項共同因素分成若干小因素，
再把每項小因素細分為五個因素等級，每一因素等級，各規定
其比重的點數；如表 24-2 中教育程度第五級之比重為七十，
第四級五十六……。

　　為使大家在每一工作判別中有一致的標準，必須把小因素
及其五個等級的定義規定清楚；如表 24-2「技術要求」下的
第二小因素——經驗——之第二級，可規定其定義為「具有三
至四年之機器製造、改裝或修理之經驗者」。「能力要求」下的
第一小因素——體力——之第二級，可規定其意義為：「㈠鉗
床或工作母機操作之輕工作。㈡有時偶而搬動重的工具或機器
附件。」餘此類推。

　　這樣一來，同一因素中五個「因素等級」有了五個不同的

因素比重點數，而四種共同因素也有其不同比重，工作分析人員，就可決定工作者的點數，而依據規定好的每一種「工作等級」的工資率，來計算工資了。

表 24-2 工作評價的比重點數表

共　同　因　素	因　素　等　級				
	1	2	3	4	5
技　術　要　求	50	·100	150	200	250
1　Ⅰ　教　育　程　度	14	28	42	56	70
Ⅱ　經　　　驗	22	44	66	88	110
Ⅲ　主　動　能　力　與　技　巧	14	28	42	56	70
能　力　要　求	15	30	45	60	75
2　Ⅰ　體　　　力	10	20	30	40	50
Ⅱ　智　力　或　目　力	5	10	15	20	25
責　任　要　求	20	40	60	80	100
Ⅰ　對於機器設備或製造方法	5	10	15	20	25
3　Ⅱ　對　於　原　料　或　產　品	5	10	15	20	25
Ⅲ　對　於　其　他　人　員　的　安　全	5	10	15	20	25
Ⅳ　對　於　其　他　人　員　的　工　作	5	10	15	20	25
工　作　環　境	15	30	45	60	75
4　Ⅰ　工　作　環　境	10	20	30	40	50
Ⅱ　不　可　避　免　的　危　險	5	10	15	20	25
合　　　計	100	200	300	400	500

　　至於工資率的訂定，通常先須了解外界的工資水準，以此
與自己企業所定的工作等級比較，而定成新的工資標準。

　　計點法的優點是客觀，只要紀錄完全，不必全恃主持人的
判斷力。它的缺點是衡量工作價值的因素不容易確定，而且太
數學化，太機械化了，不一定眞能代表事實。

（四）工作評價的實際運用

　　工作評價實在是一種使某企業內各不同工作間，在薪工上獲得公
允合理差別的比例，根據經濟原理，供求律才是決定一切交換價格的
要素，勞工工資當然也由此而決定，勞工在供過於求時，工資再低也
能僱到工人，求過於供時，工資提到適當限度也能僱到工人，所以在
實施工作評價之前，必須先訂定各種最高或最低的薪工幅度，這幅度
一面要接近外在的工資水準，一面又要顧及公司的支付力，在此先將
釐定工資水準的方法述之於下：

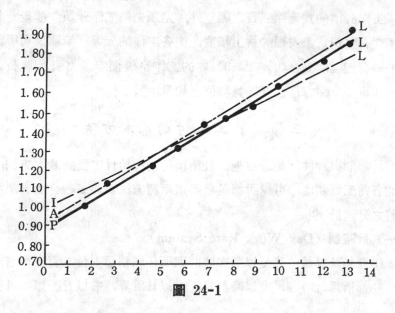

圖 24-1

(1)調查與研究的外界工資水準:

在公司所在地區, 可請有團體代辦, 或由本公司函請或訪問各企業, 將得知的各種不同工資水準; 求出工資中數 (Median) 或衆數 (Mode) 來, 這中數或衆數, 便代表某一工作等級之目前工資水準, 將所有工作等級的工資中數或衆數連成一條線, 這一條線就代表外界目前的工資水準 (如圖 24-1 的 PL 線)。

(2)將本公司工作評價之各等級工作, 與目前的工資水準比較, 而訂定新工資標準, 亦繪成斜線, 此斜線須與盛行的工資標準斜線相重合, 或在其上, 或於其下 (如圖 24-1)。

(3)將原有工資標準調整到新訂標準: 工人原工工資比新標準低的, 應速使之提高, 其比新標準高者, 則很難一時降低, 只有對新進人員按新工資率實施, 逐漸納入正軌, 使與原斜線相合。

工作評價的實施除工資之調整外, 尤須先做工作分類; 卽規定某一工作在整個薪工表裡的薪工幅度, 使各工作的分等, 能隨公司所定之一般薪工幅度表 (如表 24-3) 內的工作等級而定, 如此對職員薪水, 亦可按分類處理之 (詳見職位分類章中)。

第三節　薪工給付的基本方法

計時制與計件制是最古老、最簡單的兩種給付工資的基本方法, 其他各種工資制度, 可以說都是參照這兩種方法變通或融合而成, 故先將之分述於下:

(一) 計時制 (Day Work Rate System)

(1)意義及算法: 凡是以勞作時間與所任職務爲支付工資標準者, 都稱爲計時制, 有以時計算, 有以日計算, 有以月、以年計算

表 24-3　××公司薪工幅度表

工作等級	薪金幅度	會計部門	工務部門	採購部門	勞工關係部門
8	160—240	初級會計員	初級工程師	初級採購員	初級人事管理員
9	180—270	會計員	工程師	採購員	人事管理員
10	200—300	高級會計員	高級工程師	高級採購員	高級人事管理員
11	220—330	初級會計監督	初級工務監督	初級採購監督	勞工關係初級監督
12	240—360	會計監督	工務監督員	採購部監督員	勞工關係監督員
13	260—390	高級會計監督	高級工務監督	高級採購監督	勞工關係高級監督員

的，大致說來，職位愈高，計算的時間單位也愈長，只要以單位工資數乘以工作之時間，卽可知應得的工資，其公式為：

$$E = HR$$ 〔註〕

$$
\left[
\begin{array}{l}
E = 工人所得工資額 \\
R = 每小時之工資率 \\
H = 工作小時數
\end{array}
\right]
$$

(2)優劣點：

　(A)優點——①計算簡單，數額確定，勞資雙方能預計其收入或支出。

　　　　　　②工人不趕時間，可專心於品質，產品自易精良。

　　　　　　③員工情緒不致過分緊張，能減少危險，不妨礙其健康。

　　　　　　④勞工狀況穩定，僱佣時間較長。

　(B)缺點——①優等與劣等工人報酬相同，有欠公平。

　　　　　　②技術優良與工作努力之員工，會因之降低情緒，影響生產率。

　　　　　　③員工易於因循，故須多設監工人員。

　　　　　　④單位成本無法確知，勞動成本無法核計，影響成本以及盈虧的精確計算。

(3)適用範圍：

　(A)產品品質，較產量重要之企業。

　(B)工作不便以數量計數，或不能限於一定時間者（如經理、僕佣、廠長。）

　(C)僱工人數少，主佣間接觸多，而個人關係密切者。

（二）**計件制**（Piece Work Rate System）

　(1)意義及計算方法：凡以勞作成果或工作量為支付工資標準者，

都稱為計件制，在此法之下，是祇問工作數量，而不管工作時間的。其公式為：

$E = NR$　　〔註〕N＝生產件數

(2)優劣點：

　(A)優點——①工作與報酬一致，較為公平。

　　　　　　②隨時按工作之勞績與成果支付報酬，可鼓勵工人，防止怠工。

　　　　　　③為求生產數量之增加，工人常能改良工作方法，增加效率，且有助於發明。

　　　　　　④監工人員可以減少，以節省費用。

　　　　　　⑤每一小時之工作量增加，不但工人工資增高，工廠之工作時間也因而減少，故較計時制之生產成本有利，有助於總成本的減低。

　　　　　　⑥產品每單位之直接勞工成本確定，有利成本之計算。

　(B)劣點——①工人情緒緊張，妨礙健康。

　　　　　　②工人徒求迅速，常致品質粗劣。

　　　　　　③企業對工資支出，工人對工資收入，均難以預計。

　　　　　　④由於管理方法或機器之改進而增加工作效率時，如仍依原標準計件付資，則廠方負擔嫌重，如降低工資率，又易引起工人不滿，產生不良結果。

　　　　　　⑤品質檢查人員增加，使費用提高。

(3)適用範圍：

　(A)工作能標準化，而合乎大量生產者。

(B)工作性質重複，工作狀況不變，易於以件計算者。

(C)工作監督困難，不便計時致酬者。

(D)須鼓勵生產速度及數量之提高者。

(E)分配原料由工人廠外工作者。

第四節　獎工制度

現今的一般企業，尤其是大規模的企業，為糾正基本薪工給付方法的缺點，以獎勵生產，注重效率，促進消費者與員工的合理利益，而又不使企業家有所損失，乃採用獎工制度。它是具有獎勵性的薪工給付，最適用於可計量的工作，也就是對已建立標準且可實施檢驗與計量的工作，最切實用，如煤礦，服裝，捲菸等工業，多採此制，不過其方法多至二、三十種，茲以一般所常用者，簡介數種於下：

（一）哈爾賽獎金制 (Halsey Premium System)

此制為加拿大的哈爾賽在瑟布魯克 (Sherbroke) 的一個公司任經理時所創，也稱為「節餘分享制度」，其目的在使工人分沾節省生產費的一部分，而藉此提高其工作情緒。茲將其計算辦法，及優劣點述之於下：

(1)方法：先根據過去的工作經驗，定出工作時間之標準，凡不到標準時間即提前完成標準工作者，除可得通常的計時工資外，另按其所節省時間的百分之幾，給與獎金；對無法在標準時間內完成工作的工人，則仍可獲得其計時工資。

(2)計算公式：

(A)不能在標準時間達成工作者：

$E = TR$

(B)不到標準時間而提前完成標準工作者：

$$E=TR+R(S-T)\frac{1}{x} \quad 或 \quad E=TR+P(S-T)R$$

〔註〕$\begin{bmatrix} E=工資。 & S=標準工作時間。 & T=實際工作時間。 \\ P=百分數（獎金率）。 & R=每小時工資率。 \end{bmatrix}$

現在假設某公司完成一件工作之標準時間爲八小時，張三以六小時卽已完成，每小時工資率爲一元，獎金率爲百分之五十，則張三應得之工資爲：

$$E=TR+P(S-T)R$$

$$=6\times 1元+\frac{50}{100}(8-6)\times 1元=6元+1元=7元$$

（每小時得1.15元）

而其他不能在標準時間達成工作者的工資則只有 $E=TR$ （每小時1元）

(3)優點：

　(A)工人有計時工資之基本保障。

　(B)工人所節省的時間雖未做工，卻可得部分獎金，足以鼓勵其努力工作。

　(C)因其簡易，故爲自計時制到嚴格獎金制的適宜辦法。

　(D)計算簡單，工人可自行核算，不致發生誤會與爭執。

　(E)工作效率的提高，工作時間的節省，可使勞資雙方共享其利，故可行之較久，共同努力。

(4)缺點：

　(A)標準工作時間的規定，未經科學的研究，不一定正確。

　(B)勞資共享節省時間的利益，實無精確理由，若節省時間是由新機器之使用或科學管理之所致，工人有何理由取得獎金？

　　　若確由工人的自動努力而節省了時間，資方或管理人員又無取得利益之理。

　　(C)獎金旣按各工作個別計算，狡獪的工人，可對某一工作振奮努力以取得獎金，對另一工作則故意敷衍，以資休息，而仍可取其計時工資。

(二) 羅文獎金制 (Rowan Preminm System)

　　此制爲蘇格蘭格拉斯格的羅文父子公司的詹姆斯・羅文 (James Rowan) 所創，並在其廠內實行。此法與哈爾賽相仿，也是根據過去經驗訂定標準，並計算節省出的時間，支付獎金。但其不同哈爾賽制者，乃視節省時間佔標準時間之百分率來計算工資，所以有獎金自行限制的特點，卽獎金數額不會大於其計時基本工資的一倍。

　　(1)計算公式：

　　(A)不能在標準時間內完成工作者：

　　　$E = TR$

　　(B)工作在標準以上者：

$$E = TR + \left(\frac{S-T}{S}\right)RT \quad (簡化後 \quad E = TR\left(2 - \frac{T}{S}\right))$$

　　現在仍以上例之條件依此式計算，則張三之工資額爲：

$$E = 6元 \times 1元 + \left(\frac{8-6}{8}\right) \times 1元 \times 6元 = 6元 + 1.5元 = 7.5元$$

　　　（每小時平均得1.25元）

　　而未達標準者，仍以每小時一元計算。

　　(2)優點：

　　(A)不能達標準時間的工人，仍可獲計時的基本工資。

　　(B)對初期節省時間的獎金，比哈爾賽制寬大，具有鼓勵作用。

(C)節省時間愈多，獎金反比例減少，且獎金最高亦不致超過其基本工資，故有一定限制，如標準時間訂定不當，對廠方的損失也不多。

(D)工人不致粗製濫造，或過分消耗精力而損害健康。

(3)缺點：

(A)計算複雜，工人不易了解。

(B)工人獎金有限制，如達到限度時，則不願再求進步。

(C)獎金隨節省時間之加多而比例遞減，故過此限度，即不足鼓勵工人努力。

（三）泰勒差別計件制 (Taylor Differential Piece-Rate System)

此一制度，是泰勒所創，他認為經過相當訓練和認眞工作的工人，都應在一定時間內達成一定標準，所以能達到標準者，便給與高於一般同業的工資率（通常高於一般工資率百分之三十至一百），反之，工作未達標準者，不管其原因為何，皆給與比日常工資還低的工資率。故在此制之下，形成兩種計件工資，其一為高額工資（對達到標準或超過標準的優秀工人之工資），其二為低額工資（對未達標準者的工資），故有獎有懲。

(1)計算公式：

(A)工作在標準以下者：

$$E = NR_1$$

(B)工作在標準以上者：

$$E = NR_2$$

〔註〕：$\begin{cases} N = 產品件數 \\ R_1 = 低額工資率 \qquad\qquad R_2 = 高額工資率 \end{cases}$

假設某企業規定標準工作為十件，工作時間為八小時，凡超過標

準者其工資率爲十元，未達標準者其工資率爲八元，今張三工作熟練，未到八小時卽已完成工作，而李四九個小時才將工作完成，則其二人的工資額當如此計算：

　　　(A)李四的工資＝NR_1＝10×8＝80元

　　　(B)張三的工資＝NR_2＝10×10＝100元

　(2)優點：

　　　(A)報酬與工作成果成正比，有獎有懲，合乎信賞必罰原則。

　　　(B)具有高度刺激力，可激勵工人增加生產，保持品質。

　　　(C)管理者與工作者的任務劃分，合乎分工專職原理。

　　　(D)計算容易。

　(3)缺點：

　　　(A)工資所得欠穩定，勞工成本也將隨高額工資率而增加。

　　　(B)工人無基本工資之保障，故不易接受。

　　　(C)學習工作者報酬過少，無異是一種懲罰，且有礙工人之自動創造。

　　　(D)優等與低等工資之差別太大，易引起工人的不滿。

（四）甘特作業獎金制 (Gantt Task and Bonus Wage System)

　　甘特 (H. L. Gantt) 和泰勒同時服務於柏烈恆鋼鐵公司，鑒於泰勒的差別計件制過於嚴格，常引起工人的反感，且實施不易，乃創作業獎金制以補泰勒之不足，曾引起泰勒的稱道；晚年尤極力提倡。

　　說起來，此制之方法大致與泰勒者相同，也是先根據動作與時間研究來決定工作標準，凡達到或超過標準者，於計時工資外可另得獎金（大致爲標準時間的百分之二十至五十），但不及標準者，仍可保留計時工資（此乃與泰勒制不同之處），所以此制可說是計時、計件、與差別計件制的混合形式。而且各工頭在其所屬工人得獎者達某一數

目時，也可獲得獎金。

(1)計算公式：

　(A)工作在標準生產量以下者：

　　E＝RT

　(B)工作在66％標準以上的一般公式：

$$E＝RS＋0.2RS＝RS\left(1＋\frac{20}{100}\right)$$

　(C)工作在標準以上獎金為$33\frac{1}{3}$％者：

　　$E＝1\frac{1}{3}RS$

　(D)工作在標準以上獎金率非為$33\frac{1}{3}$％者：

　　E＝RS＋PRS

　　假設某企業規定的標準時間為十小時，每小時的基本工資為五元，今張三實際工作十二小時，李四實際工作十小時，王五實際工作八小時，其獎金率應分別為百分之二十，百分之三十三，百分之四十五，其工資所得如下：

(1)張三工資所得＝$RS\left(1＋\frac{20}{100}\right)$＝5元×12$\left(1＋\frac{20}{100}\right)$＝72元

　（每小時平均6元）

(2)李四工資所得＝$RS\left(1＋\frac{33}{100}\right)$＝5元×10$\left(1＋\frac{33}{100}\right)$＝66.5元

　（每小時平均6.61元）

(3)王五工資所得＝$RS\left(1＋\frac{45}{100}\right)$＝5元×8$\left(1＋\frac{45}{100}\right)$＝58元

　（每小時平均7.2元）

(2)優點：

(A)保障工人的計時工資，以維持技術較差的工人生活。

(B)注重工頭指導，可提高水準以下的工人的工作成果。

(C)標準以上之工人，可獲得顯著的獎金，鼓勵性頗大。

(D)計算簡易，工人容易了解，勞資雙方皆樂於接受。

(E)以科學方法研究工作狀況，制定標準時間，合於科學原則。

(F)便於限期完成工作，使機器及生產設備的運用能配合銜接，可節省間接生產費用。

此制之缺點甚少，所以在現代企業中，除未合標準化條件的工廠外，大都可以利用。

(五) 拜道積點制 (Bedaux Wage-Payment System)

本制度先以時間及動作研究決定每一工作的標準時間，卽按工作難易分成若干 B_s (Bedaux' 的縮寫)，或稱若干「點數」(Point)。這一個「B」，包括在一分鐘內所用於工作的時間，和用於疲勞休息以及個人所必須使用的時間，其總和為一分鐘，一個 B 就是一個工人在正常情形下於一分鐘內所完成的工作量。一個工人的工作成果，就看他在一小時內能完成幾個「B」數來計算，而以六十「B_s」為一小時的標準工作，那麼八小時工作就是以四百八十「B_s」為標準，工作在一小時內少於六十「B_s」者，卽未達標準，只能得到所規定的一小時之基本工資，超過標準者，則除了獲得一小時工資外，並可另得省時獎金，此省時獎金通常為百分之七十五，其餘的百分之廿五，則賞給工頭及監督者，實則獎金率，是由勞資雙方所協定的，但現在有些企業，已將此省時獎金率提高至百分之百。

(1)計算公式：（同於哈爾賽制公式）

(A)在標準以下者：

$E = RT$

(B)超出標準者:

$$E=RT+P\ (S-T)\ R$$

假設工資率每小時爲五角，某工作之標準爲八小時，張三以六小時完成工作，按積點制計算其工資如下:（同前哈爾賽之例）

每小時工資爲五角，而每小時爲六十「B_s」，故每B之工資率爲 $0.008\frac{1}{3}$ 元

標準時間八小時應爲四八〇「B_s」。

實際工作八小時應爲三六〇「B_s」。

獎金率按常例百分之七十五計算:

$$E=RT+P\ (S-T)\ R$$

$$=0.008\tfrac{1}{3}\times360+\frac{75}{100}\ (480-360)\ \times0.008\tfrac{1}{3}=3.75元$$

(2)優點:

(A)以點計算，適用於工人不固定時之工作計算——可將每一工作所完成的「B_s」累積計算。

(B)以分爲基礎，標準精細，單位估計準確。

(C)有計時工資的保障。

(D)超過標準者的獎金率高。

(3)缺點:

此制計算繁複，工人不易了解。

（六）艾默生效率制（Emerson Efficiency-Bonus Plan）

此制爲美國艾默生（H. Emerson）所創，先用科學方法訂定標準。隨各人工作效率的增進，工資便由計時而遞進爲計件，效率在百分之六十七以下者，以計時工資計算，效率達百分之六十七而尚未超過標準者，卽給少數獎金（獎金率由百分之〇‧二五至百分之二十），

超過標準者，其獎金由百分之二十一起隨效率而增高。（如表 24-4）

　　原則上， 效率超過百分之六十七， 便已由計時而趨於計件， 其「效率獎金」，是按週或按月，將各工人所做工作的總數一併計算。

　　⑴計算公式：

　　㈠工作效率在百分之六十七以下者：

表 24-4　艾默生效率與獎金百分表

效 率 百 分 率	獎 金 百分率	效 率 百 分 率	獎 金 百分率
67.00——71.09	0.25	101	21.00
71.10——73.09	0.50	102	22.00
73.10——75.69	1.00	103	23.00
75.70——78.29	2.00	104	24.00
78.30——80.39	3.00	105	25.00
80.40——82.29	4.00	110	30.00
82.30——83.89	5.00	120	40.00
83.90——85.39	6.00	130	50.00
85.40——86.79	7.00	135	55.00
86.80——88.09	8.00	140	60.00
88.10——89.39	9.00	150	70.00
89.40——90.49	10.00		
90.50——91.49	11.00		
91.50——92.49	12.00		
92.50——93.49	13.00		
93.50——94.49	14.00		
94.50——95.49	15.00		
95.50——96.49	16.00		
96.50——97.49	17.00		
97.50——98.49	18.00		
98.50——99.49	19.00		
99.50——100.00	20.00		

　　　E＝RT

(B)工作效率在百分之六十七以上而未超過標準者:

　　　E＝RT＋P(RT)

(C)工作效率超出百分之百者:

　　　E＝RS＋0.20RT

假設標準工作時間爲八小時，每小時工資爲一元，而以十件爲標準，今張三八小時做了五件，李四做了七件，王五做了十件，其工資如下: (實則此制非按天計算)

(A)張三的工資 (工作在百分之七十以下)＝RT＝1元×8＝8元

(B)李四的工資 (工作在標準以下，在百分之七十以上)

　　　E＝RT＋P(RT)＝1元×8＋0.25×1元×8＝8元｜0.2元

　　　＝8.2元

(C)王五的工資 (工作在標準以上)

　　　E＝RS＋0.20RT＝8×1元＋0.20×1元×8＝8元＋1.6

　　　＝9.6元

(2)優點:

(A)對技能效率差的工人，仍保障其計時工資。

(B)獎金率隨效率逐次增高，可激勵工人努力。

(C)富有彈性——凡無法採用純粹計件制的工作，皆可用此制。

(D)按週或按月總計算之下，使工人各日的工作效率，可前後截長補短，獲得獎金的機會較多，且足以督促工人對各樣工作同樣努力 (因非按工作計算)，絕無哈爾賽制工人得取巧之弊。

(3)缺點:

(A)記錄與核算繁複，人員增多，支出加大。

(B)工人難以瞭解。

(C)如按月總結一次，則獎金之發給與工作之時日相去已遠，獎
　金之刺激力不免有減低之弊。

（七）百分之百獎金制 (The 100% Premium Plan)

此制是根據時間研究，決定每小時的工作標準，其工資是按照時間決定，而不直接以金錢計算。雖與哈爾賽和羅文制相似，但工人所得的獎金卻不像哈爾賽與羅文制那樣去按節省時間的一半或一部分計算，乃以節省時間的百分之百計算，卽以一小時完成兩小時之規定工作 (Task)，若每小時工資爲一元，則可獲得兩元的工資。故其節省的時間收益，完全歸於工人自己。

看起來，此制又與計件制相仿，但此制是以「每小時應完成的規定工作」與「完成此規定工作的實際時間」爲工資計算的標準，並非以每件的工資計算，而且其保證的每小時工資率也較高，所以比計件制所好的地方是，如將計件制每件工資降低時，工人以爲在削減工資必引起不滿，而此制是把每小時應完成的工作保持不變，故每小時的工資率可予以增加或減低。其計算公式與優劣處大致如下：

(1)計算公式：

　(A)低於工作標準者：

　　$E = RT$

　(B)超出工作標準者：

　　$E = RS$

假設某企業規定其標準生產爲每週五件，每件十小時，標準工資率每小時一元，（卽每週五十小時工資五十元），今張三每週可生產四件，李四每週可生產五件，王五每週可完成七件，其每週之工資所得如下：

(A)張三的工資（低於工作標準者，其保留基本工資）＝RT

　＝1元×50＝50元

(B)李四的工資（剛好達其標準）＝RS＝1元×50＝50元

(C)王五的工資（超出工作標準）＝RS＝1元×(50＋20)＝70元

(2)優點：

(A)保障工作不利的工人基本計時工資。

(B)超過標準的工人，可得到百分之百獎金，故激勵性頗大。

(C)計算簡便。

(3)缺點：

(A)在此制之下，如對工作標準訂定不當，必使人工成本負擔過重。

(B)如工廠之一切活動尚未臻完善，萬不可採用此制。

第五節　特種獎金

現代的企業，爲了增加生產以達營利目的，故所採之獎金辦法，除上述者外，仍不勝枚舉，在此尚有數種屬於輔助性者，不能構成獨立的薪工給付制度，也有爲特殊目的而設立的特種獎金，特在此簡介於下：

（一）分紅制 (Profit-Sharing)

此制是企業在會計年度決算後，在盈餘內提出一部份分配於員工，以共享企業盈餘之利，並策勵員工繼續努力。

在我國，此制相用已久，而且也最爲普徧。歐美各國，大多只分與各級主管，全體員工能共同分紅者實不多見。一般言之，其分派數額都與員工服務的年資成正比，有支付現金者，也有公司代爲儲存作爲養老儲金，或滲以股票，使員工爲公司股東，以消弭勞資界限。

(1)分紅制度之設計哲理和原則

　　企業是將個人的目標，融合進事業目標中的共同工作組織。所以，第一，若企業獲得利益，個人有權分享，分紅是分享的方式之一。第二，分紅的人也因而有責任為企業的目標共同努力，於是，第三，分紅制度便應該具備指導和誘導員工走向事業目標的機能。於是我們有了以下的設計原則：

1. 讓員工明白一定會「分享」，最好能確切的知道如何分享，所謂「信賞必罰」原是管理的基礎，分紅何能例外。

2. 叫員工知道怎麼做，如何做及能做什麼才能分享和分享得多。

3. 制度必須容易瞭解，並且應該主動的促使員工澈底瞭解。

4. 分享的方式需能使大多數員工心服（僅公平還不夠）。

5. 使分紅非但是事後的獎勵，更是事先的激勵。

6. 把分紅與升遷劃分清楚，有領導才能的管理人才，不宜用分紅來獎勵，反過來說，分紅多的人，不一定是全才，論功行賞，才是分紅的基本出發點。這也是獎金與考績的基本分別。

(2)分紅方式：

1. 普通分紅的方法：

(A)將所要分紅的款數，除以員工薪水之總額，求出原有薪金每元應分得的數額，再分別以各員工的薪資，如某企業準備以四十萬元分紅，其薪工總額每月為二十萬元，由此得知每元薪工可分紅二元，今某甲每月薪水為一千元，其所分紅利當為二千元正。

(B)每年不管盈利多少，照例以一定款額分配與員工。

㈢以主持者的好惡，全憑一己之見來分配紅利：我國舊式商
店採用此方式者頗多，自然不合於科學與公平原則。

2. 計點分紅制度：

計點分紅制度，是一種適應力強，易爲員工瞭解，並具
有彈性的分紅辦法，可適用於各種行業，在此，特將在臺灣
的企業界實施情形簡介於下：

某個包括產銷及契約種植的小公司，採用計點制度做爲年終分紅
的依據，員工根據個人對公司的功績，逐月結算計點，年終時，根據
點數的多寡分紅，「員工分紅計點標準」摘要如下：

㈠本辦法印發員工各一份，隨時由總經理補充修訂之。

㈡本辦法就各種業務績效分別訂定計點標準，由員工因業績
獲得計點，用爲分紅之基礎。

㈢業績係由員工合作獲致者，點數由出力人員自行協商分配
之。

㈣業績具有長期之利益者，可以用「預計點數」分計於以後
各年度。稱爲遞延計點。

㈤由公司當局發動之特殊業務工作，計點標準在公佈之同時
公佈之。

㈥年度計劃內之非經常性重要工作項目，在計劃內列明其計
點標準。

㈦設無意外，便可完成之業績，可先行預估其「預計點數」，
經本公司管理部預估之經濟效益亦然，以使紀錄完備。

㈧本辦法之計點標準，根據本公司之政策，經營方針，業務
重點，隨時由總經理以正式命令補充、修改、刪除、增訂
之。

㈨「推銷業務」分紅計點標準:

(1)推銷甲級產品，每三萬元一點，乙級產品五萬元，普及產品十萬元。

(2)本年開發之新客戶，按上列標準加百分之二十計點。

(3)收回非本人推銷之壞帳，每萬元兩點，點數由原推銷人扣給。

(4)使推銷費用得以節省者，每萬元叁點。

(5)主動建議新制度、新辦法、新產品而使本公司獲益者，估計其經濟效益後，每五萬元壹點。

㈩「生產部」分紅計點標準:

(1)主動建議新制度、新辦法，使品質得以提高，成本降低，產能增加者，全年經濟效益每萬元兩點，其俱備多年效益者，按每年遞減百分之五十計點，經濟效益之資金按年息百分之二十計算。

(2)主動建議生產新型產品，因而增加收入者，每三萬元壹點，逐年按七折遞減計點。資金利息免計。

(3)研究新技術、新設備而獲得專利者，或發明可保密之技術或設備者，除長期獎勵條例另有規定外，本年經濟效益按每二萬元壹點計點。

(4)主動引進新技術、新設備等，全年經濟效益每萬元兩點，資金利息按年息百分之三十計算。

(5)生產甲級產品，按銷售價計算，職員每伍萬元各壹點，技工每陸萬元、普工每捌萬元壹點。

以上是計點之標準。其實施方法摘要如下:

㈠總經理室設員工業績計點總簿。

㊀每員工均有個人計點卡。

㊁員工根據計點標準，每月月底自行紀錄其卡片。

㊃每月月初查對計點總簿與員工個人計點卡，查對後發還記點卡，並公佈總記點簿。

㊄分紅總額爲事業純益之百分之五。

㊅分紅總額之百分之三十爲合作分紅，由全體員工平均分配之。

㊆分紅總額之百分之七十爲計點分紅，根據個人點數分配。

㊇爲補救計點標準之不足，總經理得在總點數百分之十之範圍內，加給業績另有特殊貢獻之員工。

　以上僅是舉例，由於經營構想之不同，業務性質不同，管理重心不同，以上之條款均需變化使用，例如本例計點之對象包括產銷經常業務，若認爲經常業務已有固定報酬償付，便可將計點對象僅限於特殊業績。

　由於以上的舉例說明，我們已可瞭解計點分紅制的方法，在此，再將其優劣說明於下：

I. 功效：

㊀員工完全明白怎樣做才能獲得較多的分紅。

㊁員工可以選些自認爲會獲得分紅的額外工作來做。

㊂公司只要修訂增補計點標準，便可對員工努力的方向發生指（領）導作用，例如：

①想使員工注意生產工作的研究發展，只要提高節省成本之計點便可。

②希望發展外銷業務，可以增列一條外銷開發的特別計點標準。

③將總經理控制之點數由百分之十，增加至百分之二十，便可加強其統御力，等等。

㈣每月結算一次及公佈一次，使分紅之激勵效能大爲提高。對低能員工有淘汰作用及壓力。

㈤實施「遞延計點」可留住優秀及有功績之員工。

㈥使制度之缺點可以隨時發覺獲得注意及修正。

計點分紅制度，是一種可以靈活使用；是一種可使「分紅」具備「計件獎金」「專案獎金」「建議制度獎勵」以及加強「管理效率及統御力」的管理制度，而使分紅所付的款項，獲得更高的效果。

II. 弊端：

㈠制度太硬性：若干企業單位，在制度上有過份硬性的規定，或是在習慣上早有成例，某一職位得分紅若干，幾乎毫無變動的可能。使員工把分紅看成了固定薪資的一種，而失掉了激勵和誘導作用。

㈡分紅缺乏制度：一些企業單位，全憑老板或主管年底的情緒和好惡發錢，分紅失卻準繩，非但難令員工心服，並且容易誘人阿諛取巧。

㈢分紅數字難公開：員工們必然會探聽別人的所得，和誇大（多半用暗示的方式）自己的所得，加上「向人莫知其粟之碩」的心理，若是不公佈員工分紅數字，常會弄得謠言滿天飛人人不滿意。若公開分紅的數字，由於一般的分配方法難有一定的標準，同樣也會怨聲載道。

㈣獎勵的效果低：遠不如特殊獎金，提成獎勵，以及計件給資，但各行業分紅已成慣例，取消旣不可能，化整爲零也會產生反感。

㊄缺乏一般獎金的指導作用：　例如：　老板偶而也會提醒一句
「凡能開發新客戶的，　年終分紅必多。」使外務員們獲得印
象。但諸如此類的話，不可能再三再四，也不便經常用分紅
吊員工的味口。於是，為希望得着較大的分紅，而付出較大
的努力給新客戶的便少。而揣摩主管意向，藉配合主管業務
而博取分紅的恐怕更屬少見。　因此，　一般的管理者多數認
為，分紅在動態管理中十分缺乏應變能力，在管理體系間，
也難有加強統御力量的大作用。

（二）團體獎金制（Group Bonus System）

也有稱此制為「分組制」者,美國密歇根州的賽金鍊鐵公司(The
Saginaw Malleable Iron Co.) 採用此制成效頗著，它是對合力完
成工作的若干工人給以團體獎勵。如大量生產中裝配線上的工作，其
效率是無法分開而個別計算的，只有採用團體獎金。此制之優劣如
下：

㊀利：(A)為免團體遭受影響，所以每個人都能努力工作。

　　　(B)可增加產量、更可增加個人收入。

　　　(C)彼此監督之下，不但工作情緒提高，工作紀律也趨於良
好。

㊀弊：(A)在大團體中，可能有人偷機取巧。

　　　(B)若有一新手加入工作，會影響團體工作成效。

（三）品質獎金（Quality Bonus）

在過分獎勵產量之下，常導致品質之下降，為挽救此一弊端，一
般企業除實行品質檢查外，更採用品質獎金，凡經檢查認為品質合格
者，可同時獲得產量與品質兩種獎金，若品質不合，產量獎金也會因
而取消，故對品質控制之功用頗大。

（四）安全獎金 (Safety Bonus)

為了維護工作人員的安全，有些企業乃每年提出一筆金額做為安全獎金，在每次意外事件發生時，即扣去此獎金的一部分，如此直至年終，若此項獎金尚有餘額，即取出分給有關員工。

（五）物料獎金 (Materials Saving Bonus)

若工作人員能使物料減少消耗而達於最低標準時，即可獲得其節省物料之一部分，以為獎勵。

（六）設備運用獎金 (Bonus for Incessant Use of Equipments)

為使工人愛惜機器，減少損壞，並能善為運用機器及生產設備，有些企業特設置部份獎金，分配於運用良好的工人。

（七）工廠職員獎金 (Staff Bonus)

此種獎金有兩種辦法：其一為以本企業的直接工資與製造費用作標準，將其節省費用之一部撥做獎金。再者也有根據工廠產量，物料節省的程度，交辦的速率及其他有關因素，斟酌情形，予全體職員以獎勵之金額。

（八）年功獎金 (Length of Service Bonus)

此者，乃認為服務本企業較久的員工，不但技術熟練，而且對本廠情況熟習，以廠如家，故宜酌予獎勵。凡服務達到規定時期以後，即可得年功獎金。

（九）佣金 (Commissions)

佣金大多是用之於推銷員，代理商，批發商或經紀人，在現今的商業界已廣大採用，有的是視服務或推銷的成績來決定金額的多寡，而不給與保障的薪金；有的也有保障的薪金，另外再按其成績之優良，給以額外報酬。

（十）分股制 (Stock Ownership)

　　嚴格言之，分股也是分紅制之一種，其動機在使勞資雙方利害與共，以羣策羣力，共謀企業的發展。此制是將員工應得的紅利，以公司股票代替支付，故爲今日勞資合作最有效的方法，歐美各國頗爲盛行，如我國之大同公司亦實行頗佳，堪資效法。

第六節　健全獎工制度的設計

（一）健全的獎工制度應具之要點

　　實行獎工制度之目的，無非在提高生產效率，降低生產成本，增加員工收入；所以一個健全的獎工制度，對勞資雙方均屬有利，那麼基於此一原因，就必須愼審考慮，一般言之，以下數點務須注意：

(1)制度必須簡單且能獲得員工的同意與合作——獎工制度必須力求簡明，使員工能瞭解其意義及計算方法，若制度過繁，方法難明，或「工作標準」不夠確定，易使工人產生懷疑，在旣無信心，又乏興趣的情形下，其制度之原意再好，也不會有多大成就。

(2)必須保留基本工資——爲使工人遭遇不能克服的遲緩情形時，仍能獲得生活必需的收入，故對其基本工資必須保留。

(3)已訂定的工資標準，不宜隨時變更——爲避免一般工人恐生產過高會降低工資標準而限制自己的產量，所以獎工制度，除由於機器工具的改進，原料或產品設計的改變外，絕不可輕易改變其「工作標準」、「標準時間」，及「工資率」以減少工人收入，不過由於上述之變動而務須變更標準或工資率時，自應依時間研究，妥爲處理。

(4)必須有可靠的工作標準與適當的檢驗規則——獎工制度在鼓勵工人加快生產，故常導致粗製濫造，若前有標準後有檢驗，自

可避免其投機取巧，但爲了公平合理起見，必須以科學方法，客觀態度，訂定標準，實施檢驗。

(5)獎金分量必須重——獎金的分量重，才能刺激工人去努力工作，也才能使工人生產的產量與品質得到實際的報酬。而且每一個工人的獎金，能發放的愈快愈好。

(6)獎工制度不可專爲彌補管理的不當或方法的不科學——此乃謂實施獎工制度時，各種現代的方法也應同時運用，以提高事業效率，穩定員工流動，使企業組織能夠健全。

(7)制度必須易於實施——健全的獎工制度，不管在紀錄與「允收成品」的計算，在工資與獎金計算，在通知工人工作成果，或在計算錯誤的修正等各方面，皆宜力求簡單，而且要儘量使它與生產管制，成本會計銜接起來，旣不太浪費，又易於實施。

(8)標準時間的訂定必須愼密周到——標準時間是獎工制度成敗的最大因素，在阿姆寧 (H. T. Amrine) 所提到的「獎金辦法應注意的十個要點」中，有三條與標準時間有關：其第三條謂：「必須以工作評價的方式來決定標準時間的基準率」；第五條謂：「標準時間必須建立在工作衡測的健全制度上；除了工作方法、工具、設備、規格、原料有所改變另作別論外，時間標準不易輕爲變動」；第七條謂：「標準時間須依據固定的品質標準而訂定」，由此可見其重要之一斑了。

（二）獎工制度的選用與設計

對獎工制度的訂定，若能符合以上各點，自然能使員工減少時間的浪費，提高產量，增加收入，從而提高生活水準；對於企業家也可促進其生產效率，減低生產成本，而獲取更大的利潤，若行之不當，也必生相反的效果，而使勞資雙方均受損失。

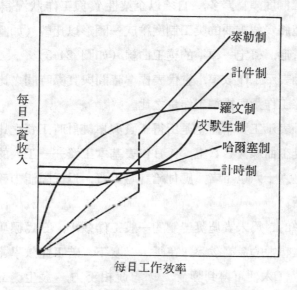

圖 24-2　重要獎工制度比較圖

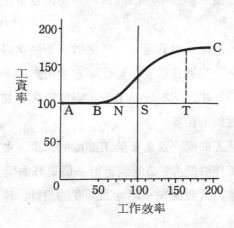

圖 24-3　標準獎工曲線

　　且獎工制度頗為繁多，自須以企業性質與工作狀況為選擇的根據，在此僅將幾個重要的獎工制度繪成一圖形以比較（如圖 24-2），並就一般情形，擬定一標準的獎工曲線（如圖 24-3）。

(1)橫軸表示工作效率，它代表標準時間與實際時間之比，也就是實際工作量與標準工作量之比。

(2)縱軸表示工資率，也是所得工資與單純計時工資之比。

(3)在獎工曲線ＡＢＣ上，ＡＢ代表基本工資——工人的效率在百分之六十六以下者，應付給計時工資，以保障能力較低工人的生活。

(4)圖中的Ｎ為未實施獎工制的一般工作效率，Ｓ為標準效率，Ｔ為理想中的最高效率，在獎工制度下，若工作效率達到Ｂ點以後，工人便可得到獎金，才能競相努力，發生獎工的激勵作用。

(5)若工作效率達到Ｎ點，仍給以計時工資，工人必對獎工制度不滿，因此而使工作效率停滯於Ｎ點左右，難生獎工制度激勵之效。

(6)由於獎金的鼓勵，由Ｂ至Ｓ，必使效率不斷增高，自然其獎金也隨而加多，超過Ｓ以後，獎金率宜銳增，效率接近Ｔ點，獎金率宜稍平，如此才不致使工人在過度緊張下妨礙本身健康，或忽略了設備的保養。

　　若根據標準獎工曲線，及重要獎工制度的原則，並按企業的性質與實況，參酌「工作評價」，必能制定出一個更好的獎工方案，以促進勞資雙方的利益。大致說來一個獎工制度的設計，應從下列各因素去通盤研究：

　　（Ⅰ）工作標準的高低：

工作標準可嚴格也可以緩和。當企業已步入「標準化」,「時間研究」已做得很準確, 而且確有去吸引、去保留優良工人之必需時, 其保證的基本工資又很高, 自應規定嚴格的標準; 若沒有以上的條件, 則應採較低的「工作標準」。

(Ⅱ)保證基本工資率的決定:

此者, 不但要符合「最低工資」的法令, 並須考慮到招顧新工人的問題, 故不能訂的太低, 但爲了使工人不肯怠工以維企業之利, 也不能訂的太高; 除非在生產工作上的滯留現象很普遍; 或已定有嚴格的「工作標準」, 而必須達到此「工作標準」才有獎金時, 基本工資才必須訂高。

(Ⅲ)工人獎金的份量:

不管所訂之「工作標準」是否嚴格, 都必須根據完成工作標準的難易程度, 以及所訂的保證工資水準的高低, 來決定獎金的份量。若獎金部份佔工人全部收入的大部, 則須把獎金提高。

(Ⅳ)計給獎金之「工作完成率」的高低:

計給獎金的工作完成率, 須視「保證基本工資」之高低而決定, 其保證工資訂的低, 計給獎金的工作完成率亦應低, 保證工資訂的高, 而且亦無生產滯緩現象發生, 或採用「選擇優異工人原則」時, 計給獎金的工作完成率, 亦應訂高。

(Ⅴ)應以所節省時間之一部或全部爲獎勵工人之獎金:

假若工作情形良好, 而達到了標準化, 且「工作標準」訂的很嚴, 製造攤費又很高時, 則應以所節省的大部時間, 作爲獎勵工人之用（必要時可以百分之百獎勵之）。反之, 則可由公司及工人分享之。

(Ⅵ)獎工制度下, 工人的全部收入水準:

　　獎工制度下，工人之全部收入勢必增加，但其全部收入水準宜高至何種程度，企業者又該獎勵到什麼程度，才能引起並保持工人的興趣？通常各種工作等級的「獎勵工資率」和工資的「全部收入」，務須參照其工作等級，按工作評價與工作研究所訂的工資率來決定之。「獎勵工資率」，必須使平均工人所得的工資超過同等工作每小時工資上額的百分之十至十五；但工作標準太嚴，以及製造攤費很高時，工人之全部工資收入及獎勵的份量，則必須訂得高一點。

第二十五章　激勵溝通與領導

人事管理欲收績效，領導與溝通為其主要關鍵，自古以來我聖賢、帝王、重臣、學者，留給我們很多和諧統馭之道，企業乃組織之一，且隨時代愈來愈龐大、愈複雜，故在此章中先以第一、二節對組織行為及激勵理論略加介紹，第三、四節再從此理論基礎上，對領導及溝通予以陳述。

第一節　組織行為的基本概念

為幫助管理者能以適當的行為來指引、控制員工行為，我們在此先須瞭解組織行為的重點有兩個層次：㈠個人行為：例如態度、人格、認知、學習及激勵；㈡羣體行為：例如規範、順從、角色及羣體動態。現在進一步的來作說明：

（一）個人行為

(1)態度（Attitudes）

態度是對人、事、物的一種衡量觀點，即對事物的喜歡或不喜歡。例如工作滿足是員工對其工作之一般態度。個人常因態度間或態度與行為間的不一致或失調（Dissonance）而尋求使之恢復平衡。例如當員工不喜歡其工作時，失調現象就產生，於是他們會設法來降低此失調現象，因而採取遲到早退，或另謀他職等行動。過去大家均認為滿足、快樂的員工必是生產力高的員工，但近來研究發現二者關係並不密切。而且「高生產力導致高滿足」之可能性遠高於「高滿足導致高生產力」。易言之，態度並不一定影響績效，反而績效之高低會影響員工的士氣與態度。

由於高滿足者並不一定是高生產力者，故管理者應將重點放在如何增加生產力，而非如何提高員工對工作有關事項的滿足。

(2)人格 (Personality)

此處所謂的人格，並非我們中國人依道德標準而下的定義。它是用以區分個人心理特質（如主動程度、野心、忠誠）的組合。在許多人格特質中與組織行為密切相關的有：內外控、權威主義、馬基維利主義及風險偏好。

1. 內外控：內控者認為命運掌握於自己，外控者認為其命運受外力所控制。故外控者將失敗歸於同事不合作、上司偏見，對其工作較不滿意，疏離工作。而內控者將失敗歸於己，對工作較投入。

2. 權威主義：權威主義者相信階級及權力，故具高度權威主義者欺下諂上、嚴屬、抗拒改變、不信任。若工作性質需與他人周旋，適應多變複雜之環境，則不適合權威主義者。但若工作相當結構化，需嚴格遵守規章者則高權威主義者可勝任愉快。

3. 馬基維利主義：所謂馬基維利主義者是指現實，保持感情距離，甚至於認為只求目的不擇手段的人。故若工作性質需談判手腕（例如勞工談判代表）或績效獎賞高（例如完全獎金制的銷售員）時，馬基維利主義者生產力很高。

4. 風險偏好：具高風險偏好者做決策迅速，不需太多資訊，故適合某些高風險之工作，例如股票買賣等需迅速決策之工作。若傾向低風險者較適合如會計工作之類須仔細考慮之工作。

了解員工之人格可幫助管理者依工作性質挑選適合此工作之人格的員工，如此可使生產力提高，滿足感亦同時增加。

(3)認知 (Perception)

認知是個人對其環境的印象所做的解釋。根據研究顯示對同樣一

件事，每個人之認知並不相同。影響認知的因素可能是由於認知者之特質、過去經驗，或是認知的對象及認知之情境因而造成認知之差異。當品評他人時常因不能深入了解而憑一時認知來判斷，故常造成下列的偏失：

1.選擇性認知：由於無法吸收個人所觀察之全部，故常只針對某一部分選擇性認知。

2.假設相似：個人常假設他人與自己相似，例如自己喜愛挑戰性工作則假設他人亦相同。

3.刻板印象：個人常依他人所屬羣體之特徵來判斷之，謂之刻板印象。例如「女性員工成就動機較低」就可能是一種刻板印象。

4.月暈效果 (Halo Effect)：我們常依個人某一特質來評判一個人之整體印象，謂之月暈效果。例如一個口才流利的應徵者可能被一口試者認爲很聰明能幹，但他可能只是口才好而其他平平而已。

由以上可知員工並非依事實反映其行動，而是依其所認知者來採取行動。故管理者必須時時注意員工所認知的薪資制度是否公平、工作環境是否良好、績效評估是否有效等。

(4)學習 (Learning) 根據實驗的結果，學習可以幫助我們適應及駕馭我們的環境。學習的過程可藉「效果法則」(The Law of Effect)來說明。效果法則認爲行爲是結果的函數，某行爲導致有利之結果則人們會重覆此行爲，反之則會避免此行爲；例如某人因專心上課獲得獎勵或高分，則他會重覆其專心上課的行爲。

學習的過程若循序漸進時，稱之爲「逐步 (Shaping) 學習」。逐步學習是經不斷嚐試錯誤逐漸掌握而來的技巧，例如騎脚踏車、基本算術運算。除了逐步學習外，亦可藉觀察他人並模仿而學習，稱之「模仿學習」(Modeling)。嚐試錯誤耗時甚久，模仿可節省許多時

間。所以新進員工可以模仿學習來替代逐步學習，俾早日達其效果。

　　學習對管理的涵義有二：第一，若管理者希望員工有A行為却對
B行為獎酬，則A行為不可能會出現。第二，管理者必須以身作則，
以自己之行動來為員工做榜樣。介紹了各因素之後，我們再將各因素
之關係以圖 25-1 表示於下：

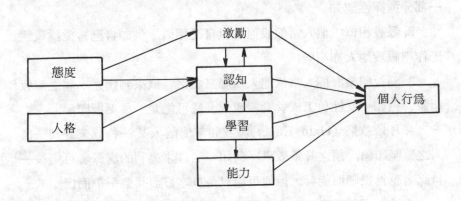

圖 25-1 影響個人行為之要素關係

（二）羣體行為

　　(1)羣體之界定與分類

　　「羣體」即兩人或兩人以上相互依賴、互動以共同達成某一目標
的組合。羣體的分類可分成四種，前兩種屬於正式羣體，是由組織結
構而組成的，後兩種是非正式羣體，乃由於社會性需求而組成者。

　　1. 指揮羣體 (Command Group)：由某一管理者下轄之員工組
成。這是由組織圖上所決定的。

　　2. 任務羣體 (Task Group)：由為完成某一任務之員工所組成之
羣體。但任務羣體可能並不受組織層級之限。

　　3. 利益羣體 (Interest Group)：一羣人聯合以達其共同之目標之

羣體，例如員工組成羣體以爭取福利。

4. 友誼羣體（Friendship Group）：由於具有共同特質而組成之羣體，例如具相同興趣與嗜好的人所組成之羣體。

(2)羣體之重要特性

以下之四個重要特性，正爲羣體行爲建立之基礎：

1. 角色：「角色」即於一社會單位中，居某一位置所被期望的行爲型態。當個人面對不同之角色期望時，就會產生角色衝突。例如圖書室主管要求圖書編目員每週要完成 200 項編目，但其同僚卻希望每人每週完成 150 項以使工作表現較爲平均，在此情況就產生角色衝突。

2. 規範與順從：每一羣體都會建立一套規範，形成所有組成分子共同接受的標準。若某人未遵守羣體規範就會遭到壓力使之順從。

3. 階級系統：階級是羣體中名望的等級、位置或次序。階級系統是了解行爲的一個重要因素，因爲它是個主要的激勵因素。管理者必須使員工相信組織的正式階級系統是一致的，亦即組織之層級與個人認知之階級一致。若領班薪水低於其下屬，則此階級系統是不一致的。

4. 羣體凝聚力（Group Cohesiveness）：「羣體凝聚力」即羣體之分子結合以達成目標之程度。羣體凝聚力大者，其達成羣體目標之可能更大，若羣體目標對組織有利，則凝聚力大的羣體生產力較高。在此特將羣體凝聚力與生產力之關係由圖 25-2 表示之。

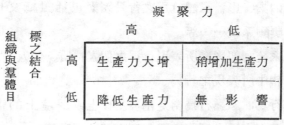

圖 25-2　生產力與凝聚力關係

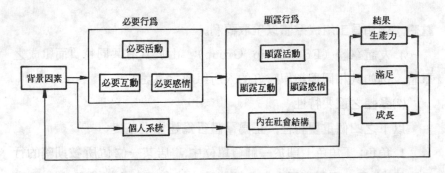

圖 25-3

(3)羣體行為模式

George Homans 發展了一羣體行為模式如圖25-3, 來解釋工作羣體之行為。

為了易於說明, 在解釋此模式之前我們必須先界定一些重要之因素——活動、互動、感情、必要行為及顯露行為。「活動」是人們所做的事。「互動」是兩人以上經由人際間之行為彼此影響。「感情」是羣體分子對彼此正面或負面之感覺, 包括個人之意見、信仰及價值系統。「必要行為」指羣體正式領袖指定給每一份子的特定角色所必須具備之活動、互動及感情。「顯露行為」(Emergent Behavior) 指非上級要求之內的行為。

現在我們再開始解釋此模式之各部分於下:

1. 背景因素: 影響羣體行為之背景因素包括組織文化、工作設計、技術、獎酬系統……等。

2. 個人系統: 即影響所表現行為之個人特質。個人過去的經驗會決定其在羣體中所表現之行為。

3. 顯露行為: 顯露行為常是由於工作上或環境上的需要而出現的。例如對工作表示之煩悶, 或與同事間的互動等。

4. Homans 假設互動與人際間感情是密切相關的。正面的感情出現於經常互動的份子間，而彼此喜愛之組成份子會經常互動。負面的感情出現於不能互享或破壞羣體的規範的份子之間。尤有甚者，此負面之感情會促使更進一步的懲罰破壞規範者的活動，因而造成進一步的負向循環。

5. 必要系統是一正式系統，而顯露系統是一非正式系統，其結果就是生產力、滿足與成長。

6. 羣體可能引進改良方法，非正式地互相冐助，以支持必要行爲。另一方面，也可能以顯露行爲抗拒必要行爲，造成生產力降低。這些過程均可由此模式了解。

⑷羣體行爲對管理之涵義:

1. 管理者必須釐清員工在其工作羣體之角色。如此可避免角色衝突，並可藉此讓員工了解管理者應期望之行爲。

2. 管理者必須細心體察羣體規範，因羣體規範與工作績效密切相關。若能使羣體規範支持高效率，則生產力會提高。

3. 管理者必須了解正式與非正式之階級關係，儘量使之一致。

4. 管理者應提高羣體凝聚力，並使羣體與組織目標一致。

5. 由 Homans 模式可知，羣體凝聚力之增强可藉使相互喜愛的分子互動增加。此模式亦指出，一些簡單之決策，例如更換某一員工之工作對他的活動、互動、感情有某些方向之影響。

第二節　早期的激勵理論

「激勵」(Motivation) 是指設法激起他人的行動，以達成特定目的行爲。基本的激勵過程如圖 25-4 所示;「未滿足的需求」造成「緊張」(Tension)，因而激起個人內在的「趨力」(Drive)。此趨

圖 25-4　基本激勵過程

力導致一「尋求 (Search) 的行為」, 欲尋求一特定目標, 若此目標達成後可「滿足需求」,因而便可降低緊張。

在此所要介紹的早期激勵理論, 主要是㈠需求層次理論; ㈡X理論、Y理論; ㈢雙因子理論。我們不能否認這些理論不够嚴謹, 但它有為後來激勵理論奠定基礎的功勞, 而且對管理者亦頗有貢獻。

(一) 馬斯洛的需要層次論

馬斯洛 (Abraham Maslow) 認為, 人是「需要的動物」, 隨時都存在着有待滿足的需要。某一需要已經獲得滿足了, 則此項需要便將不再能激勵其人; 其人將有另一項需要, 有待續加滿足。馬斯洛認為人的各項需要, 可以用「層級」(Hierarchical) 的方式來表示, 必

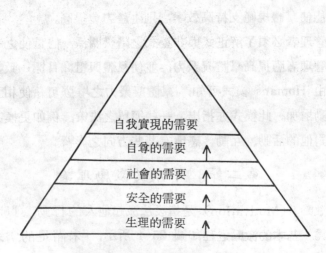

圖 25-5　馬斯洛的需要層級

待較低層級的需要有了基本的滿足之後，人始能上升到另一個層級的需要上去。如圖 25-5 把人的需要劃分爲①生理的需要，②安全的需要，③社會的需要，④自尊的需要，⑤自我實現的需要。若以需要强度的層次言，生理需要最高，其次爲安全、社會、自尊、自我實現，其狀況如圖 25-6：

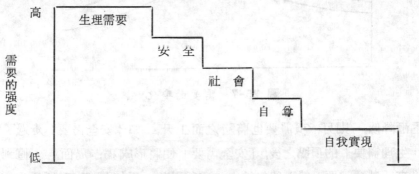

圖 25-6　需要的層級；圖示生理需要最爲强烈，餘次之。

這五個需要的意義或內容，兹簡要表之於下：

1. 生理需求：包括飢、渴、遮蔽、性趨力等身體的需求。

2. 安全需求：包括安全感及免於身體或情感之傷害。

3. 社會需求：包括愛、歸屬感、接納及友誼。

4. 尊嚴需求：包括內在尊嚴因素，例如自尊、自治及成就；外在尊嚴因素，例如階級、被肯定、注意。

5. 自我實現需求：包括成長、達成個人潛力及自我實現；亦卽達成個人所能達到之趨力。

此一理論確可作爲管理者的參考，但不可忽略的是必須注意以下幾點：

1. 需要的層級絕無截然界限；層級之間常相疊合。某一需要强度

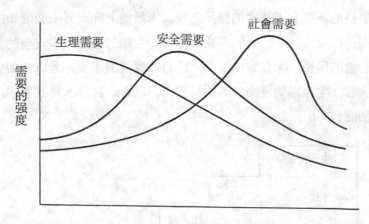

需要的強度

生理需要　安全需要　社會需要

圖 25-7　需要的變化

逐漸降低，則另一項需要也將隨之而上升，如「安全需要」走過了「生理需要」的頂點之後，「安全需要」便將形成獨占局面，一直到後來「社會需要」繼而興起為止。這種現象，正如圖 25-7 所示。

2. 可能有些人的需要始終維持於較低的層級，始終只是關切他們的生理需要和安全需要。這現象在低度開發國家中常常出現。反之，也有些人對於較高層級的需要花費了許多時間。假如說中等階層的父母最能造就高成就的人才，又假如說美國是一個中等階層的社會的話，那麼我們可以推斷說，美國人花費時間最多的，也許應該是在社會需要，自尊需要，和自我實現的需要等等方面了。

3. 馬斯洛提出的各項需要的先後順序，不一定每一個人都能適合。事實上我們的所見所聞，也並不支持此項觀點。舉例來說，常常有人對自身的需要特別重視，甚至較安全需要為重。

4. 兩個不同的人，其行為相同，並不見得有同樣的需要。某人說話趾高氣揚，是因為他對某一課題深有認識，自以為除他以外，誰也不夠資格發言。另一位也是趾高氣揚，但是也許那是為了掩蓋他的自

卑。第一個人是滿足他的自尊需要和自我實現的需要，而第二個人却是爲了滿足他的安全需要。

馬斯洛的這一套觀念，其最大的用處，在於其指出了個人均有需要。身爲管理者，爲期激勵其員工，必需瞭解其員工要滿足的是甚麼需要。但是，不論管理者採取的是怎樣的路線，管理者的措施總是以他對員工所持的假定及對需要與滿足的假定爲基礎。

（二）X理論與Y理論（Theory X and Theory Y）

麥葛瑞哥（Douglas McGregor）在他所著的「企業的人性面」（The Human Side of Enterprise）一書中，提出了若干有關管理假定的精闢見解。麥葛瑞哥認爲：「管理階層對於如何控制其人性資源方面所作的理論上的假定，將直接決定企業的個性；同時也將決定企業的下一代管理階層的素質。」這段話的意思是說，每一位管理人士對其員工的待遇，均必有一套哲學，或均必有一套假定。麥葛瑞哥將這些假定歸併成兩大類別，卽所謂理論X的假定，與所謂理論Y的假定是。理論X爲其一端，理論Y則爲其另一端。

⑴理論X

依麥葛瑞哥的發現，有關組織的大部份著作和現階段的許多管理實務，都含有理論X的假定。玆將這些假定條列於下：

1. 因爲人在天性上均不喜工作，所以都會竭力設法規避工作。

2. 人幾乎沒有甚麼志向，常傾向於規避責任，而寧願接受他人的指揮。

3. 他們視安全感爲工作中之重要希望，且無甚野心。

4. 故而爲促使他們能够達成組織的目標計，必需運用强制、控制、和懲罰的威脅等等。

所謂理論X並不是一項新事物，它已經存在多年了。只是從泰勒

以來，管理階層已經能够減緩經濟困窘及改善工作環境了。在這時期中，管理上的進步，並沒有因這種管理的基本理論而產生正面效果。相反地却帶來很多的衝突、不滿和管理上的困難。

(2)**理論Y**

在對人性行爲的研究下，另一套與X理論相反的管理理論確立了基礎；那就是麥葛瑞哥所謂的理論Y。其假定如下：

1.員工視工作如遊戲般自然。

2.若人們設定目標後，他們會自我指導、自我控制。

3.一般人會學習去接受，甚至去尋求責任。

4.創造力普遍存在於一般人，而非管理階層之專屬能力。

所以理論Y恰與理論X成一對比；它是從一項動態的觀點來看人的。依理論Y看來，人皆有成長和發展的潛力；激勵的問題，乃直接握在管理階層的手中。由於員工均具有潛力，故管理階層必須決定如何去將人的潛力發掘出來。從此，管理階層無法躲在理論X的假定之後了。管理階層必須重新檢討他們的思想，必須開始注意如何促使員工滿足其更高層級的需要。

(3)**簡　評**

許多人認爲理論X是一種已過時的假定；理論Y纔是對員工的最新的看法，和最優的看法。但是，對於理論Y的批評也屢見不鮮。舉例來說，有人指出理論Y有些過於理想化了。所謂自我指導和自我控制，並非人人皆能；許多人似乎仍然偏重安全，似乎仍然規避責任。例如傅隆（Erich Fromm）曾說：「人也需要自由，需要在一定限度之內的自由。」史特勞斯（George Strauss）也支持這項論點，而且還指出人在某些方面要求完全的自由，在另一些方面則也會要求有所限制。馬斯洛也曾有過同樣的看法：他說：「重要的是基本的需要必

須能滿足；但是如果漫無限制，則終將造成漠視責任，變態人格，和不能承受痛苦的現象。」

第二種批評，是說理論Y的說法，不免叫人以為需要的滿足乃以工作方面為主。但是事實上許多人都是從工作以外來滿足他們的需要。近年來有縮短每星期工作天數的趨勢，因而這種看法尤其明顯。人之尋求滿足，多是在他們的休閒時間之內。因此，理論Y主張在工作場中滿足層級較高的需要；這樣的強調，似乎有點過份了。

第二種批評，牽涉到在大型的大量生產事業中有沒有人格與組織的衝突的問題。批評理論Y的人士說，依理論Y看來，諸如工作簡化及標準化等等的措施，將使工作的滿足為之降低。但是這也許只是組織衝突的原因之一，而且也被理論Y的人士過份的強調了。

那麼，理論X和理論Y，究竟何者為是，何者為非呢？這問題的答案，應視情況而定；而且也必將是兩項理論均有其必要。但是，有一點卻是可以確定的：大多數的管理者似乎都沒有對員工給予應有的重視，往往較偏愛於理論X，而忽略了理論Y，關於這一點，在重視人性的今天，東西方學者早已重視我國的儒家思想，取其中庸，所謂日本式的管理即由此而來，且頗受一般重視。

（三）赫茲伯格的兩因素激勵理論

一九五〇年代的後期，赫茲伯格和他一羣在匹茲堡心理學研究所（Psychological Service of Pittsburgh）的研究人員，曾經作過一項大規模的訪問研究。他們訪問了匹茲堡地區的十一個工商事業機構的兩百多工程師和會計人員，請受訪人員列舉在他們的工作中有那些使他們愉快或不愉快的項目。結果發現凡覺得未能滿足的項目大多與他們工作的「環境」有關。而受訪人員覺得滿意者，則一般均屬於工作的本身。對於凡屬能够防止不滿的因素，艾奇利斯（Chris Argyris）

稱之爲「衞生因素」(Hygiene Factors)，而對於那些能帶來滿足的因素，則稱之爲「激勵因素」(Motivators)。

(1)衞生因素

爲甚麼艾奇利斯要將那些可以防止不滿的因素，稱之爲「衞生因素」，乃是因爲那些因素對於員工的滿足效果，頗與生理衞生之於人體的效果相類似。例如某人在路上滑了一跤跌破了皮，回家後，此人立刻洗淨雙手，在傷口擦了碘酒。兩星期後完全復原了。但是他之所以擦碘酒，並不是因爲碘酒能使他的手好起來，而只是防止傷口發炎，幫助他的手部恢復原狀而已。這就是「衞生」的作用。反之，如果忽視了衞生，則壞的情況將可能演變至更爲惡化。同樣的道理，呼吸，並不能改善一個人的健康；但是如果不呼吸，便將無以活命了。衞生不能改善健康情況，但可預防惡化，回復到原有的狀態；這原有的狀態，便被稱之爲「零狀態」(Condition Zero)。

在員工的工作上，有許多這樣的「衞生因素」，包括金錢，督導，地位，個人生活，安全，工作環境，政策及行政，與人際關係等；如附表 25-1。凡此種種因素，雖沒有激勵人的作用，但却能預防不

表 25-1 衞生因素與激勵因素

衞生因素（環境）	激勵因素（工作本身）
金錢	工作本身
督導	賞識
地位	進步
安全	成長的可能性
工作環境	責任
政策與行政	成就
人際關係	

滿。這些因素並不能使員工的產量增加，但是却可以防止因工作自限
所造成的績效損失。這些因素可以維持激勵於「零狀態」的水準，防
止反激勵的發生。這也是爲甚麼這些因素常被稱之爲「維繫因素」
（Maintence Factors）的緣故。

(2)**激勵因素**

赫兹伯格發現凡與職位本身有關的因素，大抵均能對職位的滿足
具有積極性的效果，能促使產量的增加。赫兹伯格稱之爲「激勵因
素」，或「滿足因素」（Satisfiers），並指出包括工作本身，賞識，進
步，成長的可能性，責任及成就等項。

(3)**兩因素理論受到的攻擊**

以上就是赫兹伯格的「兩因素理論」（Two-factor Theory），其
中確有許多至爲有趣的概念。但也受到下面的一些批評：

1.有人批評說這項研究當初的受訪人員是工程師和會計人員，缺
乏工作人員（Work Force）的代表性。

2.由於赫兹伯格曾經說過，他們還在許多別的羣體中作過同樣的
研究，包括製造工作督導人員，醫院中的維護人員，護士，軍官，及
職業婦女等，可是別的研究人員却獲得了不同的研究結果。其中有些
研究，某些衞生因素或維繫因素（例如工資或職位安全等），在藍領
工人看來，却看成爲激勵因素。這就是說「同一項因素，在某人看來
是一項激勵因素，而在同一部門的另一個人看來，却可能是一項衞生
因素」。正如舒懷卜（Donald P. Schwab）、戴維特（H. William
DeVitt）、及康敏斯（Larry L. Cummings）等三人在一項關於管理
人員及專業人員的研究中，發現赫兹伯格的所謂「衞生因素」也同樣
可以激勵員工，與「激勵因素」並無不同。

3.佛羅姆還指出一點，說是赫兹伯格的研究其實可以有許多結

論，而赫兹伯格却只提出了他的所謂「兩因素理論」一項；因此，這一項結論也就大有推敲的餘地。佛羅姆還說，大凡人對於有關本身成就者，總是以自表滿足的成份居多，而對於公司政策方面的問題則往往表示其不滿。所以，赫兹伯格的結論，至多只能算是一種解釋而已。

這些批評，告訴了我們所謂兩因素理論尚未赢得普遍的接受；仍待進一步的研究，始能作成確切結論。例如梅爾斯(M. Scott Myers)說：「這一項激勵與維繫的理論，正與管理上的其他理論一樣，確實仍在任由管理實務人士自行取捨的階段；而其有效的應用，至多只能作爲一項掌握建設性的動機的工具。」不過，話雖然這樣說，赫兹伯格却也不無貢獻；他這套職位滿足的理論至少已經推廣了馬斯洛的需要層級論，而且應用在工作激勵方面了。

(4)需要層級論和兩因素理論的關係

赫兹伯格的此項理論架構，與馬斯洛的需要層級論是相通的。馬斯洛的理論中的較低層級的需要，頗與赫兹伯格的衛生因素相類似；而他的層級較高的需要，則相當於赫兹伯格的激勵因素。兩項理論間的相互對照，請參看附圖 25-8。由該圖可以看出赫兹伯格所稱的衛生因素，包括馬斯洛的生理需要，安全需要，和社會需要，及一部份價值需要。圖中我們將「地位」一項放在衛生因素一類裏，而將「進步」及「賞識」兩項放在激勵因素一類裏，是因爲所謂「地位」並不一定可以反映個人的成就或赢得賞識的緣故。舉例來說，一個人的「地位」，可能是由家庭因素造成的，例如世系或婚姻關係等是。反過來說，「進步」和「賞識」則大抵更能反映個人的成就。

不過，我們應該瞭解的是，馬斯洛和赫兹伯格兩人都未免將激勵的程序作了過份的簡化。雖然說赫兹伯格已經將馬斯洛的理論作了一

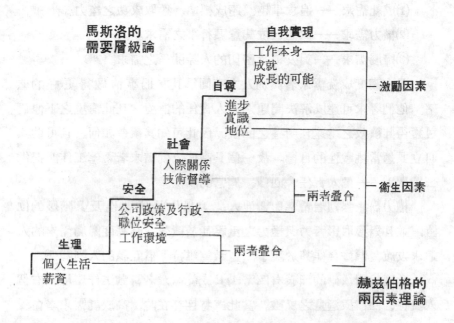

馬斯洛的
需要層級論

自我實現
工作本身
成就
成長的可能

自尊
進步
賞識
地位

激勵因素

社會
人際關係
技術督導

安全
公司政策及行政
職位安全
工作環境

兩者疊合

衛生因素

生理
個人生活
薪資

兩者疊合

赫兹伯格的
兩因素理論

圖 25-8　馬斯洛及赫兹伯格理論的比較

項極饒趣味的推演，可是他們兩人的理論，都未能將「個人的需要滿足」和「組織目標的達成」適當的連繫起來。而且他們兩人的理論，對為什麼人與人之間的「激勵」會有差異，也無適切說明。

第三節　當代的激勵理論

上節所介紹之理論雖很著名，但並不够嚴謹，而當代諸激勵理論均有較穩固之支持論據，兹作一簡要介紹：

（一）三需求理論 (Three Needs Theory)

馬克利蘭 (D. McClelland) 對「三需求理論」的提出乃假設工作情境下有下列三項主要需求或動機：

(1)成就需求——追求卓越、達成標準、獲取成功之趨力。

(2)權力需求——欲他人依其意願行事之需求。

(3)歸屬需求——對友善及密切的人際關係之需求。

具有高度成就需求者與別人之不同為具有把事情做得更好的慾望。他們尋求可達成解決問題之個人責任的情境，且此情境之下他們可獲得其績效之迅速且明確之回饋，因此可知其績效如何，且可助其訂立具適當挑戰性的目標。故一個具高度成就需求者希望工作能提供三項因素——個人責任、回饋、適當的風險。

權力需求強烈者希望影響他人，喜歡位於挑戰性及具階級的位置，並且對獲取影響力與權力之重視甚於績效。具高度歸屬需求的人追求友誼、偏好合作甚於競爭，並希望維持互信互諒的人際關係。

此理論對激勵的涵義有四：(1)具成就需求者喜歡工作環境具有個人責任、回饋與適量之風險。當此三特性存在時，高成就需求者會受到極大之激勵。(2)具高成就需求者並不一定成為好管理者，尤其在大規模組織裏。好的管理者亦不一定要有高成就要求。(3)一個優秀的管理者通常具高度權力需求及低度的歸屬需求。(4)若工作需要一個高成就需求者，管理者可挑選具此特性的人或經由成就訓練去發展他的成就動機，因為成就需求是可藉訓練而激發的。

（二）目標設定理論 (Goal-Setting Theory)

根據「目標設定理論」的研究顯示，一特定且具挑戰性的工作目標是工作激勵的最大力量。也許有人會認為此理論與前面之三需求理論有所矛盾，因為成就激勵理論認為「適度挑戰性」的目標才有激發作用，而目標設定理論卻認為極困難的目標才能使激勵最大。其實並不矛盾，因為目標設定理論是針對一般人，而成就激勵卻是針對高成就動機者。而且目標設定理論之結論適用於接受且承諾此目標的人。

既已接受，越困難之目標必導致越佳之績效。

(三) 增強理論 (Reinforcement Theory)

「增強理論」與「目標設定理論」是相反的論點，後者假設個人之目標指引其行為；而前者却是「行為受外物增強所支配」。增強理論認為若某行為導致的結果是行為者所喜歡的（例如受獎賞），則謂之增強，而行為者會重覆受增強的行為。

增強理論忽視了個人內在的心理狀態，而完全著重於個人發生什麼事及個人採取之行動。故嚴格說來它並非激勵理論，因為它並未解釋什麼促使行為發生，但它却解釋了是什麼在控制行為，故仍將它列入激勵之討論中。

(四) 公平理論 (Equity Theory)

「公平理論」認為人們會將其對工作之投入與收穫之比與他人比較，若不相等時人們會認為不公平，並想辦法改正之。人們選擇的比較對象有三——他人、系統及自己。(1)「他人」：意指同公司做類似工作的人及鄰居、朋友等，藉着口語、報紙雜誌有關薪資之報導，人們可與他人比較。(2)「系統」：意指組織之薪資政策、程序及管理系統。通常人們拿現有之系統與過去之系統比較。(3)「自己」：指與現在個人之投入報酬比不同之情況，通常是以目前之自己與過去之自己比較。

當比較結果發覺不公平時，人們可能會採取五個步驟：

1. 扭曲自己或他人之投入或產出。
2. 促使他人改變投入或產出。
3. 促使自己改變投入或產出。
4. 選擇另一比較對象。
5. 辭職。

公平理論認爲人們不只考慮絕對的報酬，並且考慮與他人比較之相對報酬。公平理論之激勵含義爲一員工之激勵不但受絕對報酬影響且受相對報酬影響，但人們知覺不公平時，他們會採取行動以改正或抵制，如降低工作效率、缺席、離職等等。

但是還有一項值得注意的是，某些論著曾經指出人在覺得自己得到的報償偏高的時候，往往會自動的多做工作；至少在起初一段時期如此。但是久而久之，他會重新評估他的技術和情況，終於會覺得他確是應該拿那樣高的待遇。於是，他的工作便又回到過去的水準了。這一點，正說明了許多研究人員的看法，認爲金錢至多只是一項短程的激勵因素，只不過是經理人在激勵程序中可以運用的許多工具之一而已。

(五) 期望理論 (Expectancy Theory)

在近代的激勵理論中，「期望理論」是頗受重視的。該理論的觀念與「行爲激勵」有密切關係。

所謂「期望理論」是「預期一個人可能成爲一個具有高度績效的人物」，其條件有三：

(1)當他認爲自己的努力極可能導致高度績效時；

(2)當他認爲他的高度績效可能導致成果時；

(3)當他認爲獲致的成果將對他具有積極的吸引力時。

也就是說該理論包括了三項變數：

(1)吸引力：工作達成之獎賞或結果對個人之重要性，也可說是個人未滿足之需求。

(2)績效與獎賞關係：個人相信某一程度績效可導致所欲結果之程度。

(3)努力與績效關係：一個人認爲定量努力會導致一定績效之機

率。

依圖 25-9 可知，個人努力動機之強弱決定於其相信是否能達成其需求之強度。亦卽若期望績效達成，則組織會給予獎賞，而此獎賞能滿足其個人目標，則此期望會造成工作之激勵。

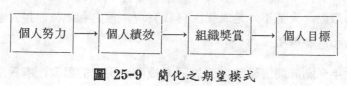

個人努力 ⟶ 個人績效 ⟶ 組織獎賞 ⟶ 個人目標

圖 25-9　簡化之期望模式

若將馬斯洛的「需要」概念與此「期望」概念相比較，我們當可發現有關「激勵強度」的研究有兩條途徑可循，一條是研究需要的缺乏；利用馬斯洛的「需要層級」論，由於找出了人所感覺的缺乏，因而以此項需要的缺乏來驅使他從事某一方式的行為。另一條途徑，是從個人追求目標的觀點來研究激勵，卽個人對目標的期望是照這條途徑來看，則所謂激勵，乃是推動個人朝向其期望目標而前進的一種力量。進一步說，從需要的缺乏的立場來看，我們的重點在於「內在的缺乏」；而從期望的立場來看，我們的重點則在於「外在的目標」，以外在目標的達成來緩和內在的缺乏。這兩種概念雖然各不相同，但是却是相互關聯的。不過，在今天的許多研究激勵的學人中，大抵以採取期望理論者居多。例如其中有兩位學人，波特爾 (Lyman W. Porter) 和羅勒爾 (Edward E. Lawler)，曾指出他們為甚麼選擇期望理論的理由如下：

「基本上看起來，問題中牽涉的各項名詞和概念，似乎較為適宜於考慮人類的複雜的激勵與行為，因此，也較為適宜於對組織機構中的經理人的態度和績效的瞭解。在期望理論中，特別強調理性 (rationality) 和期望，在我們看來，似

乎最能解釋影響管理績效的各種情況……」

而且期望理論也使我們可以極為方便地將行為的各項激勵,
例如地位, 成就, 及權力等等, 融入於一套態度和績效的理
論中。我們頗能找到許多證據, 足以證明大多數經理人的中
心激勵, 大抵不外是成就, 自我實現, 權力和地位, 以及收
入和進步等項。

近年來關於期望理論方面的研究極多; 研究的對象, 有民間的事
業機構, 也有政府的事業機構; 而人員方面則從生產線上的作業員以
至於管理人員, 包羅甚廣。這一類的各項研究, 已確實為我們在激勵
方面提供了極其精闢的見解。

第四節　激勵的實用

(一) 激勵員工的工具

對員工的激勵, 我們已瞭解了一部份理論的內容, 但在實務上,
管理者尚須「運用之妙存乎一心」的好好去運用, 在尚未列舉其方法
前, 我們先須懂得運用激勵員工的工具。

一般言之, 可用以激勵員工士氣的工具很多, 但其重要工具有以
下七種: (1)權威, (2)金錢, (3)競爭的壓力, (4)家長的溫情, (5)工作的
滿足, (6)私下的協調及(7)目標管理。

(二) 激勵員工的技術

前兩節我們已介紹了一些激勵理論, 一個管理者在吸取前人之經
驗後, 應使之產生實務上的應用, 在此綜合個人、工作及系統變數提
出幾個方法來:

㈠瞭解並滿足部屬的慾望: 依「需要層次論」及「兩因素激勵理
論」的分析, 組織中各階層人員各有不同的需要, 必須先有瞭解, 而

使之各獲其所需之滿足。

㈡承認個別差異：幾乎當代的激勵理論均承認員工之差異，例如態度、人格及其他重要之個人變數。

㈢因事置人：因事置人有許多激勵效用，例如在較需獨立自主的單位，必須安置具高成就感的做為主管。在一官僚體系中的管理工作就需高權力需求低歸屬需求的人。必須切記的是並非每個人都會因工作之責任、自主、多樣化而受激勵，這些特質的工作只適於具高成長需求的人。

㈣運用目標：訂定目標並給予回饋對員工是一種激勵。至於目標的設定是應由上司指定或由員工參與設立呢？這完全應視目標接受情況及組織文化而定，若設立目標遭抗拒則參與訂定目標可增加接受程度；但若參與式方法與組織文化不合時則應由管理者指定目標。

㈤確定員工認為目標是可達成的：若員工認為目標難以達成，將會減少其努力。故管理者必須確保員工對其努力能達成績效目標有信心。

㈥獎酬個人化：由於員工需求各有不同，故所需之獎酬也各有不同，管理者應運用其對員工之了解給予不同之獎酬。

㈦聯結獎酬與績效：當員工績效良好時，管理者必須使獎酬迅速且明顯出現。

㈧檢討制度是否公平：由於每個人所認為的公平都可能與他人不同，故一理想之獎酬制度必須針對各個工作給予公平之待遇。

㈨勿忽視金錢：雖然設立目標、參與決策、工作豐富化等均造成激勵效果，但仍不要忽視金錢的力量。據實證研究金錢誘因的激勵效果仍是最大的。

除此之外，如(1)多聽部屬的心聲傾訴；(2)建立有效的垂直及水平

的意見溝通線路; (3)建立合理的工資獎勵制度; (4)建立員工牢騷處理
管道; (5)提供有力的領導中心, 也都是不可忽視的實際問題。

第五節　領導理論與應用

所謂「領導」, 乃是一種有效的影響他人的程序, 怎樣才是或才
能是一位有效的領導人, 就是本節要從前人的經驗來追求答案的主
題。

不管公私組織, 在其用人當中都常感「領導人才」之難求。一個
領導者到底應該具備那些特質？應該如何去領導他的羣體 (亦卽應有
何種領導行爲), 都是不可忽略的問題, 在這裏我們就先從這方面加
以探討。

(一) 領導性質

在尚未討論一個領導者該如何去領導他的羣體之前, 先來研究一
下領導人應具備那些「性質」, 我們分別從「性格理論」(Trait The-
ory) 及「情勢理論」(Situation Theory) 談起。

(1)性格理論

在早期的心理學家探討領導問題, 多致力尋求成功的領導者所具
有異於常人的特質。性格理論者卽從領導人的個人性格的立場, 來分
析領導的成敗; 也就是研究怎樣的人纔能成爲一位良好的領導者。

早在一九四〇年時, 畢爾德 (Charles Byrd) 曾經列舉出二十份
不同的性格表, 認爲是可能爲領導人的特徵; 可是他的研究沒有成
功。其後又有任金斯 (William O. Jenkins), 反復檢討了許多研究,
包括對兒童的研究, 對工商人士的研究, 對專業人士的研究, 以及對
軍人的研究等等。最後任金斯概括地說:「找不出任何單獨的一項性
格, 或任何一組的性格, 足以說明領導人和一般人的區分。」因此,

所謂「性格理論」的重要性便降低了。時至今日，仍未得到確切的結論。考其原因，乃由於此一方法忽略了對整個領導環境的考慮。性格確是重要的因素，可是它只是因素之一，此外還有整個工作羣體中的成員，還有有關的情勢（包括任務，技術，目標，結構等），也同樣是重要的變數。

性格理論雖然失敗，但它已對領導性質的澄清，有過不少貢獻。舉例來說，依性格理論的研究，有四種性格對成功的領導頗有關聯。戴維斯指出這四種性格如下：

1. 智力

一般認爲領導人的智力均較其他從員的平均智力爲高。

2. 社會成熟性及寬容度量

領導人情緒上較爲成熟，且具有處理極端局面的能力。領導人能與他人和衷共處，且具有合理的自信和自重。

3. 內涵的激勵及追尋成就的動力

領導人有較强烈的完成任務的內驅力（Drive）。

4. 人羣關係的態度

領導人深知他們需靠他人始能完成工作，故而他們能够培養他們自己的社會瞭解。領導人大抵都是「員工導向」（Employee-Oriented）的。

憑這一點，性格理論已給經理人留下了選擇領導人的一些標準條件，但是推究起來，性格理論的研究，以描述性者居多，而分析性者較少，且未能區分各種特質的相對重要性、也沒有考慮情境因素等，使後來的管理學者乃將研究重心轉往了其他方向。

(2)**情勢理論**

所謂「情勢」，包括有若干界面；但大抵上將因領導人的個性、

任務的需求條件、其從員的期望、需要及態度，以及操作的環境等等因素而不同。

早在一九四〇年代學者對情勢研究便已經開始；而迄今仍在努力中。大體說來，某類領導型態較別的型態是否能更爲有效；端視情勢而定。費列（Alan C. Filley）及休斯（Robert J. House）曾根據各方文獻，指出影響領導效能者計有下列各項因素：

1. 本機構的歷史；
2. 前任領導人的年齡；
3. 現任領導人的年齡，及其過去的經歷；
4. 本機構所在地的社區情況；
5. 本工作羣體的有關工作上的特殊需求；
6. 本工作羣體的一般心理情況；
7. 領導人擔任的職位的類別；
8. 本工作羣體的規模大小；
9. 本工作羣體中的成員所需相互合作的程度；
10. 受領導的部屬的「文化期望」（Cultural Expectations）；
11. 羣體成員的人格；
12. 決策所需的時間。

只是這些研究所重視的變數各不相同，似嫌太散了。雖然這些研究不致於相互矛盾，可是也沒有相互支持的關係。不過那些研究却也一致地顯示出了一點：在某些情況之下，某種型態的領導行爲確能有效。

（二）領導行爲

行爲模式理論認爲領導者並非天生，它可以經由學習而培養。因此組織應給予人員適當的「訓練」，培養有效的領導行爲，使其能做

一個良好的領導工作者。

　　一位領導人怎樣領導他的羣體才有功效，是屬於「領導行為」(Leadership Behavior) 的問題，在此我們將從以下幾個理論說起。

(1)領導的「連續帶」模式

　　此一模式，是將各型各式的領導行為，看成為一幅「連續帶」，在連續帶的左端，是「獨裁的」領導者，自行制定決策、發佈命令，並要求部屬達成目標。右端的領導者是屬於「民主型」，鼓勵部屬發表意見、與部屬分享決策權力。在這兩極端之間則有無數連續的管理型態，各自表示不同程度的獨裁或民主。選擇的依據在於領導者個人的能力、部屬的特性及情境等因素。如圖 25-10 即用連續帶來表示領導者運用權威，及給予部屬決策參與程度的各種型態。根據這個模式於從事的十一種研究，其中有七個研究指出參與式領導能導致較高的生產力，有三個研究則獲得參與領導與員工滿足感具有正相關的結

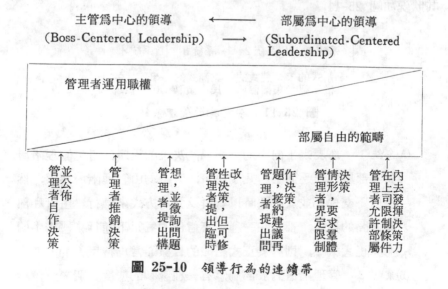

主管為中心的領導　　←　　　部屬為中心的領導
(Boss-Centered Leadership)　→　(Subordinated-Centered Leadership)

管理者運用職權

部屬自由的範疇

管理者並公佈自作決策

管理者推銷決策

管理者提出問題，並徵詢想

管理者提出臨時可修決策，但性改

管理者提出問題，接約建議再作決策

管理者要求限制界定羣體情形決策

管理者允許部屬在上司限制條件去發揮決策力內

圖 25-10　領導行為的連續帶

論。「民主式領導」能帶給部屬較大的滿足感，但其與生產力之間的關係却沒有一致性，必須視情景而定。

但他還指出了「領導性態」(Leadership Style) 有二：其一爲重視應做的工作（卽以主管爲中心的領導人），其二爲重視推行工作的人（卽以員工爲中心的領導人）。這是一項基本概念；這項基本概念，經過了許多研究人員去深入推演。如下文密西根大學便是其中一例。

(2)**密西根大學的「管理系統」研究**

以李柯特 (Rensis Likert) 爲代表的密西根大學社會研究所 (Institute for Social Research, University of Michigan) 的幾位學者，將附圖 25-10 的基本概念作過一番推演。他們曾以數百個組織機構爲對象，進行關於領導的研究。結果李柯特發現了四類基本的領導性態，在連續帶上分別定名爲系統1、系統2、系統3、系統4，其狀況如圖 25-11：

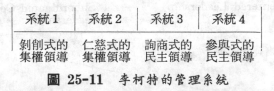

系統1	系統2	系統3	系統4
剝削式的 集權領導	仁慈式的 集權領導	詢商式的 民主領導	參與式的 民主領導

圖 25-11 李柯特的管理系統

(A)系統1　部屬幾乎向來均不能過問決策的程序；可見管理階層對其部屬之缺乏信心。凡屬決策，大抵均由管理階層作成；然後向下交付，並於必要時以威脅及强制方式來執行。主管和部屬之間的接觸，都是在一種互不信任的氣氛下進行。機構中倘有非正式組織，則對於正式組織的目標通常均持反對的態度。

(B)系統2　管理階層對於部屬，有一種謙和的態度。關於決策，

較低層次也有的部份擔任；但是大抵說來尙有一定的限度。對員工的激勵，有獎勵，也有實際的懲處。在上下的關係方面，管理階層之於部屬雖然謙和，但部屬則仍小心翼翼，心存畏懼。至於機構中的非正式組織，雖然也會反對正式組織的目標，但却不一定必會反對。

(C)系統 3　管理階層對部屬有相當程度的信任。雖然主要的決策係握在高階層的手裏，可是部屬也能作較低層次的決策。雙向的溝通顯然可見；且在主管和部屬間人致均能互信。機構中的非正式組織，有時對於正式組織的目標表示支持，有時也偶作輕微的阻抗。

(D)系統 4　管理階層對部屬有完全的信任。決策採行高度的分權化。溝通方面，有自上而下的溝通，也有自下而上的溝通，還有平行的溝通。主管部屬之間的交感，顯出充分的友誼，也表現出充分的互信。正式組織和非正式組織往往合成爲一體。

所以，若就上述的系統 1 和系統 4，頗與曾討論過的理論 X 和理論 Y 的假定相近。系統 1 的經理人，具有高度的以工作爲中心的意識，且係集權思想的人物。而系統 4 的經理人則爲高度的以員工爲中心，性質上是「民主式」的。

至於應如何衡量一個組織的領導性態呢？李柯特氏設計了一套測度工具，附圖 25-12 所示者爲其中一部份。其中共有51個項目，包括關於領導、激勵、溝通、交感及影響、決策、目標的設定、管制、及績效目標等等的變數。我們倘根據這些項目來衡量一位經理人，便將能描繪出經理人的性向來。舉例來說，也許某君本質上是一位系統 2 的經理人；他便能算是一位「仁慈式的集權」的領導人（請參看附圖 25-12）。依同樣的方法，我們除了衡量一位經理人之外，也可以藉此

組織變數	系統 1	系統 2	系統 3	系統 4
領導的程序 主管對部屬的信任程度	對部屬無信心。	對部屬有普通的信心,有如主僕關係。	對部屬相當信心,但仍自行控制決策。	對部屬有完全的信心。
激勵的性質 運用的激勵方式	身體安全,經濟需要,及部份程度之地位欲望。	經濟需要,例如自我需要,及適當的自尊需要,歸屬需要,成就地位欲望等。	經濟需要,並重視自我需要及其他主要新經驗的欲望等如對群體目標的達成。	對經濟需要、自我需要及其他主要激勵等均充分運用,例如如對羣體目標的達成。
溝通的程序 達成組織目標的交感與溝通	極少。	少。	甚多。	對個人及羣體均有充分交感及溝通。
交感及影響的程序 交感的性質	極少交感,且交感後常有恐懼和不信任。	極少交感,但交感時主管較謙和,部屬仍有恐懼,且至爲謹慎。	適度的交感,並常有相當程度的信任。	極爲友好的交感,有高度的信任。
決策的程序 決策在甚麼階層制訂?	大部份決策均由組織的頂層掌握。	頂層掌握政策,較低層次能做下決策,但仍受頂層節制。	頂層只做大決策,較具體的決策則由較低層次制訂。	整個組織各層次均作決策,但相互密切連繫,能統合。
目標厘訂或命令 目標通常採行的方式	目標以命令發佈。	以命令發佈,偶或可以有表達意見的機會。	經與部屬討論及計劃後始重訂目標或發佈命令。	除非在緊急情況下,通常均係以羣體參與方式重訂目標。

圖 25-12　李柯特的管理系統測定表

來衡量一個機構的性態。

　　依李柯特的報告，具有高度成就的部門的經理人，大部份均係在連續帶上的右端（系統4），而低成就部門的經理人均在左端（系統1）。許多別的研究均支持此項結論。舉例來說，附圖 25-13 是一項關於一般事務部門的主管人員的研究，由該圖可見凡屬在嚴格督導下

事務部門主管依成果高低而分的人數

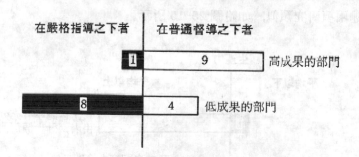

圖 25-13　李柯特的報告(A)

鐵路維護道路的領班，對其本身職位的反應（根據對路線工的調查結果）

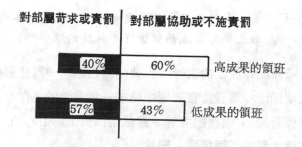

圖 25-14　李柯特的報告(B)

的部門主管，其成果通常較在普通督導情況下的部門主管為低。

　　另一項研究，是關於鐵路機構的路線維護工作人員的成果情況，如附圖 25-14 所示，領班之中不計較其路線工的過失，而設法利用路線工的過失作為一項教育經驗，俾使路線工能夠瞭解正確的工作方法者，往往較之苛求及責罰的領班能有更高的成果。

　　此外還有一項研究。研究人員詢問了某一服務部門的工作人員，問他們關於設定他們自己的工作速度能有多大的自由。所獲的結論頗與上述兩項研究類似，如附圖 25-15 所示。

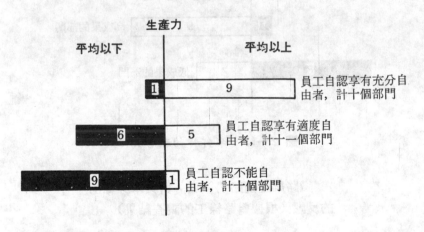

圖 25-15　員工自行設定工作速度的自由程度對其本部門
的生產力高低的關係（李柯特的報告(C)）

　　「大凡績效記錄最佳的主管，主要的關心點，一為注意他們部屬問題中的人情面；一為設法在部屬中結成一種有效的工作羣體，以高度的績效目標着眼。」這樣的主管，自然是以員工為中心的。

(3)俄亥俄大學的「兩構面」理論

　　對「領導的連續帶」，也有學者予以推演而成為「兩層面的領導模

式」(Two-Dimensional Leadership Models)。例如俄亥俄大學的一項研究，以及布來克（Robert R. Blake）及莫頓（Jane S. Mouton）兩人倡議的所謂「管理格矩」(Managerial Grid)，便是這方面的例子。玆分別介紹如下：

(A)俄亥俄州立大學「兩構面理論」：

美國俄亥俄州立大學在 1940 年代後期開始作領導行為模式的研究，從一千多個構面，經過各種篩選過程，最後保留兩個最能說明領導行為的獨立構面，一是「定規」(Initiating Structure)，一是「關懷」(Consideration)。

(1)「定規」是指領導者對於下屬的地位、角色及工作方式，給予界定與限制的程度。高定規的行為通常有以下特色：①分派人員擔任特定工作②要求部屬維持預期的績效③強調達成工作目標的重要性。

(2)「關懷」是指領導者對於下屬所給予尊重、信任以及互相了解的程度。高度關懷的領導者常表現以下這些行為：協助部屬解決個人問題、友善易於接近、用平等態度待人。

根據以上定義所作的一些研究，發現同時兼有「高定規」及「高關懷」行為的領導者，相對於「低定規」、「低關懷」，或兩者都低的領導者，更能使部屬達到高績效及更大的滿足。但這種結果卻不是絕對的，例如對於從事例行工作的部屬而言，「高定規的管理」常導致抱怨、缺席、曠職及不滿。其他研究則發現高關懷的領導者，常被部屬視為能力不足。總之，俄亥俄州立大學的研究，建議高定規且高關懷的領導通常能獲致較令人滿意的結果。

研究人員為了搜集有關領導人行為的資料，特別設計了一種「領導人行為調查問卷」(Leader Behavior Description Questionnaire)，通稱為 LBDQ，其中所列的項目，有屬於「定規」方面的項目，也

有屬於「關懷」方面的項目；其目的在瞭解一位領導人如何進行他的活動。關於「定規」方面的項目，包括有：領導人要求其部屬遵守的規章；領導人對其期望於部屬者，領導人解釋到甚麼程度；以及領導人對部屬任務的配派情形等是。關於「關懷」方面的項目，包括有：領導人聆聽部屬談話所耗用的時間多少；領導人對倡導改革的意願；以及領導人是否對部屬表現友誼及是否近人等。

他們的研究發現「定規」及「關懷」確是屬於兩個截然不同的層面。同一位領導人，可能在此一層面佔有較高的份量，而在彼一層面則較低。換言之，這說明了「定規」和「關懷」兩者，不像附圖25-16 的情形，把它們看成一個連續帶上的兩個端點。故同一位領導

體制 ———————————— 體念

圖 25-16 體制及體念的連續帶

人，通常均為兼具兩個層面的組合體。因此，研究人員乃根據他們的看法，製成了如附圖25-17 的一份「領導人象限圖」。

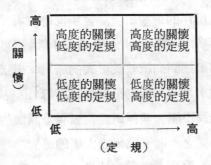

圖 25-17 俄亥俄大學的領導人象限圖

由附圖25-17 來看，大凡一位領導人之為「定規高但關懷低」者，最為關心的是職位上的「工作面」，例如計畫作業及完成工作所需

的溝通事項等是。反之，一位「定規低而關懷高」的領導人，大抵較為關心主管部屬間的合作，處事方面多能保持一種互尊及互信的氣氛。而一位定規及關懷均高的領導人，則對於職位的工作面及人性面均屬關心。這三種性態，究竟以何者為最佳呢？答案是不一定。在某一情況下，也許以定規高的領導人為佳；在另一情況下，也許該以關懷高者為佳；而在別的情況下，則也許應該以定規及關懷兩者均高的領導人最為理想。

　　這一種以四象限的方式來分析領導行為的路線，較前文所述的連續帶的路線，比較切合實際。因此種方式，可使我們同時兼顧領導行為的兩個層面。故而許多原來以連續帶的觀點來看領導行為的經理人，均紛紛修正他們的觀點而趨向於後者。

(B)「管理格矩」理論

　　布來克（Blake）和莫頓（Mouton）的「管理格矩理論」（Managerial Grid Theory）是採用圖示來說明「關心生產」及「關心人員」兩構面的行為模式。他們將一條縱軸稱之為「對人的關心度」（Concern for People），將一條橫軸稱之為「對事的關心度」（Concern for Production）。並將縱軸及橫軸各劃分為許多小格，由1至9，作為關心度的標尺。

　　如圖25-18中，共列有五種基本的領導性態。其為 (1,1) 的經理人，對「人」和對「事」幾乎均漠不關心；這樣的經理人可用「一無所長」（Impoverished）一詞來形容。(1,9) 型的經理人，對「人」極為關心，但對「事」則否；這樣的經理人，不妨稱之為「高爾夫俱樂部」（Country Club）。(9,1) 型經理人則為對「事」有高度的關心，但對「人」則否；這樣的經理人，可用「任務第一」（Task）來形容。還有 (5,5) 型的經理人，對「人」的關心度和對「事」的關心度雖

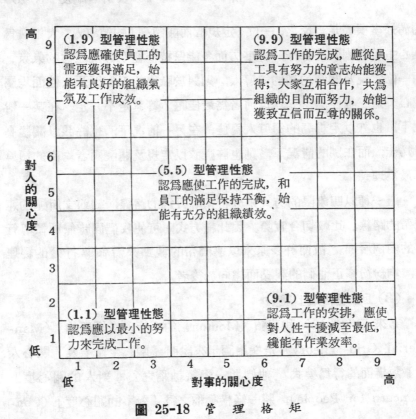

高

9　**(1.9) 型管理性態**
　認爲應確使員工的
　需要獲得滿足，始
8　能有良好的組織氣
　氛及工作成效。

7

(9.9) 型管理性態
認爲工作的完成，應從員
工具有努力的意志始能獲
得；大家互相合作，共爲
組織的目的而努力，始能
獲致互信而互尊的關係。

對
人
的
關
心
度

6

5　**(5.5) 型管理性態**
　認爲應使工作的完成，和
　員工的滿足保持平衡，始
　能有充分的組織績效。

4

3

2　**(9.1) 型管理性態**
　認爲工作的安排，應使
　對人性干擾減至最低，
1　**(1.1) 型管理性態**　　　纔能有作業效率。
　認爲應以最小的努
低　力來完成工作。

　1　2　3　4　5　6　7　8　9
低　　　　　對事的關心度　　　　高

圖 25-18 管 理 格 矩

然都不算高，但是却能保持平衡；卽一般的所謂「中庸派」(Middle
of the Road) 者。最後還有 (9,9) 一型，對「人」和對「事」均
極度關心，可稱之爲「團隊」(Team) 的經理人。

　這一項管理格矩的理論，殊與別的研究不同，對於培養有效的經
理人確屬一項有用的工具。許多事業機構已經應用了這項理論來訓練
他們的經理人，使其原本屬於某一性態者，轉變爲另一種性態；例如
轉變一位 (1, 9) 型的經理人，使其能對事較爲關心；或轉變一位
(9,1) 型的經理人，使其能對人較爲關心。

為了達成這種訓練轉變的目的，布來克及莫頓設計了一個所謂「六階段方案」(Six-Phase Program)。起初的兩個階段，旨在於管理發展；而後續的四個階段則在於培養一位經理人，使其能重視更為複雜的組織發展的目標。茲將六個階段簡介如次：

階段 1　研討訓練 (Laboratory-Seminar Training)

本階段的研討訓練，由曾經參加過研討訓練的直線經理人主持，目的在於介紹本項管理格矩的觀念。經理人在此一階段中，應對自己屬於何種領導性態作一分析和檢討。

階段 2　團隊發展 (Team Development)

在本階段中，第一階段中介紹的各項觀念均將應用於實際職位情況中，並由各部門自行決定其本部門 (9, 9) 型應有的規定和關係。

階段 3　羣際發展 (Intergroup Development)

本階段的重點，在於確定工作單位內部各羣體相互間的 (9, 9) 型應有的規定和標準；並一一指出羣體與羣體間的緊張何在，且研究如何消除之。

階段 4　組織目標之設定 (Organizational Goal Setting)

本階段以整體性的組織目標為研討的重點。此外，凡屬較為重大的問題之有賴於各階層共同承擔解決者，例如成本控制問題，提高整體利潤的問題，及改進勞資關係的問題等，也將在本階段中提出。

階段 5　目標的達成 (Goal Attainment)

上述第四階段中發掘的目標和問題，將在本階段再作深入的研討；及研究應採的適當行動，並從而實施之。

階段 6　穩定 (Stabilization)

上述五個階段中的各項改革，應在本階段中作一衡量及加強，以防故態復萌。

如有人來問我們，管理格矩的各種領導性態，到底那個最好？這答案需視情況而定。依布來克及莫頓舉行的許多研討會的結果，參加人之中百分之九十九都說 (9,9) 型管理性態最好。而且參加人在參加研討後，再經過二至三年的自行研閱書刊，仍然有許多人認為 (9,9) 最佳。第二種最為普遍認可的，是 (9,1) 型性態；第三種為 (5,5) 性態。故，最有效的管理性態確屬因情況而定。有許多學者認為 (9,9) 型性態之是否為最佳，乃是一件值得研究的看法。可是事實上主張 (9,9) 性態為最佳者，却是經理人自己。布來克及莫頓則認為應以最能獲致工作效果的性態為佳。總之，這就是所謂「情勢理論」的大要；這種情勢理論，後來又由費德勒 (Fred Fiedler) 再作了一番延伸，而成為一種「權變模式」。

(4)費德勒的「權變模式」

費德勒 (Fiedler) 根據多年的研究，最後提出了一種所謂「有效領導的權變模式」(Contingency Model of Leadship Effectiveness)。

他認為「任何」領導性態均可能有效，但須視情勢如何而定。因此，他倡言凡為經理人者，必需是一位具有「適應力的人」(Adaptive Individual)。若用布來克及莫頓的語言來說，卽：領導人有時候應該是一位 (9,9) 型的經理人，而在另一段時間又應該是 (5,5) 型，或再過一段時間又該是 (1,1) 型了。照費德勒的意見，決定一位領導人的有效程度的高低者，有下列三項主要的「情勢變數」：

1. 領導者與部屬間的關係 (Leader-Member Relations)──指其部屬對領導者的信仰與忠誠的程度。

2. 任務結構 (Task Structure)──部屬所擔任的工作性質，是清

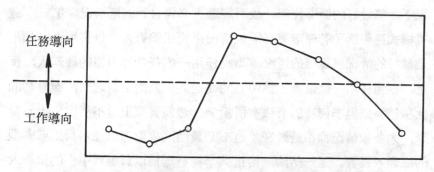

圖 25-19　費德勒模式研究結論

晰明確且能例行化，還是模糊而多變化。

3. 領導人的權力（Position Power）——領導人所擁有的獎懲權
　力，以及得自上級或組織的支持程度。

他將上述三種情境各分成兩類，形成八種可能組合，如圖25-19
所示。在不同情境之下，對領導行為的有利程度又各有不同。當情境
非常有利或非常不利於領導者時，採用工作導向的領導方式較為有
效。處於中間有利程度時，以關係導向領導方式較為適合。

費德勒的模式仍不免有以下的限制：情境因素複雜而難以評價、
忽視部屬特性，假設上司與部屬均有相當能力，而且結論的證據不夠
堅強。但費氏的模式却對「情境理論」的研究具有引導作用。

而且費德勒的此項模式，有三項理由可說明其重要性。第一，此
項模式特別強調「效果」（Effectiveness）。第二，此項模式還顯示出

天下並無最好的領導性態，故而經理人必需自行適應情況。第三，這項模式還告訴了管理階層必需依情況來選用領導人，以資配合。如果是最好的情況或最壞的情況，均應任用一位任務導向型的經理人；反之，則需任用一位以員工爲中心的經理人。表面上看起來，費德勒的此項結論似與李柯特的看法有所衝突；然而實際上並不衝突。大體說來，大多數情況都不是最好，也不是最壞，故而應以任用員工導向型的經理人爲宜。這一結論，恰正與李柯特認爲以員工爲中心的領導人爲最佳的看法（系統3及系統4）相合。因之我們可以說，如何依費德勒所倡的三項變數（卽領導人與部屬的關係，任務的結構，及領導人權力），來認清最適當的領導性態，乃正是管理階層與學者仍應努力之處。

(5)「三層面」的領導模式

雷丁（W. J. Reddin）綜合布來克及莫頓所倡的管理格矩論、費德勒的權變性領導性態論，提出了一種所謂管理的「三層面理論」（3-D Theory of Management）。雷丁的所謂「三層面理論」，本質上仍然是利用布來克及莫頓的管理格矩；但將布來克及莫頓的「對事的關心度」改爲 TO 或「任務導向」（Task Orientation），將「對人的關心度」改爲 RO 或「關係導向」（Relationships Orientation）。

在他的三層面理論中，如 25-20 圖分有四種管理性態：①「隔離性態」（Separated Style），其任務導向及關係導向均低。何以謂之「隔離」，是因爲此一性態旣算不上是 TO，也算不上是 RO 之故。②「奉獻性態」（Dedicated Style），具有高度的任務導向，但其關係導向則低。稱之爲「奉獻」，是由於經理人的行爲不啻爲「奉獻於其職位」的緣故。③「關聯性態」（Related Style），其關係導向較高，而任務導向甚低；此一性態的經理人，一切行爲均密與其部屬關聯。④

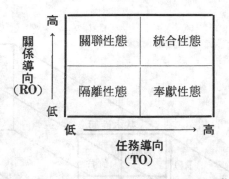

圖 25-20　雷丁所倡的三層面管理性態

「統合性態」（Integrated Style），任務導向及關係導向均高，那是一種綜合 TO 及 RO 的管理行為。

　　但是雷丁並不是僅將布來克及莫頓的管理格矩，改以他自己的語言重新描寫一次就算了。他還進一步引介了第三項要素，因此原屬兩層面的格矩，就變成了三層面。那第三項要素為「效果」（Effectiveness）。依雷丁的定義，所謂「效果」，為「經理人達成其本職的產生要求的程度」。而且，雷丁還不僅僅是將布來克及莫頓的格矩向前推進了一步，他還融入了費德勒的主張「效果端視情勢而定」。某類領導性態可適用於某一情勢，但換了另一情勢便不一定適合了。而對於某一情勢，某類領導性態更為有效，而換了另一領導性態便將不一定有效了。請參看附圖 25-21 即為雷丁的三層面模式。

　　該圖的中央一幅格矩，由 RO 及 TO 的四種組合而成，代表基本的四種性態。如果說經理人的行為能適合情況，且假定能更為有效，則他的性態將如圖中後面的格矩所示。舉例來說，假定這位經理人是高度關係導向及高度的任務導向，則其性態將是雷丁所說的所謂「執行人」（Executive）。反之，如果他的行為的效果較低，則其性態將如圖中的前面一幅格矩所示，即「妥協人」（Compromiser）。

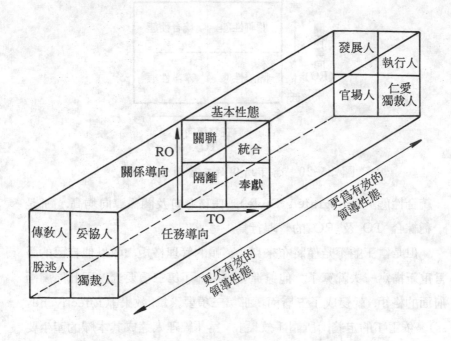

圖 25-21　雷丁的三層面領導模式

　　該圖中更為有效的格矩中的四種性態，及更欠有效的四種性態，
應該叫甚麼名稱，並不重要。重要的是由此種三層面理論中我們可以
獲得兩項結論。㈠、為因應某一種情況，經理人必將運用 TO 及 RO
的某一種組合。其因應的行為，可能適當（即更為有效），也可能不
適當（即更欠有效）。㈡、我們不能將有無效果，看作是一種「非有
即無」的情況（Either-or Condition），實際上這應該是一條連續帶，
「極為有效」為其一端，「極其無效」則為另一端。亦即謂「效果」，
有其程度高低之分；而在某一情勢中有效的性態，可能在另一種情勢
中為無效。

因此，我們可以看出何以這種三層面的理論頗爲有用的道理。

㈠、這種理論已將爲人所共認的兩個領導層面——任務導向及關係導向——作了適當的綜合。

㈡、此項理論强調了有效的領導行爲乃視情況而定。

㈢、此項理論還告訴了我們，任何領導性態，都不可能永遠是正確的。而視其「適應性」的性態來決定。

(6)領導的壽命循環理論

雷丁的「三層面領導效果模式」，近年來已被推演爲「領導的壽命循環理論」(Life Cycle Theory of Leadership)。這項理論，首爲俄亥俄州立大學的領導研究中心 (Center for Leadership Research) 所倡。其基本主旨爲：在領導人領導的從員漸趨於成熟時，則其領導行爲當有調整其任務導向及關係導向的必要。以下我們用成長的四個階段來說明。

①人當孩提時代，舉凡一切結構均將由其雙親提供，例如供應其衣食等；其雙親的行爲，基本上是一種「任務導向」的行爲。

②後來孩子逐漸長大，雙親對於孩子逐漸增加了「關係」的份量，給孩子信任和尊重。這一階段的行爲，是一種「高度任務導向」及「高度關係導向」的行爲。

③繼而孩子長大，進了中學或大學，那麼孩子自己便開始對他自己的行爲負責了。到了此一階段，他的雙親便可採取一種「低度任務導向」及「高度關係導向」的行爲了。

④最後，年輕人結婚了，有了自己的家庭，這時候，雙親對於孩子可採取「低度任務導向」和「低度關係導向」的行爲了。

由上述狀況可知，個人由不成熟狀態趨於成熟狀態，其所需要的雙親對他的照顧，隨階段而漸有不同。在組織機構的工作方面，也有

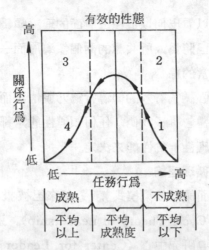

圖 25-22 領導的壽命循環理論

同樣的情形。換言之，倘管理階層容許其員工由不成熟而漸趨成熟，則需要不同的領導行為。由圖 25-22 當能明白此理。大致說來，員工的成熟路線，是由圖中的象限 1 發展到象限 4。赫爾賽 (Paul Hersey) 及布朗查 (Kenneth H. Blanchard) 有一段話最能使我們瞭解「壽命循環理論的意義」，他說：「倘被領導的從員之成熟程度在平均以下，則高度任務導向的領導性態（象限 1）當最有成功的可能；但倘從員為平均成熟程度時，則象限 2 及象限 3 的領導性態均可適合。而在從員的成熟程度在平均以上時，則應以象限 4 的性態最有成功可能。」

當我們先後瞭解了布來克及莫頓的「管理格矩」；又討論了費德勒的「權變理論」，及雷丁的「三層面模式」，我們可以體認到這項「壽命循環理論」實是前項理論的一種補充，但它告訴了管理階層，必需衡量部屬的情況纔能決定有效的領導性態。

三、企業需要有適應性領導者

從以上諸領導理論的研究與瞭解中，幾乎很難單獨找到一種「最佳的領導性態」。

一位確能發生領導效能的經理人，必須具有適應力，李柯特認為「一位以員工為中心的經理人，比一位以任務為中心的經理人更為有效」，在很多與領導有關的著作中，都會有如此相同的看法。

不過也有若干與此看法持相反論點的人，使我們對布來克及莫頓的觀念、對費德勒的權變理論、雷丁的三層面理論，以及赫爾賽及布朗查的壽命循環理論，都不能不再深入的審慎思考。

這只意謂着：「對前人的理論仍須深入研究」，但管理者在需要下，仍應以前人經驗作工具與準繩，來幫助你去選用高效能的領導者。這裏所謂「高效能領導者」，必須具備充分的情勢適應力，也就是要培養有適應性的領導型態，也就是要有「彈性性態」的領導者才容易發生領導的最大功效。

第六節　溝　　通

(一) 溝　　通

人與人各是不同的個體，不同的個體必須靠「交流」(Transaction)、「溝通」(Communication) 來連繫彼此的情意、瞭解彼此的動機或目的，以解除彼此的衝突，化解彼此的阻礙。

所以，「溝通」是一種將「資訊」與「意思」有效傳遞於對方的過程。此處所指「有效傳遞」是指接受者能清楚的「明瞭」傳送者的意思。但却不一定要「同意」或「贊成」該意思。所以要有一個概念，就意見而發生爭執，並不表示溝通效果不佳。若彼此皆很清楚對方的論點，即使對訊息的看法不一致，却仍是有效的溝通。

(二) 人際溝通 (Interpersonal Communication)

所謂「人際溝通」，即將情意（Meaning）由一人傳與另一人。

(1)溝通的程序

溝通是從發訊者到接訊者之間的訊息傳遞過程，並經由此過程使受訊者了解訊息。此種溝通程序，通常包括圖 25-23 的六個主要元素。

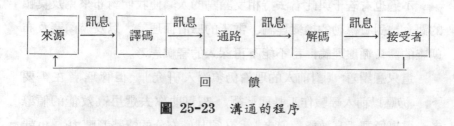

圖 25-23　溝通的程序

1.溝通來源：任何溝通起源於一個溝通的目的。這個目的經過思想的醞釀之後，造成譯碼的來源。

2.譯碼：譯碼的過程受四種條件的影響：技巧、態度、知識及社會文化系統。通常譯碼者的編譯技巧會影響訊息被接受的品質。而編譯者的態度、知識將會造成內容的差異。社會文化系統決定了譯者的身份與地位，進而影響編譯的方式，措詞及語氣。

3.訊息：在溝通過程的每個階段，訊息皆有可能受到曲解。訊息是解碼過程的產物，受到用來傳達意義的符號、訊息本身的內容，以及選擇符號及內容之決策的影響。這三者皆有可能使訊息受到曲解。

4.通路：通路是指傳遞訊息的媒體。在一個組織中，通常訊息之通路應配合訊息的特性。例如辦公大樓失火時，用備忘錄去傳遞這個消息是不適當的。另外，員工績效考核或其他重大事項，常透過許多途徑，以降低過程中訊息被曲解的可能性。

5.解碼：與譯碼相似，解碼者的技巧、態度、知識及社會文化系

統等將影響解碼的結果。一個不了解音樂的人，通常無法領會音樂家所演奏的旋律。而一個出身於中等家庭的人，可能對上流社會的交談感到困惑。

6.回饋: 回饋是溝通過程最後一個程序，用來檢定發出的訊息被正確接受的程度，以確定訊息是否已被對方所了解。

但一個有效的溝通又必須具備注意、瞭解、接受、行動，才算是完成。

(2)溝通的方法

由於訊息內容、溝通目的以及溝通時間的限制等因素，使得發出訊息者必須選擇適當的溝通途徑。以下介紹幾種常用的溝通方法，以及各種方法的優點及限制。

1. 口頭溝通

口頭溝通是使用最頻繁的方法。較常採用的型式如演講、討論、非正式交談、耳語及謠言等。口頭溝通的最大優點在於速度快，且可獲得立即的回饋，使發出訊息者能掌握溝通的效果。但其限制在於當訊息須經過許多人傳達時，常不免遭到歪曲及誤解。

2. 書面溝通

備忘錄、書信、便條、期刊等是較常見的書面媒介。書面溝通的優點在於較具體、可保存，尤其對於訊息溝通時期長、人數多的溝通過程，採用書面溝通可降低訊息被曲解的可能性。此外，書面溝通對於重要性高的訊息，尤能引起接受者的重視。

書面溝通的不便在於發出訊息者須花費很多的時間來書寫，且往往無法獲得立即有效的回饋。甚至訊息發出之後無法確定接受者是否收到或是否了解。

3. 非言辭溝通

有些溝通方式既非口頭也非書面，而是採用非言辭的方式來傳遞訊息。最常見的工具是身體語言及言詞的語氣。

①身體語言：發出訊息者藉著表情、舉止、態度等來強調訊息。幾乎任何口頭的溝通均依賴相當程度的身體語言，來強調溝通的目的。一項研究結果顯示，在口頭溝通過程中，約有55％的訊息意義來自發出者的面部表情及身體動作，38％來自說者的語氣，祇有７％是眞正來自所使用的語言文字。

②語氣：不論是運用或文字，發出者的語氣均影響訊息被傳遞與了解的效果。一個人高興或憤怒時，用同樣的語言來傳達同一件事，却往往因爲語氣的差異使接受者感受不同的訊息意義。

4. 電訊媒介

自從電腦蓬勃發展之後，爲人類溝通又提供了一項既快速又便捷的溝通工具。能突破時空的障礙，使人類溝通效果大爲改進。但其成本較高，尤其是電腦工具，除購置成本外需要妥善的維護。

(三) 組織溝通 (Organizational Communication)

因爲組織中之職位與層級的設計，以及組織目標及政策的約束，使得組織溝通比人際溝通複雜。在此介紹組織中正式及非正式溝通、組織溝通的流程、溝通網路以及權力與溝通的關係等。

(A)正式與非正式溝通

1. 正式溝通：溝通若依循指揮或層級系統來進行，則稱爲正式溝通。例如上司對部屬的指示、部屬向上級報告等。

2. 非正式溝通：非正式溝通的對象、時間及內容各方面都是未經計劃和難以辨別的。非正式溝通之發生，乃基於組織成員之知覺和動機上的需要。其溝通途徑乃經由一組織內的各種社會關係，這種關係超越部門、單位層級。這種非正式溝通的效果，有時可補充正式溝通

之不足。

(B)組織溝通的流程

組織溝通的流程可分成垂直和水平二種路線。前者又可分爲向上（Upward）及向下（Downward）溝通。

1. 向下溝通: 在傳統組織內，向下溝通是主要的訊息流向。一般以命令方式傳達公司所定的政策、計劃、規定等訊息。向下溝通可採用書面及口頭方式。

2. 向上溝通: 上司常需依賴部屬所提供的情報。部屬依循層級以正式書面或口頭報告的方式，提供作業上的問題，心理感受、建議及創見等訊息。向上溝通的程度視組織氣候而定。有些高層主管採取「門戶開放」政策，鼓勵部屬反應各種意見，增加向上溝通的效果。

3. 水平溝通: 當溝通發生於同一層級之間，或某一工作羣體之內，則稱爲水平溝通。水平溝通費時較少。又由於沒有上下職位的顧慮，故其效果較佳。水平溝通對於組織正式意見的傳達，可能有正向或負向的效果。它可以協助訊息的流通，但也可能利用水平的影響力阻礙垂直溝通的進行。

(C)溝通網路的型態

組織溝通牽涉的人員通常在兩個以上，因此有各種溝通的網路之型態。一般常見的五種型態分別是: 1.鏈狀2. Y狀3.輪狀4.環狀及5.所有通路等。

1. 鏈狀: 如圖 25-24 所示，代表五個垂直層級，祇能從事向下或向上的溝通。若我們用速度、準確性、領導者的特殊性及成員滿足感來評估各種溝通型態，則鏈狀溝通的速度中等、準確性高、成員士氣及領導地位都屬於中等程度。

2. Y狀: 由圖上可看出，有兩個部屬透過垂直路線向經理報告，

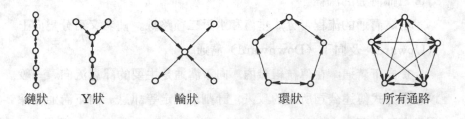

鏈狀　　　Y狀　　　　輪狀　　　　環狀　　　　　所有通路

圖 25-24　溝通網路之型態

而經理之上尚有兩個上司，因此共有四個層級。Y狀溝通的速度、領導者地位及成員滿足感均屬中等，但準確度很高。

　　3.輪狀：圖上顯示一個經理和四個部屬組成一個輪狀溝通網路。部屬之間無互動關係，四者均僅和經理溝通。這種型態的溝通速度快，訊息傳達準確性高、領導地位突出，但成員士氣低落。

　　4.環狀：這種網路允許成員與相鄰成員溝通。溝通速度緩慢、準確度低、沒有特定領導者，但成員的滿足感很高。

　　5.所有通路：允許成員與其他四人自由溝通，是最不具結構性的網路，例如委員會組織。這種網路的溝通速度快，準確度中等，沒有明顯的領袖，成員的士氣高。

　　另外一種非正式溝通，對組織溝通的影響很大，卽是我們平常所稱的謠言。謠言的傳播方式沒有特定的型態。管理者應盡可能使組織內溝通系統開放，以消弭不實的謠言。對於旣經流傳的謠言，應正視其重要性，與其採取防衛性的駁斥，不如正面加以澄清。除外，不要使組織成員有過份閒散或單調乏味的情形發生。

　(D)溝通和權力的關係

　　在組織中，控制資訊是很重要的權力來源。這有兩個重要的前

提，即該資訊必須是稀有的及重要的。有些管理者爲了鞏固在組織中的地位，對訊息的流通加以控制。在這種情況下，常發生以下的情況：

1. 部屬依賴性：若上司高度控制訊息的向下溝通，將導致部屬凡事必須請示上級意見。致使部屬的工作態度純屬被動，養成對上司的高度依賴性。

2. 上司依賴性：若部屬爲了穩固本身的地位，維持既有利益，可能會運用過濾、潤飾等手段，傳遞向上溝通的訊息，造成上司被動地接受部屬所設計的資訊，養成對部屬的依賴性。

（四）有效溝通的障礙

溝通之所以不能達到令人滿意的結果，常受到許多因素的干擾。這些障礙通常有以下數種：

㈠過濾：訊息發出者有意地修飾訊息，使其成爲對自己有利的型式。尤其在高度結構化的組織，流通的各種訊息多係經過發出者篩選過濾者。

㈡選擇性知覺：訊息接受者往往祇選擇那些對自己較重要，或與自己的經驗、背景、需要較吻合的訊息。

㈢情緒：無論訊息的發出者或接受者，均受情緒的影響，而使溝通效果發生變化。

㈣語言：溝通過程中所運用的語言、文字，每每影響溝通的意義，使接受者容易導致曲解。

㈤過多的訊息：由於電訊工具的蓬勃發展，使得管理者被包圍在過多的資訊之中，因此不僅無暇，也沒有能力辨別資訊的眞僞輕重，以致造成草率的決策和錯誤的判斷。

㈥非語言的暗示：溝通者及接受者常有一些非語言的暗示，如表

情、語氣等。當非語言的線索與口頭訊息不一致時，往往降低溝通的效果，甚至扭曲溝通的目的。

㈦時間的壓力：通常在緊迫的時間壓力之下，常因為決策的迫切性，正式通路的沒有效率，及資料不完整或不明確，因而妨礙了有效的溝通。

（五）良好溝通十誡

溝通旣已被公認為一個組織中上、下、左、右間達到和諧團結、共謀利益的不可或缺之事務與方法，而我們又對其流程及方法已作了很多說明，現實問題是我們應如何改善我們的溝通呢？專家們提出了許多不同的準則。其中最為完整者，當推美國管理協會（American Management Association）提出的一套建議。這套建議，常被稱之為「良好溝通的十誡」(Ten Commandments of Good Communication)，茲將之介紹如下：

1. 溝通前先將概念澄清　　溝通的內容未能事先妥善地計畫，乃是最基本的一項缺失。經理人倘能有系統地將溝通訊息予以思考，將受訊人及可能受到該項溝通影響者一一予以考量，則此一缺失當能克服。需知一項訊息倘能作一有系統的分析，則溝通始更能明晰。

2. 檢討溝通的真正目的　　經理人必需自行檢討，他作此一溝通，眞正希望得到的是甚麼？確定了溝通的目標，則溝通的內容自然易於規畫了。

3. 應考慮溝通時的一切環境情況，包括實質的環境及人性的環境等　　諸如此類的問題，對溝通的成敗常有頗大的影響。舉凡實質的背景，社會的環境，以及過去的溝通情況等等，均應一一研究，以期溝通的訊息得以配合此等環境情況。

4. 計畫溝通內容時，應盡可能取得他人的意見　處理一項溝通，應如何獲得更爲深入的看法，最好的辦法便是與他人商議。而且，既然已與他人商議，自然也易於獲得其積極的支持。

5. 溝通時固應注意內容，也應同時注意語調　需知聽者不但受訊息內容的影響，也受如何表達該項訊息的影響。例如聲調的輕重，面部的表情，以及詞句的選用等等，均將影響聽者的反應。

6. 可能時，盡量傳送有效的資料　大凡一件事情對人有利者，最易記住。故而經理人希望部屬能記住他的訊息，則表達時的措詞用句，應處處考慮對方的利益和需要。

7. 應有必要的踪催　經理人的溝通行動，必需同時設法取得回饋。部屬是否確已瞭解，是否願意遵行，及是否採取適當的行動等等，均需獲取部屬的回饋。

8. 溝通時不僅應着眼於現在，也應着眼於未來　大多數的溝通，均係爲求切合當前情況的需要。但是，溝通也不應該忽視長遠目標的配合。舉例來說，一項有關如何改進績效與促進士氣的溝通，固然是爲了處理眼前的問題，但也同時應該是爲了改善長程的組織效率。

9. 應言行一致　倘經理人口頭所說是一回事，而實際所做又是另一回事，則他便是自己將自己的指令推翻了。舉例來說，一位經理人發出了一份通告，規定人人應於早上八點半到達辦公室，而經理人本人則遲至九點十五分始行露面，則恐將難以期望大家不遲到了。大抵部屬人員，均對於諸如此類的管理行爲極爲注意；主管一有不是，他們便將對主管的指令打上一個折

扣了。

10. 應成為一位「好聽衆」 經理人聽取他人的陳述時，應專心注意對方，始能明瞭對方說些甚麼。

第七節 交流分析

所謂「交流分析」（Transactional Analysis），簡稱為 TA，是貝爾尼（Eric Berne）最近在他的一部暢銷書「大衆的遊戲」（Games People Play）中提到的一項技術。後來經過哈里斯（Thomas A. Harris）、詹姆斯（Muriee James）、及鍾華德（Dorothy Jongeward）等人的進一步研究，這門技術便更普遍為人所用了。基本上說，所謂 TA，是一種對經理人及其部屬的雙方行為的分析，以及對經理人本人行為的分析，以協助經理人對其部屬的溝通和瞭解；作者將這種人力資產管理的工具置於激勵、領導與溝通一起，其原因在此。現將之介紹於下：

（一）自我狀態

交流分析有一項基本概念，即所謂「自我狀態」（Ego States）。每一個人都有三種自我狀態：㈠為「父母自我狀態」（Parent Ego State），㈡為「成年自我狀態」（Adult Ego State），㈢為「幼兒自我狀態」（Child Ego State）。

(1)「父母自我狀態」是指父母對待其子女的態度及行為而言。大凡為人父母者，在將他的信念、他的見解、和他的憂懼告訴子女時，總能在子女的身上留下一個永遠抹不去的印痕。凡是在任何時候，一個人表現的行為是他從他的父母身上學來的行為時，我們便說此人此時是在一種「父母自我狀態」之中。記得你爸爸一本正經的說：「我是爸爸」的神情和莊嚴嗎？當一個人扳起面孔說教或表現出高高在上

的地位時，那便是「父母自我狀態」的表現。

(2)「成年自我狀態」的特徵是注意事實資料的蒐集和客觀的分析。一個人不管從他父母身上傳下了甚麼偏見和甚麼情緒，只要他能够站在客觀的立場上來面對實際，只要能够冷靜的及脚踏實地的分析情況，他便是處在所謂「成年自我狀態」之中了。

(3)「幼兒自我狀態」是泛指一切以嬰兒的地位所學來的衝動而言。當一個人處在「幼兒自我狀態」之中的時候，他滿心是好奇，是衝動，是情感，是喜愛，是不加考慮。最常見的例了，是球員獲勝時在球場上的人叫大跳；他們一點也不考慮甚麼，只是高興衝動的像一個稚兒赤子。

上述三種自我狀態，可以分別用一個簡單的形容詞來形容。父母自我狀態，是「敎誨的」(taught)；成年自我狀態，是「思想的」(thought)；而幼兒自我狀態，則是「感覺的」(felt)。爲便於分析計，兹將這三種自我狀態繪成 25-25 圖加以表示。

圖 25-25　三種自我狀態的結構

（二）交流的型別

一個人在其一天內，常由某一種自我狀態轉變爲另一種自我狀態。因此，身爲經理人者，必需確切瞭解其部屬在溝通的當時係處在甚麼自我狀態之下，再作適當的反應。論及此點，我們不能不先弄清楚交流的三種基本型式。這三種型別是：互應性的交流 (Complementary Transactions), 交錯性的交流 (Crossed Transactions), 及隱含性的交流 (Ulterior Transactions)。

(1)互應交流

「互應交流」是一種「符合正常人羣關係的自然狀態下的適當的反應，及爲人所預期的反應」。

舉例來說，有時候一位部屬詢問他的經理人一個簡單問題（成年自我狀態），希望能得到一項眞實的答覆（成年自我狀態），這就是所謂互應交流。請參看附圖 25-26 所示。

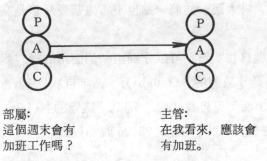

部屬:
這個週末會有
加班工作嗎？

主管:
在我看來，應該會
有加班。

圖 25-26 互應性的交流

但是一個人並不一定整天隨時都在成年自我狀態之中。舉例言之，也許某一工人病了，要請病假回家休息。這時候他便會像小孩子一樣，向他的父母提出要求（爸，我可以出去嗎？）。而經理人便會轉而處在父母自我狀態（可以，出去罷！）。這樣的交流，也是互應交流；請參看附圖 25-27。

總之，只要經理人能够適切地反應，那便是補充性的交流。而溝通和瞭解也就達成了。

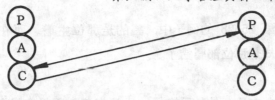

部屬：　　　　　　　　　　主管：
課長，我覺得不大舒服，　　回去罷，留下的工作，
我想先下班回去休息。　　　明天再做好了。

圖 25-27　互應性的交流

(2)交錯交流

在一項交流中，如果沒有表現適當的反應或預期的反應，便是所謂交錯性的交流。用圖解最容易說明，附圖 25-28 及 25-29 是兩個

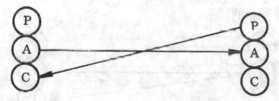

部屬：　　　　　　　　　　主管：
上星期我休假，所以我沒　　你問我幹嘛？我又不是
有得到公司發佈的政策通　　印刷廠。你自己到人事
知。能補給我一份嗎？　　　組去要一份好了。

圖 25-28　交錯性的交流

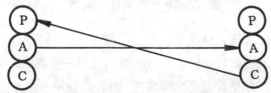

主管：　　　　　　　　　　部屬：
老白，照我們的輪值表，　　哦糟了。今晚我有個重
今天該你遲下班，留在廠　　要約會。爲甚麼你不能
裏整理清潔了。　　　　　　找別人呢？

圖 25-29　交錯性的交流

例子。在附圖 25-28 的例子中，錯的是那位主管。而在附圖 25-29 的例子裏，却是那位部屬錯了。

(3)隱含交流

所謂隱含交流，是最為複雜的一類交流。因為在隱含交流中，總是牽涉到兩種自我狀態。眞正的訊息，往往沒有明白地表達出來，而是隱含在另一種社交客套之類的交流之中。舉例來說，一位經理人打算將他手下的某君調職，調到外地的分公司去；因為這位經理人覺得某君如果要在公司裏步步上升的話，便不能缺少那分公司服務的經驗。可是這位經理人想到某君可能不願意外調。於是，他便向某君發出了兩份訊息，如附圖25-30所示。圖中實線的箭頭，是眞實訊息；虛線箭頭則是隱含的訊息。

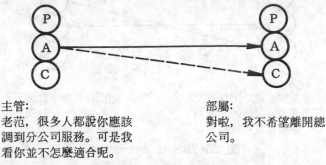

主管：
老范，很多人都說你應該調到分公司服務。可是我看你並不怎麼適合呢。

部屬：
對啦，我不希望離開總公司。

圖 25-30　隱含性的交流

看起來這位經理人好像是在敍述一樁事實；但實際上他是在激起他的部屬的「幼兒自我狀態」：抛給他的部屬一項挑戰，希望部屬能有適當的反應。如果說部屬的回答是「對啦，我不希望離開總公司」，這位經理人便失敗了。他的部屬回答得很坦白，而且是以成年對成年的立場來回答的。反之，經理人那樣問話，如果刺痛了部屬的自尊（這位經理人原本用的是激將法），部屬的回答纔可能是：「你放心，

我一定能幹下去，我要試一試了」這位部屬這樣回答，便是一種幼兒狀態了（我當然能做，你等着瞧罷！）。——因此，這就是說：如果有甚麼隱含的訊息，這交流便是「隱含交流」。

（三）交流分析與經理人

　　當前已有許多事業機構採用了交流分析的技術，來協助他們的經理人瞭解和對待他們的部屬，只要經理人明白他自己和他的部屬都有種種自我狀態，同時能夠配合自我狀態而交流，他便能正確地分析部屬的談話，便能適當地反應。所謂交流分析，強調的重點之一，是不但經理人本人應該確立成年的自我狀態，同時也該鼓勵旁人確立其成年的自我狀態。一位經理人能夠做到此一境界，他便可以以一種正確和客觀的立場來對待他的部屬了。當然，他的部屬自然有時候確也難免會有別的自我狀態。舉例來說，一位部屬在自己沒有獲得升遷時，自可能頗感不快（幼兒自我狀態）；而經理人便少不得安慰他幾句（父母自我狀態）。但是最重要的是，最應該避免採取隱含式的交流，或者是在決策程序中根本忘記了部屬的存在。如果一位經理人能夠做到這一層，他的部屬的反應自然可以更為有效。所謂交流分析，確實可以有助於經理人推行改革，減少阻力，和鼓勵參與性的決策；公司有下面的一段說明：

　　　　我們應該如何始可以減輕自己對革新的阻力，和減輕別人對革新的阻力，以致於促進對革新的努力呢？我們得記住的是：我們之所以反對革新，是由於「父母自我狀態」或「幼兒自我狀態」所促成。有時候只要有了更充分的革新的資料，我們對革新的阻力便能減輕。進而如果能夠在決策過程中讓部屬有機會參與（因此可以利用部屬的成年自我狀態），當也能使部屬不致於老是沈迷於父母自我狀態或幼兒自我狀態之中。

當然，你打算推行一項改革，你用的是甚麼方法，那也是極其重要的。舉例來說，只是告訴別人你「應該」如何如何，你「必需」如何如何（這是父母自我狀態下的口吻），便也許會勾起別人的幼兒自我狀態（因此便產生阻力了）。具體地說，告訴你的部屬：「你們必需改善對顧客的服務，你們必需減低成本」，其結果恐將是憤怒，焦慮，自疚，和恐懼（這都是幼兒自我狀態的反應）。同樣的道理，告訴你的部屬，說他們應該考慮甚麼甚麼（因此引起了他們的幼兒自我狀態），便很可能會得不到進步或革新的結果。從另一方面來說，如果你能對部屬提供有關顧客服務和成本降低方面的資料，則你纔更有可能引發部屬對解決問題的成年自我狀態。

第七編　商業經營實務

第二十六章　商業登記

第一節　商號登記

無論經營何種企業，在開始設店之前，必須用一字號（店名）作為標記；此一店名最好能簡單易記，又能代表所經營的商品性質，而為大眾所注意。

（一）登記官署

商號登記，須由商業負責人向其所在地之縣、市政府，或直轄市之社會局申請之。

（二）登記效力

商號登記獲准後，即享有專用之權，以對抗善意之第三人。如在同一縣市使用他人已登記之商號而營同一事業，原商號的當事人，即可依法請求其停止使用；如有損害，並得請求賠償。如臺北市已有生生皮鞋公司，他人設立皮鞋公司於臺北時，則不能以生生皮鞋公司為名；又如上海三六九菜館想設分店於南京，若南京已有三六九菜館，則必須以「上海三六九菜館分店」申請登記。

（三）商號登記之種類

(1)設立登記──凡新開業的商店或分支店的登記，稱為設立登記，其登記手續如下：

(A)填寫申請書一式三份（申請書向縣市政府購買）。

(B)附繳印花稅及下列證件：

 1. 申請之負責人戶籍謄本二份。

 2. 申請特定營業負責人半身相片二張。

 3. 納稅保證書二份（公司組織免繳）。

 4. 資產負債表。

 5. 資本證明文件或抄件各四份。

 6. 使用帳簿報告單一份。

 7. 合夥企業附合夥契約副本及合夥人名冊各四份。

(C)待縣市政府審核後，繳納登記費與執照費。

(D)申請書繳交縣、市政府後，一週內即可領取登記證。

凡分支店不在本店同一轄區者，須向支店所在地之主管官署辦理設立登記；但須於本店登記後為之。

(2)變更登記——已登記之商業，其名稱、地址、營業種類、營業負責人、合夥人、資本，凡有一項或數項變更，須於十五日內，向營業所在地的縣市政府，申請變更登記。

(3)轉讓登記——凡由出讓人與受讓人雙方聯名申請之商業登記，謂之轉讓登記。申請時須附送轉讓契約（正本或副本）。

(4)繼承登記——此乃已登記之商業因負責人死亡而申請繼承的登記；繼承登記，須於事故發生後十五日內，由繼承人持繼承證明文件向當地縣市政府辦理之。

(5)停業登記——凡登記之商業停止營業，須於十五日內由其負責人備文，將原登記證向當地政府繳還，並填寫「營利事業註銷登記申請書」申請註銷；但因故暫停營業，則填寫「暫停營業」申請書，申請暫停營業（定期復業）；若由於行政處分或法院裁判者，則由處分官署及法院通知當地政府即可。

第二節　工廠登記

工廠之設立，須先辦理「設立登記」，俟准後，再辦「工廠登記」，玆分別簡介於下：

（一）設立登記

(1)申請官署——縣、市政府。

(2)注意事項——申請登記時須填交工廠設立申請書，並須注意：

　1.申請登記時，業主如爲法人，應載明其名稱與代表人。

　2.工廠地址須依路街巷名填報，而不以鄉里。

　3.應附工廠基地位置圖與廠房配備圖，並附地籍謄本。

（二）工廠登記

(1)發給工廠登記證之官署——資本在新臺幣一萬元以下，雇工在三十人以下，使用動力不足三馬力者，由縣市政府發給，超出此標準者，由省建設廳發給。

(2)注意事項——

　1.此項登記須於工廠設立登記獲准後爲之。

　2.資本證明書，可以公司執照或商業登記證一份代替之。

　3.工廠登記，如屬政府管制性業務者，須另附許可證件；如以食米麥類、蕃薯或樹薯爲原料之工廠，須繳驗糧商登記執照；製藥工廠，須交驗成藥許可證；火藥爆竹工廠須交驗警察機關之許可證；其他如製冰及飲料廠、冶煉礦石廠、造船廠、罐頭食品廠、甚至以公司名義經營業務之工廠，皆須附交其他許可證件。

第三節　公司登記

各種公司的登記，頗有近似之處，故在此僅以股份有限公司做代表性的敘述。此種登記，可分為設立登記、變更登記、解散登記三項，茲分別加以說明：

一、公司設立登記──此者，在本書第三章第一節中已行述及，在此僅做補充說明：

除銀行、保險等須經財政部許可，證券經紀人須由證券管委會核准外，其他申請登記之公司，資本額在一百萬元以上者，分別由經濟部、省建設廳受理；不足一百萬者，由建設廳自行受理、審查及填發登記執照，副本送經濟部。

二、公司變更登記──此者，種類頗多，僅以三種說明於下：

(1)發行新股之變更登記──經三分之二以上之董事出席，並過半數同意發行新股，則由董事會申請地方主管機關核轉中央主管機關核准（公司法二六八條）。

(2)改選董事、監察人──在改選後十五日內，由代表公司之董事填具申請書，並附選任董事、監察人名單；股東名冊；變更登記事項表；股東臨時會議決議錄等，向主管官署辦理登記。

(3)修訂公司章程──公司章程修訂後十五日內，須填具申請書，向主管官署登記；並附送有關修訂章程之股東會議決議記錄，及修訂公司章程變更登記事項表與應交費用。

三、解散登記──半數以上董事及一人以上監察人，應於接受解散命令或決議解散後十五日內，繕具申請書，敘明解散理由，向主管官署登記，並交還原執照，附送關於解散之股東會決議紀錄。若向法院呈報選任清算人時，須附申請書副本，及所登解散公告之當地報紙

各兩份。

第四節　納稅登記

凡以營利爲目的之各種工商業，不論任何性質，任何形態皆須依稅法及營利事業登記規則，辦理納稅登記，而取得營業登記證。

一、申請官署：所在地稅捐機構。

二、登記類別：

(1)甲種登記：

(A)公營事業。

(B)依公司法組織登記者。

(C)依合作法組織登記者。

(D)依法組織登記之社團或財團所舉辦之營利事業。

(E)政府規定列爲實施商業會計法者。

(F)會計基礎採用權責發生制者。

(2)乙種登記：凡不屬前項規定範圍之營利事業，應爲乙種登記。

三、登記事項：名稱、地址、負責人、業務種類、資本額、股東、合夥人、或資本主及其他出資額，及其他有關徵稅事項。

四、注意事項：

(1)凡爲營利事業，不管是新設、合併、受讓、改變組織或名稱等各種情形之創設，均須辦理登記。

(2)申請商號如爲公司應附公司章程，如爲合夥，應附合夥契約抄本。

(3)凡不與本店設於同一地址之分支店，須分別申請登記。

第二十七章　商業經營的進貨

第一節　進貨的重要

商業經營除了要有遠大的眼光外；雄厚的資本，良好的組織，科學的管理都是不容忽視的問題，而進貨與銷貨，更是商業經營中的兩大主要活動，在此，先將進貨的重要簡述於下·

(一) 進貨是銷貨的基石

西洋有句諺語說·「商人的利潤是在進貨時造成，而在銷貨時取得」；因為進貨若能得當，必可迎合顧客需要，或品質優異，或成本較低，或切合時機，在此情形下，只要略施推銷技術，便可得心應手；如此以來，存貨的週轉率增大，資金的運用趨於靈活，營業費用也必因而減少。若進貨與顧客需要相違，或進價過高，或不合時令，或品質太差、式樣不合，任你有多好的推銷技術，也難有良好的結果，在失去顧客歡心之下，必使費用加多，銷路阻塞，乃至資金週轉困難，存貨陳舊破損，又談何營利，所以進貨實為銷貨的基石，怎可不特予注意。

(二) 進貨的弊端影響經營成果

小規模的商店，進貨在業主主持之下，自然不易產生差錯，至於大規模的公司，進貨常由進貨部或採購部負責，人員眾多，良莠不齊，賣主以競爭之故，常以利相誘，若操守不堅，進貨人員常弊端百出，枉法營私，如此以來，進貨成本必為之增加，且易引起人事爭端，所以進貨足以影響經營的成果，其重要由此可知。

(三) 進貨價值在營業成本中佔重要地位

商業進貨之價值，除運輸、保險、堆存及其他手續費外，幾佔營業成本的全部，進貨低廉若干，毛利幾可增加若干。

第二節　進貨的方式

(一) 一般進貨的方式

(1)親自選購——標準化的商品採購，只要用電報、電話或其他通訊方法卽可，而非標準化的商品，因其缺乏統一的品質、價格與式樣，爲使交易不致吃虧，故以親自選購爲宜，且親自選購，有時或可發現新的貨色而利營業，甚至可藉而交換經營之經驗、觀念，以爲營利之參考。

(2)利用掮客交易——爲了保守進貨機密，而不欲同業所知；或因買主競爭激烈；或因需要急迫；甚至對市場情況或商品不太熟識時，可利用掮客促成進貨；其他如由掮客主動，而其所介紹之商品，確屬價格低廉、品質較佳、式樣較新者，自亦應接受之。

(3)委託代購——此者又可分爲以下兩種方式：

　(A)委託代理進貨商 (Resident Buyers) 購貨：

　　規模不大的公司，在距離市場較遠而無力自設事務所，親自選購又嫌不便或不經濟時，可委託代理商爲之。

　(B)委託經理人 (Commissioner) 購買：

　　因買主不曉解國外情況，可利用通訊方式，委託經理人代爲進貨。

(4)設常駐進貨事務所——爲了便利進貨，規模較大的企業，常於中心市場，設立進貨事務所辦理進貨事宜，並藉以供給市場之變化消息，幫助營業之進步。

(5)函購——對標準化的商品，或每次進貨數量不多時，即可藉郵政機構實施函購。

(6)向交易所購貨——此法對購買標準化商品，或期貨的預購、大量的進貨最爲合宜。

（二）特殊的進貨方式

(1)標購（Purchase at Public Tender）——買主預先按其購買計劃與條件實施公告，投標人各按買主擬購貨物之類型、規格、式樣、數量、期限、地點……等而提出價格，當衆開標後，以標價最接近買主所定底價者（未定底價則以開價最低者）爲得標。此一進貨方式之優點爲：

(A)以賣主之競爭言，常易購入較廉貨品。

(B)以人情言之，大家公開競價，可免除承辦人的爲難。

(C)以信譽言之，公開招標，易獲大衆信任。

(D)以技術言之，可減少經辦人員之舞弊機會。

　　不過此法也有以下的缺點：

1. 對獨家出品、獨家經銷的貨品，標購全失其作用。

2. 因標購手續太繁，不適於緊急採購。

3. 賣主約定圍標或不相競爭，標購反失其作用。

(2)聯合購買（Group Buying）——此乃同業者爲取得優待或節省費用，而聯合起來大批購置貨物。此法之優點爲：

(A)在物價穩定時可減低成本：大批採購不但能減少運費、手續費、保險費等，又可享受進貨折扣。

(B)在物價上漲時，更可取得超額利益。此法之缺點有三：

1. 在同一時間內，同業間不一定有相同需要，協調不易。

2. 各同業之資金的分配與調度，常參差不齊，對資金湊集不

無困難。

3.物品之分配，常在技術上產生困難，甚而相互猜疑。

(3)零星購買（Hand-to-month Buying）————一般小企業，因受銷路或資金的限制，每次只購買少量貨品，其優點為

(A)不致有資金週轉不靈之弊。

(B)市價下落時，因虧損不大，故不致影響營業。

但此法對具有相當規模的企業，則頗不適用，因其有以下諸弊：

1.因不能享受折讓，且進貨費用較大，故成本增高。

2.常失營業良機，縱使物價上漲，亦無甚厚利益。

所以，零星購買只適於小規模企業，且只能在物價下落，或商品推陳出新時運用之。若能以分期取貨（Future Contracts）法，與賣者定明時間而分批提貨，還是以大批購買為宜。

第三節　進貨的決定

（一）決定進貨貨色

「進貨是銷貨的基礎」，所以對顧客的購買力、購買習慣、消費傾向必須先予瞭解，而商品品質之好壞，新商品的發明舊商品的改良，以及代用品的有無都足以影響顧客，為迎合顧客心理，爭取顧客光顧，甚至變更顧客需要，必須慎審決定進貨貨色。

（二）決定進貨數量

進貨之數量，應根據銷售計劃，但對以下因素，尤須注意：

(1)銷路————銷路之好壞，是決定進貨數量的最大因素，故於進貨前，務須將銷售實績與銷售計劃比較，並研究其差異原因，再決定進貨之多寡。

(2)時機——在商業繁盛期，消費者購買力強，在業務之旺月，經營情況良好，皆須把握時機，大量進貨；反之，在商業蕭條或業務淡季，爲免資金呆滯，以少進貨爲宜。

(3)物價——一時性的物價漲落，不致有何影響，可不必重視；而對繼續性的上漲，則宜多量進貨，將來仍可以較低價格出賣，自有利可圖；若爲長期性的下跌，則應減少進貨數量。

(4)資金——在資金充足，其他條件相宜之下，大量進貨，可減低進貨的單位成本；若資金短絀，大致以少進爲宜；若擬向他人借貸進貨，則務須使預估利潤超過利息負擔，方可爲之。

（三）決定進貨方式

按企業之本身環境，及當前之實際情況，由本章第二節所舉諸方式中，愼審選定之。

（四）決定進貨之地點與廠商

對廠商之選擇，首須考慮其信用之良否；賣主若能協助推銷，或給予獨家代理權，而其商標又爲一般人所樂用，自爲理想之對象，其他如交貨日期之快慢，交款期限的遲早，貨品品質的好壞與價格的高低，折讓的有無，都是決定購買對象的條件。在賣主所在地點方面，則以運費、手續費、保險費、稅捐負擔的高低，及交通倉儲的便捷與否而決定之。

第二十八章　商業經營的銷貨

第一節　銷貨的重要與銷貨的任務

「顧客是企業的主宰」，這句話足以表明銷貨的重要。一個企業進貨業務做得再好，若人人過門不入，或入而不顧，則仍枉費心機，所以對客戶的爭取，乃業務經營上重要課題之一。近代企業家有「主顧總是對的」一言，並要求銷售人員要有「寧失金錢，勿得罪顧客」的修養。嚴格講起來，商店的主人並非經理、股東，乃是顧主；不是嗎，全店人員都在為顧客而工作，工資也好，利潤也好，都由顧主而來，在原則上，賣者固因售出貨品而獲利，買者也因使用貨品，由滿意而得利，良好的售貨，就在使銷購雙方各得其利。

不管怎樣，以一般企業言之，其銷貨業務，皆在達成四種任務：(1)獲得顧客注意(To Get Attention)；(2)把握顧客興趣(To Hold Interest)；(3)激起慾望(To Arouse Desire)；(4)採取行動(To Obtain Action)，這四種任務，市場學者以其起首之字母而合併為 AIDA，成了一專用名詞，第一第二兩項任務，可達成「告訴」、「提醒」的目的，第三第四項任務，則在達成說服的目標，都是銷售人員所不可忽視的。此者，於第五節中再行說明。

第二節　銷售的方式

（一）直接銷售法

(1)零售：此乃指零售商向批發商或廠商購進貨物後，再零星的賣給消費者，其又可分為小規模與大規模者兩種：

1. 小規模零售商:

    (A)雜貨店──雜貨店，我國人又有稱之爲南北貨店者，其資本少，店主就是經理，多由個人經營，而分布於各鄉鎭中，在我國鄉鎭中頗得顧客好感。

    (B)攤販──經濟能力不足而想從事小本交易者，常在巷口、街側，或繁盛區之廟宇內設攤售賣品質較差貨品，在美英諸國，爲市政之計，常設法在市郊附近指定區域，使集中販賣。

    (C)肩挑負販──販賣者針對上街購物不便之消費者，以肩挑背負或車推諸方法，將貨品送至消費者所在地，旣能達獲利目的，又解決了家庭主婦不少麻煩。

2. 大規模零售商:

    (A)百貨商店 (Department Store)──近代商業繁盛之地，常有建築宏偉、陳列華麗、物品繁多的大商店，內部囊括中西物產，食、衣、住、行、娛樂、敎育、醫藥，樣樣齊全，此卽百貨公司是也。在這種店內，消費者不但可購得所需物品，尤能比較選擇，卽不爲購物而來，亦可隨心遊覽。此種商店，因大量購貨而得享折讓，又能直接採購，不受中間剝削，故能減低銷售成本，且販賣額大，損益能互相抵補，對企業經營者頗多裨益。唯開辦資本過鉅，房租廣告支出龐大，人員又多，費用更爲可觀，故非普通人所能創立者。

    (B)連鎖商店 (Chain Store)──在總店之外，又於各處設立若干分店，依同一經營政策而受總店指揮，其進貨亦由總店統辦，此卽謂之連鎖商店。

此種商店，因管理集中，營業一致，辦事效率較高；又因進貨量大，折扣優待自鉅；店名統一，分設各地，不須分別宣傳卽爲社會所知，節省了不少廣告費用；若某種貨物甲店不能售出，可由乙或丙店推銷，其虧損亦可由他店挹注，自宜獲利。唯因管理集中，常致辦事遲緩，甚或坐失良機；由於集中進貨，各地須設倉庫，因而加多了間接費用，而且所進貨物，也難以對各店都能因地制宜。

(C)通訊商店（Mail Order House）——此種商店，又稱郵售商店，乃自印商品目錄及價目表，或貨品樣本，散發各地，供消費者抉擇，顧主依此以通訊方式告知本店，並滙貨款，店方卽按顧主所定之商標、數量、規格，付郵寄往；所以這就是一種利用郵政爲媒介而銷售貨物的商店。通常爲維護信譽，常訂有退貨及更換商品辦法，務使購買者滿意，且不宜經營易碎易腐，或粗大笨重而價錢過賤之物品。此店之優點爲：不需瑰麗之裝飾，甚至連門市部都不必設立，自可節省房租與耗費；與顧主無見面機會，接信後再向市面購轉也不爲過，資本不致吊滯，且先收錢後寄貨，無倒帳之虞。其缺點爲：廣告費、包裝費、郵寄費支出太大；未標準化之商品，（如古董玩器），難以交易；所印之價目單，常隨物價變動而重製，故困難亦多。

(2)拍賣：

直接銷售法，除零售之外就是拍賣，這是將準備出售的貨品，開具售價條件，並約定日期、地點，當衆公開競價，而賣與出價最高者。

（二）間接銷售法

(1)批發──在製造商與零售商之間，專門從事大批購貨，復大批轉售與零售商者，是謂批發。不但能促成交易行為，更能幫助製造與零售商雙方獲取市場報告，並予雙方以金融上的便利。

(2)標售──此者，乃將欲售之商品公告，投標人依公告之商品、規範，於規定之時日至標售之地點投標，當衆開標後，以標價最高者得標。

(3)經銷──以自己的營業處所，受廠商之委託而代銷貨品，以收取若干佣金者，謂之經銷。經銷通常皆有期限與地區的限制。

(4)寄售──受貨主委託，將寄售品按原貨主之定價出售，扣除佣金後，將貨款寄交貨主；其不同於經銷者，乃貨品數量較少，且無時間與區域之限制。

(5)代理商──凡某商號，與貨主訂定契約，以自己營業處所接受委託，借委託商號的名義，在一定期間，為其代辦商事（如代售貨物、代購貨物）者，謂之代理商（或代辦店）。代理商可獲取報酬，而貨主亦可節省設立分支店的費用。

(6)掮客──此者在進貨中已曾提及，即一般所謂的經紀人，西洋人稱之為 Broker，乃介於買賣雙方的中間商，其不一定有無營業處所，故並不一定是商人，僅以謀成雙方交易，收取一定報酬為目的。但受某方囑託後，有為之代守秘密的義務，至於其促成交易，旣與買賣雙方無契約關係，也不受一定時間的限制，故與代理商迥異。

(7)行紀商──行紀商乃自設行號，在他人委託之下，從事動產交易或辦理報關手續，當業務完成後，則向委託者索取報酬及其他費用。其有營業場所，且以自己名義參與交易，代辦之商事又僅限於動產買賣，故與經紀不同。而其不同於代理商者有

二：一爲不須像代理商般的受時間與人手限制；再則行紀商並不能用委託者的名義代辦商事，而代理商則可。

第三節　銷貨員的條件

（一）銷貨員的重要

銷貨員是商業經營最前線的戰士，他服務優良，銷售得法，則足以發展商業，反之，也能摧殘了商業，所以說，銷貨員是商店與社會的連接點，更是顧客與商店的連鎖，營業之成敗與其息息相關，從事商業經營者，怎敢稍有疏忽。

（二）銷貨員應具備的條件

銷貨員既爲商業經營中極重要的人員，營業成敗與之相關，故須具備以下基本條件，始能使銷貨成功：

(1)周到的禮貌——禮貌爲招徠顧客的先決條件，常生反應作用，所謂服務得體，自由禮貌決定，所以推銷員在任何時候，都要寬大溫文、謙恭有禮、與顧客交談要笑口常開，所謂：「推銷員的血要熱，頭要冷」，從不帶絲毫憤怒；顧客進門要起立，顧客離去要謝謝，在人心裏，永遠給他留下一個好的印象。

(2)適度的言談——銷貨員的語言，務須措詞動聽，發言悅耳，聲調清晰，口齒伶俐，言談時要全神貫注於顧客，並須注意眼神，不時注視顧客，見風轉舵，引起顧客購買慾望。

(3)大方的態度——銷貨員既不能羞羞澀澀，又不可猖獗傲慢，要善交際，多同情，與生人能一見如故，時間再長，仍能和顏悅色，從無倦容，對不講理的顧客仍須和藹相對，給他人以好印象。

(4)靈活的機智——所謂靈活的機智，乃謂銷貨員要能隨機應變，

善於應付，並能別出心裁，創造銷貨機會。

(5)整潔的儀容——顧客進門，銷貨員若服裝整齊，精神充沛，再加上優美的儀態，必使顧客樂於接近，且忌口銜香煙、泡泡糖，引起惡感。

(6)足夠的知識和判斷——銷貨員不但不能呆板、不能自滿，尤須隨時代之變遷學習應具有的知識，以應付顧客的談問，並能判斷商情答覆有關商品的一切問題。

（三）銷貨員對顧客應有的十誡

(1)切忌以銷貨額而決定態度——不管顧客購買量之多寡，應同樣慇勤，同樣親切，買八百元者是顧客，買八元者也是顧客。

(2)切忌以顧客身份而決定態度——顧客不分貴賤，應一體相待，切忌欺貧尊富。

(3)切忌欺騙新客——不可因顧客是外方來者（或外國人）而提高價格。

(4)切忌因顧客囉嗦而表現厭惡——有些顧客看看問問，打聽行情，結果未予購買，不可因此而不悅，因為他可能準備下次或等一會來買。

(5)切忌欺騙婦孺——我國自古即有「童叟無欺」的名言，為了企業的永久信譽，萬不可給婦孺顧客以劣質品，或對之提高價格。

(6)切忌批評顧客——銷售員時時要善於逢迎，對顧客所喜愛的色彩、貨色，不可妄加批評，尤其顧客的身材或生理缺陷，萬勿予以評論。

(7)切忌毀謗同業——銷售員只可說己之長，不可道人之短，不加考慮的去批評別家的貨品，極易引起顧客的反感。

(8)切忌使顧客久候——招待顧客必須按先來後到之順序，有顧客在旁，切勿與其他店員耳語，尤其抄寫紀錄、發票或整理貨物、包裝物品須力求快速，勿使顧客久候。

(9)切忌衣飾不整、行動輕浮，或於顧客視線所及之處，修飾頭髮、指甲、或面孔。

(10)切忌譏笑顧客——「顧客永遠是對的」，店員萬不可因顧客不識時樣，不知市價，或缺乏審美眼光而予以譏笑。

第四節　顧客的爭取

生意之興隆蕭條，全由顧客之多寡而定，故商業經營者，不可不注意顧客的心理、動機，和招徠的方法，在此分別簡述於下：

（一）顧客的分析

古語說：「知人知面難知心」；誠然，我們對自己的親戚朋友都不能眞正瞭解，對陌生的顧客豈不更難，但從以下的分析，足以使銷售人員引爲借鑑：

(1)胡調的顧客——此種顧客總設法批評貨品，實則缺乏購買誠意，不必與之計較，更不可也與其胡調，仍本誠意對他說明商品的優點。

(2)猶豫的顧客——此種顧客不是欠缺常識，就是沒有主見，常是人買亦買，人退亦退，且於購買之後，又形後悔。

(3)個人主義的顧客——唯我獨尊，唯我爲是，不顧他人，全依個人情形決定一切。

(4)愛佔便宜的顧客——此種顧客之購買貨品，不一定基於需要，全視便宜而定，因爲愛佔便宜，故喜爭論價格。

(5)喜歡論理的顧客——這種顧客購物時特別冷靜，他守舊、審

愼、決不隨便將事。

(6)頑固的顧客——此類顧客，脾氣暴躁，堅定不屈，很難勸其購貨，稍有不合，即拒絕交易。

(7)昏亂的顧客——此種顧主，常主見昏亂，易受自尊，摹仿的激動。

(8)情感質的顧客——此種顧客常顯悒鬱，隨情緒而改變主見，故用重情感的言論最易接近。

(9)好分析的顧客——此種顧客精於計算，善於統計，多為深悉商業經濟的人。

(10)容易成交的顧客——此種顧客，坦白、決斷、友誼、進步，最易達成交易目的。

（二）瞭解顧客的慾望

招徠顧客，達到銷售目的的基本工作，是如何使顧客從冷漠甚至反對的態度，轉變為願意購買，甚至急欲購買；這就必須研究顧客的慾望，再進而決定你提出意見的方法，使他獲得慾望的滿足。要揣測顧客的慾望，可從以下三途為之：

(1)與顧客接談——想了解顧客是否對商品有購買動機，最簡單的方法就是和他談論關於他的需要及其問題；所以要先詢問顧客的意見，而把自己的意見暫時保留，或與他談論其他問題時，將話題很技巧的轉變過來，乘機提出己見，以揣測顧客的慾望。

(2)專案研究——為瞭解顧客的心理，有時可請專家，將顧客對某一貨品的慾望與興趣，加以專案研究，再將研究結果傳授推銷員；如果能在研究結果中，看出其間的一貫性，則必能找出可利用的購買動機。

(3)利用一般購買動機表——從一般動機表內，可得悉一般人的共同反應，將其動機加以研究之後，即可在推銷時予以應用。如主要動機之飲食慾望、性愛慾望、安全慾望、爭取同情的慾望，次要動機之健康慾望、節約（即經濟）慾望、謀利慾望、求時髦的慾望等，若根據這些動機一一發揮，即可獲銷售之效果。

但我們必須了解，顧客購買慾望的滿足，是在考慮貨品會給他些什麼好處，所以銷貨員面對顧客時，先要找出一種你的物品所最能滿足顧客慾望之處，找出這個特點來向他推銷。因此，須先分析自己的貨品，看看它怎樣才能去滿足慾望；從貨品所能發生的作用上，去向顧客講解。無論如何，你總得從顧客的立場去提供意見，才易於激起他們的購買動機（參看下節）。

（三）招徠顧客須知與須行之道

商業之經營，須保持永久的信譽，不但要使舊顧客永為主顧，又須招徠新的客戶，這就必須使新舊顧主能時時對你滿意，欲達此一目的，則必須從顧主的心理與需要上做起，針對此者，謹將一般商店失去顧主的原因、顧主的希望，及招徠的要訣，分敍於下：

㈠顧主對商店的希望：

(1)貨色齊全整潔，(2)貨眞價實，(3)招待懇切，(4)有休息設備，(5)不二價，(6)有廁所、化粧室，(7)准許退貨，(8)貨品標價，(9)童叟無欺，⑽可通訊或由電話購送。

㈡顧客對商店的厭惡：

(1)出入人物不雅，(2)店內空氣與氣味不佳，(3)店員以手擦或拿食品等物，(4)店員動作遲緩，(5)包裝不牢，(6)樓梯貨架不够安全，(7)招待不週或漫天要價，(8)過於勸誘，(9)送貨不守信用，

⑽貼示禁止或不准顧客如何如何的標語。

㈢失去顧客的原因:

⑴態度冷淡, ⑵妄自尊大, ⑶言語不肯讓人, ⑷不明瞭貨品用途, ⑸擡高貨價, ⑹貨品頂替, ⑺貨品不佳, ⑻陳設腐舊不整, ⑼退貨禁收, 或有所欺詐, ⑽送貨遲緩。

㈣店員取悅顧客之道:

⑴顧客購買與否, 皆能竭誠招待。⑵能使等待的顧客知道, 稍待片刻就會有人來招待他。⑶最好能熟記老主顧的姓氏, 但不可稱呼錯誤。⑷從不催促顧客。⑸永遠以禮待客。⑹絕不拒絕顧客的要求, 對其奢求, 也只能婉言卻之。⑺依顧客心理, 推測其所愛貨品而介紹之。⑻要熟悉老顧客的習慣及其所愛貨色。⑼對女賓應示以新式樣或鮮顏色之貨品。⑽對店內一切狀況及貨色能清楚瞭解, 對答如流。

第五節　AIDAS 的銷售步驟

AIDAS 的銷售理論, 在今日已被廣泛的應用, 所謂「AIDAS」, 是代表五個字, 這五個字就是成功的訪問下, 顧客連續發生的五個心理狀態, 它就是注意 (Attention)、興趣(Interest)、慾望(Desire)、行動 (Action)、滿足 (Satisfaction), 銷售人員必須引導顧客順序經歷這些步驟, 以達銷售目的。在此特將其分別說明於下:

(一) 獲取注意 (Securing Attention)

推銷員欲達其推銷目的, 首須以巧妙的方法使買主產生接納的心理。當你訪問未來的顧客時, 必須有一個適當的理由, 時時帶有警戒心並運用說話的技巧; 不過, 這些未來的顧客若知道你訪問的目的在推銷貨品, 也會提高其警覺, 所以, 推銷員必須及時 (或時時) 建立

良好關係，予人以良好的印象——注意你的儀表態度，再適時的把握情況，運用談話的技巧，適時適地，也適合對方的身份和興趣，但離題之後，須有及時挽回的技巧。

（二）獲得興趣（Gaining Interest）

推銷員已引起顧客注意後，更須進一步去加強其程度，使進入興趣的境地。有些推銷員經驗豐富，將產品形容的有聲有色，幾乎可使顧客自動產生興趣。對於必須運用技術方能使用的產品，可當場表演，並令未來的顧客當場使用（在臺灣推銷的勝家縫紉機卽有此推銷術）；若體積很大，亦可用圖表說明。

有些推銷員，能從顧客處得到暗示，甚至能設計策略引誘顧客透露消息。爲產生強有力的吸引作用，可運用問答方式，並且亦可藉以澄清未來顧客對產品的錯覺，使其產生興趣。

（三）激慾發望（Kindling Desire）：

顧客對產品有了興趣，便宜及時激發其購買慾望，俾達銷售目的。所以推銷員必須控制全局，使談話不離銷貨本題，並使顧客在談話中獲得十分滿意；若能察顏觀色，針對其心理預測顧客所要提出的問題而隨機先予解答，自然收效更巨。

如有外來原因使談話中斷，在繼續談話前，應再做扼要簡單的重述。推銷員務須機智的應付顧客的題外話題，有時亦可和藹而直率的說：「那倒也是件很有趣的事，不過我們還是回到本題上來吧！」這樣便把被岔開的話題拉了回來。

（四）誘發行動（Inducing Action）

以上三個步驟若已順利達成，則應進一步去誘發顧客的購買行動，此時談話決不可中斷，一直延續到使顧客直接請求訂貨，也有人仍用暗示方式誘發顧客，不管如何，要設法免除顧客的閃避。

（五）建立滿意 (Building Satisfaction)：

推銷員應有一種觀念，卽「我們不只做一次生意」，而去爭取永久顧客；因此在顧客訂貨後，仍能保持滿意，而感到推銷員只是在幫助他選擇理想的貨品，維持其良好印象，以爲下次推銷的準備。

第六節　銷貨員與顧客的特殊問題處理

（一）異議的處理

買者與賣者旣非站於同一立場，有時自有不同見解，分析起來顧客的異議，有兩種原因：一爲與銷貨員爲難，故意挑剔過失，沒有眞正理由，只是些毫無根據的藉口。二爲買賣雙方眞正的歧見，或爲貨物品質，或爲貨物價格。

如顧客是故意挑剔，只可忍受傾聽，不可與之爭辯。若仍不能消解，則應「光榮撤退」，忍讓到底。

如顧客所提出者確爲眞實異議，銷貨員應以對物品的知識及對公司政策的了解，從容解釋，不能置之不問。如當時實在不能解答，應於第二次見面時解答，不可忽視。但有時爲貨物品質而生的異議，也可誠懇合理的承認與顧客之看法不同，將物品之優點特別加以宣揚，以彌補其缺點。

顧客對貨價的異議，一般有兩種情形：一種是索價適當而顧客無力購買，在此一情形下，銷貨員應說明貨品之品質優良，如顧客仍不滿意，則可取價格較低的同類物品，勸其購買。另一種是顧客認爲貨價太貴，暗示物不值其價格，此時，應選此物之販賣點（如優點、特色）向買主說明，顧主若重視物之使用價值，有時會放棄己見的。

（二）退貨的態度

爲爭取以後的交易，商店應予顧客以退貨權利，如此方能表示商

店對貨品之負全責。退貨後或退還現金，或另換他物，任顧客自擇，銷貨員此時態度，仍應如售貨時一般，不可表示不悅而影響日後交易，相反的，更可利用此一時機感動顧客，俾建立良好之商譽。唯須注意者，退回貨品應加檢查，退貨時間不能過久，此時間限制，以早作規定爲佳。

（三）賒欠的注意

商店之交易應以現金爲原則，但爲了便利主顧，又不得不有賒欠的辦法，因爲賒欠雖妨礙資金，甚至造成壞帳，傷害感情，但亦有其利益，如提高顧客購買量、招徠經常主顧，增加商店之總售值等。但選擇賒客須特別謹愼，對其品行、付款能力、信用等，都須瞭解淸楚，且每一顧客的賒欠，應有一定限度，每一賒戶立一帳戶，每次所取貨物，須逐筆登錄，數量、種類、日期、價格皆不得疏忽，到期則按時討取，務使之淸償。

第七節　錢銀出納

現金爲一切交易的媒介，企業之大部份行爲皆與現金相關連；但現金最易發生問題，因此，不管業主或職員，都須特別注意，以免錯失。而所謂現金，除法定貨幣之外，信用票據：如卽期支票、滙票、銀行存款等皆屬之。欲控制現金，企業必須將每日收到的現金，如數存入銀行，一切支出，皆以支票淸付，如能如此，則銀行存戶的往來帳目與本企業現金收付記錄必完全一致，每月只須核對銀行對帳單，卽可查明現金的結存是否有短少或錯誤。在此，特將現金收、付的方法和程序說明於下：

（一）現金收入的方法

(1)集中收款處：此種方法，是銷貨員收到顧客的現金後，應連同

銷貨發票, 一併送往收款處, 收款處清點後, 則在發票上蓋以
「收訖」之章, 並將發票及零找退給銷貨員轉交顧客。有些百
貨公司爲業務需要, 常在每層中心設置收款處, 其彙集貨款交
入銀行, 因爲這種收入, 至少須經二人辦理, 除串通舞弊外,
個人無法移用現金, 故易於控制。

(2)收銀機收款: 以收銀機收款有兩種情形, 一種是銷貨員在顧客
面前按收款數額按捺機上數字鍵, 機上顯示應收金額; 顧客卽
監督銷貨員。一種是店內設有集中收款處, 銷貨員於售貨後則
開具發票與款項一起送到收款處, 收款員卽將發票挿入收銀機
內, 再按機上數字鍵, 收款金額卽記入機內, 並自動印於發票
上。每日由主管人員開啓機上抽屜, 以檢視金額與加數機上的
總數是否一致, 如係一致, 則一面將機內印有收款細數與總數
之紙帶, 送簿記員記入現金收入簿內, 一面將款項交出納員,
集中一日所收, 解入銀行。

(3)預編發票與收據之號碼: 在成套的發票或收據上, 預先順序編
成連續的號碼, 每份分爲三聯, 一聯交給顧客, 一聯交會計登
帳, 一聯交給出納存查, 每日經營終了, 應順序檢查存根, 如
有漏號應卽追查, 然後予以結算。我國現行之統一發票, 卽經
編號, 如能將現銷與賒銷分開, 以現銷發票代替銷貨現金收入
傳票及商品銷貨分戶明細帳, 與當日收款核對, 則更方便實
用。

(4)急送現金之收入處理: 爲達牽制目的, 凡客戶以急件附送支票
或滙票時, 應由二人以上共同處理。企業收件人應設於衆目易
視之處, 凡收到郵件, 卽須公開拆啓, 並應登記, 若附有支票
或滙票時, 須卽塡寫收款清單一式二份, 一份送會計入帳, 一

份連同票據交出納簽收。

　　　會計每日登入之現金收入，次晨即須與出納解入銀行之金額核對，如有差異，應即追查，以明責任。

（二）現金支付的方法

　　現金支付，除零星支出另設零用金而由專人支付外，其他各款之支付，宜以支票支付，並畫線擡頭，免生差錯。如各款之支付係採應付憑單制，則更易收內部控制之效；如非此制，亦須守付款程序，根據合法之原始憑證，記帳憑證而付款。現金支付之負責人，不可兼管支付憑單之填寫與核准事宜。每月尤應根據銀行對帳單，確實核對，如有差額，並須述明其原因。

（三）現金收付程序

　　企業為做好內部控制，收受現金時務須遵守以下諸原則：

(1)為達專人專責目的，企業現金之收入與支出，不宜一人辦理。

(2)現金收受後，宜立即登錄，如經移用，經核對帳册及日計表後即可發現。

(3)出納與會計不可由一人兼辦；出納負責現金收付之登記而不可查閱會計登錄，簿記則不得經手現金。

(4)每日收入之現金，須如數解入銀行。

(5)除零用金支付外，其他支付皆須以畫線擡頭之支票支付。

(6)作廢之支票，除標明「作廢」字樣外，並須將其號碼剪下，貼於原支票之存根上，以便查核。

(7)支付憑證未經核准，決不可簽發支票。

(8)支票宜由二人以上會同簽章，以資牽制。

(9)已簽發支票之原始憑證，為免重複支付，即須加蓋「付訖」字樣。

⑽須定期或不定期的檢查出納業務。

⑾每月應核對銀行對帳單，並做好銀行調節表，以明瞭與銀行所生差異之原因。

第二十九章　商業經營的陳列設計

第一節　商品陳列的意義

商品陳列，是商業經營上重要銷貨手段之一，在物物交換時代，就有了以「示」(Showing)為主的陳列，但並未經過美術的佈置。至現代的商品種類繁多，同業競爭激烈，推銷的技術日益改進，在商品陳列方面，單以「示」的方式，已不足以與人競爭，科學而藝術的陳列方法便越來越受重視。從店面、過道的設計，到櫥櫃、商品的陳列，都必須經過裝飾、佈置、調整的手續，以完成藝術化、活動化的陳列。

所以商品陳列，就是一種裝飾藝術，是利用傾向美來佈置、展覽商品；綜合廣告學、心理學、裝飾術、商業美術、以及設備上的配合，藉美術化、活動化的功效，而產生陳列面的傾向美，以此誘導消費者，使發生購買慾望，達成銷貨目的。

它不但能使商品活動化、美術化，更能使消費者的慾望現實化，所以商品陳列，對推銷商品的效果、得失，關係至鉅，乃專設一章，簡要陳述。

第二節　店面的設計

店面設計，因各商店之類別而有不同形式，以適合各商店之營業性質與需要，通常有以下三式：

（一）**全開放式**——此種店面設計，可容納衆多的顧客進出觀賞，無陳列櫥窗裝置，也無任何阻礙物，整個店面可自由進出，店中

採散在陳列，且大都以櫃臺來陳列商品；如書店、傢俱店、呢絨店、花店等是。

（二）**半開放式**——此種設計，其店面有樣品陳列橱窗，各性質之商店雖設計不一，但均大同小異，只是橱窗式樣各有不同設計，其內部陳列設備，多採循環式佈置，任何業類均可採用。

半開放式有兩種設計，一爲內傾型半開放式：其店面之一邊裝橱窗，一邊爲出入口，此出入口，在營業時間內，無門扉之設置（如圖 29-1）一爲平型半開放式門面設計：乃兩邊均裝置陳列橱窗，中設出入口者（如圖 29-2）。

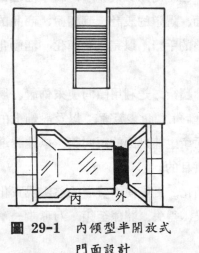

圖 29-1 內傾型半開放式　　　**圖 29-2** 平型半開放式
　　　　門面設計　　　　　　　　　　　　門面設計

（三）**關閉式**——此種店面設計之出入口是關閉的，其店面也裝置陳列橱窗，形式與半開放式相似，唯於出入口裝有門扉，將店內與店外隔開，顧客進出必須開門（今多爲自動門），此門面商店，大都有冷熱氣設備，否則，則爲營業商品流動性小的商店。

第三節　過道的設計

過道設計與營業效果有直接關係，若過道設計良好，對顧客能產生誘導作用，而使其心理上有愉悅、舒適、安定、親切的感覺，能從容的參觀、選擇及考慮。過道的作用，即在店內予顧客以適切的活動位置，其形式、大小，都須和陳列設備互相配合，務使顧客視線適當，活動範圍寬舒自如，然後才能發生誘導作用，引起購貨動機。

一般言之，店內過道設計，有通過型與循環型兩種：

一、通過型——此型過道，一面為入口，一面為出口（如下圖），兩旁為營業設備，陳列品大都為散在陳列；如大型商店、商品展覽會等均採此種型式，其優點為：能容納眾多的顧客，能供應多量貨品，因此，顧客的選擇範圍廣，比較機會多。其缺點為：

(1)由於顧客之選擇範圍廣、比較機會多，故選購時常易分心。

(2)由於過道既長且寬，常導致顧客遠慮，反使其購買動機消失。

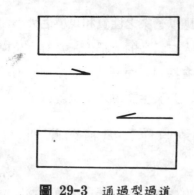

圖 29-3　通過型過道

二、循環型——此型過道，乃出入口共用（如下圖），貨品多以分類陳列，且為立體式的佈置，為普通一般商店所採用。此型過道之

優點爲:

(1)顧客可自由循廻，注意力集中，參觀、選貨皆很方便。

(2)店員監視方便。

其缺點很少，僅由於設備之必須美觀而嫌麻煩之外，別無缺點。

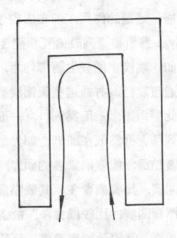

圖 29-4　循環型過道

對過道設計之選擇，應以營業之性質和規模之大小而定；通過型之過道雖優劣參半，但在人口衆多的大都市，必有大規模的公司，商場，爲供應大量貨品也只有採用。而一般商店，則採循環型者卽可。原則上能使顧客進出方便，並發生誘導效果也就够了。

第四節　橱櫃的陳列

（一）橱櫃的排列型式

橱櫃之陳列，不但能避免物品的遺失與淨潔，更能使商品美觀，貨有定所，而刺激顧客的購買慾，收到廣告宣傳的效果。由於各業類及其商品的性質不同，店內的面積與設備條件不同，爲求其配合，故

必須要依商店本身的條件作適當的設計，一般的排列，大致有以下三種型式，各型均有利弊，應視其需要而決定之：

(1)對稱型。

(2)內傾型。

(3)不規則型。(悉如下圖)

㈠對稱型　　　　　　　　　　　　　㈡內傾型

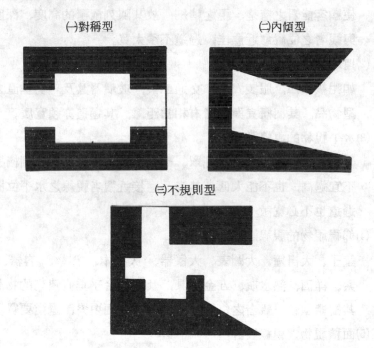

㈢不規則型

（二）櫥櫃位置與視線設計

商店內外陳列設計與顧客之視界直接有關，所以在陳列櫥櫃之位置選擇時，必須細心注意，務使之與貨品的陳列，以及顧客之活動範圍、通路寬度相配合。

由於各貨品之形狀、體積不同，參觀者所需的視線距離也就各

異，爲使顧客能觀之淸晰，視之優雅，就必須注意商品的視線設計，如位置的高低、陳列面的深度、過道的寬窄，商品所需的視認度，都要能適當的配合，根據此者，乃有以下六種視線設計：

(1)凝視近視物的視線設計：

對細小物品（如首飾、珠寶、古玩、手錶、鋼筆）之陳列，爲使顧客能看之淸楚，視之精細，故其陳列櫥櫃的高度、深度，與觀者之位置愈近愈佳；過道不須太寬。

(2)遠離視物的視線設計：

如呢絨布匹，服裝衣著，交通工具，玻璃器具及一切垂直之高型物品，其櫥櫃宜與觀者有相當距離，其過道亦須寬廣。

(3)水平視物的視線設計：

帽子、皮帶、收音機、乳罩、襯衫、領帶等物品之陳列櫥櫃，不宜過高，也不能太低，其商品應接近觀者視線之水平位置；過道也不必寬敞。

(4)仰視視物的視線設計：

鏡子、大掛鐘、大圖表、大儀器、大標本、洋傘、容器、繩索、洋酒、熱水瓶、五金工具，及其他合乎垂直陳列的物品，其櫥櫃須較一般者之位置爲高，且陳列面要大，過道要寬。

(5)面積視物之視線設計：

大型機械類、傢俱類、五金類等，佔面積大的物品，其陳列櫥櫃的正面必須寬大，過道尙在其次。

(6)由上而下視物的視線設計：

如建築材料、運動器具、食品類、鞋子類、以及其他較笨重之物品，不但其櫥櫃陳列面的正面要大，視界要廣，商品排列也要多，過道要長，俾使觀者能沿櫥櫃而欣賞選擇。

(1)凝視近視的物品視線設計　　　(2)遠離視物的視線設計

(3)水平視物的視線設計　　　　(4)仰視物的視線設計

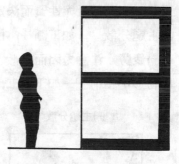

(5)面積的視物之視線設計　　　(6)由上而下視物的視線設計

第五節　　商品的陳列

商品之陳列，由於各企業性質不同，其陳列形式自各有異，但不

管其陳列方法有何不同，總必於陳列中，使貨品色彩調和，形體配合，型式美觀；促成美的效果，引起顧客興趣，而讚美、嚮往、愛好、需要、購買。

（一）貨品形體的配合

當不同體積、不同形狀之貨品，在同一陳列面中陳列時，在形體上須作適當配合，使物與物能互相表現出整個陳列面的完整美，在此特將陳列面的構圖說明一下：

在陳列之先，其陳列面須有一完美的構圖，此構圖，須以陳列面積、形狀、商品數量與性質而決定，且須避免以下之不適當配合：

(1)主題分散——如下圖一，由於主題不集中而顯空虛，使觀者視覺疲勞，注意力因而分散。

(2)物形不相稱——如下圖二，其形體相差懸殊，由於偏向於某一

㈠主題分散　　㈡物形不相稱

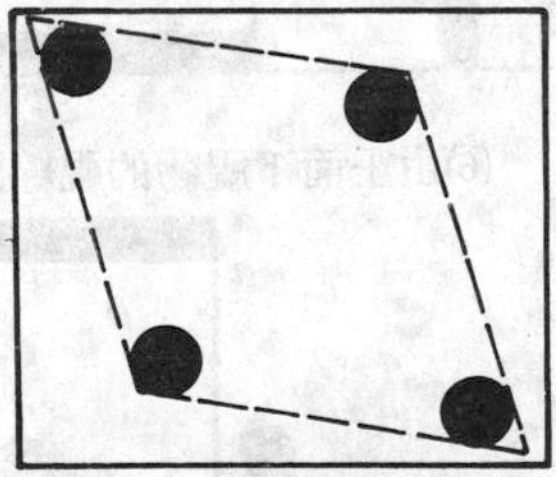

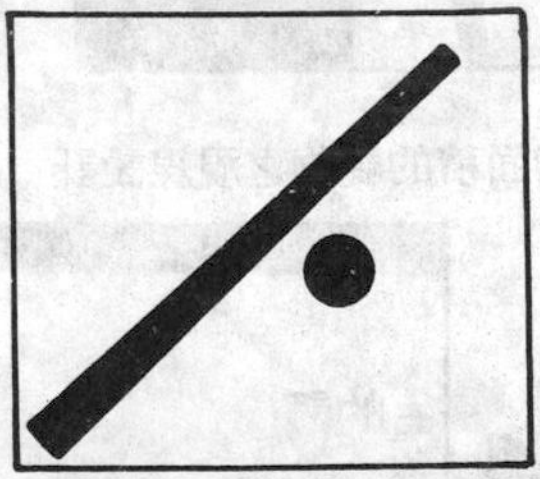

㈢構圖單調 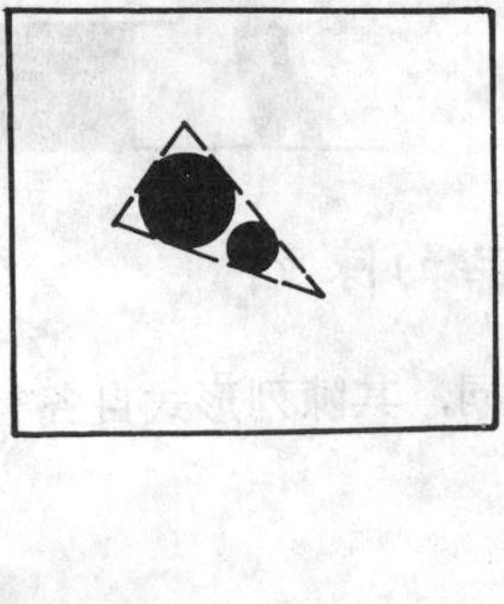　　㈣體積比例不相稱

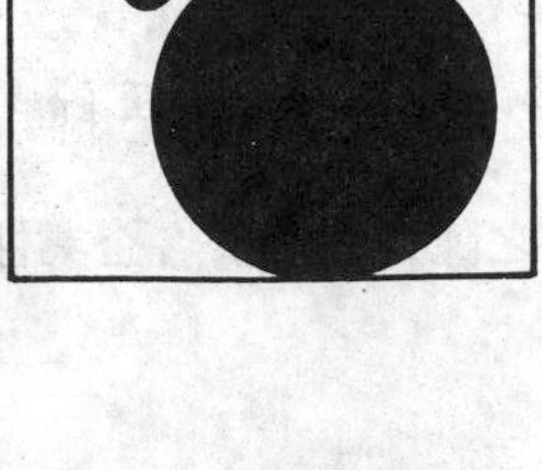

部份，使視覺不舒適。

(3)構圖單調──如上圖三之構圖，太空虛，太單調，在感覺不够
明顯，難以產生吸引力。

(4)體積之比例不相稱──如上圖四，物體大小懸殊，只注意部份
特強，而影響他部份之存在。

(5)構圖呆板──如下圖五之物體排列過於機械，只注意整個陳列
面，而忽略了各分子內容。

(6)過於密集──如下圖六之構圖，物體陳列過於複雜，過於混
亂，會使人視覺疲勞不適，甚至產生反感。

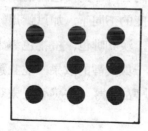

(五)構圖呆板

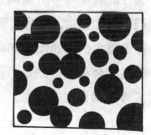

(六)過於密集

(二) 貨品彩色的調合

色彩是構成美的主要因素，所以在商品陳列中亦應特加注意，在
此特從色彩對比的方法與色彩調合的方法上，做一簡要介紹：

(1)色彩的對比方法：

　1.明暗對比──卽由明暗度之不同所造成的對比。

　2.色相對比──所謂色相，卽各種不同的顏色，在色相言之，
　　有冷色暖色之分；如綠、藍、青、灰等屬於冷色，具有平靜
　　與沈寂的感覺。黃、橙、朱紅等屬於暖色，其呈現活潑與刺

激的情素。利用每種貨品本身的色彩，足以顯示出物品的真實感。所以這色彩感情的對比，不能不加以注意。

3. 彩度對比——所謂彩度，即色彩的鮮艷程度，商品陳列時，應控制不同彩度的色相來作對比。

4. 補色對比——所謂補色 (Complementary Color)，就是用兩「餘色」所混合成的複色。如紅色是原色，黃與藍爲其餘色，黃藍混合成之綠即爲紅的補色；黃的補色是紫；藍的補色爲橙。補色常是原色的最好對比，是貨品布置時應該注意的。

(2)色彩的調合方法:

1. 調合的調合——所謂調合的調合，即爲同色調的調合，是以同色調的色相，在光度與彩度的不同下，加以選用，如以黃橙色爲主色，而配以咖啡色，淡咖啡色，橙褐色等來調合。此種調合法的優點是易收統一與安靜的效果，並且選擇色相或考慮調合比較簡易。其缺點則爲，在感覺上未免太單調了。

2. 對比的調合——色彩的對比，雖是相反的對立，不過不同色彩的色調，並非不調合。有很多對比的色相因色調不同，卻成了諧合的調合色。故而有些調合色，可依一主色，在它的補色中覓求之。

3. 媒介的調合——當兩個絕對無法調合的色相，又必須採用之時，只好另尋一色相，與兩色皆能協調，此一色相即可作爲色彩調和的媒介橋樑。而媒介性的色相，往往會採用中間色——如黑、白及各種深淺不同的灰色，或以灰色而混成的複色。

若陳列面大，商品的數量與色彩既多且雜時，此法之應用尤爲廣泛。

（三）貨品陳列的位置

因爲各商品的向性、形體、包裝不同，爲使其本體能與陳列位置配合，故必須妥爲安置，但物品安置的位置有水平的（下圖一）、垂直的（下圖二）、傾斜的（下圖三）三種，而此三種位置之陳列品，必須按物品向性決定，如花瓶之陳列，須選水平位置，襯衫宜置於垂直位置，但陳列在傾斜面上亦感適宜。不管如何，總應注意到物品向性與陳列位置的關係，務使之自然爲宜（如下圖四），像圖五便是向性不自然，于人以不適之感，圖六之向性雖然不自然，但可於垂直面上陳列，甚至能產生更好的效果。

（四）貨品陳列的方法

商店之業類不同，故須顧及本身性質與需要，而選擇不同的陳列型式，或數種陳列形式配合應用，普通陳列有以下數型：

(1)並列的陳列形式——以各種分類之商品，在陳列面中作規則之排列者，謂之並列型式陳列法，此法缺乏變化，較爲機械；適合於同性質或數量多的場合，且佈置簡單，調整或取物都頗方便。如水菓、蔬菜、雜貨、書籍、罐頭、瓶飲、機械工具、呢絨布匹等均可以此法陳列之。

(2)變化的陳列形式（Variational Disposition Shape）

此法，乃以商品本身的特性，造成各種變化的構圖形象，再配合上設備的裝飾，使整個陳列面有生動變化的美感效果。如以各色毛巾、手帕，摺成不同的立體花樣，或以各種紡織物，張成各種變化圖案，再配合以其他商品，造成一幅變動的圖形。紡織物、紙品類、玻璃類、電線繩索，可以此法布置之。

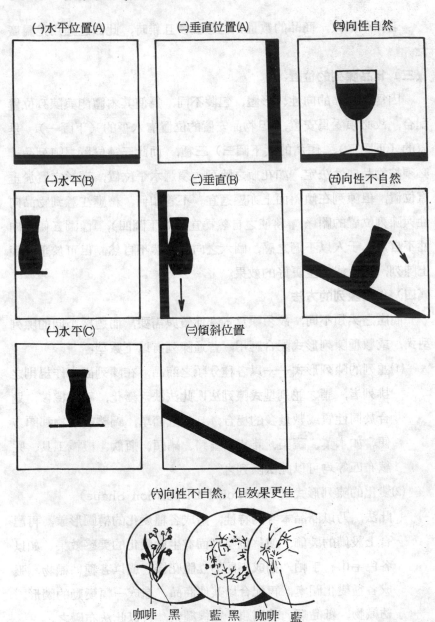

(一)水平位置(A)　　(二)垂直位置(A)　　(四)向性自然

(一)水平(B)　　(二)垂直(B)　　(五)向性不自然

(一)水平(C)　　(三)傾斜位置

(六)向性不自然，但效果更佳

咖啡　黑　　　藍　黑　　咖啡　藍

(3)對稱的陳列形式（Retiolat Making-up Shape）

以對稱方式在陳列面中布置商品，務須以分類的商品在不同中求相同，在色彩、形狀、性能各方面，儘量使之對稱。

此一布置方法比較單純、機械、缺少變化，對罐頭、藥品、書籍、五金工具、雜貨、唱片、水菓、菸酒、糖果、磁器……等較爲適用。

(4)裝飾的配合形式（Ornamental Conformity Shape）

爲增加陳列面的效果及意象的趣味，常在商品之外，再以與陳列品有關的裝飾品配合展出。現代的百貨公司、婦女裝飾品商店、百貨委託行、電具店、珠寶店多用此法布置。

(5)背景配襯形式（Background Accompany Shape）

此者，着重背景設計，以背景的裝潢來配襯商品，達到美化的效果。其能使商品明顯化、特別化、強調化，故一般商店頗愛採用。利用此法時，務使背景與商品色彩調合，相配相襯。如百貨、文具、西藥、照像、食品、儀器、衣着、磁器諸業，最宜採用。

(6)寫實的暗示形式（Realistic Suggestion Shape）

這是一種意象的佈置，必須要有較大的陳列面，把商品佈置成一個小型的實體，如以傢俱佈置成一個客廳，以玩具佈置成兒童遊樂場所，使觀者有身歷其境的實覺。在歐美採用此法佈置者頗多，對傢俱商、裝潢店、兒童用品、被服、樂器、電器、及大百貨店均爲適合。

(7)印象的陳列形式（Impressive Disposition Shape）

此法之佈置，其形式着重於印象的構成，是一種代表性、象徵性、抽象或感覺的佈置，乃集其他各形式之內容而混合運用，

使產生印象的效果，所以特別重視陳列面的印象美，其設計、佈置比較困難。此種陳列，應用於一個單元或一種商品；如宣傳某一刊物，陳列某一成品，或介紹某一企業爲單元主題，在強調某一主題之印象下，始宜採用。

(8)感覺的陳列形式 (Sensational Disposition Shape)

這是一種實物實驗的陳列，其商品除供人展覽之外，又使人能有嗅覺或觸覺等感覺上的試驗，如毛質衣料須供人以手試驗，水菓、肉類，須使人以嗅覺檢定其新鮮與否。

此種陳列適用於呢絨綢緞店、伙食、食品店、拍賣行等，最能使人由感覺、試驗後，在觀念上有了經驗，而後滿足購買慾望。

(9)廣告配合形式 (Advertisement Disposition Shape)

此者，爲達到暗示、說明、與宣傳目的的有效佈置方法，又可分爲二者：

(A)廣告與商品配合陳列——有時在某些陳列現場，對商品的性能用途、使用方法須加以介紹，而以文字說明，或用圖畫表示，使廣告配合商品同時展出。如電氣用具、儀器、機械工具等，皆可配合廣告，增加其陳列效果。

(B)廣告圖片模型配合的陳列——因某些商品不能以實物陳列於現場，乃以其照片、圖片來代替之；如重工業產品的大型機械、車輛、船隻等之展覽，只有以此法爲之。

第三十章　商標與專利

第一節　商標的意義與功用

（一）商標的意義

　　爲表彰自己商品之特性，便利顧客、促進營業，乃對本企業所生產、加工、批發、經紀的商品，由自己指定名稱及所施顏色，用文字、圖形、記號，或三者混合而成的標記，申請專用，此標記，即謂之商標。

（二）商標的功用

(1)引人注意——商標既在表彰自己商品的特性，而又以自己所指定的顏色、圖案、或文字爲代表，必能適合其商品的品質，使顧客便於記憶，易於注意。

(2)增進銷路——一種商品，想有廣大銷路，除品質之精良，性能之適用，信譽之可靠，價格之公平外，還須有足以代表其優良可靠的特徵，而商標就是代表信譽的標誌。

(3)便利顧客購買——顧客欲購買某一貨品，若能記住某某廠某某型之某某貨品，確爲不易，但有了商標，顧客只記住商標就成了，且可因此而免除檢視品質的麻煩。

(4)發生廣告效力——若產品品質確爲精良，其商標用之愈久，信用愈著，因此便能引起人們興趣，刺激顧客之購買動機，豈不是發生了廣告的效力！

(5)保障企業權益——商標可防止他人假造或以劣貨冒充，否則，得依法申請制止，並要求賠償。

第二節　商標的登記及效力

（一）商標登記

為維持出品的信用，保護消費者的利益，我政府特設有商標專用制度，並依法實施。凡申請商標登記者，須依以下手續為之:

(1)先設計好商品圖樣，並按商標法施行細則所規定之商品種類，指定自己申請種類。

(2)申請登記:

申請登記時，須呈交呈請書，並附呈所指定商品之商品圖樣十張，印版一枚，連同註冊費、公費、印花費，送往經濟部商標局申請。其呈請書內，應載明呈請或代理人之姓名、商號、住址、商標名稱，及所施用顏色。若呈請前業經使用者，應證明使用該商標之事實及其年月日。

(3)登記成立:

待審查合格，登載商標公告滿六個月而無人提出異議，或經辨明異議時始行註冊，並發給註冊證; 登記成立。

（二）登記後的效力

(1)專用權——商標登記核准後，對於同一商品，他人不得再呈請使用同一或類似的商標; 故可防止假冒或仿造，此乃專用權之效力。

(2)財產權——商標為財產權之一種，並得隨使用該商標之商品，分析移轉，惟承受人須呈請商標局核准。

(3)時間效力——商標自註冊之日起，以二十年為專用期間，但期滿後，得依法呈請續延。

第三節　商標在法律上的限制

（一）法律禁止使用者

商標雖然由自己製定，然在法律上仍有嚴格規定，根據我國商標法，對以下諸情形禁止使用：

(1)相同或近似中華民國國旗、國徽、軍旗、官印、勛章、或中國國民黨黨旗、黨徽者。

(2)相同於　國父遺像及姓名、別號者。

(3)相同或近似於紅十字章，或外國國旗、軍徽者。

(4)有妨害國俗秩序，或可欺罔公衆之虞者。

(5)相同或近似於同一商品習慣上通用之標章者。

(6)相同或近似於世所公知他人之標章，使用於同一商品者。

(7)相同或近似於政府所頒給獎章，及博覽會勸業會等所給獎牌褒狀者；但以自己所受獎者，作爲商標之一部份時，不在此限。

(8)有他人之肖像、姓名、商號或法人及其他團體之名稱者；但已得對方承諾者不在此限。

(9)相同或近似於他人註册商標失效後未滿一年者；但其註册失效前已一年以上不使用時，不在此限。

（二）申請撤銷與無效評定

商標使用權之撤銷，有兩種情形：　一爲註册人隨時自動呈請撤銷，再爲商標局依其職權，或據利害關係人之呈請而撤銷之，後者撤銷之情形爲：

(1)於其註册商標自行變更，或加附記，以圖影射而使用者。

(2)註册後並無正當事由，迄未使用，已滿一年，或停止使用已滿二年者。

(3)商標權移轉後已滿一年未經呈請註冊者；但因繼承之移轉不在此限。

商標之註冊人受商標局撤銷商標權之處分不服時，得於六十日內依法提起訴願。或由商標法廿九條第一、二兩項之故而被撤銷者，利害關係人得請求評定之。

第四節　商標政策的決定

商標政策之決定，務須適合消費者的心理，企業家通常所決定的有以下四種政策；可斟酌情形，予以選擇：

（一）類似產品同一商標政策

此一政策，可透過一種廣告，而使其姐妹品產生同樣的推銷效用，如美琪香皂、美琪藥皂、美琪牙膏，所用者皆同一商標；僅依其原有宣傳，即可達原有目的。

（二）類似商品不同商標政策

此乃同一廠商，使用不同商標推銷各種產品，利用各別商標，足以吸引顧客的興趣而達推銷目的，且能藉此提高企業聲譽。如四合一牙膏與司令牌牙膏，即為同廠商之產品而取不同商標者。

（三）不同品質商品不同商標政策

此即根據產品之不同品質，採用不同商標，藉以表明其品質之差異。如臺灣省煙酒公賣局的香煙，即採用此種商標政策。

（四）不同品質同一商標政策

以不同品質之商品而採用同一商標，常會影響企業信譽；因為品質低劣的商品若採用其品質優良產品之商標，必使消費者因受損而不滿，不能不慎重考慮。

第五節　正字標記

（一）正字商標的效力

近年來世界各國對驗證制度之推行，皆不遺餘力，各定出國家標準商品的標記，使國內外顧客易於鑑別。如美國的 ASA，法國的 BS，比利時的 NBN，荷蘭的 N，德國的 DIN，澳洲的 SAA，印度的 ISI 等。而我國則指定正字爲專用標記，現有二一七家，六十二大類。

商品之具有標記，是政府對顧客的保證，因此凡有標記的商品，在市場上的信譽必佳，絕非一般私有商標所可比擬。而且奸詐敗類，亦無法魚目混珠，欺騙顧主。我國標準法內規定：「凡濫用標準之正字標記者，以詐欺論罪」，由此可見其效力。

（二）正字標記的獲取

廠商登記正字商標，其經理人、廠長、或代表公司的董事，可填具申請書一份，向經濟部標準局申請登記，繳納登記費、檢驗費，並附送申請使用正字商標廠商調查表一份，產品三份。經檢驗合格，申請人卽可接獲合格通知書，憑以繳納證書費，直接向標準局領取正字標記證明書。

（三）政府的控制

使用正字標記的廠商，須經常檢驗產品，每半年須向中央標準局呈報檢驗記錄，標準局爲防止正字標記產品之不合標準，每年要在市場上採購檢驗四次，若有三次不合格或違反其他規定者，則撤銷其原登記的證明書，所以正字商標之商品，可永保持其優良品質。

第六節　專利權登記

(一) 專利權的意義

　　所謂專利權，就是對於某種物品的新發明或新創造，經申請而合格後，政府給與專利的權利。根據我國專利法規定：凡一種新發明的物品，具有工業或其他方面價值者，可獲得十五年之專利權（專利法第六條）。對於物品形狀構造或裝置，首先創造，且合於適用之新型者，可獲得專利權十年（專利法第九十九條）。對於物品形狀、花紋、色彩首先創造，而適合於美觀之新花樣者，可獲得專利權五年（專利法一一四條）。

　　物品新型的創製，其目的在實用上之便利，也就是要使用上的效果優良；新花樣的創製，則只在美觀或新奇而已。

(二) 專利權的獲得

　　專利權是由發明人或創造人，向經濟部中央標準部申請，先填寫申請書，（內載申請人姓名、住址、發明或創作之物品、所合於之法條及專利年限、申請時間等），並附說明書，說明書之內容，大致如下：

　　(1)發明或創作人之姓名、籍貫、出身、經歷。

　　(2)發明或創作之名稱、性質。

　　(3)發明或創作之目的、特點。

　　(4)製造方法及所用原料之名稱與產地，依下列兩式任擇其一：

　　　1. 發明或創作爲機械品者，填明

　　　　(A)構造方法。

　　　　(B)使用方法。

　　　2. 發明或創作爲化學品者，填明

(A)原料名稱與產地。

(B)藥品名稱與產地。

(C)配合數量。

(D)製造方法。

(5)請求專利部份。

(6)請求專利年限。

另外尚須附繳圖式、模型、樣品、宣誓書（表明若有冒充、抄襲、模仿、影射等情，願受法律制裁）及申請權證明書（凡因經營上之經驗而由多數人共成者，專利權屬雇用人；凡受他人委託或由雇用人費用而完成者，其專利權爲雙方共有，故必須先確定申請權），經審查與規定相符後便予公告，如在一定期限內無人異議，即發給專利證書。

（三）專利權之效力

獲得專利權後，在其有效期內，他人不得仿造，否則即可告訴，但爲軍事需要，政府得徵其專利權之一部或全部，而予專利權者以補償金。

第八編　事務與關係管理

第三十一章　一般事務的管理

第一節　事務管理的意義與原則

（一）事務管理的意義

　　事務管理（Office Management）也有稱之爲「辦公室管理」者，乃對人事、方法、機器和物料的處理及控制，以最經濟的人力、費用、時間，達成最佳的可能效果。

（二）事務管理的範圍

　　在過去，事務管理只是機關內的附屬，從科學管理推廣到事務方面之後，它才變成了專業化，並分門別類，各司專職，對各方面的事務工作，加以科學分析，而訂立辦事細則。至於事務管理的範圍，大致包括(1)工作簡化，(2)公務集中，(3)科學選擇，(4)財政計劃的應用，(5)員工關係及調查，(6)不法事件的處理，(7)事務開支，(8)物質設備，(9)文書處理，(10)出納會計等問題。

（三）事務管理的基本原則

　　(1)制度化——爲使一切工作皆有標準可依，有軌道可循，所以事務管理，必須建立制度。

　　(2)專業化——因爲事務管理不但是一個服務單位，也是一個生產單位，它的工作有無效能，足以影響整個業務的好壞，所以事務管理人員，必須經過訓練，以負擔行政責任。

(3)科學化——爲以最少的人力、物力、財力，在最短時間內獲得最大成效，故必須依據科學管理的原理與方法去辦理一切事務工作；如文件處理、工作經濟，都不能離開科學化原則。

第二節　事務管理的新理念

（一）現代事務管理的新觀念

隨着管理科學的進步，現代事務管理比以往更趨重要，演變成的新觀念，逐次糾正了過去的老觀念：

(1)事務管理是推進業務之基礎；蔣公中正於四十三年黨政軍業務總講評中昭示國人：「須知總務與庶務辦理之好壞，直接關係整個工作計劃與業務之成敗，大家絕對不可視總務爲業務的附屬品，相反的，應視之爲推進業務的基礎。」已足糾正過去觀念，並強調事務管理之重要性。

(2)事務管理乃科學管理之應用：事務管理之目的，在管理一個機關或企業之全盤人力物力財力之配合活動，達到最高效率。爲達此目的，必須採用科學管理之原理與方法，亦卽事務管理乃科學管理之應用。

(3)事物管理是一種服務：事務管理固爲管理一切事物，同時亦爲一種服務。事務管理注重如何輔助機關或企業業務計劃之完成。如辦公處所管理、財產管理、物品管理、車輛管理、集會管理等，均爲本機構及一般同仁服務。因事務單位之「產品」是服務，其「原料」則爲各種表格，該統計數字和文件，其所提供之服務，均爲業務上各部門所需要，且必須有用，否則事務工作卽不易產生價值。其工作人員必須具有此一新觀念，才能發揮其服務精神，從而增進整個事業之工作效率。

(4)現代事務管理趨向於事務簡化管理集中: 近代事務管理，形成另二種新觀念卽將「事務」和「管理」分開，而求事務簡化及管理集中，通常「簡化」可以省時省力，「集中」可以省工省錢，省時省力與省工省錢，正與一般管理學中之講究效率與經濟，不謀而合。

(二) 現行事務管理制度的實施範圍

我國現行事務管理制度，依「事務管理規則」之基本精神，在實現機關事務管理之科學化與制度化，其範圍要點如次:

(1)事務管理組織力求集中化，以期事權枕一，發揮組織之最高效能。

(2)確定事務工作範圍，釐訂事務職務說明，以求權責之明確劃分，人與事之適當配合。

(3)力行分層負責制度，以減輕機關首長之事務責任。

(4)採用事務人員專業化原則，以提高事務人員之素質。

(5)釐訂全年事務管理工作計劃，並規定實施進度，俾各級事務人員有所遵循。

(6)簡化公文手續，實施公文稽催及公務登記辦法，以增進公文處理之效率。

(7)集中檔案管理，統一分類編號，釐訂保存期限，實施定期清查，使能盡最善之保管與利用。

(8)確立財產登記制度，規定財產使用壽年，以發揮物料之高度使用效能。

(9)簡化辦公物品種類，釐訂規格及使用標準，以節省物力之浪費。

(10)劃一辦公室設備標準，改善環境衞生，並加強各項安全保防之

措施。

(11)訂立宿舍分配標準，釐訂管理及檢修辦法，以達公平合理經濟
　　有效之目的。

(12)規定車輛管理要領，確立公務使用原則，注重保養及修理，以
　　減少浪費。

(13)釐訂工友管理、訓練與考核辦法，以提高其工作效率。

(14)釐訂各項保密措施，以確保公務之機密。

(15)建立事務工作檢核制度，規定定期舉行工作檢查與檢討會報，
　　以期對事務不斷研究與發展。

(16)加強事務管理單位與其他業務單位之聯繫配合，以發揮互助合
　　作之精神。

（三）工作簡化

此處所提及工作簡化（Work Simplification）一詞，乃一九三
三年由莫根生（A. H. Mogensen）首先提出，將動作研究與管理的
原理熔於一爐，作有組織之應用，以尋求經濟有效的工作方法為目
的，俾使工作者在輕鬆愉快中增加工作效率。在此特將工作簡化的原
則與內容加以敍述：

(1)工作簡化之原則：

　1. 觀察——以圖解法明瞭現狀。在確定一更好辦公廳辦事方法
　　　之前，必須先對現行方法，以工作流程表，用符號代表動作
　　　順序，觀察明瞭現狀。

　2. 分析——以六項疑問——為什麼？做什麼？何人做？何時
　　　做？何地做？如何做？將職務劃分為若干細節，舉出出實際
　　　用意，指出其原因，分析檢討。

　3. 改善——以四項要點酌予改善，無非是將現在辦公廳工作一

作、切手續程序研討，而加以剔除、合併、重排和簡化。

(2)工作簡化之內容: 工作簡化之內容在辦公廳方面包括: 工作分配、工作程序、表格改善、動作經濟、廳廠佈置、工作衡量等六項， 如在工廠中， 尚須增加操作分析、 人機配合、 細微動作、 時間研究等四項。 茲略述如次:

1. 工作分配 (Work Distribution Chart): 先按各工作單位之職掌、辦事細則、作成一週或一日內之實際工作數量表， 再將該單位每一職位作成工作卡， 分列其一週或一日內之實際工作項目及所耗之時間， 然後合併製成該單位現行工作分配表。利用表解格式之簡單明瞭， 可以很容易看出何項工作耗時最多， 有無不當之努力; 工作分配是否平均合理， 是否人盡其才。

2. 工作程序 (Process Chart): 用此項所述之各種符號將每項工作處理之過程， 包括每項動作之傳遞距離， 及處理需要， 繪於工作程序圖上， 研究分析， 甚易明瞭而剔除不必要之步驟， 簡化並重排其必要之手續。

3. 表格改善 (Forms Analysis): 表格是所以致用而不是虛應故事， 應時常檢討 如並無確切需要的， 要勇於廢除。表格應集中管理， 否則表格之花樣繁多， 來源複雜， 填表人不免感到困難， 或前後不符， 重複無效率。

4. 動作經濟 (Motion Economy): 屬於動作研究之範圍， 辦公廳尚少使用， 不外「連續之曲線運動， 較含有方向突變之直線運動為佳」，「動作應儘可能使有輕鬆自然之節奏， 因節奏能使動作流利及自發」。

5. 工作衡量 (Work Measurement): 訂定標準工作時間， 如

同成本會計之標準成本，乃十分重要，此可測定工作效率，製訂工作標準，調整工作分配，衡量工作成果，加強工作管理等。

（四）辦公室自動化

所謂辦公室自動化，一般簡稱「OA」，「OA」乃「Office Automation」二字的首位字母，亦可稱之爲「辦公室資訊系統化」。

一提到「資訊」(Information)，自然便使人連想到了「電腦」(Computer)，「電腦」除高速計算外，更能够「儲藏」，對辦公室之事務管理，當然會發生旣快速又準確的功效。但電腦並無獨立思想；對資訊或問題不但沒有情感的意念，更不能作獨立價值之判斷，也無卽時準確的猜測力（可參閱關重靑著「新編電子計算機原理第一章」）。所以，電腦畢竟是機器，是人造的又須靠人去操作運用的機器，雖靠他接受「資訊」，但仍不能忘了「人」；忘了辦公室內與「人」之配合。難怪管理學大師彼得・杜拉克要說：「我不喜歡『自動化』這個字眼，因爲它太強調機器的功能，事實上，我們仍圍繞着資訊的流通而工作，並且用其他資訊的回饋來控制，而電腦則依據此邏輯而追隨著應用系統。」

因此，我們可以把「辦公室自動化」，叫作「辦公室資訊系統化」，我們要重視作業機器的現代化，更要重視機器系統化管理中人的因素；且對資訊工具的應用，已由中、下級管理人員提升到高級管理幹部，也就是資訊的應用已由事務性之管理，提升到財務分析、生產管理、銷售管理，尤其已應用到決策分析與管理上。人與機器的配合，已爲一不可忽視的新管理觀念了。

對於這個問題，我們將於第十節中再特別說明。

第三節　事務管理的機具

上節提及，由於管理現代化的結果，固然使製造成本降低了，但管理事務的成本，卻相反地在提高，因而也降低了預期的利潤。而且因雇用專人的困難，及薪資水準的提高，乃使大規模企業走上了「事務管理機器化」之途。

舊的事務機器化（Office Mecanization）觀念，着重於由機器代替人工的單純想法，只是手工業的延長，例如利用打字機打文書，複印機複印文書，手動或電動計算機的計算，或會計機的計算及分類、記錄等，所以事務機器不過是幫助事務人員完成作業的工具而已，完成事務作業的主體，依然是人而不是機器，卽使如此，機器化終提高了事務效率，對企業經營現代化功不可沒。

新的事務機器化觀念，在近十年來逐漸代替了舊的單純的機器化觀念，此卽上節中所說的將人與機器予以最有效的組合，可適時適地提供適切的管理資訊，俾利於管理決策。

（一）「綜合機械化」的內容

目前對事務之處理，已將人與機器加以有效的組合，再由資訊處理，將整個管理體系與機器系統結合在一起，這結合可稱爲「綜合機器化」，其內容分爲以下三項：

1. 事務作業的機器化：

　　利用部份機器幫助人工作業。人工作業依然是事務作業的主體。若機器散置在各處時，其效果不大。

2. 事務的綜合機器化：

　　這是與管理體系，密切有關的機器化，是先將企業的整個組織管理體系化（System）以後，再予機器化的作法，這時

所使用的機器是系統化的、組織化，也是企業情報處理的主體，當然，其前後及中間，依然有人工作業。

3. 代替思考判斷的機器自動化（Automation）：

人類以其卓越的思考力，創造機器的語言，用於編製情報處理的程式設計（Program），打成卡片後，送進機器系統，使它自動的送出所需要的情報。這些機器係以電子計算機為中心，間亦配合打孔機（P. C. S.），會計機及其他有關機器。

（二）事務機器類別

事務機器的類別很多，分類的方法亦多，有的按事務（動作）的種類而區分，有按事務的目的（功能）而區分，有的則按事務機器本身的功能是單一的、是複合的，抑是綜合的而區分。茲按以下區分法列舉各種事務機器如下：

1. 單項功能機：——指可以增大特定動作（Step）事務處理量及縮短其處理時間的機器：

   (1)書記（印字）用機器：——①英文打字機（手動式、半電動式、電動式）、②中文打字機、③計時器(Time-Recorder)、④巡邏鐘、⑤時間記錄機器。

   (2)複寫印刷機器：——①複印機（一般複印機、電子複印機）、②印刷機（液體式、騰寫式、平板式、輪轉式；手動式或電動式）、③複印印刷機（Inprinter）、④其他印刷機。

   (3)顯微膠片機器（Micro-Film）：——用以影縮、記錄、文書等，以便保存。

   (4)計算機器：——①加算機（單一合計加算、二重合計加算）、②計算機。

   (5)連絡用機器：——①傳聲機〔機構內交換電話、室內電話

（Interphone）、私設無線電話、電話補助裝置〕、②私設電視機、③郵書機器（折疊機）、④書類搬運裝置（壓縮空氣式搬運機、輸送帶傳送機）。

(6)整理用機器：——①帳票分類機、②廻轉檔案機、③裁斷機、④檔案庫、⑤書架、⑥開孔機、⑦閂鈕機、⑧號碼機。

(7)其他：——①幻燈機、②教育訓練用機械、③錄音機、④證券貨幣處理機、⑤打孔機、⑥信用卡處理機、⑦連續傳票發行機、⑧繫帶機。

2. 多項功能機——指可以減少動作（Step）以增加事務處理量及縮短處理時間的機器。

(1)計算、記錄機器：——①加算機（作表、加算）②計算機（記錄、計算）。

(2)會計機器：①會計機（數字式、附打字式）、②乘算會計機（數字式、附打字式）、③分類會計機、④計算打字機、⑤特殊打字機（銀行窗口用及旅社用。）

(3)收銀機（Cash Rigister）：——①表示器型、②加算機型。

(4)連絡用機器：——電信電報傳眞裝置。

3. 機器系統（組織系統化的機器）：——將處理步驟綜合化及系統化的機器系統。

(1)間接性機器系統：——PCS 機器（Punch-Card-System 卽打孔機）。

(2)直接式機器系統：——①電子資料處理系統、②資料變換裝置、③資料傳送裝置、④資料處理關聯機器。

第四節　文書管理

所謂文書管理，是指文書或文件的收發、處理及保管。而「文書」則包括通訊文書、計算書、報告書、契約書、申請書、許可書、證書等，這些文書的處理，若手續繁複，必影響事務效率，故須從文書簡化做起。

一、文書簡化

一般文書簡化，有屬於機關制度者，有屬于權責劃分者，有屬于文書處理全部過程者，有屬于某項工作手續者，如何達到簡化目的，須依科學方法和程序不斷作深入之研究，擇定改善之目標和步驟，貫徹實施。現對文書簡化提出以下之要點：

㈠縮短公文處理時間：

1. 屬行分層負責，建立一種權責劃分之分層負責制度，則公文處理可由各層級負其責任，從而可縮短時間而趨近速。

2. 舉行業務會報，或工作會報，決定事項，各單位可遵照紀錄辦理，不必會簽會稿。

㈡減少公文處理數量：

1. 以報表方式簡化法令手稿。

2. 機關內部實行分層負責，可縮短公文判行之階層，在各級機關之間實行，分級負責則可減少公文來往。

3. 簡化處理手續，以「剔除」、「合併」、「排列」與「簡化」四項步驟並用。

4. 文書表格化以代替繁重之文書，使人人能明瞭各項表格之作用，運用自如，必有助於文書處理效率提高。

5. 其他簡化方法，如電話洽公，用「公務電話記錄單」，擇要

記錄附入卷內，電報發報或廣播，效率尤大，他如自動計算
機、電動打字機、電動映印或油印機等新的工具，尤易增加
效率。

㈢確保公文處理期限：公文按其性質及需要，分為最速件、速
件、普通件、特別件，並酌定其期限，實施文書稿催及文書登
記，以配合文書簡化之作用。

二、收　文

一般機構皆由收發室專員文件收發之責，其對收發之處理，是先
將印刷品、平信、掛號信分開，掛號信件交主任親目拆封，其他信件
拆封後，摘要登記，然後送交文書科點收，分配給各處室；若有支票
滙票，交出納科簽收。

三、發　文

㈠擬稿——承辦人根據來文或擬辦事項，擬成文稿。

㈡會簽——所擬文稿與其他部門有關時，應請其會簽。

㈢繕寫——經判行後的定稿，交文書科繕寫或打字。

㈣校對用印——繕寫完畢，經過校對，送監印員驗印。

㈤封發——將發文彌封，登記於發文簿，然後發出。

四、檔　案

檔案是處理完畢而經整理，予以保存的公文書。有將全機關之案
卷集中一處者（集中制）；有將案卷由各單位分別保管者（分散制）；
也有將不常調閱的舊案由檔案處集中保管，常須調閱的案卷，則由各
單位檔案室保管者（混合制）。至於檔案之分類，通常有以下三種方
法：

㈠順序歸檔法——按文件日期之先後順序歸入檔案；最適用於會
計憑證及票據的保管。

㈡分類歸檔法——根據原已定好的類別，將公文分別歸入檔案；最適用於大規模企業。

㈢區域歸檔法——按地區歸檔；最適用於進出口商。

第五節　財產管理

一、意　義

此處之財產乃指企業之土地、建築物、機器、器具，及價值較大，使用期限在一兩年以上之器物。

二、財產登記

各企業、機關的財產，應依其類別或會計科目予以編號，其分類與編號，可按下列三辦法為之：

㈠種類編號——依各企業機構主計單位的財產科目編號予以編號。

㈡分類編號——依各類財產科目之子目編號予以編號。

㈢數量編號——依購買數量之次序先後順序編號，為分類編號之子目。

依上法完成編號後，着即編成「財產編號目錄」。

三、財產的保管、使用與交代

㈠保　管：

1.財產取得後，由經管部門妥為保管，並按分類編號黏訂標箋。

2.土地及房屋等不動產取得後，應向主管官署辦理財產登記，變更時亦須如此。

3.暫不使用的財產，應妥善保管，另行存儲；不便移動者例外。

　　4.體積較小的財產或工具，須集中存儲，或設倉保管。

　　5.已無用途的呆舊財產，經核准後即須處理。

㈡使　　用：

　　1.財產分配某指定單位使用時，其經管部門即須填具財產移動單，送由登記部門為財產移動之登記。

　　2.財產分配使用時，應逐項交付點收，如有不符，應即追究責任。

　　3.財產使用部門或人員，對使用中的財產，應盡善良保管之責，不得私自移撥。

　　4.財產移管部門，對使用中之應隨時查將其實際使用狀況。

㈢交　　代：

　　1.經管財產人員交代時，須將經管之財產交接清楚。

　　2.員工之調、離職，應將分配使用之財產照單交還，如交代不清而未行賠償，則不發離職證明，並追保賠償。

四、財產增值的處理

　　㈠財產增值，包括財產的購置、營造、撥入、孳生等方式。經驗收之後，則填具「財產增加單」送往登記部門，做財產增加的登記。

　　㈡財產的購置及營造，應先編擬預算，核定後，再由經管或使用部門擬具請購單，簽請購置或營造。

　　㈢財產的購置或營造，其價值在一定金額以上者，應擬定底價，依招標或比價手續行之；如無法招標或比價者，可採議價方式。

五、財產的減損

　　凡不需用或呆舊而仍可利用者得行變賣；損毀至效用已失而難修復者，應行報廢。並須隨時盤點，免生誤差。

第六節　供應物品的管理

（甲）供應物品管理

一、意　義

所謂供應物品，即供應品，包括維持營業進行所需要的一切物品。

二、種　類

㈠消耗性物品：凡一般辦公用品，經使用後則失去原有效能或價值者屬之；如紙形、茶葉等。

㈡非消耗性物品：凡辦公所用的文具、器皿、工具、零星雜器，其使用期限在兩年以內一年以上而價值在一定金額以下者屬之。

三、供應物品的採購、驗收與儲存

對物品之採購、驗收與保管，可參酌物料篇處理之，不再贅述。

四、物品的核發

物品之核發，須以每一職員之職務需要為依據，分別訂定使用物品種類及每月標準使用量。

五、登　記

物品之登記，憑各項收發單證辦理，並應具收支分類日記帳。凡非消耗性物品，須參照財產管理規則登記辦法辦理。

（乙）廢品的處理

凡損壞不堪修復之物品應予報廢，但報廢之物品在未獲准報廢前，仍宜妥善保管不得毀棄，已行報廢者，則於帳內註銷。

（丙）物品儲存原則

一、消耗性與非消耗性物品應分別存儲。

二、經常公用物品，以存儲半年用量為原則，但不得少於一個月之用量。

三、需經常領的物品，用櫥櫃存貯，安置於易於取放的適當地點。

四、儲藏處所，應力求堅固，乾燥，並配置消防及防盜設備，以策安全。

五、儲藏場所，應嚴禁煙火，並須注意檢查電線，以防火災。

六、儲存物品於檢查時，如發現損壞，應即報請修理，不得任其擱置，以免失去使用價值。

第七節　雜務管理

所謂雜務管理，除上述各種管理外，凡屬於總務部門職責內，所應管理的事項皆屬之；如房舍管理、用品用具管理、交通管理、膳食管理等等，茲簡述於下：

一、膳食供應

許多公司為了便利員工解決吃飯的問題，都備有餐廳免費或廉價供應膳食。談到膳食的供應，實是很費腦筋的一件事。因各人的飲食習慣不盡相同，嗜好又各不一樣。而公司方面要辦理膳食，除了考慮大家的嗜好、習慣外，往往受到設備、人手、費用、物價等因素的限制，很難投每人所好，包人人滿意。但辦理膳食的人員應動動腦筋以可用之費用，買新鮮、經濟而有營養的食物來供應大家。而且應注意碳水化合物、脂肪、蛋白質、維生素、礦物質各類營養素的均衡以及

人體所需熱量的足夠補充，並應使每日菜譜有所變化，以免大家吃同樣的菜，吃久而厭膩。所以辦理伙食，應具備起碼的食品營養的常識。

二、辦理勞保

勞工保險是政府保障勞工生活安定的德政之一。有了勞工保險使員工遇有疾病或受傷時能接受免費治療；生育、退休可請領補助費。因公成殘廢或不幸死亡可得到撫邮。辦理勞保的人怠忽職守，會使投保人失去受益的權利。故辦理勞保的人遇有新員工應隨時辦理加保手續，並注意其應投保金額；遇有員工離職，應隨即為辦理退保手續，以防止公司無謂的支出。為使診病單有效利用，應設法合理的節制。遇有各種給付的申請，應立即辦理，以免失去時效。此外員工如有受傷或急病，應予以急救或送往醫院診治。

三、營　　建

公司的廠房、宿舍、辦公處所的屋頂、門窗、地面、桌椅、寢具、機械設備使用一段時間後難免會破損。總務人員應經常留意巡查，看到需要修繕的東西，就應趁早請人來修理，以便物盡其用。如果小毛病不加修繕，等毛病大了不能修繕，便只好棄之不用，這樣便會浪費公司的財力了。

至於遇到公司因業務的進展或財力寬裕要增建房舍，擴充設備時，事先要有周詳的考慮、遠大的計劃，多參考別人的建築、設備，取其長處，並請教專家的意見，以免花了一大筆錢而用起來不理想或經過不久又不敷使用。建築前應找幾家信用可靠之營造商比價，以免花冤枉錢。契約內應載明所用材料之規格、付款條件、完工日期，以免日後發生無謂的糾紛。施工期間應多留意監工，以免建築商偷工減料。

四、環境佈置、美化

一個公司要有適合生產、銷售的環境。所以廠房、原料倉庫、成品倉庫應考慮整個生產過程之方便。辦公室的分佈、佈置要符合各部門辦公的需要。宿舍要寧靜、舒適，使同仁住下來能恢復一天的疲勞，培養翌日的精力。庭院要清潔、綠化，並應有各種運動器具的操場，使同仁空閒時間能在樹蔭花間散步、看書，或在操場運動、打球、鍛鍊身體。優美的環境也能陶冶人的性情，提高工作效率，並給來賓、顧客良好的印象。

五、車輛調度

保養：許多生產公司大多均設在郊區或鄉間。故採購物料、往各機關辦事、推展業務、修理零件等均需要交通工具。在交通繁雜的現代，當然汽車比機車、脚踏車安全、迅速又方便多。但在車輛少的公司，爲了要應付各部門的需要，車輛的調度就成了很傷腦筋的事。總務部門應每天協調各單位依其工作之緩急以及工作地點之路線，予以調配車輛。爲了有效運用車輛，每一輛車最好設一個行車記錄卡，記載駕駛人姓名、開往地點、開車時間、開車里程、所辦事務等以便稽考。

爲了車輛的保養，每一部車應設一張保養卡，並規定一負責人每天經常注意汽油、機油、刹車油、水是否足够，刹車板、駕駛盤、方向燈、照明燈、喇叭、雨刮、引擎、輪胎是否正常，並且定期送往保養場保養。如此才能確保乘車人員的安全，又可延長車輛的壽命，撙節公司的開支。

六、宿舍分配

管理：宿舍可分爲單身宿舍與眷屬宿舍。眷屬宿舍分配之原則可依其職位、年資、職務上之需要、家眷人數之多寡、家之遠近訂點

數，以總點數之多寡為優先順序。單身宿舍則依其家之遠近、職務上之需要分配。在分為二班制、三班制之公司應將同班人員分配在同一室，或同一樓，同一棟，以免不同班人員互相打擾，對於水電之控制也較為方便。此外宿舍之寢具的保管、補充，衛生設備、門窗的保養、修繕也應隨時加以留意辦理。

至於宿舍內務之整理、清潔之保持、秩序之管理，最好設專門管理人員負責處理。公司則可定期舉辦清潔比賽擇其良莠予以獎懲，可收事半功倍之效。

七、開會準備

每個公司均有各種會議，如：常務董事會、董事會、股東大會、工作會報、業務會議等。各種會議依其性質，所需準備的東西也不同。有的會議只要事先發出通知，屆時準備場所即可。有的尚須準備香菸、茶點、報告及討論資料、備忘用的文具、選舉用的選票、點綴用的花卉，甚至於與會人員的餐飲等均應事先依照預期與會人數妥為籌劃，務求準備得適宜、得體。

至於開會通知，則應注意寫明開會日期、時間、場所、開會目的，使與會人員便於準時赴會。

八、門禁執行

各公司之門禁大多均委由守衛人員負責。守衛人員如遇有賓客來訪，應客氣、有禮貌的問其來訪目的，請在來賓登記簿上登記，並請其在會客室稍候，同時立刻與受訪單位人員連繫。如果是公司的顧客，有時為了守衛人員之禮貌不周，影響生意之成交；如果是政府等有關機關人員之來訪，為了守衛人員之怠慢，會惹來誤會或無謂的麻煩。

至於員工的出入，應憑識別證，以防外人擅自混入，有利於公司

安全的確保。檢查出入人員的携帶物品，可防止公司財物之流失，也可防止有不良企圖的人，進入公司破壞設備。

九、制服訂製

各公司爲了工作的方便，服裝的整齊，大多訂有制服。制服的式樣除講求美觀外最重要的是要能使工作方便，並能顧慮到工作的安全。太窄的服裝，有礙動作的靈活；太寬則容易碰到機械而招致危險。因此公司的制服，不能一味要跟著一般時裝流行。

服裝的顏色與工作情緒息息相關。太刺眼的顏色，容易使人興奮，也容易使人疲勞；太陰沉的顏色會導致大家意志消沉，工作情緒低落；易髒的顏色不適於容易弄髒手脚的工作。

至於制服的分配，依公司的財務而定。例如每年夏、冬要各分發一套，那麼在春天就應準備夏季制服；秋季就得訂製冬季制服。不應等到夏天將過才分發夏季制服，甚至春天要來臨，冬季制服尚未做好。此外新進人員的制服，應於報到時分發，以求大家服裝之整齊。因此訂製時除依現有人員數訂製外，各種尺碼應多訂一些以備人員之用。

十、防　　盜

防火、防空、防颱之設備爲維護公司人員、財物之安全，總務人員應注意圍牆之整修、門窗關鎖設備之完整，以預防宵小之窺伺。充實消防器具；注意電氣設備之安全，廚房、垃圾場之火種；嚴格執行在禁烟場所絕對禁烟，以防止由於火災帶來公司財物的損失。定期舉辦防空演習、防空常識教育，以及充實防空避難場所、防毒面具等防空器材，以保障敵機來襲時的安全。在颱風季節來臨前，注意溝渠之疏濬，使排水系統暢通，並注意屋頂、門窗之修繕，樹木之修剪，電線之安全檢查，就不怕颱風給公司帶來災害。

十一、公共關係

公共關係之建立、協調: 一個公司的各種事務常會受到各機關、學校、 同業或地方人士的幫忙。 因此當這些機關或人士有婚、 喪、喜、 慶, 或紀念儀式, 總務人員便應記得及時送上花圈、 喜帳、 輓聯、香奠等表示慶悼之意, 或派人參加紀念儀式, 以表示公司關懷之意。

遇到地方上有各種盛會, 也應盡可能在人力、物力上與以支援、襄助, 這是人情上應有的表現。 因爲社會是互助共存的, 一個人不能孤立於社會, 一個公司也如此。

十二、員工福利

員工每日貢獻他們的勞力、智力, 爲公司工作, 公司也應盡力爲員工謀福利。 例如定期舉辦康樂晚會、 旅遊活動, 用以酬勞員工; 舉辦語文進修班、 插花、 縫紉、 刺繡、 烹飪、 舞蹈、 歌唱、 美術、 書法、 樂器演奏等的研習班, 一方面可提高員工的素質, 陶冶員工的性情, 改善員工的氣質, 並可提供正當的娛樂, 維持善良的風氣。

第八節　款項出納與貨帳處理

一、出納工作

凡對現金、票據、有價證券之收入、支付、保管、移轉、登記之處理工作, 謂之出納。 出納的工作, 約有以下三項:

㈠設立有關現金、票據、有價證券的收支簿册, 以爲之登記。 出納簿約有四種:

1. 現金收入簿。
2. 現金支出簿。
3. 票據及有價證券登記簿。

4.銀行往來簿。

㈡定期編製報表，報告現金、票據及有價證券的收支情形。

㈢辦理現金、票據及有價證券之保管等事項。

㈣企業之出納管理必須遵守的八項原則：

　　1.內部牽制：即出納與會計分離；嚴守「管帳不管錢，管錢不管帳」原則。

　　2.庫存現金力求減少，當天收入悉數存入銀行，一切支付以支票為之。

　　3.實施零用金制度。

　　4.定期、不定期執行查庫制度。

　　5.厲行出納人員的保證制度。

　　6.實施出納人員的輪調制度。

　　7.加強出納人員生活與品德的考核。

　　8.實行財務保險制度。

㈤現金的收付：對現金收入、支付的方法與程序，在商業經營之銷貨章中銀錢出納一節中，已有說明，不再贅敍。

（二）貨帳處理

本節所指之「貨帳」，乃指賒銷貨物之帳目，對貨帳之處理，應注意以下事項：

㈠客戶信用調查：任何企業在銷售上雖然無不希望現款交易，但信用銷貨可以招徠顧客，推廣銷路，為了應付市場競爭，賒銷亦有必要。不過為了減少呆帳損失，對於客戶信用必須盡可能詳細調查。信用調查的資料來源大致有：

　　1.客戶本身提供有力證明。

　　2.推銷人員調查報告。

3. 以往交易記錄付款情形。

4. 信用調查機構資料。

5. 往來銀行信用報告。

6. 其他資料如商會、同業等各項調查報告。

㈡應收帳款分析表: 賒銷客戶多的公司行號，應編製「應收帳款分析表」，其內容包括: 客戶名稱、貨款到期日期、貨款金額、信用等級、超過到期日數等項，俾按戶催收貨款。

㈢收帳態度: 催收貨款應本任勞任怨的精神，在不得罪客戶的要求下，按時將貨款收回，催收貨款的方式有:

1. 人員催收。

2. 電話催收。

3. 信函催收。無論何種方式應儘量避免引起顧客反感，務期繼續維持雙方的交易往來。

㈣收帳員管理: 收帳人員的管理亦為不可忽視的事項。每日收到貨款皆應於當日即解交出納。 若於外埠地區收款， 亦應於每日收款後， 立即存入當地往來銀行或滙寄出納，以免發生弊端。

㈤資金調度: 信用銀貨必將影響企業資金的調度，所以應衡量企業之資金能力制定適當的信用額度，否則賒銷積壓資金過多，遇到經濟情況稍有停滯現象，即將發生嚴重的週轉不靈後果，應就企業資金能力範圍辦理，方可應付自如，免遭不測。

第九節　會計與稅捐的處理

(一) 會　計

會計是將企業的交易往來， 以有系統、有組織的方法， 加以記錄、計算、整理，使事項之發生，財貨勞務、債權債務的增減變化，

得有正確明瞭的記載，並進而對上述之計算、記錄及整理之方法，加以詳密的研討與設計，並根據簿記之記載，據以觀察事業之財務狀況及營業成果，分析其成敗得失，提供企業當局作爲財務管理及營運的參考，俾能發揮內部控制效能的工作。

會計的記錄與報告，可以使管理者明瞭其過去的成本、交易、利潤等之實際情形，進而分析目前的財務狀況和營業狀況，而推測未來之可能發展情形。所以會計對企業之經營，實具有莫大的功能，現將此功能說明於下：

㈠記錄：這是會計的傳統功能，無論是進貨、銷貨、行政、管理等各方面的收入與支出，皆經會計作業予以記錄，所以查閱企業的分類帳，即可了解有關企業的各項收支情形。

㈡報告：每一年度終了，企業必須將其營業結果報告股東，尤其在今日「大衆公司」的企業型態下，會計報告可以使與會大衆了解營業成果，俾獲得大衆的信賴。此外政府法令亦要求企業準備適當的記錄與報告，會計報告的主要內容有：

1. 該年度內的經營結果及年度終了時之財務狀況。就前者言，報導此一年度的經營結果爲「損益表」；報導年度終了時的財務狀況爲「資產負債表」。

2. 預見未來一年內可能發生經營上的重大事項，例如預計在半年後擴建店房購買設備等重大事項。此外對於報告內容，亦可做進一步的文字說明。

3. 分析：會計報告的應用，是會計功能的進一步發展。對於會計報告的數字加以分析檢討，可以協助明瞭企業的財務狀況與經營效率。例如存貨週轉率爲銷貨成本與平均存貨的比值，以公式表示之即爲：

$$存貨週轉率 = \frac{銷貨成本}{平均存貨}$$

此比率可以測知企業銷貨能力的強弱，及其是否有存貨過多的病態。在一般情形上，存貨週轉率應愈大愈佳。例如甲店的一年平均存貨為一百萬元，而其年度的銷貨淨額為一千萬元，其存貨週轉率為十，即是以一百萬元存貨做了一千萬元的生意。假如乙店的一年平均存貨亦是一百萬元，而僅有五百萬元的年銷貨淨額，則其存貨週轉率為五，較甲店為低，這是因為乙店以一百萬元的存貨祇做了五百萬元的生意。自是不如甲店的存貨週轉來得快；業務較甲店差，類似這方面的分析很多，稱為報表分析，以後再行說明。

4. 控制：優良的會計作業，可以協助企業的管理控制。例如對於銷售成本的發生予以切實記錄，編製成本報告，經過詳盡的分析後，就可進一步實施成本控制，將於未來的成本發生，予以切實控制；俾使其不超過預計標準，並能在實際成本超過標準時，迅速予以查詢原因，追究責任，加以修正改進。

（二）稅捐處理

凡屬營利事業者之企業，一般皆須繳納營業稅與營利事業所得稅等，茲分別說明於下：

㈠營業稅

根據營業稅法之規定，應納營業稅之營業人發生營業行為時，應開立發貨票交付買受人，並將發貨票及其他有關單據一併俱存，以備主管稽徵機關查核。同時規定營業人所使用的發貨票，原則上由政府統一印製，供發售營業人使用，但規模小，交易零星，及依法設立之

免稅商店及事業，得免用統一發票。以目前言之，統一發票有以下五種：

(1)三聯式統一發票：專供營業人銷售貨物或勞務與營業人所用者。第一聯爲「存根」，由開立人保存；第二聯爲「扣抵聯」，交買受人作爲扣抵或扣減稅額之用；第三聯爲「收執聯」，交買受人爲記帳憑證。

(2)二聯式統一發票：專供營業人銷貨與勞務與非營業人之用。第一聯爲「存根」，第二聯爲「收執」，其用途如上。

(3)特種統一發票：專供營業人銷售貨物、勞務時計算稅額之用。第一聯爲「存根」由開立人保存，第二聯爲「收執」，交付與買受人。

(4)收銀機統一發票：專供銷售者作爲進貨紀錄，「存根」由開立人保存，「收執」交買受人。

(5)電子計算機統一發票：第一聯爲「存根」由開立人保存，第二聯爲「扣抵」聯，由買受人作扣抵或扣減稅時之用；若買受人爲非營業者，開立者可予銷毀。第三聯「收執」交買受人作記帳憑證。

另外，使用統一發票者應注意以下事項：

①統一發票之領取人（營業人），應塡具印鑑表申請主管機關核發購票證。用罄得續領，若遇申報事項有變更或歇業、改組、合併、轉讓時應註銷之。

②前項購票證及統一發票均不得借于他人使用，違者吊銷其執照。

③統一發票應由發票人加蓋與印鑑表相符的專用章，並註明地址及納稅編號。

④統一發票如有遺失，應即敘明原因，申報主管機關查證註銷。

⑤營業人應依規定填具明細表，每月彙報一次，於次月十日以前送主管稽徵機關（如主管分處等）查核。其統一發票未使用部分，次月不得續用。並將空白統一發票之起訖字號於各該明細表內註明，前項空白統一發票，應自行在右上角處戳廢。

⑥營業人售出貨物後，如遇買受人因故退回或掉換洽妥減價時，均應將統一發票收回，並註明其事由，另外再開立統一發票。買受人所持原統一發票遺失的，得由買受人出具證明書替代，但以買受人為實施商業會計法之營業人，具原統一發票填有該買受人姓名或名稱及地址為限。前述貨物之退回或掉換或減價，應自開立統一發票之日起六十日為之。並於當期或次月首頁明細表備考欄內註明情由，一併附送核銷。營業人因掉換或退回貨物及貨物清價，其已報繳之營業稅及已申報彙繳之印花稅，得檢同原統一發票申報核實抵繳次月稅款。又統一發票如有開立錯誤的情形，應註明「誤寫作廢」字樣，於當期明細表中註明查核，並收回作廢之發票粘於原號存根上。

⑦當月賸餘之發票，應折角作廢保管，並於統一發票明細表內載明之。其遺失應即申請核銷。

⑧營業人應將每月營業額（即統一發票明細表內總合計之數額）於次月十日以前申報主管稽徵機關查核。同時在每月十日以前，將上月份應繳營業稅，填具營業自動報繳單向當地公庫繳納。若無扣抵稅者，亦可兩月申報營業額一

次。

⑨營利事業兼營二種以上不同之營業，而其課稅標準（營業
稅課征稅率，因可分為四類而不同稅率）不同，其營業稅
應分別申報。或是總分支機構設在不同省、縣、市者亦應
分別申報。

(二)營利事業所得稅

營利事業所得稅之報繳可分為預估申報及結算申報。

1. 預估申報:

營利事業應於每年七月一日至七月卅一日止一個月內，
預估當年之營利事業所得額，自行向公庫繳納預估申報應納
稅額（以其二分之一為暫繳稅額），自行向公庫繳納。並依
規定格式填具預估申報書及自動報繳款書，一併申報主管稽
征機關，交繳「暫繳稅款」。其一般暫交稅款之計算公式如
下:

(1)(預估全年課稅所得額)(稅率)－(累進差)＝預估全年應納
稅額

(2)(預估全年應納稅額)$\times \dfrac{1}{2}$＝應納暫交稅額

(3)(應納暫交稅額)－(抵交稅額)－(投資抵減稅額)＝本年度
自行交納暫交稅款

如為新開業而實際營業未滿一年者，其公式如下:

(1)(預估課稅所得額)$\times \dfrac{12}{預估營業月數}$＝預估全年課稅所得

(2)(預估全年課稅所得額×稅率－累進差)$\times \dfrac{預估營業月數}{12}$

$\times \dfrac{1}{2}$＝應納暫交稅額

(3)(應納暫交稅額)－(抵交稅額)－(投資抵減稅額)＝本年度
自行交納暫交稅額

2. 結算申報

所謂結算申報，係指營利事業為正確計算應納營利事業
所得稅額之一種程序。一般有下列三種申報方法：

(1)簡易申報：適用於小規模營利事業；即經主管稽征機關核
定規模較小之合夥或獨資事業。申報期限為每年之二月一
日到三月卅一日止兩個月內，填具簡易申報書及自動報交
繳稅書，自行向公庫交納。

(2)普通申報：申報繳納期間與簡易申報同，其步驟如下：

(A)將本年度結算辦理完竣，計算本年所得額。

(B)填具結算申報書。

(C)依當年度規定之稅率計算應納稅額，減除該年度預估申
報已繳數額及其他減免事項計算本年度應納稅額。

(D)填具營利事業所得稅申報繳款書至公庫繳納。

(E)將自動繳款書及申報書一併送當地稽征機關查核。

(3)藍色申報：經核定使用藍色申報之事業應於會計年度開始
後三個月內，新聞業者於開業後一個月內，填具營利事業
所得稅，使用藍色申報書、申請書及使用藍色申報書、申
請登記事表，向各該管稽征機關提出申請。其申報期限亦
為二月一日至三月卅一日止二個月。其申報應按帳面款額
填列申報。並依所得稅法及營利事業所得稅結算申報查帳
準則有關規定，就其帳簿記載各項目加以核對，其有不合
規定者，應在申報書上自行調整。並附具調整理由說明書
一併申請。

　　　　藍色申報得委託會計師或其它代理人代為辦理，代辦
　　　申報時，應附具藍色申報人之委託書、代理人承諾書及查
　　　帳證明書。其餘事項應依普通申報方式辦理。

　　除以上兩種主要稅捐外，諸如薪資個人所得稅之預扣，減免稅
捐，均應按規定辦理。房租、地價稅、法人戶稅等等，須注意稽征機
關送達之稅單，依其所註明限繳時限，按時繳納，並將已繳之收據妥
為保存，以備查考。

第十節　　辦公室資訊系統化

　　在以上幾節中，我們已零星的介紹了一些以機具與資訊幫助事務
管理的方法與觀念，本節再將「辦公室資訊系統化」從其十大要素作
一說明。因此處提到「資訊」，便藉機先將資訊作一解釋：

（一）資　訊

　　「資訊」係由英文「Information」翻譯而來，此字本為消息、
情報之意，若就廣義言之，乃在日常生活中凡人、地、事、時、物有
關的一切訊息皆包括在內，今日我們用它表示一種或一羣資料；用它
表示業經歸納、整理、分析後的一切訊息和資料，俾供研究與決策之
需。

　　所以，「資訊」必須經過合乎科學方法的處理才能利用，處理「資
訊」的機器則常為電腦（Computer）。文字與語言或者符號則為人類
用來說明或表達「資訊」溝通意見的工具。

　　近代文明社會有三大特性，即快速、多變、多擇。以今日言之，
不論事務的成長、空間的交通、數字的計算、資料的統計，乃至工廠
生產、股票交易、市場狀況、資能探測、工作控制，以及在本章所研
究的事務管理，都須於多變中作快速處理與正確選擇，故「資訊處

理」(Information Handing) 與尋找新能源、發現新物質被稱為「目前科技發展的三大目標」。

(二) 資訊工業:

「資訊工業」, 乃應用電腦 (Computer) 技術達到經濟社會體系自動化過程中, 提供必要設備、人力、技術之各種產業, 包括

(1)電腦工業: 此者又包括硬體、頓體、週邊設備、零組件等之產製、銷售、維護等。

(2)資訊處理業: 此又包括資訊處理服務 (如運用電腦) 與應用頓體——實用程式 (如會計、薪資、經營程式) 等。

(3)資訊傳輸業: 卽電腦通訊。

自一九五一年第一臺眞空管電腦問世, 資訊工業的焦點便集中在電腦上。一九七一年因半導體技術之進步, 產生了「微處理機」, 資訊工業由此有了突破性的原動力, 在成熟的半導體技術大量生產下, 電腦售價大為降低, 至目前, 連中小企業亦可以資訊機器來處理一切事務了, 所以「辦公室資訊系統化」已成了事務管理的必要知識與工具。

(三) 辦公室「資訊系統化」的需要

在第二節中, 我們曾提到此一問題; 事實上, 辦公人員是組織請來作思考和決策的, 可是卻經常發現把寶貴的時間花在文獻的處理和數據的計算上, 雖然每一家企業均面臨人事與間接費用比率增加的困擾, 然而辦公室的效率仍然比十年前沒有多少提高, 檔案文書仍堆積如山, 找尋資料還是翻箱倒櫃, 天天還在打那些大部份無效的電話, 所能應用的, 還是算盤、打字機、計算器這些傳統的工具, 比較起在工業自動化所獲得的成就, 已經到了無人化工廠的境界, 眞是相差不可以道理計, 因此全世界遂興起了一片提高辦公室生產力的熱潮。

　　就在這一片狂熱中，加上資訊推動機構和電腦軟硬體公司的推波助瀾，無論是政府機關或工商業界，均開始認眞考慮辦公室自動化（Office Automation）；簡稱 "OA"。

　　在辦公室中主要是由人類組織而成，而凡是牽涉到人文科學的事物，就並非光靠科技可以解決，所謂資料處理、文字處理、音訊處理、影像處理、通訊網路等等，均只是電腦與其週邊設備所應具備的功能而已，而談到人類因素工程（Human Factor Engineering），表面上看起來似乎沒什麼太深的學問，而如何應用在辦公室中讓使用人稱心滿意，實用上仍有　段距離，爲重視自動化中人與機器皆能發揮最大功能，故又將辦公室自動化稱爲「辦公室資訊系統化」。

（四）辦公室「自動化」十大要素

　　辦公室自動化的要素，剛好可用「自動化」（AUTOMATION）的十個字母。

　　　1. Application 應用作業　　——A
　　　2. User 使用者　　　　　　　——U
　　　3. Top executive 高階主管　——T
　　　4. Organization 組織　　　　——O
　　　5. Management 管理制度　　——M
　　　6. Analyst 資訊分析師　　　——A
　　　7. Technology 科技　　　　　——T
　　　8. Information 資訊　　　　　——I
　　　9. Office 辦公室　　　　　　——O
　　　10. Network 通訊網路　　　——N

現將十大因素分別說明於下：

(1) OA 的種種應用

OA 的應用軟體系統，偏向於事務性的方便性和取代性，例如使用最廣的文書處理 (Text Processing)，從獨立作業的單機逐漸發展到個人電腦的文件處理套裝程式，預測明年起將有不少中文處理的機種問世，因為在國內這是必然的趨勢；貿易作業電腦化之後，連接一臺電傳打字機，直接發出 telex，也是貿易公司 OA 的常見運用；電子交換機與主電腦連線，可以統計分析各部門、分機別對外打電話的次數、時間和費用，達到訊息管理的效果。

對許多老板，名片之管理與日程的安排相當重要，針對這兩項開發的套裝程式已能在實務上發揮功能，而資料輸入電腦後所建立的電子檔案，很容易儲存、複製和修改，當然比傳統式的紙面記錄來得高明；商場上寄發推廣函件，則可以利用文件處理程式的 DM (Direct Mail) 功能，節省大量打字人力；更進步的，在遠距離間利用通訊網路而開發的電子郵遞、電子現金轉帳、電視會議等，雖然尚未普及，價格也還不能大衆化，卻有相當強大的潛力和遠景。

(2)使用者

是一套功能適用而經濟的設備，是一套友善而好用的軟體 (User Friendly Software)，是一個能與使用單位充分溝通協調的資訊部門。

所謂使用者，還可以區分為使用單位主管、作業承辦人、終端機使用人等不同的層次，在 OA 建置時，最複雜的人性因素，就是與使用部門的分工合作，由於 OA 也提供個人用電腦的專業服務，而不像過去必須完全依賴電腦作業部門，通常比較容易符合用戶的個別需求。

(3)高階主管

老板是辦公室的擁有者，秘書則是輔佐老板與高階主管各種資訊

服務的幕僚人員，有了 OA 之後，　秘書工作的負荷可以大量減輕，效率也相對提高，不再整天抄抄寫寫，敲敲打打，而可以做品質更高的活動。

除了基本的事務性功能，也許對老板更有吸引力的是決策支援系統，OA 提供各種商用圖表顯示，使情報之表達更具說服力，甚至將來可以透過人造衛星或地下電纜作跨國的電視會議，千里傳音影，如聚一堂，相信這種境界不會太遙遠了。

(4)組織之策略目標與 OA 之結合

發展辦公室自動化，首先必須深入瞭解組織整體的經營策略與目標，其次要認清所處的內外在環境，然後還要與管理資訊系統的整體計劃互相校準一致，才不會各自為政。

OA 在組織中強調的角色是資訊資源的分享，以達到資訊系統的整合，因此除了一般電腦作業所重視的效率之外，還要注意效能的達成，這就是說，效果的評估，包括節省多少人、多少時間、多少費用，均需能夠不衡。

(5)管理制度

千萬不要以為買了一大堆電腦公司所宣傳的 OA 設備就能「自動」成功，雖然先用再改進也是一招，但是務必先建立正確的意識，管理制度的合理化、簡化仍然是前提，因應事務機械化的衝擊，在事務流程的檢討，名詞用語的統一，資料填審的標準規定，編號系統的整體設計與內部的控制稽核，還有資訊結構的建立，表單格式的改良等等，才是成功的關鍵，有一些實例顯示，雖然用了文件處理機，但是沒有將常用文件歸納成範本，每一封信還是各打各的，結果變成一部最昂貴的打字機。

(6)資訊分析師

OA 領域所需求的專業人員，不是只會寫程式的高級工人，而是充分瞭解辦公室作業需求的專家，據此他（她）最好曾擔任一段時期的事務員，或事業單位主管，能夠用管理的觀點來看自動化，並且具有系統分析的技巧，才能夠設計最合用的軟體，除了專業與科技知識之外，更要緊的是溝通性、協調性、說服力與表達技巧，在這一行是不可或缺的。

(7) OA 科技

一言以蔽之，OA 科技就是一個數位化的世界，任何型態的資訊，無論是數字、文字、圖形、影像、聲音，只要可轉換為 0 與 1，則能用電腦處理，基於這一個簡單的法則，居然開發出縮微影片、快速傳眞機、電子交換機、繪圖機、圖形辨認、聲音識別等等實用的設備，配合光學纖維、雷射等通信系統，硬體科技進步之速度，已非一日千里所能形容。

(8)資　　訊

資訊在辦公室的每一個角落，在人與人的交談間，在紙上，在電話線上，在空氣中，它是無所不在的，筆者不敢對資訊妄下定義，卻要提出辦公室資訊的幾點要求：①安全性②秘密性③及時性④有效性⑤整體性⑥可靠度，換句話說，洩露機密的、過期的、失效的、零散的、不準確的資訊，可能造成錯誤的決策，其結果比沒有資訊更糟糕，故曰：「水可載舟，水亦能覆舟」。

(9)辦　公　室

中國人曾經是最講究人體工學的，像轎子、算盤、飯碗、庭園、刀、劍等設計，都是曠世的傑作，先進國家注重享受，從牙醫的工具到導演的座椅，也都經過精心的設計。

現代化的辦公室，對於隔間、家具、動線、工具之室內設計，比

較重視人類因素工程，有人稱爲宜人工程，尤其是目前最熱門的終端機工業設計，就充分考慮到了，這些 OA 設備與辦公室本身的裝潢系統整合起來，才能夠發揮最大的生產力。

(10)通訊網路

有些機構遍佈各地，各個分支機構之間，與總部之間，勢必有許多資訊要溝通傳遞，當然最理想的是構成網路，雙向交流，而各式各樣的 OA 裝備均能連接上去暢通無阻，不過我們也要知道卽時作業的網路是非常昂貴的，在軟體方面的投資也很可觀，大部份的場合，也許利用撥接式（Dial up）單向傳輸，或者用小磁片郵遞，就可達到目的，而節省幾百萬的投資。

第三十二章　公共關係的建立

第一節　公共關係的意義與目的

公共關係（Public Relations）是交換意見與事實以促進相互瞭解的一種藝術，在企業中，包括所有活動和營業政策，須要不斷的去決定、指導、影響及說明其機構的作為，以盡量與大眾福利趨於一致，所以齊爾潑（H. L. Childs）說·「公共關係是我們所從事的各種活動與所發生的各種關係的統稱；這些活動與關係，都是公共性的，並且都具有其社會意義。」它是屬於事業中所有的個體，也就是說人人皆有代表組織推行公共關係的職責，但「公共關係並不如一架打字機一樣，是可以隨時購得的，也不像一張貨單的訂購材料可以延期，這是一種生活方式；時時刻刻表露在各種態度與行動中，對於工作人員、顧客，甚至對整個社會都有影響。」（麥克格勞——McGraw）

所以企業推展公共關係的目的，無非在使本公司的目標與經營方式，都能為公共接受與贊助；這對於員工、股東、社會大眾都須處處注意關係的建立，俾加強內部的合作，更進一步減少外界對本企業的誤解，改善外界對本企業的評價，增進大眾的好感，如此以改進企業與股東、與消費者、與信用貸款單位間的關係，減少企業間的糾紛，引起社會國家的普遍重視。

第二節　公共關係的建立與推進

公共關係是一種政策與實施交織成的「計劃性方案」，藉此始能建立羣眾的信任和瞭解，所以在一般企業中，皆有「公共關係室」的

組織，負責策劃公共關係，並判斷外在的反應。

　　公共關係的建立，固然靠全體員工的推行，但主要責任仍歸屬於公共關係室，其主持人自以專家為宜，且須有一「相當組織」，此組織務須按企業本身的性質與當前的內外環境決定其所應做的工作，如有些公司特為顧客設置社交中心、餐室、遊藝場、兒童樂園，甚至在歐美有為顧客專設托兒所的，俾使嬰兒的父母專心購買。也有些公司設有產品使用指導部、退貨部、換貨部，由此而建立起顧客的公共關係，由此可知，公共關係的策劃，是頗為重要的。

　　對企業公共關係的推進，我國學者王德馨先生，在其「現代人事管理」一書中，曾提及四個步驟，在此特抄錄於下，俾供參考：

(1)首先要分析公司方面平時對於社會大眾的接觸所發生的各種關係成效如何？對於社會間各種民眾團體的歷史、工作的推動，予以研討，以及本公司與有關的重要團體有無聯繫？曾否引起各種誤會？進而研究公司內的各階層主管對公共關係的認識與瞭解程度，以及對於內部人員的平時教育或訓練工作進行的程度等項，以作第一步的研究基礎。

(2)運用調查與訪問的方式，探索社會大眾對於公司的態度，根據這種衡測的過程，才可以決定各種推行的具體方案。

(3)所搜集的事實及各種有關資料加以估量，並將分析的結果，就可尋出公共關係努力的成效，而達到預期的目的。在歷次檢討工作中，必須暴露各項缺點，以期據此予以改正。

(4)檢驗已擬訂的基本政策，並查對當前社會輿論有何批評之處。如經核檢後，認為應予修正或取消的，即應採取行動，以免發生反作用。

第三節　　內外關係的建立

（一）與股東關係的建立

股東是組成公司的業主，於公司成立時，即已形成其不可分之密切關係，公司對股東之關係建立，應從下列數端做起：

(1)促引股東對公司產生興趣與瞭解。

(2)尊重股東應從聽取或調查其對公司之意見做起。

(3)鼓勵股東使用並推介本公司之製品。

(4)加強股東對本公司持續投資興趣。

(5)按期分發股息、紅利。

(6)以文字或口頭常向股東報導公司狀況。

(7)及時答覆股東所提問題。

(8)如期舉行股東會議。

（二）加強與職工之關係

現代企業，組織龐大，職工人多，其關係之維持，須由以下數端做起：

(1)賦予工作者應有的工作權力。

(2)避免越級指揮。

(3)不公開批評與責備。

(4)對職工彼此之爭執須及時予以適當調解或處理。

(5)對於決定有影響職工工作的問題，須先探求他們的意向。

(6)珍視職工意見。

(7)鼓勵職工購買本企業之股票。

（三）對顧客關係之建立

(1)使顧客瞭解本企業之沿革及營業與服務狀況，俾增進顧客的信

任。

(2)對顧客之報導切忌虛僞不實。

(3)注意顧客利益，使服務能符合其需要。

(4)隨時檢討顧客不滿之原因。

(5)對顧客之稱許處宜進而發揮優點。

(6)對業務人員常加訓勉，使做到迅速、確實、禮貌周到。

(7)常按顧客之職業、興趣、年齡、性別分別舉行聯誼會或晚會。

(8)定期招待長期顧客參觀本公司。

（四）其他關係之建立

　　如對政府、對同業、對代銷商、對新聞界、對左鄰右舍、對鄉親父老，皆須建立良好的公共關係。本着誠實不欺、尊重公意、與人合作，以遠大的眼光，消除不當觀念，做到「我爲人人，人人爲我」之境地，公共關係始能徹底建立──這正是公共關係之原理。

第三十三章　勞資關係的協調

第一節　勞動關係的意義

（一）勞工的意義

「勞動」乃生產之四大因素之一，包括體力與智力勞動。依我國「勞動基準法」第二條定義：「勞動：謂受雇主僱用從事工作獲致工資者。」若再就經濟、立法並研究勞資關係的觀點，所謂「勞動」應包涵以下五個條件：

(1)為法律的義務──遵照法律履行契約者始能謂之勞工。

(2)基於契約的關係──須有書面或口頭的契約關係。

(3)為有償的──其勞動乃以獲得相當報酬為目的，即以有償為條件。

(4)為職業的──依勞動所得的報酬來維持生活，並以其為職業者。

(5)有從屬關係的──勞工須在其雇主指揮監督下提供勞力，且係基於勞工契約而為之者。

凡具有以上五個條件者，才算是勞工立法上的勞工。

（二）勞工關係的意義

基於勞工立法上對勞工的定義，我們已可得悉；勞動者以其自身生命的活動，依法律上契約的形式，聽命於雇主，提供其勞力，而取得應有的報酬，當然「勞動關係」就是雇主和被雇者的關係；其實，勞工關係尚具有社會生活上公益關係的特質，如勞動分配、勞動時間、勞動工資、勞動爭議等與勞動有關的事情，都包括於勞動關係之

中。

第二節　勞資爭議的處理

（一）勞資爭議的意義

　　廣義的勞資爭議，是指「以勞動關係爲中心所發生的一切爭議」，在狹義方面來說，則爲「雇主與被雇者間所能發生的一切爭議」及「資方或雇主團體與被雇者團體間所能發生的一切爭議」，也就是一般所謂的「勞資爭執」或「勞工爭議」。

（二）勞資爭議的處理

　　各國對勞資爭議的處理，大致言之有由勞資雙方自行謀求方法而不求助第三者來「自行交涉」（Conciliation）解決的；有由第三者出面斡旋協助雙方，以調解（Mediation）方式解決的；有由仲裁人根據爭議內容，獨立判斷以行「仲裁」（Arbitration）的。在我國有關勞資爭議的立法，過去有十種之多，曾有效實施者，爲「勞資爭議處理法」與「動員戡亂期間勞資糾紛處理辦法」。近兩年來臺灣之勞工運動興盛，勞動基準法及其附屬法規日益加多，企業經營者務須仔細研究與因應俾能「和氣生財」，勞資兩利。

第三節　勞資關係的改進

　　臺灣近一年來，非理性的罷工頻仍，影響安定與福利至鉅，在美國勞工運動中，最基本的問題就是消除勞資雙方的仇視心理，改進雙方關係。此者，必須從以下三方面做起：

（一）增進勞資的互諒

　　解決糾紛的根本做法，莫善於互諒，勞資雙方若皆能基於誠信，則無不解之糾葛，至於勞資雙方所應互諒互解者，可包括四者：

(1)在立場方面：勞資雙方必須站在一個立場，同舟共濟，爲發展企業、增加生產、富裕國力而共同努力，須知勞資雙方的命運是一致的。

(2)在利害方面：首須了解勞資雙方都是生產所必需的因素，若能互助合作，毫無猜忌，企業才能順利發展，而彼此共蒙其利，否則，其惡果亦必爲雙方所遭及。

(3)在工會方面：工會是保障勞工利益、溝通勞資關係的橋樑，必須兩方兼顧，以公正態度，去爲勞工爭福利，爲資方解困難，絕不自私和偏袒，方能融合彼此關係。

(4)在資方：資方宜深入勞工、接近勞工、體諒勞工，在可能範圍內，要多爲勞工着想，並按政令行事，取得勞方的合作。

（二）建立正確的勞工政策

在現代化的工業社會中，時時須記取「勞工爲創造生產力的重要份子」一語，故宜尊重其人格，提高其地位，增進其福利，基於此，我政府乃提升勞動主管機構，制定勞工政策，俾作好以下諸務：

(1)發展勞工組織——使員工混合組織，並輔導工會組織。

(2)提高勞工地位——如建立平等觀念；加強勞工教育；扶持勞工參政；創導團體協助。

(3)改善勞工生活——如取消工人中間剝削；規定最低工資及同工同酬原則；限制工作時間；規定童、女工工作；實施工礦檢查；實施勞工保險。

(4)促進勞資合作——如鼓勵訂定團體協約；獎勵工人入股；實行工廠會議；建立調解及仲裁制度。

(5)增進勞動效能——如改善管理方法；加強技術訓練；教育勞工以維護勞工紀律；輔導勞工研究；獎勵勞工發明。

（三）實行工業民主制度

工業民主制（Industrial Democracy），乃勞方對於企業的經營、管理、技術、福利、糾紛等有正式提供意見的權利，或參與處理的機會，使勞工明瞭企業所發生的問題，體諒資方的困難，藉以消除仇視資方的心理與行動的一種制度。如能實行此制，對勞資關係的增進，確有莫大裨益。

第九編　決策規劃

第三十四章　決　　策

第一節　決策的意義與模式

一、決策的意義與範圍

　　任何人都會產生問題，而且有問題就得尋求對策以順利的生活下去，達到其預期的目標，這就是「決策」行為。

　　經理人要在適當的行為下去領導企業發展，常被稱之為「決策者」（Decision-Maker）。他必須在許多對象中去選擇那些自己所需要的，去放棄那些所不應需要者。所以決策似乎就是對付問題的適當方法之決定。我們在此固謂：「決策乃泛指尋找對策或辦法以解決問題的用腦過程。」若以各項管理功能為例，在規劃階段：如組織長期目標為何？要以那些策略來達成這些目標？而組織的短期目標又應該是什麼？在組織階段：如組織中的集權程度為何？工作要如何分派？各工作所需的人員條件為何？那些人是合適的人選？在領導階段：例如要如何激勵績效不佳的人員？更進一步，何種領導型態最適合？在控制階段言：如組織中有那些活動必須控制？要如何控制？等等，都在決策的範圍內。

二、決策的理性與情景模式

　　㈠理性決策模式

　　　⑴理性決策的假設前提

此處所謂理性者，乃指「在特定的限制下，做一個一致性而價值最大的選擇」，理性的決策包含下列六個前提：

①目標導向：卽理性的決策者，追尋的是單一且明確的目標。

②所有相關訊息爲已知：指決策者能夠確認所有相關的決策準則 （Criteria） 及所有可實施的方案。

③明確的偏好：指決策準則及方案皆能賦予數量化的價值，且能依偏好順序排列。

④前後的偏好不變：意指在活動的期間內，決策者的偏好是一致的，從活動開始至終了，其決策準則不變，且所給予的權數比重是穩定的。

⑤無時間或成本限制：理性的決策者，由於沒有時間或成本的限制，故能取得有關決策準則及可行方案的一切資訊。

⑥追求最大報償：決策者所追求的是其目標利益的極大化。

(2)理性的決策程序：包含有六個步驟：

①確定有決策的需要：指確認出存在着某種問題，例如，在預期狀況與實際情形間有所差異時，則能確認有決策的需要。

②確定決策準則：了解到有決策的需要後，便須確定決策的準則。所謂決策準則，係指決策者認爲與其決策有關的取決標準，例如在購車者而言，其要決定買那一種車時，所考慮的準則，可能包括車價、車型、大小，及是否有附屬設備等。

③賦予決策準則權數：決策者確定了相關的決策準則後，便依各個準則對其決策的重要程度，分別賦予不同的權數，重要程度愈高的準則，給予較大的權數。

④發展可能方案：指列出各種有可能會成功地解決問題的方案。

⑤評估可能方案: 依據所定的決策準則, 決策者針對可能方案加以評分, 再將各方案在各準則下的評分, 乘以各準則的權數, 以求出各方案之加權評分數。

⑥選定最佳方案: 依前一步驟所得的加權評分, 決策者選定得分最高的方案做為最後之決策。

(二)情境決策模式

情境模式認為決策者針對不同的問題, 應採用不同的處理方式。以下先行介紹問題及決策的型式, 再將其與組織層級整合說明。

(1)問題的型式

問題的型式可分為兩種:

①結構化程度高的問題: 當決策者的目標明確, 問題為決策者所熟悉, 且相關資訊亦易於取得時謂之結構化程度高。 前述理性決策, 主要適用此類情形。

②結構化程度低的問題: 指對決策者而言, 該項問題較新, 且其有關資訊是較為模糊或難以完整取得的情形。

(2)決策的型式

依據程式化 (Programmability) 程度的不同, 決策分為兩種:

①程式化決策 (Programmed Decisions): 指某些決策, 其出現較具重覆性, 而且其處理方式亦較為明確, 此類決策, 往往是較為簡單, 並傾向於高度依賴以往的處理方式。

②非程式化決策 (Nonprogrammed Decisions): 此類決策對決策者言, 是較為獨特而不重覆發生的, 其處理方式是依個案而定, 並且沒有明確、必然的解決方法。

(3)決策與組織層級

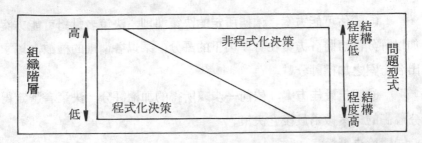

圖 34-1　決策與組織階層

　　依據上述問題及決策的分類，配合決策者在組織當中的階層高低，可加以整合而得，如圖 34-1。

　　在實際的生活中，極少有管理決策是完全非程式化或程式化的，大部分的決策都是在兩者之間，卽使是在很特殊的情況下，依然會有賴程式化的處理方式。

　　在圖34-1中，亦可發現，結構化程度高的問題，其決策的程式化程度亦高，在組織中，管理者的組織階層愈高，其所處理的問題結構化程度大多較低。而階層較低的管理者，一方面其本身在遭遇較爲特殊或困難的問題時，會轉報其上司；另一方面，高層管理者，往往是將結構化程度高的問題，交由下屬辦理。因此，愈低層管理者，所處理的問題，結構化程度都較高，其決策亦大多屬程式化程度高者。

　　另外，在一組織中，制定決策的程式化程度若較高，往往能促進組織的效率，因此，組織中的高階層管理者，常傾向於將決策的程式化程度提高，其所使用的方式，包括標準的處理程序及規則的訂定，或透過某些政策來引導各階層的決策者。

第二節　羣體決策

　　當一個決策者面對不同型式的決策，或處於不同情景，具有不同

經驗、不同判斷、不同資訊的評估力下，而有不同的決策品質，因此以羣體進行決策已爲企業常有的現象，其結果功效，或謂利弊如何，在本節中要加以檢討：

（一）羣體決策的優缺點

(1)羣體決策的優點

羣體決策由於係由各相關人員參與決策，比諸個人做決策，常有更廣泛的資訊及知識。同時，由於會受到該決策影響，及將要執行該決策的主要人員，都已參與決策之制定，於是使所制定的決策，更易於爲相關人員所接受。

(2)羣體決策的缺點

由於多人參與決策制定，要達成一致同意的決策，常須花費更多時間來協調；同時，亦爲了使成員易於接受，往往會有要求妥協的壓力產生。此外，羣體決策時，究竟誰應對結果負責，常較爲不明確。

（二）羣體決策之改進技術

爲了改善羣體決策的缺失，使更能發揮潛在功用，至少有兩種技術可以採行：

(1)名義羣體技術 （Nominal Group Technique）

此一技術，在制定決策時，仍是由成員出席，但在過程中，禁止出席人員相互討論或從事溝通。在實施上有四個步驟：

①在有任何討論之前，出席人員，應單獨地寫下其個人對於問題的看法。

②人員依序表示其意見，每次每人只能提出一個看法，順序輪流，直到所有意見與看法都已表達並記錄爲止。在所有意見被記錄後，才能討論。

③討論各種意見，以便澄清及評估。

④每一個成員皆單獨、安靜地對各個看法，加以順序排列，最後，全體成員加總而言，最高順序的看法，卽爲決策

(2)德菲法 (Delphi Technique)

此一技術爲了不讓成員有面對面的機會，乃不令其成員出席。具體步驟有六：

①確定問題，並設計問卷，以要求成員提供潛在解決方式。

②每一個成員，都在匿名、單獨的情況下，完成第一次問卷。

③將第一次問卷結果，加以轉譯 (Compile)、整編 (Transcribed)，並複製多份。

④每個成員皆收到一份結果複本。

⑤成員在看過上一次結果後，再對問卷作答。

⑥重覆步驟 4 及 5，直到取得成員間的共識爲止。

德菲法雖可改進羣體決策的某些缺失，但卻較爲費時，同時，此法與名義羣體技術，都可能因爲成員間沒有討論，而無法透過討論來引發出一些不同的看法。

第三節　決策實行上的困難檢討

(一) 影響決策的因素

事實上理性決策方式，除了作業性層面外，在企業實務上並未能經常應用。檢討其原因有以下諸點：

一、受不實假設之影響

理性決策的程序大致可歸納如下：

(1)界定決策有關之目標。

(2)發掘問題並界定問題。

(3)探討問題背後的原因。

(4)針對原因，列舉出若干可行方案。

(5)就各可行方案，進行成本效益分析。

(6)根據目標之達成水準及其成本效益，選擇一最佳之可行方案。

(7)執行該項最佳之可行方案。

此一決策程序，設計似已周全，而且在其應用上亦可由許多實例引申說明。唯此一理性決策程序之後卻隱藏着幾個不一定存在的重要前提假設：

1. 組織目標極明確且近於單一。

2. 各決策者之個人目標與組織目標一致。

3. 決策所需資訊相當完整。

4. 組織允許決策者耗費較多之時間及成本以進行決策分析。

以上前提假設為理性決策之先決條件，然而當仔細觀察組織實際運作時這些前提假設卻未必存在。因此，真實組織中的決策程序便很少依循理性的模式，而往往以另外的幾種型態出現。

二、受個人因素的影響

決策者個人由於處理資訊能力之限制、分析研判能力未臻理想，以及對本身目標的未能掌握，因此在決策過程中，不易達到理性決策的前提要求。

(1)資訊能力與過去經驗

人的腦力有限，因此在處理複雜問題的能力也有其限度。一個人很難同時處理太多的資訊，亦無法設想出超過某一數量之可行方案。因此在決策過程中我們就必須講求高度之選擇性，選擇吸收有限的資訊，同時亦只考慮有限數量（通常僅為一、二項）之可行方案。此一不得已之做法，使「決策最佳化」這一理想永遠無法達到。

　　一個人過去解決問題的經驗固然有助於日後面對類似的問題，但經驗也可能限制了思考，使可行方案的範圍甚難脫離過去曾經考慮過或熟悉的領域，因而在尋求問題因果關係時亦傾向於採用熟悉的思考模式。再說人的經驗畢竟有限，因此在多半情況下決策過程中所考慮的可行方案不僅爲數甚少，而且難得有突破性的創意。

　　(2)個人目標之不確定性

　　再深一層來思索，個人對自己本身所追求的目標難道是很明確的嗎？每個人都同時具有不同的目標，它們有些是明顯的，有些是隱藏的，有些甚至是存在於潛意識中而不自覺的。它們彼此之間往往互相矛盾，而其相對重要程度又常受情緒或當時情境的影響。因此，在理性決策模式中的第一件事——目標或目標函數，對決策者而言，事實上是一個很難捉摸的觀念。當他無法確定自己目標何在時，決策的理性程度也一定是有限的。

　　(3)分析研判之能力

　　個人因素對理性決策造成的另一項限制是個人的分析與研判能力。面對複雜問題時，因果關係的界定、利弊得失之權衡，及其所需之判斷、思考皆非數量模式、電腦模擬等所能取代，而人之分析研判能力又大有高下之別。故卽使步驟上全然採用理性決策模式，在決策結果上也很難達到客觀之理性。

　　理性決策的模式基本上假設決策者之目標清晰可辨，有能力處理廣博的資訊，並且能明智地比較爲數衆多的可行方案。然而以上分析指出，在實際上，這些前提假設都很難成立。易言之，正因爲決策者在許多情況下，無法客觀地認淸自己本身的目標或所追求的價值，又無法處理大量資訊，再加上過去的經驗和天生的智慧限制了他的創意和分析方法，因此往往難以達到理性決策所追求的境界。

在企業實務上，另一項不容忽視的事實是，組織或組織中的制度對決策理性所造成的限制，尤甚於個人因素所造成者。

三、受組織因素的影響

身在組織之中，一切思想行動都會受到組織或組織制度的影響。個人爲自身事務所做之決策，與在組織中的決策大不相同，而後者比前者又複雜得多。

(1)專業分工與部門化

首先就資訊而言，組織中決策者所處地位之高低，以及隸屬單位之性質，往往影響其所接收的資訊。這些選擇性的資訊，經長期累積以後，自然會左右決策者對認知問題、分析原因等方面之取向。例如，在確認問題的階段，行銷單位由於對行銷問題了解較爲深入，因此常由行銷的角度來看問題；而面對類似一組事實資料的同時，生產人員必然從生產的角度來分析。同樣的，技術人員、財會人員也都會因爲一向掌握的資訊不同，而對事務的分析角度多少有些先入爲主的影響。這些偏差主要原因之一，是各決策者在組織分工以後，所接觸的層面以及所接收的資訊產生差異所致。

(2)組織文化

其次對決策理性有所影響的當數組織內的文化價值體系。一般而言，組織內的文化價值體系有其歷史背景，通常是長時期傳統的沿襲。此一體系所主張的價值觀念和行爲模式，與當前組織的眞正利益有時並不一致，也就是說，在許多情形下，價值體系未能很快地配合情勢需要作一調整。因此，卽使決策者深切了解組織應有的目標和眞正的利益何在，也可能因顧忌組織文化價值體系所帶來的潛在壓力與阻力，而放棄理性的目標。

(3)組織目標與個人目標之分岐

決策者個人目標與組織目標的一致，也是傳統理性決策模式一個重要假設。然而組織之目標在於透過其使命之發揚而獲得整體之成長及利潤，而個人目標則多着重於個人本身之升遷獎酬。此二者在實務上並非必然一致。因此個別決策者在決策時，常因考慮個人目標之達成而忽略或違背組織整體之長期利益。經理人員對風險之廻避即可說明此一概念：高度風險性的決策對企業而言，可能有長期利益，但個別決策者卻寧可採取保守的立場以減少決策萬一失敗時本身之責任。除此之外，組織制度所獎勵者未必與組織目標一致。例如許多上司極重視部屬之服從，因此部屬為爭取上級的好感，可能儘量配合上司的偏好進行決策。此即部屬深知服從上級或迎合上司，遠比達成組織目標對自己更有實際上的利益。

(4)權力之運作

組織中權力的運作亦可能對決策方向之選擇造成深遠影響。例如在各單位之間或上下級之間常有交互支援的情況，若某一決策上本單位偏向於另一單位的利益，則在另一決策場合，該單位也發揮其影響力以支持本單位之立場。單位間在不同決策場合上的互惠做法，必然使決策者無法完全客觀超然地由整體組織之角度來分析問題及採取行動。

(5)時間壓力

組織對個別決策者在決策成本及時間上的限制，更往往削減了決策之理性程度。當上級對某項決策所能提供之資源相當有限，又同時要求部屬在極短時間內提出解決方案時，部屬只得因陋就簡，草草完成使命。甚至於先行構思一個較易為上司所接受的決策結論，然後再依據該結論所需之資訊，進行蒐集。此一「先有結論，再找證據」的做法，固不可取，但在實務上並不少見。

以上所列舉之各種組織中之現象，通常並非個別決策者所能左右，他通常僅能遷就偏頗之資訊、現存之文化價值、考核制度以至於政治現實等來進行決策。在探討過這些問題以後，我們可以了解理性決策方式在真實組織中實施之困難，以及爲何實務上之決策是就以下幾種型態出現。

（二）實務上的作法問題

(1)問題的選擇

在決策實務上，決策者的待決問題在同一時間內，最多只能有兩、三個，等到這些問題大致處理完畢後，方轉移注意力去解決其他的問題。此一現象實爲人在資訊處理能力上之限制所致。選擇「待決問題」的原則，第一是問題的迫切性及問題產生壓力的程度，重要但不迫切的問題常因此不能獲得足夠的關注。其次，容易解決的問題也常獲得優先處理的機會，因爲決策者認爲這種問題既然容易迎刃而解，則必然比較容易討好，且可減輕決策錯誤的風險。

此外，對所處單位有利的問題、問題定義無爭議性的問題、自己熟悉或充分掌握資料的問題、已有現成解決辦法的問題，以及預期中解決辦法較易實施的問題等，都可能被優先選爲「立即待決」之問題。

如何定義問題也和選擇待決問題一樣，有以上種種之考慮。例如公車聯營，其問題究竟是票價水準？是聯營制度？亦或是公共運輸系統的政策？問題定義的方法端視決策者的需要和角度而定。通常，把問題定義得較狹窄較具體，是一般的傾向，其目的在藉着問題領域的縮小來提高解決行動的可行性。因爲，有經驗的決策者都知道，問題若定義得太廣，在決策上所考慮的層面就必須更廣，具體的行動也必然遙遙無期。因此，爲了行動，爲了個人績效，決策者大多對問題是

如此的予以定義。

(2)可行方案與評估標準問題

實務上之決策，可供選擇之方案爲數相當有限，這和理性決策模式之假設不同。而選擇方案時所用的評估標準，也很難像理想中的客觀具體。

①可行方案

可行方案的提出，通常最多三、四個，而且必然和目前現狀相差不遠。這種傾向，背後原因有幾個。第一是人類的創造力及處理資訊的能力有限，很難產生更多具有創意而又可行的構想。第二是決策者廻避風險，只願在自己熟悉的領域內做有限度的改變。第三個原因是決策者深知組織能接受改變的幅度極小，所以爲使決策結果有更高的可行性及更少的阻力，決策切不可過於激進。第四，許多與決策有關的資訊，例如員工對某一政策之可能反應等，必須在行動開始後才明朗化。因此，決策者往往採取步步爲營的方式，一方面運用溫和的手段來逐步進行改革，一方面在「行動」之中進一步蒐集資料來研判狀況和調整行動。

②評估標準（準則）

決策的評估標準（Criteria）是由決策的目標衍生而來。決策者的目標是多方面的（追求利潤、追求市場佔有率、滿足員工、適度降低風險……等等），它們之間固然存在着正向的關係，然而在許多情況下，它們之間又有着互相替代的效果。因此，由這許多目標所衍生出來的評估標準是多方面的，這已不待言，更值得注意的是，這些評估標準等於是一組「限制條件」（Constraints），不能達到這些限制條件「最低要求標準」（Minimum Requirement）的方案，即不予考慮。而能夠符合所有限制條件之最低要求標準的方案，即被視爲「可

行解」(Feasible Solution)。

　　③選擇方案的方法

　　許多決策者，爲了簡化抉擇的過程，並不將所有的評估標準一併綜合考慮，而是依據其主觀的優先順序，逐一引入評估標準，同時逐漸淘汰那些不合最低要求標準的方案。換句話說，決策者透過不同評估標準的考慮，將「可行解」縮小到他可以掌握的水準。對各個評估標準的相對重視程度，決定了最後剩下來的幾個可行方案。

　　對最後剩下來的兩個方案，其評估方法是採用類似「邊際分析」的方法，亦即由兩個方案主要的差異構面來分析彼此利弊的權重。例如在進行選擇工作之前，評估標準可能很多，但在逐漸淘汰部分方案以後，所餘只得兩個方案。此時，此二方案都已經「通過」之評估標準，通常就不再列入選擇時的參考。而甲方案「不及格」的項目是「經銷商之滿意」——因甲方案之實施會造成經銷商較高的阻力；乙方案「不及格」的項目是「廣告費維持某一水準之下」——因乙方案之執行所需廣告費用超過預算之允許。決策者在這個階段，常不再就整體來評估甲、乙兩個方案，而是斟酌究竟經銷商的阻力會帶來更大的痛苦，抑或廣告費用超過預算會帶來更大的痛苦。這種「評估標準」之評估，決定了最後方案的抉擇。

　　以上是對實務上常見的選擇程序所做之描述。在方案之實際選擇上，決策者常常爲了本身的考慮，傾向於選擇風險小而短期效果較大者。

　　④改進決策的方法

　　以上對實務上決策方法之介紹，基本上是描述性而非規範性的。也就是說，雖然許多人都這麼做，卻不表示我們也應該這樣做。在某些決策情況下，這些做法有它們的理由，也有它們的價值，但有些時

候，這些做法中的一些，也許會對組織長期的利益帶來不良的影響。欲改善此一情況，可以採取以下辦法。

(A)對員工和各級經理人員的考核方向，應儘量與組織之長期目標一致，各考核標準之比重，也應配合組織長期目標而訂定。這樣可以避免決策人員因顧及自己本身的利益而犧牲整體組織的長期利益。

(B)對風險性的作為，施以更高的激勵。以減輕「不求有功，但求無過」的心態。

(C)組織內的文化價值體系，必須時時留意調整，以適應當前及未來業務的需要。

(D)上級不可急功近利，對需要長時期考慮的決策必須在時限上有所寬容。

(E)高階層對各功能性部門可能在決策方向上所發生之偏頗，必須事先防範，並借助政策之指導，使各單位人員在決策時更能考慮整體之觀點。

(F)在職教育中，應加強決策人員邏輯思辨之能力，以及處理數字資料之能力。

(G)加強對理論和因果關係方面之研究及認識，提高決策用資訊之前瞻性及質量，以改善決策時步步為營的做法，而邁向更理性的決策境界。

第三十五章 規　　劃

第一節　規劃的意義與分類

一、意　　義

所謂規劃（Planning）者，係決定目標、評定達成目標之最佳途徑的一種程序，即決定結果及方法的一個程序，前者有關要做什麼，後者有關要如何做的問題。

二、規劃的作用

(1)提供組織努力的方向

透過規劃所決定的目標，可幫助組織成員了解組織之未來發展方向，及其本身在組織達成目標的過程中所擔任的角色，因而有利於促進組織中的協調、合作、及團隊努力。

(2)降低不確定程度

規劃雖無法消除環境的變動，但在規劃過程中，管理者必須預期未來的可能變動，考慮各種變動對組織的衝擊，並發展出對變動的適當反應。而且尚可進一步評估各種反應的可能結果，因此能降低不確定的程度。

(3)減少重複及多餘的行動

透過規劃，能事先了解各種反應所必須的行動為何，並加以協調配合，因此可避免重覆及多餘的行動發生。

(4)做為控制之基礎

規劃決定了組織的目標或標準，組織成員可據以比較、衡量實際成效，並據之採取改進措施。

三、計劃的分類

計劃者乃規劃的產物，依不同的層面可作以下的分類：

(一)依所涉及的範圍 (Breadth) 來分

(1)策略計劃 (Stategic Plans)：乃關係整個組織，據以設定組織整體目標的計劃，此類計劃的期間較爲長久。

(2)作業性計劃：操作性計劃所涉及的範圍較策略計劃小，且係在已知的組織目標下，考慮要如何達成的問題，此類計劃所涉及的期間亦較策略計劃短。依據計劃重複應用的多寡，作業性計劃，又可分爲：

①單一用途的計劃：此種計劃與前文所述及的非程式化決策同義，係用以達成某一特定目的或特定工作，當目的達成後，便加以取消。

②固定性計劃：此種計劃與程式化決策同義，係用以處理重覆性的活動，例如某些程序或規則便是。

(二)依所涉及的時間長短來分

(1)短期計劃：所謂短期，乃是在計劃中視組織的結構、策略、及各種投入、產出數量爲固定。在短期計劃中，管理者只能影響資源及技術的運用而已。

(2)長期計劃：在長期計劃中，管理者將組織的目標及達成目標的方法視爲可變動因素，並且將它們重新訂定。

(三)依計劃的明確程度分

(1)明確的計劃：此類計劃有明確的目標、程序、及行動日程，因而確保不會有模糊或誤解的情形發生。

(2)方向性計劃：方向性計劃係做爲一般性引導之用，例如明確的計劃可能爲「在未來六個月內，降低成本４％」，而方向性計劃則爲「在未來六個月內，降低成本５％—10％」。

第二節　規劃的情境因素

在不同的情況下，應有不同的規劃。本節卽討論四種情境因素，並分析在各種情況下，適用的規劃種類。

(一)組織階層

管理者在組織中的階層不同，其所從事的規劃種類亦不相同。一般而言，階層愈高者，從事策略規劃的比例愈大，而階層較低者，則主要從事作業性規劃較多。

(二)組織的生命週期

一個組織之生命週期，可以分為設立、成長、成熟、及衰退四個時期，各時期的主要規劃種類，可以由圖 35-1 中，加以說明：

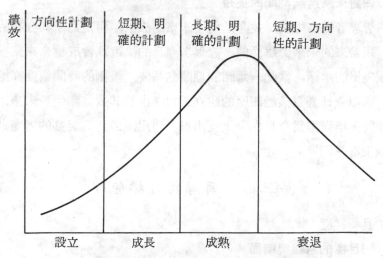

圖 35-1　計劃與組織生命週期

圖 35-1 指出，於組織設立初期，往往在目標、可用資源、及顧客對象等方面，都較不明確，此時，為了使管理者能於必要時做彈性的

調適，因此方向性策略較爲適合，在成長階段，由於目標、資源，及顧客對象之忠誠度等，都已較爲明確，此時的規劃應以短期、明確性爲主。到了成熟或衰退階段時，規劃必須自短期、明確重行轉向長期、方向性的做法，以利組織重新考慮目標、重新分配資源，以及採行其他彈性調整之做法。

㈢環境不確定的程度

經營環境中的一些因素，如科技、社會、經濟、法律等，若變化的速度相當快，而且不確定性相當大時，爲求管理者能於環境改變時，做必要的調整，規劃應以短期爲主；相對地，若組織所面臨的環境較爲穩定時，由於管理當局應較易於正確地預測未來發展情況，因此便應採行長期的規劃才是。

㈣對未來承諾期間的長短

管理者從事規劃，並非是爲了未來的決策，而是爲了其今日的決策，所帶來的未來衝擊而做。管理者今日的決策，會成爲未來某些行動或支出的承諾，當此一承諾的期間愈長時，規劃的時間幅度亦應延長。例如今日臺電核能四廠的建立工程，由於其效益產生於未來，且今後許多年尚需爲今日之決策支出很多費用，因此其規劃的考慮期間便應較爲長期。

第三節　目標與目標管理

一、目　標

㈠目標的意義與構面

目標是管理階層所追求的預期未來結果，有了目標，管理者在制定決策時，才有方向可循，同時，也能據以決定績效標準，以利衡量實際績效。至於目標的構面，往往是多重構面的，單一構面並無法據

以衡量組織是否成功。一家管理上軌道的公司，其目標通常包含五到六個構面。企業界最常做為目標的，依序是利潤或投資報酬、營業額成長率、市場佔有率、社會責任、員工福祉、產品品質及服務、研究發展、多角化、效率、財務穩定性等。

(二)明示目標與實際目標

明示目標係指企業所公開宣稱的組織目標。由於企業所面對的各種不同團體（如政府、股東、客戶、員工等），而他們對於企業的要求各不相同，因此乃使得管理者，常是針對不同的對象而宣稱不同的目標。但在規劃時，管理者必須能了解企業所追求的真正目標為何，並在管理階層間，取得彼此對目標的共識，以免因對目標的了解不同而產生不利影響。

二、目標管理

簡言之，目標管理是訂定目標，決定方針、安排進度，並使其有效達成，同時對其成果須予嚴格復核之組織內部的一種管理體制。

在傳統上，目標常是由上級管理者制定後，再將其分配給屬下，且所設定的目標，往往較為模糊，例如「成為市場領導者」、「追求最大利潤」等。在此一情形下，針對此一目標，各階層人員，往往會給予不同的闡釋，造成各成員的努力無法協調配合的現象，因而影響組織績效。目標管理則與此傳統做法不同，而且其作用之一即在彌補上述之弊端。以下即略加說明。

(一)目標管理的要素

目標管理所強調的，乃是轉換組織整體目標，使成為組織各單位及成員個人的明確目標，一般而言，目標管理有四個要素：

(1)目標：此一制度下，所追求的目標是相當明確的，如此才能易於評估及衡量，例如，「降低部門總成本 7 %」、「保持退貨率在 1 %

以下，以提高品質」等。

(2)參與決策：在目標管理制度下，上司及部屬共同參與目標及其衡量方法的選定。

(3)限期達成目標：不論是管理者或部屬，除了有目標外，尚須定有明確的達成期限。

(4)回饋：在明確的目標及達成期限下，目標管理尚必須對各個成員或單位，有持續的回饋，以使彼此能夠及時了解其實際績效，並做適當的修正。

(二)**目標管理的程序**

由圖 35-2 中我們可知目標管理的程序，當決定組織目標，並

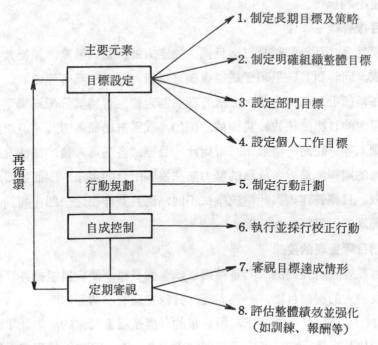

圖 35-2　目標管理的程序

設定各單位部門及成員目標後，進行行動規劃時，應先確定達成目標所必須採取的行動，界定各主要行動間的關係，指定各項行動的責任，估計各項行動所需時間及其他資源。至於自我控制，則係由個別成員本身去注意並衡量其績效，此乃是假設成員都能自我引導，而不需要依賴制度的控制或處罰的威脅，來令其朝組織目標邁進。

(三)實施目標管理情境因素

目標管理的實施成敗，受到組織文化、高階管理者支持程度、及組織型態等的影響極大，當三項之中，缺乏任一項的適當配合，目標管理實施的結果必然大打折扣。

以組織文化言，若組織中有較高程度的感情及支持氣氛，且以績效為獎勵的主要決定因素時，實施目標管理較可能成功，因為目標管理本身是一個相當人性化（Humanistic）的過程，而且，為求目標之達成，以績效為主要獎勵決定因素，才能激勵成員，將努力投諸於所賦予的目標。以上級的支持言，目標管理的實施，若缺乏高階管理者的承諾及參與，必難以成功。以組織型態言某些組織，例如政府部門，由於組織型態的不同，因此其在選定明確的目標、績效的報酬、及參與程度方面，都有較大的困難，而不利於目標管理的實施。

(四)實務上的規劃與目標

(1)規劃

在實務上言，幾乎所有的中、大型組織，都有短期規劃。而長期規劃則只有大型組織才有可能實施，但規劃期間亦都不會超過五年。至於小企業的規劃，則常是較為非正式而且是零星的。同時大部分的管理者，都抱怨規劃過於費時，而且覺得由於未來的不確定性，使得在規劃中運用判斷極為困難。

(2)目標

　　實務上，管理者於某一特定時間中，所追求的目標在長期而言未必是最重要的。而且在管理階層裏，能够取得更多支持的羣體，常能遂行其所決定的目標，因此，當組織內的權力（Power）變化時，組織的目標亦常隨之而變化。

第四節　策略規劃

一、策略規劃的程序

　　在一九七〇年代以前，策略規劃較少受到企業界的重視，但是，由於環境的變化，諸如經濟衰退、石油短缺等等，使得企業所面臨的環境變動加劇，策略規劃乃日受重視。策略規劃的程序包括九個步驟，可以圖 35-3 表示之：

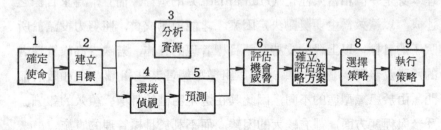

圖 35-3　策略規劃程序

　　㈠確定組織使命

　　每一個組織都有其使命，使命乃確定組織的目的及所經營的事業範圍，透過使命，管理者得以認明組織的產品或勞務的領域。

　　㈡建立目標

　　正如在第三節中所言，目標乃規劃的基礎，在界定組織的使命後，組織的目標得以更進一步將其反映成爲具體的追尋方向。

　　㈢分析組織資源

組織的資源，諸如人力、財務、及其他實體資源等，限制了組織中管理階層所能够採行的作爲，外界環境中所存在的機會，可能由於組織在技術、行銷……等方面的限制，而難以掌握。

透過對於組織資源的分析，管理者可以了解其企業的相對優勢，亦卽，相對於企業目前或未來的競爭者言，其競爭上的强勢所在，同時亦可發現組織本身的弱點爲何。

㈣**環境偵測**

企業所處環境的變化，對其影響甚人，管理者必須偵視有關政治、社會、經濟、科技、市場等等因素的變化情形，進而描繪出未來的可能趨勢，了解其對企業的影響大小，並針對這些趨勢發展可行對策。

除前述總體環境之偵測外，近年來在實務上也相當重視產業環境的偵測。產業環境包括產業結構、產業生命週期、潛在之規模經濟性、競爭方式，以及上下游產業之消長趨勢等。這些因素對企業策略的有效性都有根本上的影響，因此，它們的變化趨勢也應該密切注意。

㈤**預　測**

在進行環境偵視後，須較深入地預測未來可能發生的事件。在本步驟中，除了考慮在前一步驟所分析的各個外部因素，尚須考慮企業內部因素，包括如收入、在不同營運水準下的費用、資金需求以及人力資源的需求等。

對於未來的預測，常常難以準確，尤其是長期性的預測，如趨勢的變化、事先難有徵兆的結構變動，如石油短缺等等，常難以掌握，但是，暫時性的預測，如新產品的推出、整體的價格水準變動等，則預測的準確性較佳。

㈥**評估機會及威脅**

　　根據前述對於組織資源的分析，以及對環境因素的預測，管理階層即可進而評估企業的機會及威脅爲何，由於組織資源的强勢及弱勢各不相同，在相同的環境下，其機會及威脅亦有所不同。

(七)提出及評估策略方案

　　針對企業的機會及威脅，管理階層應尋求可能的處理方案，例如追求現狀的穩定、追求企業的成長、亦或是要縮減某些部門等等。可能的策略方案類型將於本章稍後討論。

(八)選擇策略

　　配合企業的使命及目標，並衡量企業本身的能力，管理者自所發展的可行方案中，選擇最爲適當的一個來加以實施。

(九)執行策略

　　策略，必須落實到各種政策、方案 (Programs)、預算、以及其他長期和短期的計畫當中，才能發生實際效果。而且，必須在各管理階層間，充分有效地進行溝通，才能取得協調一致的努力，獲取企業的整體利益之最佳化。

二、策略的種類

　　策略約可分爲穩定 (Stability)、成長 (Growth)、縮減 (Retrenchment)、及綜合 (Combination) 四種：

(一)穩　定

　　穩定策略的主要特性，在於維持現狀而無顯著改變，例如針對與目前相同的顧客，提供相同的產品或勞務、保持企業的市場佔有率、或是維持相同的投資報酬率等均是。此種策略，在管理階層對於組織目前的績效相當滿意，或是環境相當穩定時，較爲適用。

(二)成　長

　　成長策略意謂著提升組織的營運水準，包括提高收入、增聘員

工、提高市場佔有率等。成長策略可分為直接擴充（Direct Expansion）、與相似公司合併（Merger）、及多角化（Diversification）等。

　　㈢縮　　減

　　縮減策略是指降低營運的規模，可能是削減某些部門，減少所提供的產品或勞務，或是裁減人員等，而且此種做法，並非屬於短期性質。

　　㈣綜　　合

　　綜合策略係指同時針對組織的不同部份，採行前述策略中的兩種或兩種以上的策略，或者是在不同時間，採行不同的策略。

三、策略規劃的觀念性分析模式

　　策略規劃之進行，為使高階管理者得以正確地選擇策略，乃有不同的觀念性分析模式先後發展出來，在此將介紹波士頓顧問羣（BCG, Boston Consulting Group）、生命週期模式（Life Cycle Pattern）、新波士頓顧問羣模式（New BCG）等三種，以上三個模式，主要係應用在由策略事業單位（SBU, Strategic Business Unit）所組成的大型、多部門的企業之中，所指策略事業單位，係指出售一種或多種產品予相同顧客，且有相同競爭者的任何事業單位羣而言。

　　㈠波士頓顧問羣——成長與佔有率模式

　　此一模式係用以確認組織中，那些事業單位是組織資源的取得來源，那些事業單位是組織資源的耗用單位，可以圖 35-4 表示如下：

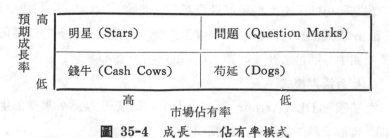

圖 35-4　成長——佔有率模式

在上圖中，縱軸代表預期市場成長率，橫軸表示市場佔有率，依此可將所有策略事業單位區隔成四大類：

1. 錢牛 (Cash Cows) 事業

低成長率、高市場佔有率，此類事業，能為企業帶來大量的現金，但是其未來成長則相當有限。

2. 明星 (Stars) 事業

高成長、高市場佔有率，此類事業能產生相當大的現金流入，但其所需支出的現金亦頗為可觀。

3. 問題 (Question Marks) 事業

高成長、低市場佔有率，此類事業有較高的風險，前途雖然看好，但潛在困難亦多。

4. 苟延 (Dogs) 事業

低成長、低市場佔有率，此類事業產生現金不多，亦不需什麼現金，但其績效難以改進。

利用 BCG 之成長——佔有率模式進行分析，研究人員發現市場佔有率與獲利率有高度相關，因此，管理者對於「錢牛」的事業，應儘量減少投資，並儘可能多加「收割」，且使用所得的現金來投資「明星」事業，至於「問題」事業，則只須保留少數能成為「明星」者，其餘則應出售，而「苟延」類的事業，則只要一有機會，便應儘早出售，出售所得的現金，則用以投資部分「問題」，以求其之高速成長。

此一模式在一九八〇年代已較難應用，因為成長顯著的產業已較少，模式中「明星」及「問題」兩類的事業已難以發現。

㈡生命週期模式

依美國 ADL (Arthur D. Little) 顧問公司認為各事業的生命週期，可以分為四個階段，如圖 35-5：

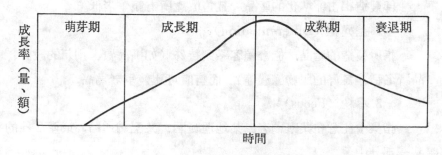

圖 35-5　生命週期模式

1. 萌芽期

在此階段中，市場的成長率相當高，競爭狀況較爲激烈，一般言，廠商的市場佔有率都較小。

2. 成長期

在成長期中，市場仍是具有成長的潛力，產業已較第一階段穩定，繼續在該市場中經營的廠商，市場佔有率會增加。

3. 成熟期

市場成長趨勢已經降低，且廠商相對地較少。

4. 衰退期

發展到衰退階段，市場已無成長潛力，雖然在其中經營的廠商，會有較高市場佔有率，但是，產業前景已不佳。

上述四種階段，依序與前述成長——佔有率模式中之「問題」、「明星」、「錢牛」、「苟延」相對應，適用的策略於該模式中已述及。

(三)**基本策略之分類**

波特（Michael Porter）認爲一家公司在某一產品市場言，其可採行的策略基本上有三種：

1. 成本領導（Cost Leadership）

卽製造相當標準化的產品，且售價比所有競爭者低。

2. 差異化 (Differentiation)

指所製造的產品，能令顧客感到特殊（如高品質、創新的設計、品牌名稱、良好的服務聲譽等），而售價可比競爭者爲高。

3. 專精 (Focus)

指集中注意在某羣顧客、某地理範圍、某配銷通路，或產品線的某一部分中。

依此模式，管理者應選擇的策略，必須要能使其處於相對競爭優勢才是，在考慮主要競爭者的策略後，企業應將本身的長處，放在競爭者未進入的立基 (Niche) 上。

㈣新波士頓顧問羣矩陣 (New BCG Matrix)

此模式有三個假設：第一，公司要獲利，就必須取得競爭優勢；第二，不同的產業，取得競爭優勢的方法及優勢的潛在大小，各不相同；第三，產業會進化，而使得原先優勢的大小及本質，會發生變化。

此模式認爲，決定一個產業的最重要特性，爲優勢的大小及取得優勢的可行方法有多少，以橫軸表前者，縱軸表後者，可得圖 35-6。

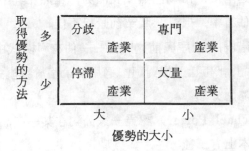

圖 **35-6** 新 BCG 矩陣

1. 停滯產業 (Stalemate Industry)

此類產業取得優勢的方法很少，且每一優勢相對效果不大，例如在鋼鐵業，取得優勢的方法，一般言，只有價格一途，但卻易引起對手反擊。

2. 大量產業 (Volume Industry)

指有較少的方法可取得優勢，但優勢卻相當大，而此優勢乃來自大量生產所帶來的規模經濟，如製鋁業便是一例。

3. 專門產業 (Specialization Industry)

由於有很多的方法可以取得優勢，同時優勢又相當大，因此，廠商可專門在某一市場立基中專精，如汽車業便是。

4. 分歧產業 (Fragmentation Industry)

此類產業可有很多方法以取其優勢，但所取優勢都不太大，如餐廳、飯店即如此。

由此來看，針對停滯產業時，機會較少，管理者應降低成本，求取現金，如有可能，甚至可出售該事業部門。

在大量產業中，已有大規模產量的業者，為應付競爭對手可採薄利多售的降價手段；產量少的產業則應退出，或保持本身的差異性。在專門產業中，務必防止競爭者取得與我同等優勢，且須隨時注意可能的變化。分歧產業應降低投資、追求回收以維持原有的地位為上策。

四、實務上的策略規劃

規模較大，而且所面臨環境較易預測的企業，對策略規劃較常採行。但是大多數企業，都未必採用如前所述之較為正式的規劃程序。在實務上，企業所定的目標間，通常並未考慮其整體的一致性，而且僅對現存的問題，加以解決，未能先行研究調查，以發掘新機會。在

考慮方案時，只要研究發現所採新方案的風險與預期可接受者相去不遠卽可，並非針對各可行方案都加以分析。此外實務上，企業界亦是較爲重視短期，在環境已經發生變化後，才著手應付，而不是先行預期，以準備可能的處理對策。

此外，在不同的經濟景氣階段，使用不同策略的情形亦不同，在衰退或蕭條時，縮減策略較常被企業界採用，在經濟復甦及蕭條時，穩定策略使用較多，而在經濟繁榮時期，企業界則較常使用成長及綜合策略，這是規劃實務中一般的狀況。

第五節　公司的長期規劃實務

許多公司和非營利機構一直想要使用策略規劃（Strategic Planning）的方法，但是他們不知策略規劃究係何物，或者如何進行策略規劃的程序。彼得·杜拉克將「策略規劃」定義爲：「把對未來的最佳知識有系統地應用於企業家式之冒險決策，有系統地組織起所需之力量來執行該決策，並以有組織及有系統之方式回送情報以衡量執行後之成果，以便與原定之期望目標相比較。」杜拉克認爲：

①策略規劃非指企業決策時應用數量性的技巧。它是一種分配資源、採取行動的思維方式。

②策略規劃非指預測。預測僅能推測一段相當短的期間。策略規劃可以考慮到較長期的未來。

③策略規劃非處理公司未來的決策，而是處理能够影響未來且現在就必須作的決策。

④策略規劃並不是完全沒有風險，但是它可以幫助管理當局權衡風險的輕重。

如何進行策略規劃呢？在此先以三個問題請敎公司的最高級主

管：

一、您公司的經營方向是什麼？

二、您公司所處的環境如何？

三、您如何達到您的目標？

管理當局首先必須知道企業所要走的方向，否則策略規劃也只是徒然浪費人力而已。為了決定企業所經營的方向，管理當局必須決定：一、公司的使命。二、公司的營業範圍。三、特定標的或目標。

(1)公司的使命，在進行策略規劃的程序裏頭，是最重要的步驟，因為確定公司使命的目的，是說明公司所經營企業的特性。這個使命可以定得很窄，也可以定得很廣。譬如公司使命可狹義地為公司所經營的事業如：石油、銀行、肥皂、報紙、安全設備、電影院。而廣義的公司使命可定為：能源、金融服務、個人衛生產品、傳播事業、安全保險業、娛樂事業。

公司使命的定義影響企業經營至鉅。舉例來說，莫比爾（Mobil）是一家非常有名的石油公司，一家石油公司的使命本來就是生產和銷售石油以及和石油有關的產品。然而，由於最近世界石油經濟發生很大的變化，致使莫比爾公司的管理當局不得不重估公司的使命。今天，莫比爾已經是一家能源公司而非石油公司了。「能源」比「石油」有較廣的涵義，因為「能源」包括石油、天然氣、煤、太陽能、核能和其他的能源，除了變成一家能源公司之外，莫比爾尚完成了一項多角化的計劃，包括收購一家全世界最大之一的零售店（蒙哥馬利華得）、全國最大的紙板包裝製造廠（肯天納公司）以及一些化工廠。

同樣地，譬如美國現在有許多銀行，為了擴展他們的業務，而紛紛成立投資公司。一家銀行控股公司（Bank Holding Company）被允許從事金融、租賃、保險、資料處理、工業貸款等多種行業。這種

銀行可以較傳統的銀行經營範圍更寬廣的業務，但是這些其他的業務活動都是和原來的銀行業務有很密切的關係。相反地，莫比爾公司在石油和蒙哥馬利華得、肯天納公司之間，就沒有相同的業務性質了，此種結合對於管理當局或規劃者無疑地將帶來較複雜的問題。但不管是那一種情況，重要的是，公司使命可以確定公司成長的範圍限制。

(2)公司使命告訴我們，公司所經營的事業是什麼，而公司範圍（Scope）則告訴我們，企業經營和產品市場之所在。譬如，第一國家城市公司的使命和範圍爲:「遵照法律在全世界受允許的任何地方提供有價值的金融服務。」大多數的公司並沒有經營廣大地理區域的野心，原因之一是法律的限制。譬如，法律規定飛機航線那些地方可以去，那些地方銀行可以設立分行等等，其他限制公司經營事業之地區範圍的因素，尚有運輸成本、自然資源位置、勞工、顧客和競爭等。其他因素可能還很多，但這已足以說明有許多的因素限制公司經營事業的地區範圍。

「範圍」的觀念有時亦指特定的產品市場。許多公司擁有衆多的產品，但通常選擇一兩種產品爲經營的主要對象。譬如: 速食品工業就包括有專門生產漢堡、韶餅等各種不同的公司。

(3)企業的使命和範圍一旦確定以後，接下來的是決定特定目標（Goals），這些目標應該定得很清楚，以避免混淆。僅說企業的目標是追求成長和合理的報酬率是不夠的。什麼叫做成長呢？又怎樣的報酬率才叫「合理」呢？如此均容易使人混淆不清，公司應該將目標很清楚地定出來。

在決定策略以達成目標之前，公司必須再分析企業所經營的內在和外在環境。分析的目的，是提供管理當局有關公司競爭強弱勢、潛在威脅和機會等情報。

首先公司先進行內部檢討 (Introspection)，其功用在於確定目前公司的內部狀況和現有的市場。內部檢討包括管理診斷、檢查公司的財務狀況和分析現有市場和策略。內部檢討的目的在於回答下列問題：目前的管理制度足以應付未來的挑戰嗎？現行的人事甄選、薪資和訓練計劃足以吸引和留住那些可以達成公司目標的人才嗎？公司的財務結構健全嗎？獲利能力如何？現有的市場能够獲得更大利益嗎？有一家銀行做了以上的內部檢討以後發現，極少的存款客戶向該銀行借款，同時極少的貸款客戶將錢存入該銀行，由於這個發現，促使公司發展一項策略，以補救這種情況。

一位規劃方面的權威認為：「公司不能控制外在環境的力量，但它可以決定公司未來的命運。」換句話說，管理當局必須瞭解社會、經濟、政治和技術發展的變遷；可以影響公司的現在和未來。譬如，一九七三年所發生的石油危機迫使許多公司重估他們的資源和能源的使用。貝克國際公司認為，能源對他們有兩方面的影響，一是長期影響，二是短期影響。

在長期方面，貝克國際公司預測，有四種重要的趨勢：第一、世界的生活標準建立在能源之上。第二、在廿世紀結束之前，世界仍然依賴石油。第三、能源供需不平衡，而且能源消費所產生的資本並沒有完全重新投資到能源的發展上。第四、只有有限的石油和天然氣供世界使用。

在短期方面，雖然能源需求增加，但美國的石油和天然氣減產。同時，由於通貨膨脹和探鑽問題，能源開發的成本不斷上漲。貝克公司就是利用這些情報來決定，這些趨勢對公司未來的發展是一種威脅或是一種機會。

經濟和社會情況發生變化，對某些公司可能是一種威脅，但對某

些其他公司却可能是個大好機會。譬如犯罪率增高對於生產防盜警鈴、防盜鎖、電視偵測器和各種安全設備的公司而言，無疑將是個福音。在另一方面，許多公司爲了要裝設以上的安全設備而付出鉅額費用，公司的盈餘也受了影響。通常，公司對外在環境的每一趨勢和因素都必須加以分析，判斷其對於公司究係威脅或是機會。

一旦特定的威脅或機會被確認以後，接下來是評估他們的潛在成本或利益，以決定他們是否可行，或是重新尋找一些可行方案。評估的方法通常包括可行性研究以及將未來的收支折算爲現值。最後決定一項最可行的投資方案。

在這個階段的規劃過程，管理當局必須瞭解公司的現況和未來所預望之間的差距（Gap），在評估各種威脅和機會之後，假若此差距無法克服，那麼公司的目標就應修正，因爲這個目標無法達到；假若這個差距可以藉公司的擴張或多角化經營而加以克服，那下一個步驟就是發展一套合適的公司策略。

策略的功用是提供方法以達成公司特定的目標，以下將以東方航空公司的例子來說明策略如何影響該公司的市場佔有率。

從東方航空公司的觀點來看，有三種策略方案可以影響市場佔有率：方案一是採取優勢策略，也就是對顧客提供最好的服務。這些服務包括準時起飛和到達、機上準時的服務和準時的包裹處理。環球航空公司最早使用此種策略，但是它必須付出較高的燃料費用和損失一些潛在的收益。因此，在考慮這項策略時，東方航空公司決定不在所有美國各地方使用此種優勢的策略，而僅選擇在亞特蘭大地方採用，提供較其他航空公司較多的機次。

方案二是採均等策略，也就是應付競爭的策略。當國家航空公司推出打折優待的航線時，東方公司亦馬上跟蹤推出以確保市場佔有

率。

　　方案三是採低姿態策略，也就是採取不如競爭者的策略。此策略目前正被汎美世界航空公司所採用，它縮減員工和許多航線上的設備，同時也跟環球航空公司和美國航空公司交換航線以縮減它的經營範圍。東方航空公司並沒有採取此種策略。

　　每一家公司都必須設計一套符合公司需要的策略。譬如，東方航空公司選擇一套可以達成較大市場佔有率的策略。另一方面，生產消費財、化學品、塑膠的達特工業公司就發展以下的策略以達成財務目標：

①放棄虧損的事業部門。

②追求新的生產效率和成本控制。

③放棄沒有獲利性的產品。

④不斷地改善研究方案的品質。

⑤重新安排資本承諾以達成報酬率爲百分之十五的目標。

　　以上兩個例子分別說明，東方航空公司和達特工業公司如何選擇策略以達成市場占有率和財務目標。在每一種情況之下，策略都必須符合以下三項準則：第一、策略必須是合理的，而且在某一合理的期間內是可以達成的。第二、策略和公司的其他目標不構成矛盾。第三、策略應該可以定義而且可以衡量和追蹤考核。此點非常重要，因爲這使管理當局得以觀察他們的決策究係成功或失敗。

　　發展策略的重要部份尚包括要建立一些權宜計畫，以免情況發生變化時措手不及。

　　策略發展出來以後，接下來的是設計管理當局採取行動的作業計畫，作業計畫說明了行動由誰負責，以及何時完成。最後，作業計畫亦能提供連續或是階段性的評估，假若策略執行得不好，就應加以評估、分析，必要的話，則須加以改變。

第十編　新科學管理技術

為使理論與實務結合，作者特別把各派各家有價值的管理理論、模型、工具，按其實用性滲入各章之中，尚有部份在以上各章未敍明者，再在本編中予以介紹。

第三十六章　計劃評核術

第一節　PERT 的意義與發展

隨時代之進步，管理計劃與控制技術乃日新月異，其中較為風行且廣泛被採用者，首推「計劃評核術」(Program Evaluation and Review Technique)，一般簡稱為 PERT。

「計劃評核術」，乃企業最新且最有效的工具，其不重視過去實績，而以計劃的評價與檢討為目的，有效控制整個方案，以廢止多餘或無意義步驟的現代管理技術。其適用範圍頗廣，除工程外，在管理方面如長期計劃之釐訂，業務計劃的制訂，預算、決算之編製；成本控制計劃，電子計算機的程序、市場調查、廣告計劃、出版計劃、新產品的生產計劃、新管理制度的倡導計劃，甚至防災、防颱計劃，皆可用到 PERT。

PERT 首將每一工作項目作成有順序的網絡結構，以網絡原理之分析與技術，時時以科學方法去規劃、安排其工作計劃方案，並查詢、控制其工作進度，使其在工作中發生最少的遲延與中斷，俾於預

期的時間與成本內有效的達成其計劃方案；它就是這樣的一種科學管理工具。

對於它的詳情，以下將陸續的加以說明，在此，先將它發展的情形作一簡介：

自韓戰後，美國政府尤其是軍方，一直為了複雜龐大的太空計劃開發程序的管理傷透腦筋，而首先在這一方面找出一點端倪的是美國海軍。美國海軍於一九五六年在着手建造裝載北極星飛彈潛艇時，為了有效控制建造方案起見，特成立「特別計劃局」(Special Project Office, 簡稱 SPO)，就以擎天神洲際飛彈研究開發方案為研究對象，把舊有的管理方法加以改良應用。但是經過一年的實施，他們得到了一個結論說：改良舊有的管理方法，無濟於事，必須重新發展新的管理方法才行。剛好在這個時候，公元一九五七年十月，蘇聯的第一號人造衛星發射成功了。這件事大大地刺激了美國海軍，在一九五八年一月，哈密耳頓公司的數學家柯拉克博士發表方案評核技術的基本理論，特別計劃局就以北極星飛彈計劃 (Polaris Missile System) 為試辦對象，試用方案評核技術的理論來控制工程的進度。該飛彈於一九五八年九月第一次發射成功，這時大家才認識了方案評核技術的價值。於是一九五八年十月決定在裝載北極星飛彈潛艇建造方案，全面採用方案評核技術。一九六二年一月裝載飛彈潛艇建造方案縮短兩年完成。大家承認這一次的能够提早兩年完成，方案評核技術的貢獻最大，所以它的價值也就廣為世人所賞識了。於是美國政府與一般企業公司，對於新開發方案，新工程、新產品計劃，都競相採用方案評核技術。其他國家，亦相繼研討採用。

第二節　PERT 的應用步驟與原則

（一）PERT 的應用步驟

PERT 的應用，須循以下步驟爲之：

(1)確定計劃或工作所需完成之目標或任務。

(2)析列從開始到完成所包含之事件。

(3)繪製網形圖，列明各事件之序次與相互關係。

(4)對網形圖進行研討。

(5)進行時間方面之估計。

(6)求出繫要路線，在圖上以粗線表示或用其他醒目方法。

(7)估列所需費用，配屬有關資料。

(8)費用額與資源配屬量的多寡，每與時間可起交替作用及有多種配合的可能，須詳加研核或定出數個方案，以利抉擇。

(9)研核計劃的可能性，及資源是否業已充分利用。

(10)研核預計的可靠性。

(11)定案編印核定的 PERT 圖，可以時間作爲標尺，使各路線的長短，配合標尺。

(12)分發已定案的 PERT 圖，規定各有關單位任務，以資執行及便利協調。

(13)規定報表編製辦法或情況通報辦法，及各單位間之協調辦法。

(14)考核進度及機動調整。

（二）PERT 的應用原則

計劃評核術之應用原則大致如下：

(1)規劃及評核，爲管理部門的職責，勿委諸設計部門。

(2) PERT 的要點，爲經濟而有效的達成任務，常須打破平時的

　　組織體系與指揮權，而另按任務作適切的編組支配。

⑶管理階層須累積經驗，以運用此類動態管制工具。

⑷主持者須了解 PERT 的功效，庶能適切利用。

⑸企業主持人宜促上下階層俱受 PERT，並了解其功效。

⑹倘非迫要，勿使下級非按計劃達成不可，免致有影響工作品質與性能之虞。

⑺倘無必需，勿預估加班趕工，俾有從容的餘地，以應付情況的變化。

⑻勿根據 PERT 而立卽確定完工所需時日，宜再加審愼研核。

⑼宜視工作進度報告，爲上下溝通的報導，在未進一步研核之前，勿純然憑此而考核。

⑽須隨時修正估計，勿執不準確的估計而執行。

第三節　PERT 的內容概念

　　PERT 技術，首將每一工作項目，作成有順序的網狀結構，而每一工作項目，均須詳予分析，俾求得完成此一工作所需時間的確實估計，爲應付 PERT 技術在時間上「不確定性」之或然滋生，宜採用加權平均時間；對於內容上的實際問題，在此先分爲㈠網絡結構；㈡時間估計；㈢最早期望時間；㈣要徑路線；㈤遲緩之決定等五部份加以說明：

（一）PERT 的網絡結構

　　此乃達成計劃目標必須完成之工作項目圖解，其包括各工作項目，也指明了彼此存在之關係。

　　一件事項（Event）亦有稱之爲要點或結點（Node）者，乃每一作業之起始點與完成點，通常以一個圓圈或一長方表示之。各結點之

間，以作業項目（Activities）相互聯結，每一工作項目之首尾兩端，均假定爲立即停止；卽工作項目皆爲必須做的工作，而每一項目必受兩項「事項」所限制，如⑥→⑧，⑥爲「起首事項」或「起始點」，⑧爲「終止事項」、「完成點」或「繼續事項」，6與8之間的，卽工作項目，其受6與8兩事項限制，其箭頭表明指向時間過程中之「終止事項」。此⑥→⑧者，卽事項與工作項目間的關係圖，表示第八事項非等其前端之工作項目完畢不能發生。

若幾個工作項目引到一個事項時，非俟所有各工作項目均已完畢，不能開始次一事項；例如圖 36-1 中，非俟網狀結構之⑧→⑪、⑨→⑪、⑩→⑪各工作項目全部完成，不能發生⑪號事項。

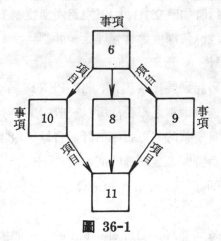

事項

事項　　　　　　　　　　　　　事項

圖 36-1

對圖 36-1，我們在此以實例表示之（如圖 36-2）。在此圖中，各工作項目皆表示動作或行爲，而其事項，則均以「事實狀態」表示──如試驗、設計、完成、開始等。對此網絡圖在下節中再詳加說明。

網狀結構有兩方面的功用：㈠可充爲外部連絡設備──卽限制包

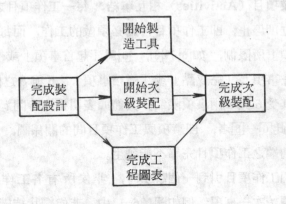

圖 36-2 網狀結構圖

商在計劃決定執行時如限交貨；㈡可充爲內部控制工具——卽幫助吾人計劃應在何階段、何深度適當管理此一計劃。

（二）時間的估計

由於計劃之研究發展日益複雜，且 PERT 內含的各工作「項目」往往受不能控制因素之影響，所以一般對工作項目須估計其三種時間；如工作項目所須時間可正確估計，自以一種時間卽可。

⑴「工作項目時間」之三種時間估計法：

1. 樂觀時間（Optimistic Time）——每一工作項目所需之最短時間。

2. 最可能時間（Most Likely Time）——如僅需一種估計時間所用的時間。如一工作項目在某特定條件下重複發生多次，則可獲得此種時間估計，此乃資深人員常提供的時間估計。

3. 悲觀時間（Pessimistic Time）——此乃每一工作項目所需的最長時間；其將初期失敗再重行開始之可能性估計在內，可以說是遭遇不尋常惡運所需之時間。

在 PERT 網絡結構中，通常將以上三種時間均記於工作項目之剪頭旁，並按(1)樂觀時間、(2)最可能時間、(3)悲觀時間次序排列，例如圖33-3中表示，六至八號工作項目中的三種時間，分別為五、七、十週，而由此三種時間可算出「期望經過時間」(Expected Elapsed Time Te)。

$$\boxed{6}\ \frac{5.\,7.\,10}{\text{TE}=7.\,1}\rightarrow\boxed{8}$$

圖 36-3

(2)期望經過時間的計算：

若以 a 代樂觀時間，m 為最可能時間，b 為悲觀時間，其「期望經過時間」(TE) 計算公式為：

$$\text{TE}=\frac{a+4m+b}{6}$$

以圖 36-3 言，其

$$\text{TE}=\frac{5+(4\times7)+10}{6}=7.\,1$$

由此式可知，期望經過時間乃以樂觀時間、悲觀時間、及四倍的最可能時間，所求的加權平均數。

(3)最早期望時間 (Earliest Expected Time)

一個事項 (Event) 的「最早期望日期」，乃一「事項」可能期望最早發生的日期，習慣上以「Te」表示之，在此將對某一事項 TE 值的計算方法作一說明：以圖 36-4 來看，從 0 至 5 事項，有兩條路線，一條經由第一事項，其 TE 值為 6＋2＝8，一條經由第 3 事項，其 TE 值為 11＋8＝19──兩相比較，經由第 3 事項者其 TE 值大，表示最費時間，應加控制。再如由 0 至 6 亦有兩條路線，經 3 之一條的

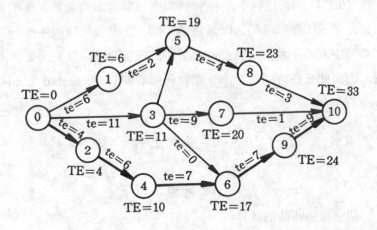

圖 36-4

TE 值僅為十一，而經 2、4 之一條， TE＝4＋6＋7＝17 比較浪費時間，亦卽最費時間路線，應加控制。

（三）要徑路線（Critical Path）

在網狀結構內，若有一工作活動所組成的路線被耽誤，對整個計劃所期望完成之日期卽生影響，此路線卽為網狀結構中最費時間之路線，也就是最長的路線，在圖中以較粗之線段顯示之，而稱之為「要徑路線」；如圖 36-4 中由 0 經 2、4、6、9 至 0 是也。沿此路線上的工作活動稱為「要徑工作活動」（Critical Activities）。除非所有引至此路線的所有工作活動已經完成，其最後事項始能完成；如圖36-4中之第10事項，在要徑路線中任一活動未發生前，它絕不能產生——所以，一「終止事項」之最早完成日期，一定要比要徑路線內最費時間之工作活動的發生時間遲緩。

因此，要徑工作活動也是網狀結構中最費時的活動。

（四）遲緩的存在情形

當兩個或更多的工作活動引致第三個工作活動時，將產生很多接合點，所以在網狀結構系列中，均有「遲緩」(Slack) 之存在。一事項之遲緩為衡量可能超逾時間之尺度，其計算方法為：一個工作流動完成之最遲可能日期 (TL) 與最早期望日期 (TE) 之差。TL 為一事項於不影響計劃完成日期下，可最遲開始之日期。在計算一事項的 TL 時，應從「終結事項」(即後一事項) 的 TL 值減去前一事項的 Te 值；例如圖 36-4 中第 8 事項的 TL＝33－3＝30 週。在此圖中，若計劃可以完成之「最早期望日期」(TE) 為卅三週，若須於卅週內完成，則此計劃將有三週之負數「遲緩」；若計劃之最後完成日期為卅八週，則可有五週之「正數遲緩」。而要徑路線已是最費時間的活動路線，所以沒有「正數之遲緩」。

網狀結構之任一點有遲緩存在時，其資源即可互換使用，故可流用人力資源於有負數遲緩存在之各處，而使計劃準時完成──此乃 PERT 制度之一大優點。

第四節　網絡圖的繪製原則與表示方法

(一) 繪製原則

(1)作業係用實線箭線表示，通常沿箭線附有作業名詞及其時間估值，每一箭線作業均有其作業之開始點 (以結點 i 表示) 與完成點 (以結點 j 表示)，由左至右，以箭尾表示作業之開始，箭頭表示作業之完成以 (i-j) 表示該項作業之名稱。

設有一「P 機具安裝」作業，須時 10 天，則如圖 36-5 所示。

(2)每一作業箭線僅係表示作業間合理之相互順序關係，其箭線之長短與作業時間及成本並無關聯。其每一箭線之結點號碼(i)、(j)，不能有所重覆，且須滿足 (i>j) 之條件，以便利於作業

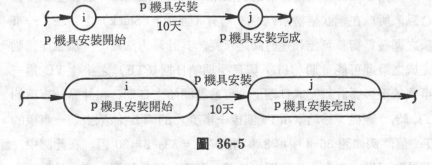

圖 36-5

之檢核與電子計算機之運算。

　　但(i)、(j)之號碼順序並不限於連續號碼 0、1、2、3…… 予以編號,宜應以 1、3、5、7…… 或 2、4、6…… 甚或 0、5、10、15…… 等跳號之編號為佳, 以便於修正作業之隨時插入, 見圖 36-6。

　　(3)先行作業之完成,亦卽後續作業之開始,其先行作業必先完成, 其後續作業始能進行。如圖 36-6 所示:

開始擬稿　擬稿完成　打字完成　油印完成　分類完成　裝訂完成
　　　　　開始打字　開始油印　開始分類　開始裝訂

圖 36-6

　　又如圖 36-7 所示, 開始進行 (6-7) 作業D之前, 則須其先行作業 A、B、C 全部完成。俟作業D完成後, 始能進行 E、F、G 之作業。亦卽進入結點⑥之A、B、C作業全部完成後, 始能進行 (4-6) 之作業 D, 同理, 要進行從結點⑦出去之箭線作業 E、F、G, 必俟D作業之完成始能進行, 故除非進入某一結點之所有各個作業全部完成, 否則不能進行從該結點開始之任何作業, 此為繪製網絡圖之最主要原則。

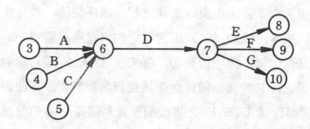

圖 36-7

(4)若干箭線作業若有同一起點，並非表示該若干作業定須於同時
　　開始，同理，若有同一終點者，亦並非表示定須同時完成。

如圖 36-7 所示：E、F、G 之作業並非一定同時間始進行，而 A、
B、C 之作業亦非一定同時完成，此於後文「作業時間之配當計算」論
述之。

(5)任何二個結點之間，不能有一條以上之箭線作業直接連接，如
　　有一條以上之箭線作業時，得須以虛作業顯示之。

如圖 36-8 係為錯誤之表示法，可以圖 36-9 之任一圖示修正
之。

於圖 36-8，中結點⑤與⑩之間，具有三條箭線作業 D、E、F，則
箭線（5-10）係指何項作業未能明確表示，故應如圖 36-9 所示，

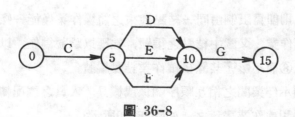

圖 36-8

再新增設結點 ⑦, ⑧, 進而插入二項虛作業 H、K; 以解決上述之困擾。由於虛設作業僅係代表作業間之相互順序關係, 本身並無實際之作業時間與成本, 故圖 36-9 所表示之內容程序與圖 36-8 係爲完全相同而無任何改變。圖中結點⑦, ⑧可於 D、E、F 等箭線中之任何二箭線中增設之, 且於其該箭線之先後位置無關緊要, 亦卽表示虛作業 H、K 與實際作業 D、E、F 之先後順序並無關係, 僅須保證由同一結

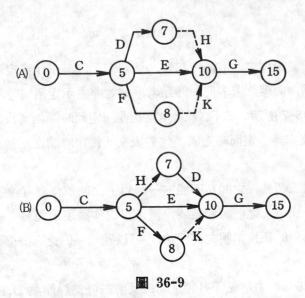

圖 36-9

點①進入於該結點①之箭線僅此一條, 卽係符合此項規則, 故圖36-9有若干表示法。

此項規則卽爲限制由同一結點進來之箭線作業僅能一條, 以便明確表示該項作業。又圖中結點之編號, 宜應以跳號爲佳, 以便插入新設結點⑦, ⑧而不影響其餘後續作業結點編號。

(6)爲顯示作業間之相互順序關係或機具, 人員之調配轉用時, 宜應採用虛作業表示之。如圖36-10所示:

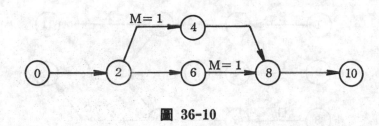

圖 36-10

設此一生產規劃之流程中，作業（2-4）與（6-8）均需一臺M機具始能進行操作，以〔M=1〕標示之，但倘若此整個生產計劃方案中，只剩有一臺M機具可資調配利用時，則該機具勢必於作業（2-4）完成後，始能移至作業（6-8）使用之，故宜應將此原規劃網絡圖予以修正，增設一虛作業（4-6），以顯示作業（6-8）須俟至該臺M機具於作業（2-4）使用完成後，始能移交該項作業進行之，如圖 36-11 所示：

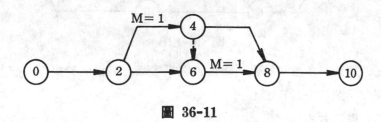

圖 36-11

於整個網絡圖之規劃繪製，虛作業之有效運用，係足以影響網絡圖之良窳，下節將再予以列舉之。

(7)網絡圖可僅有一個起始點 (Initial Node)，與一個終止點 (Terminal Node)。

起始點係指無箭線進入之結點，卽該結點無先行作業箭線。終止點係指無箭線出去之結點，卽該結點無後續作業箭線。

如圖 36-12A 所示，①、②、③卽為起始點，⑪、⑫卽為終止

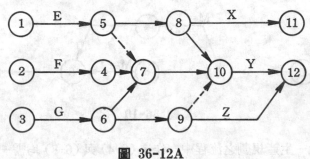

圖 36-12A

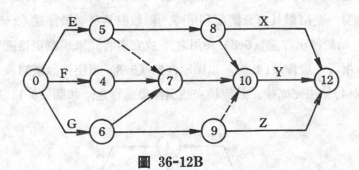

圖 36-12B

點，係為具有多數起始點與終止點之網絡圖，但為便於規劃、控制，宜修改為圖 36-12B 為佳。

（二）表示方法

(1)線繫作業與平行作業（Activity in Series And Parallel）

網絡圖作業間之關係，已如前述，若非係屬平行之獨立關係，卽係屬線繫之從屬關係，如圖 36-13A 所示，係表示作業 A、B 均為作業 D、E 之先行作業，須俟 A、B 完成後，D、E 始能進行，此卽 D、E 與 A、B 係為線繫之從屬關係，謂之 A、B 從屬作業，亦卽其後續作業。

但若作業 E 須俟至 A、B 全部完成後，始能進行，而 D 只要 A 完成後，卽能進行，則如圖 36-13B 所示，E 係從屬於 A、B，但 D 係僅

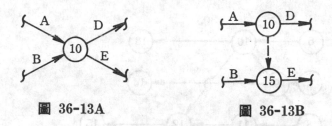

圖 36-13A   圖 36-13B

從屬於A，而與B係爲平行之獨立關係，並不受其先後程序之影響。

又如圖 36-14A 所示，係表示其生產過程中之某 流程圖，經覆核評定之結果，其中發現作業F僅係從屬於 B 及 C，與 A 並無從屬關係而係獨立關係，故於以修改，增設結點⑭與虛作業 (14-15)，以顯示其作業間之相互順序關係，如圖 36-14B 所示。

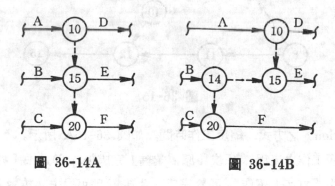

圖 36-14A   圖 36-14B

(2)作業箭線之交叉 (Arrow Crossover)

於繪製網絡圖時，應儘量使其作業箭線不橫越交叉，以免使其網絡圖淆雜不清，但若其作業箭線不得不橫越交叉中，則宜如圖 36-15 所示，圖中所示結點⑩與⑫，係與結點⑩與⑫完全共同一致，此類之結點稱爲交絡結點(Interface Node)係爲繪製網絡圖之一重要工具！

(3)作業箭線之分割 (Arrow Subdivided)

於網絡圖中，可將某項作業予以細分，以重疊生產 (Overlapped

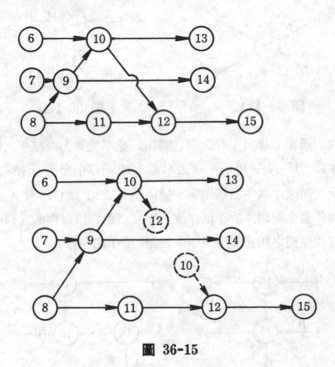

圖 36-15

Production) 之方式，縮短工作時間。如圖 36-16A 所示。

上項工作之流程，係俟「原稿彙編」完成後，卽送去「打字」，該文稿之「打字」工作，可於完成一半後，卽可送去「校對」，「校對」工作完成一半後，卽可送去「油印」，俟「油印」全部完成後，始能「分類裝訂成册」。

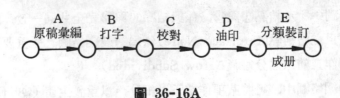

圖 36-16A

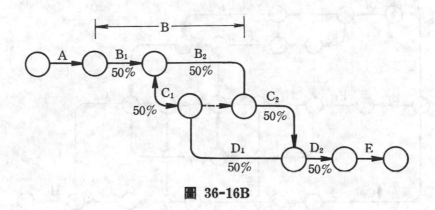

圖 36-16B

該項工作，即可以分割作業之方法表示之，如圖 36-16B 所示，將 B、C、D 之作業分割成一半一半，以 B_1、B_2、C_1、C_2、D_1、D_2 表示其分割之作業，俟 B「打字」完成 50% 之作業 B_1 時，即可開始 C「校對」之工作 C_1，「校對」C_1 完成後，即可進行 D「油印」之工作 D_1。但 C 作業後半段 50% 之校對工作 C_2 卻須俟至作業 B 後半段 50% 之 B_2「打字」完成與 C 前半段 50% 之作業 C_1「校對」全部完成後，始能進行之。同理，D 作業後半段 50% 之油印工作 D_2 須俟作業 C_2 與 D_1 完成始能進行之。

又如圖 36-17 所示，亦係表示其作業間之分割關係。

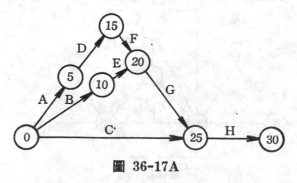

圖 36-17A

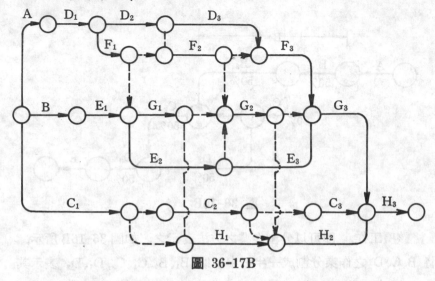

圖 36-17B

(4)作業箭線之濃集與擴細（Arrow Condense And Expended）

於網絡圖中，可將若干所屬之作業羣集視爲一項作業，而將一複雜詳細之網絡圖轉變爲簡要網絡圖，而仍保持原先網絡圖之規劃本質與邏輯關係，此稱爲作業之濃集。

如圖 36-18B 所示，可將圖 36-18A ▭部份之 C、D、E、F、G、H 等作業濃集爲一作業 K 表示之。

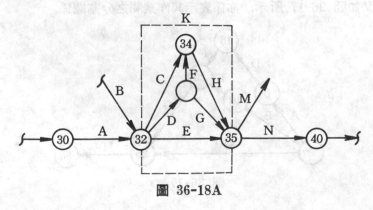

圖 36-18A

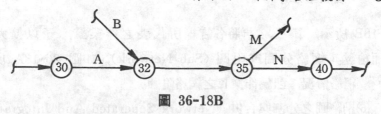

圖 36-18B

反之, 亦可將圖 36-18B 之作業羣K予以擴大細分爲 C、D、E、F、G、H 等詳細之作業規劃, 以便有效完成該項工作之進行, 此卽通常所謂之作業擴細。

於其實際之運用中, 其網絡圖之明細程度, 均視其使用者而定, 若係提供管理當局之控制與詳核時, 則宜將整體計劃予以濃集與彙總, 若係提供實地現場工作進行之施用時, 則宜予以擴大與細分。故其實務上, 通常係先繪製其網絡總圖 (Master Network), 如圖

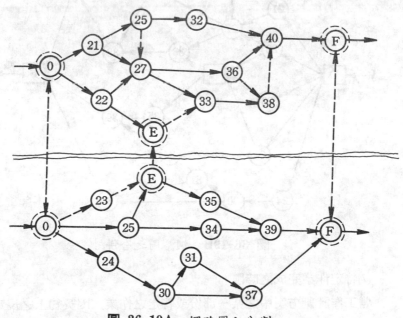

圖 36-19A 網路圖之分割

36-18B 所示，爾後，再將各箭線所代表之作業羣，予以擴大細分而繪製其網絡分圖或附圖（Sub-Network），如圖 36-18A 所示之▭▭網絡情況，即爲作業K之網絡附圖。

(6)網絡圖之分割與合併 (Network Seperated And Integrated)

於網絡圖之繪製規劃中，常利用其交絡結點 (Interface Node) 表示其網絡圖之分割與合併，如圖 36-19A 所示之結點◎及□，即爲交絡結點，係爲相同共有之結點。

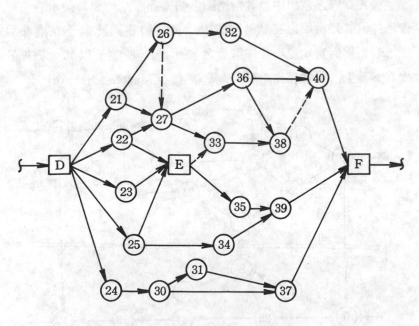

圖 36-19B 網絡圖之合併

(7)特定作業完成之時限

當工作計劃方案中之某一部份或特定之作業，因契約上之規定或其他特殊天然條件因素之限制（如建築業之水泥施工，須趕在雨季或

雪季前完成等是)，得須於某被指定之時限與日期內完成，則此類情
況之表示，應另導入另一箭線，於該箭線上註明被規定之完工時限，
以收控制之效，如　圖36-20　所示，圖中　R₁　即係表示此類情況，R₂
則係表示當作業（4-7）完成後，整個工作計劃方案希望於該時限內
完成之。

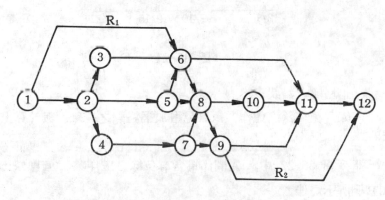

圖 36-20

(8)時間比例之網絡圖（Time-Scale Network）

　　網絡圖若依時間之比例而繪製時，則其有關之箭線與結點，係依
水平線上之時間比例而繪製，其箭線與結點之位置，係代表其已分配
之開始時間及完成時間，故其箭線之長短，係依其所需時間之比例而
定，其箭線之虛線部份，係代表該作業之寬裕時間（Float or Slack）
如圖 36-21 所示，作業E共需 15 天，作業G共需 7 天，而作業F共
需10天，其虛線部份係為其寬裕時間，共有 5 天之寬裕時間。

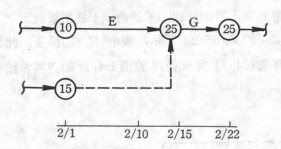

圖 36-21

(9)網絡圖之錯誤表示

    (A)避免多餘之虛作業，以免增加網絡圖之複雜性與計算上之麻
      煩。

    下列圖 36-22 中， A欄係爲含有多餘之虛作業， 宜應修正簡化
如B欄所示爲佳。

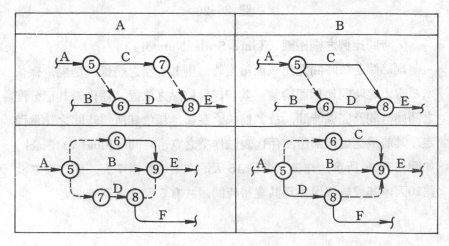

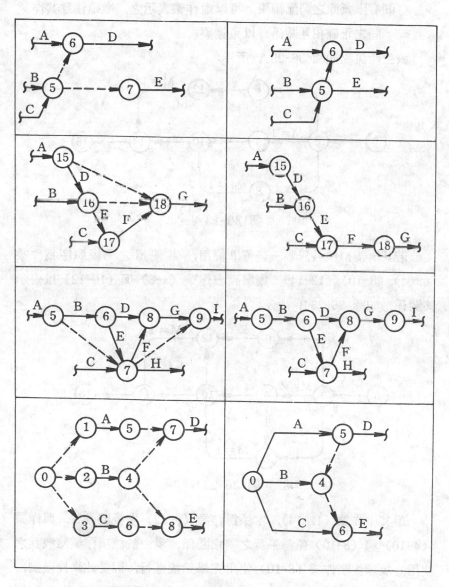

圖 **36-22**

(B)有限資源之調配轉用，可以虛作業表示之，惟須注意其作業

間之正確相互關係，以免錯誤。

設生產流程如圖 36-23A 所示：

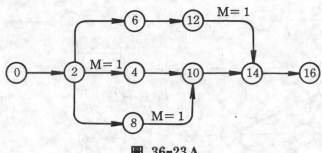

圖 36-23 A

若其所需M機具只剩一臺可供使用， 其使用之先後順序為作業

(2-4), (8-10), (12-14)。則增設虛作業 (4-8) 與 (10-12) 以表示

其關係，如圖 36-23 B 所示：

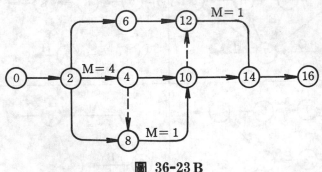

圖 36-23 B

但其中作業 (12-14)，本係為作業 (6-12) 之後續作業，與作業

(4-10) 與 (8-10) 係為平行之獨立關係，現由於該項作業M機具之

使用。故須俟至作業 (8-10) 使用完畢始能進行，因受此條件限制，

故作業 (8-10) 轉變為作業 (12-14) 之先行作業。而作業 (12-14)

卻與作業（4-10）仍確屬獨立關係，但由圖 36-23B 所示虛作業
（10-12），卻係表示須俟至作業（4-10）與（8-10）作業全部完成後，
始能進行該項作業（12-14）故此圖之表示方式係為錯誤，應修正如圖
36-23C所示，再予增設另一結點⑨，並取消虛作業(10-12)而另增設
虛作業（9-10）與（9-12），以正確顯示其作業間相互順序之關係。

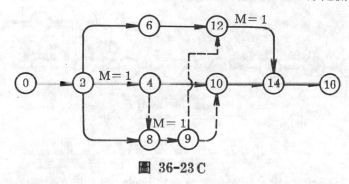

圖 36-23C

　(C)在網絡圖中，不能有循環路線（Loop）存在，但於實際作業確
　　係重覆者，則應列示其重覆之關係。

　　如圖 36-24A 所示，B為D之先行作業，而D為C之先行作
業，而C為B之先行作業，如此，則其作業 B、C、D 形成一反覆不息
之循環路線，致使此項工作永遠無法進行完成，故若其實際情況，
B、C、D 作業確係為重覆者，則應按其重覆次數，修改如圖 36-24B
所示。

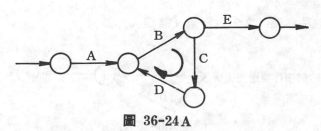

圖 36-24A

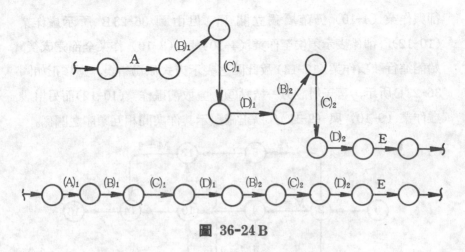

圖 36-24 B

第五節 網絡圖的繪製實例

任何計劃方案，皆應預先析列其所有作業之相互順序關係，而後始能有效規劃，控制此整個方案之進行與完成。網絡圖之運用卽須先導入所有各作業因素之相互關係，並將此錯綜複雜之關係以上述簡明之原則，予以圖形化或符號化，以助邏輯推理之思考與最佳決策以擬定，於繪製網絡圖時，其主要之關鍵係如何具體而清晰地顯示該項工作計劃之內容與相互關係，故宜應事先析列其所有之作業因素，爾後針對下列之問題，將每一作業一一詳細思慮分析之，如圖 36-25 A 所示：

(1)該項作業X之先行作業（箭線A）為何？

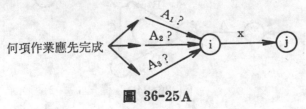

圖 36-25 A

(2)該項作業X之後續作業（箭線B）爲何？

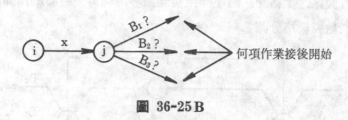

圖 36-25 B

(3)於該項作業之進行中，有無其他作業（箭線C）並時進行？

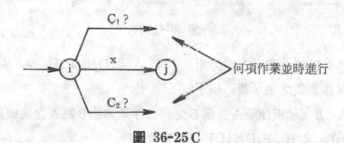

圖 36-25 C

(4)於該項作業之進行中，有無其他作業（箭線D）係爲其局部後
續作業（Partial Successor）？

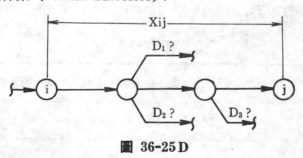

圖 36-25 D

綜上所述，即對每一作業X之先行作業，後續作業及其平行作
業，皆一一詳細分析之，如圖 36-25 E 所示，爾後，依據前述之繪製

原則與實際作業之情況，將此類有關之作業箭線全部組合，繪製成先後相互關係之網絡圖。倘使作業復雜衆多，則可先繪製網絡圖，爾後再予於繪製網絡分圖。

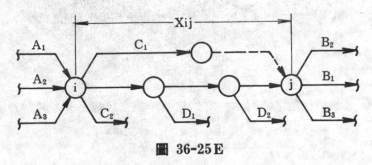

圖 36-25E

舉例而言，設一工作方案，共有 A、B、D、E、F、H 等六項主要作業，其作業間之相互關係如下：

A＜B（意指作業A係爲B之先行作業亦卽B爲A之後續作業），B＜D, B＜E, B＜F, D＜H, E＜H, F＜H,

則上列之作業關係，綜合寫成下列（表36-1）所示之作業表，並由該表依序繪製其網絡草圖，進而予以修改繪製成一般標準型式之網絡圖，其步驟如下：

表 36-1

作　　業	先 行 作 業	作　　業	先 行 作 業
A	無	E	B
B	A	F	B
D	B	H	D.E.F

⑴以無先行作業之作業爲起始作業 (Starting Activity)，故於表 36-1「作業欄」內，先從無先行作業之 A 作業開始繪製。

⑵當 A 作業繪製完畢後，即以斜線劃去「作業欄」內之 A 作業，並於其「先行作業欄」內之 A 作業註記一鈎號(√)，已示該作業 A 已繪製完畢。緊接着，係準備繪製以 A 爲先行作業之 B，以〇符號圈記之，如表 36-2 所示。

表 36-2	表 36-3	表 36-4

作業	先行作業
A̸	無
Ⓑ	A̸✓
D	B
E	B
F	B
H	C.E.F

作業	先行作業
B̸	
Ⓓ	B̸✓
Ⓔ	B̸✓
Ⓕ	B̸✓
H	D.E.F

作業	先行作業
D̸	
E̸	
F̸	
Ⓗ	D̸✓E̸✓F̸✓

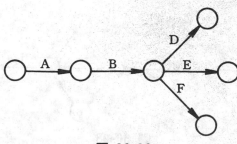

圖 36-26

(3)當繪完作業B並打鈎後，即可開始準備繪製以B為先行作業之 D、E、F，仍以○符號圈註之。如表 36-3 所示。

(4)當繪完作業 D、E、F 如圖 36-26 所示，並打鈎後，即準備繪製該工作方案之最後作業H，如表 36-4 所示。

(5)由作業表知悉，當作業 D、E、F 全部完成後，始能進行此項最後之作業H，故修改繪製如圖 36-27 所示：

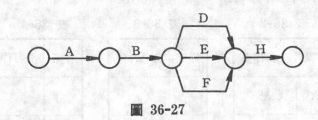

圖 36-27

(6)依據網絡圖繪製之原則，任何二結點之間，不能有一條以上之箭線存在，故再予修改繪製如圖 36-28 所示。

(7)網絡草圖經過上述若干程序之修正後，即可繪成一正式之網絡圖，爾後再按序給予每一結點之跳號編號，即告繪製完成，如圖 36-28 所示。

再舉例示之，設一較大之工作方案，其作業清單（Activity List）內，共含有 A、B、C……L、M、N 等14項之主要作業，其作業相互關

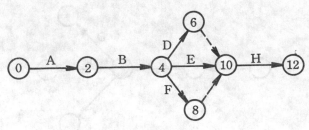

圖 36-28

係如下:

　A<B, B<D, B<E, B<F, C<D, C<E, C<F,
　C<G, D<H, E<H, F<H, G<I, G<J, H<K,
　I<K, J<L, J<M, K<N, L<N, M<N

　　如上所列，若其所屬之作業因素甚爲繁雜時，則爲正確顯示其作業間之相互關係，其作業表可繪製如下（表36-5）所示:

表 36-5

先行作業 / 作業	A	B	C	D	E	F	G	H	I	J	K	L	M	N
A														
B	△													
C														
D		△	△											
E		△	△											
F		△	△											
G			△											
H				△	△	△								
I							△							
J							△							
K								△	△					
L										△				
M										△				
N											△	△	△	

　　將全部析列之有關作業名稱列示如表 36-5，橫列（Row）表示其作業名稱，直行（Column）表示其有關之先行作業名稱〔此意即，若以直行之先行作業爲基準，則其橫列所示之作業即爲其後續作業。〕，爾後依據其上列作業間之相互關係，按序標記其有關先行作業「△」符號〔此處，若以該直行之先行作業爲基準時，則此△意即表示其後續作業之符號。〕，以示其有關作業間之先後順序，如〔A＜B〕，則於「作業欄」B列內之A行中，或於「先行作業欄」A行中之B列內標示該△符號。同理，〔B＜D〕，則於D列內之B行中，或B行中之D列內標示之。如此依序標記「△」，則該整體計劃作業間之相互關係，則不易有疏漏、錯誤之現象發生！

　　如上所述，表 36-5 所示，「作業欄」橫列內之△，其所對應之直行作業，即爲其先行作業，而「先行作業欄」直行內之△，其所對應之橫列作業，即爲該直行作業之後續作業，若其行列並無△符號時，此即表示該行列所對應之作業，並無先行作業（或無後續作業），故可一目瞭然，其作業之先後順序，其先行作業爲何？其後續作業爲何？均能明確顯示之。舉作業E爲例，首先查視，其「作業欄」E列內有兩△符號，即顯示該作業E有兩先行作業存在，該△符號之位置係於「先行作業欄」之B行與C行，意即顯示該作業E之先行作業爲B及D，爾後，於其「先行作業欄」內之E行內，列有一△符號，意即有一後續作業，其位置係於「作業欄」之H列，意即其後續作業係爲H作業，而作業H之先行作業，除E外，尚有作業D與F，其後續作業爲K。又表 36-5 所示，其「作業欄」之A列與C列內均無△符號，意即作業A與C均無先行作業，故係爲最先開始之作業項目，而「先行作業欄」之H行亦無△符號，意即該作業H並無其後續作業，故係爲其最後完成之作業項目。

故於實務之應用，其作業（表36-5）係一甚為有效之規劃工具，吾人可由其表列所示△符號，即明確知悉其有關作業間之先後順序關係而依序繪製其網絡草圖，如圖 36-29 所示。其繪製之一般程序步驟，亦如前例所述：

(1)首先查視，表 36-5「作業欄」內無△符號之作業，以此無先行作業之作業為起始作業。

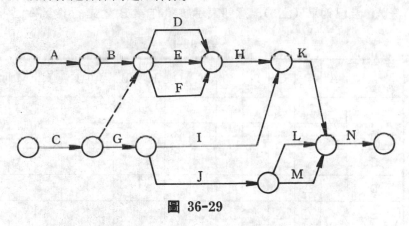

圖 36-29

於表 36-5 之「作業欄」內，其 A 列與 C 列均無△標記，故先開始繪製作業A與B，此為平行之獨立關係，故可同時繪製之。

(2)當作業繪製完畢，即於「作業欄」內，以斜線劃去該項作業，並於其「先行作業欄」之同一相關作業行內註有△處，打一鈎號（✓）。故當作業 A、C 繪製完畢後，即於「作業欄」內，以斜線劃去 A、C，並於其「先行作業欄」內，A、C 直行所屬之△處，打一鈎號（✓），以示繪製完畢如表 36-6 所示。

(3)再次查視，於其「作業欄」內之每一作業，其所屬之△是否已全部鈎畢（△✓）？若已全部鈎畢，則顯示該項作業之先行作業

皆已完成，故可開始準備繪製該項作業，於其作業欄內以○圈記之，但若尚未全部鈎畢，則係顯示其有關之先行作業尚未全部完成，故須俟至其△全部鈎畢後（△✓），始能圈記該項作業。

如表 36-6 所示，當作業 A 繪製完畢後，即於其「先行作業欄」A 行內所屬之△打一鈎號（✓），此時，「作業」B 列內，僅有一△符號，且已鈎畢（△✓），意即表示該項作業 B 之先行作業 A 已告完

表 36-6

先行作業 / 作業	A	B	C	D	E	F	G	H	I	J	K	L	M	N
A̶														
Ⓑ	△✓													
C̶															
D		△	△✓											
E		△	△✓											
F		△	△✓											
Ⓖ			△✓											
H				△	△	△								
I							△							
J							△							
K								△	△					
L										△				
M										△				
N											△	△	△	

成，故可開始準備繪製，以○圈記之。同理，G作業亦如是圈記，準備開始繪製之，但作業D、E、F則不同，該項作業列內均有兩△符號，其先行作業均為B、C，而此時，僅只鈎畢一△作業C而尚未全部鈎畢，故尚不能以○圈記其「作業欄」之 D、E、F。當作業 B、G 繪製完畢後，即於「作業欄」內，以斜線劃去Ⓑ、Ⓖ，並於其「先行作業欄」內，B、G直行所屬之△處，打一鈎號，以示繪製完畢，如表36-7所示。此時，其「作業欄」D、E、F、I、J列內所屬之△作業，均已完全

表 36-7

先行作業＼作業	A	B	C	D	E	F	G	H	I	J	K	L	M	N
A̶														
Ⓑ	✓△													
C̶														
Ⓓ		✓△	✓△											
Ⓔ		✓△	✓△											
Ⓕ		✓△	✓△											
			△											
H				△	△	△								
Ⓘ							✓△							
Ⓙ							✓△							
K							△	△						
L										△				
M										△				
N											△	△	△	

鉤畢，故皆以○圈記開始準備繪製之。

(4)如此依序繪製其作業 H、K、L、M，迄至繪製完畢作業N後，其相對之「先行作業欄」N行內，並無任何△符號，意卽並無任何作業係以作業N爲其先行作業，簡言之，亦卽作業N並無任何後續作業，係爲完成該項工作計劃方案之最後作業，故當此項N作業繪製完畢後，該項工作計劃方案之網絡草圖卽告完成！如圖 36-28 所示:

(5)最後，將此網絡草圖依據網絡圖之繪製原則，予以修改繪製，並按序給予每一結點之編號，如圖 36-29 所示，該項工作計劃

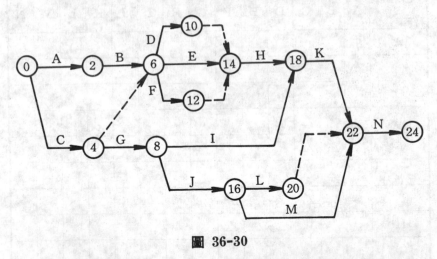

圖 36-30

方案之網絡圖卽告全部完成。

故一網絡圖之繪製，其基本條件，首須熟悉網絡圖之繪製原則，並能確實瞭解該整體計劃方案之全部詳細計劃內容，明確區分，析列其有關之作業項目範圍及其作業間之先後相互關係，以便列具作業表，繪製其網絡草圖，進而予以修正之。

第六節　PERT 的成本控制

PERT 成本控制制度爲 PERT 方案之擴充，用於計劃、監督及控制計劃之成本及時間之進度。成本依計劃所分之工作而分類，因而能與工作活動於網狀圖中顯示出來。此分類成爲估計及計算成本之工具，而此種成本隨時於其工作活動之網狀圖中，則能用於計劃及執行對成本與時間之估計。

此外，PERT 成本控制制度亦提供一種方法，以比較各種行動方案之成本，俾求出因移轉資源至重要路線所增加之成本，及由此獲得時間上利益之利弊，並能計算出以撥發最少費用從事各項工作，尤如使用最少時間者然。

（一）**PERT 成本控制之價值**　PERT 網狀圖，重要路線工作日程表及類似之計劃與控制技術等，對巨大計劃方案之時間安排與控制用處至巨，且最近已研展一制度將時間與成本因素納入一共同圖表中。一九六二年爲將完成方案之時間資料與相關之財務資料納入一體，乃有 PERT 成本控制之創設。從 PERT 時間控制制度能對一個工作方案各階段之時間進度予以監督協調與管制，然而對實際完成該方案之財務狀況無從衡測；因此何時進度落後而超出成本之工作方案所必須增加之資源，諸如人力、原料、機器等資料，必須歸併於 PERT 時間控制制度資料中。

PERT 成本控制制度在計劃管理上尚未贏得穩固地位。雖其具有控制成本之潛能，然卻較 PERT 時間控制制度難於應用，故在實際應用上已有很多難題產生。此難題有則於使用者獲得更多之技術及應用之經驗後卽消失，而另外者則可能爲先天之限制。

毫無疑問，PERT 成本控制制度之使用，優點甚多。如便於評定

有關財務計劃之工作計劃狀況，顯示時間與成本及可能變更資源與進度之工作方案之財務效果間的相互關係；從多方面資料查核工作進度；提供單一報告，以評定工作方案之財務及實際狀況。

PERT 成本控制制度亦有助於思考計劃，即將必須執行之工作予以財務之計量，並正確估計該項工作計劃所需之全部費用。其可用以比較各部門或各廠商之工作進度及資源估計。例如，利用 PERT 計劃管理者能將由設計及製造部門所獲得之詳細資料予以合併，或利用廠商之室內資料綜合為簡要之成本資料，而使有關工作量資料趨於一致，工作量對網狀區域用途至巨，縱使其網狀圖中一段以簡單方式表示，另一段則詳盡表示出來。將 PERT 時間控制制度與 PERT 成本控制制度合併，則可查核各階層之管理人員所負責工作之進度，成本及技術標準是否按規定，否則，應重新組合資源，以減低成本。

將當時實際費用總額直接與核定之經費及完成工作之概算，比較以衡量工作進度。由此比較可察知費用係超支或有結餘以及何部門成本應加以管制。

（二）**PERT 成本控制之限制** 成本控制制度無疑地能對大而複雜之工作計劃予以成本控制，然則亦有缺點而限制其使用將大而難於實施之工作分成較小而易於處理之單位，可使責任分明，並能正確地從多方面工作，惟對全盤性問題卻增加各部門間協調之困難，最高管理階層最關切者為簡要之工作報告。至於所需現場管制工作，乃由各部門主管權宜處理，並由其將工作形態及數量報告最高管理階層。如同 PERT 時間控制制度所估計之時間用作時間進度表一樣，由 PERT 成本控制制度所估計之成本，最後乃成為預算。雖然估計之成本可以修正，然而現在在開始擬訂預算計劃階段，有將預算增大之趨勢。

(1)虛飾 此種虛飾之傾向，並非故意將欺偽或錯誤之資料發表，

而是由於人類天性期求保險所致。因時間及成本之直接關聯，又因工程師易趨對時間做悲觀之估計。故在成本方面亦發生同樣之修飾。任何部門主管均不願使其成本超支而反映其執行工作無效率，由是，卽企圖虛飾成本的估計，以補償任何在時間估計上的可能錯誤。當然此種問題絕不能阻礙對 PERT 成本控制制度之採用，然不管應用何控制技術，對預算之計算實感困擾。每一估計之成本由該部門以外人員負責複算或核對其項目均不合實際，幸而採取下列步驟可減少此種捏造措施。

由工作管理人員隨意選擇其全部工作或部份工作予以檢討及查核，此種檢討可實施於計劃階段，亦可實施於執行階段，如在計劃階段則檢討其時間及成本估計是否正確；如在執行階段則可將實際使用時間及成本與估計時間及成本相比較。此一查核工作可得知負責估計時間與成本之承辦員是否有偏見同時在心理上亦可阻止捏造，此種由管理人員來作檢討之工作，其本身卽為一種審核。同時會計部門或其他獨立單位之職員，亦可隨時對工作項目予以內部審核。

由政府承辦之某工作方案，其審核工作則由政府之其他機構負責，內部審核對管制工作裨益至大，蓋它能測定所進行之工作與所定標準間之差異，尤其重要者由於審核工作或組密之檢討工作能使工作人員於行動前必須注意法紀。

(2)估計的變更　通常一個工作方案之推展，其計劃之變更多由於不可預測之技術困難或因此能增加該項工作之穩定性及可靠性，或由是可使產品經濟制度簡化，而在產品與制度之設計階段修正之。誠然，在數以千計的政府工作方案中僅有低於百分之一的計劃未能予以有意義的修正。成本之估計由是亦隨之修

正，此種修正在政府之合約中尤為顯著，蓋此等合約對成本低估不予罰款或僅罰少許款項，因此廠商為贏得合約便低估成本，爾後則對成本略施管制。

此種成本低估之趨勢乃屬一常規，而非意外事件。最後發生成本報告中顯示其實際發生成本低於估計成本或根本省略早期的估計成本，因此無從與原始估計數核對，修正案訂定後可解除原始成本估計承辦員部份責任，蓋最後成本實為應一新計劃而產生，並非原承辦員所據以擬定估計成本之計劃，因為於工作方案完成時，已無從得知，該項工作所需花費成本數目。

若干計劃之邊際誤差甚屬明顯，或甚驚人。成本增加二倍至三倍，而時間則延長三分之一至二分之一，估計的錯誤程度，依計劃之類別而不同。將若干新技術歸併運用之工作計劃特別容易造成較大之邊際誤差。例如美國六個飛彈計劃，其中蘭特公司 (The Rand Corporation) 居重要角色，其實際之累積成本為起始計劃成本之一‧三至五七‧六倍，其平均數則一七‧一倍。換言之，最後成本平均較最早估計之成本多一七‧一倍。

(3)成本的不定性　成本估計上的變更，並非全受外界或計劃變動而改變，於計劃進行中發現估計錯誤時，則已有改變之必要。因 PERT 之性質為不定性，故難從以往之成本中推算，同時亦無任何計劃之成本與其他者一致，因之某一行動方案可導致最低成本之假設，並不切合實際。誠然，一部計算機可能在理論上能減低成本及適當調配資源。然實際應用上，由於此成本非常難於估計，故適當之資源調配仍係一疑問。於工作方案計劃階段，而網狀圖及電子計算計劃，正在擬定時，若將成本予

以正確之數學計算，似嫌過早，此並非在各種不同狀況下不能預測成本，亦以 PERT 成本控制制度不能提供健全之控制成本辦法，當然要得到可靠的估計成本在技術上受到限制。

(4)分配　成本分配為一重要問題，工作任務通常由很多不同部門之工作活動組成，如工程部門通常包括一計劃之若干工作，而生產部門則僅關心最主要之裝配。將工作方案之總成本正確地分配各部門雖非不可能，亦甚困難，若隨意分配，則對控制效果言之，必等於零。有時在開始計劃階段，人工作方案可將其工作任務分開於各部門，即按各部門，對該工作方案所負擔工作為標準，予以分配。如十萬元或三個月的工作所需用以執行全盤工作之資源必須具備。

各部門採取緊湊預算，則偶發的人力分類報告實屬必需，如工程部門以十個人月用於某工作任務，而實際上僅需五個人月；若另一工作任務則有拖延跡象，此時其人力便可依需要而轉移使用。各部門主管在其經管預算總額以內，對使用費款科目之分配各不相同，故與 PERT 成本控制之關聯可能只是表面的，因為對成本數字的提出方法很多，且範圍大而且有彈性。

無論成本分配錯誤的理由為何，此錯誤之數字用來作為將來同性質之工作任務的成本估計標準，實屬危險。顯然地，此種以錯誤或可疑之前提為準據的預測，必然錯誤百出。當然，此問題並非單獨發生於 PERT 成本控制制度。且在其發展前早已存在，並且將不斷困擾，計劃管理人員及控制人員不管所使用之管理及控制技術如何。而由 PERT 成本控制制度所產生之特殊問題，乃此制似頗科學化，而其結果又似乎很明確，

故導致管理員竟遺忘沒有任何控制技術較其所得之資料爲佳。

（三）PERT 成本控制之進展

PERT 成本控制並非完全脫離早期的技術，其大部份工作以往已經實施而獲變換名稱而已，如完工成本估計與以前所稱將來發生成本、最終成本或簡稱重置成本等，並無甚大差異。單位之狀況報告則爲使用多年之部門工作單位或部門預算報告。人力負擔報告則沿自舊日之人力需要報告表或工作技能表。因此大部份 PERT 成本控制制度係由進展而來，而非改革。亦卽以往之管理及控制思想的修改，並與新的資料整理設備及計算機配合使用。

此進展之最主要利益爲增加迅速。雖 PERT 成本之報告制度已相當迅速，然仍不敷實際應用之速度。雖其易於搜集歷史性的成本，然卻難於估計完成各個不同階段實際進度之成本。以實際使用成本除以最新估計完成工作所需之成本乘該時期之預算數而求出該時期已完成工作的價值，此一計算辦法並不正確，尤其進度不能按時完成時爲然，因爲由此公式計算則當工作預算增加時，已完成工作之價值乃自動增加，並不合理。因之雖 PERT 成本能幫助工作進度財務狀況的評定，然並非一正確之指引。因甚多工作方案之成本須於工作完成後才能獲得正確計算。

（四） PERT 成本控制之未來

縱然有此限制，但是無疑地 PERT 成本控制制度已爲控制作業開闢新紀元。使管理與控制制度之最終目標更趨接近。如同 PERT 時間控制制度提供加速達成目標之適時資料，PERT 成本控制制度所提供資料，以使此目標能迅速有效而經濟地完成。雖然 PERT 成本做成功或失敗之最後判斷未免過早，然大部份使用其公司均感覺其眞正地提供管理控制方法，以集中注意預定目標之變異。如同作業人員

由於使用 PERT 時間控制制度，而必須詳細檢查工作日程及完成進
度，PERT 成本控制制度亦促使管理人員對資源有相同之認識。此種
對直接人工小時、原料成本、計算時間及其他有關資料之了解，能助
各工作部門及管理人員對管理目標之決定。PERT 時間控制制度及
PERT 成本控制制度並不替管理人員做決定，而是促使彼等對工作日
程及各階段使用成本予以特別注意，並指出欲使工作方案按期完成所
必需加速工作之脆弱步驟。

　　如同其他控制技術，PERT 成本控制制度並非仙藥，其效用賴
供給該制度使用資料之適用性而定，同時要看作業人員之工作效率如
何。若以不可靠的資料納入 PERT 成本計劃中，則將由計算機獲得
毫無意義之資料。

　　最近對 PERT 成本控制制度改進所作之努力，目的在於一、減
少成本估計之困難，二、使成本報告能更與工作日程接近，三、介紹
其他機械上之發明以幫助制度之推展，然而對增加這日常負責成本控
制制度作業之工作人員的能力尤為注意。雖技術上的問題不應忽視，
然而對用人問題的處理在 PERT 成本控制制度言之，其重要性尤較
解決機械上的缺點為甚。

　　鑒於 PERT 成本控制制度之進展，其時間與成本控制制度之綜
合作業程序必將予以訂定，而所需人力與費用亦將直接納入詳細工作
網狀圖中，以使作業管理員於起始卽能訂定合於實際的計劃，以免爾
後繼續不斷的調整，以利加速控制的職能。雖然很多時間及成本之修
正乃由於計劃目的之改變，或其他意外事件所致，如物資缺乏等類似
問題，但是大部份係由於 PERT 作業人員於開始作業時之錯誤估計
所致。

第三十七章　無缺點計劃與 ECR

第一節　無缺點計劃之意義與出現

(一) 意　義

　　所謂「無缺點」(Zero Defects, 簡稱 ZD) 者，即十全十美之意，也就是使品質達到百分之百的精美程度。至於「無缺點計劃」(Zero Defects Program)，則是一種新管理思想，新品質觀念，其注重事前預防，以免發生事後補償之損失，乃激勵工作人員的責任心與榮譽感，使人人自動自發，完成份內工作，絕不依賴品質控制等檢驗更正之觀念，絕不存苟且敷衍的心理，以無上的信心和榮譽感，加上熱愛工作的精神，去克服一切心理障礙，使份內工作做到百分之百的完美，以保證品質的優良。在此，再將其基本要義，由以下五點中進一步說明：

　　(1)無缺點計劃是缺點的事前預防，而非缺點之事後檢驗，為求工作之完整無缺，要求第一次即將工作做好。

　　(2)無缺點計劃係以「人」為中心的管理計劃，其基本精神出自於自動自發，激勵工作人員之工作熱忱，且具有長期性、永久性之作用。

　　(3)無缺點計劃在建立「缺點是可恥，完美是神聖」的觀念，糾正「人非聖賢孰能無過」的「不能避免錯誤發生」的觀點。

　　(4)無缺點計劃是一種意見交流的品質管制計劃，認為適當的獎勵與讚許，合理的採納建議，是獲得成功的先決條件。

　　(5)無缺點計劃是一種全面性激勵方案，全體工作者皆能不生「缺

點」，始可保證品質之完美，特別注重羣體之協調合作，是品質控制之新境界。

（二）無缺點計劃的產生

美國馬丁公司之奧蘭多分公司，在一九六二年承辦「潘興飛彈計劃」(Pershing Missile System)，允諾陸軍當局提前兩週交貨，並答應在十四小時內完成發射裝置，為求品質之精確完美，乃發起提高品質運動，以縮短製造時間並達到百分之百之完美品質，此卽「無缺點計劃」。該飛彈裝置，乃於一九六二年二月二十八日運交陸軍，二十三個半小時完成裝配工作，其兩萬五千件零件竟無任何瑕疵。使每人皆能「第一次卽將工作做好」，且能有縮短工時及維持優良品質之效果，故該分公司經理 G. T. Willey 說：「……工作人員旣能致力製造無缺點之飛彈，為什麼不能將同一觀念應用於所有計劃？為什麼不能使無缺點計劃永久成為品質控制之一部份？」因此，無缺點計劃乃正式被採用，且受到普遍的重視與推崇。

在近代大量生產方式下，一般企業皆趨向機械化、自動化、專業化、標準化，而任何報廢品、重製品，均會使生產成本增加，造成不必要的損失。且近代企業之單純、重複與固定工作，使工作人員易於出錯，無缺點計劃卽更見其重要了。

第二節　無缺點計劃的實施步驟

實施設計方案與採取行動，依實行此計劃機構之業務性質與組織幅度，而有不同之作法，有採取十三步驟，在此擬就可供一般參考者，分為三個階段，分述其要義：

（一）籌劃時期

首先須蒐集完整資料，並建立下列三標準：

(1)依機構全盤業務與中心工作加以澈底分析研判、以長期發展趨勢為依據，訂定切合實用而有長期性之工作標準。

(2)依據業務需要，以工作標準為依據，對組織體系作一番研究分析，建立一權責分明而運用靈活之組織標準。

(3)依工作標準，職責內容，參酌組織需要，分析所需專長，釐訂用人標準，使人力得以作最適當之配置與運用。

以此三標準為基礎，進一步就改進工作方法以及無缺點計劃之重要價值加以確認，擬訂完整之實施計劃，並獲得高階層人員積極支持。計劃過程中須設法使其成為永久性管理制度之一部份，以充分時間做好準備工作，擬定具體之工作目標，成立必需組織，負責計劃與執行實際工作。建立適用於一般性及部門性之缺點衡量標準、獎勵績效辦法、評選程序、審查方式、報告績效方法等有關計劃之重要內容，務期使之實施能產生一股強大誘惑力，引起強烈性與全面性之羣體運動。為達到此目的，必須做好宣傳工作，訓練執行計劃之人員、編印工作手冊、公佈計劃內容。茲按各項工作順序簡述如次：

1. 決定推行無缺點計劃　未實施前，可能已有近代設備、最新訓練技術、有系統之全面品質管制計劃及有效價值分析方法、安全計劃之實施。在感覺上似是一直在實行無缺點計劃，然若細加考察工作中之錯誤、廢料情形、重修品、再檢查記錄，及顧客建議案，不難發現若干有待改進之缺點。決策階層如果確信無缺點計劃係消除缺點之有效方案，當以決心和行動予以實行。

2. 設置組織　機構最高階層及次高階層之一切職能或部門主管成立無缺點計劃委員會，由最高主管擔任主任委員、部門主管擔任委員。委員應對無缺點計劃作深入研究、體認其應負之責任與職掌。以此橫的組織，使部門間之意見得以事先交流，促使

各項問題早日解決。委員均對此計劃負有責任與有所貢獻，使
計劃內容尤符實用，便於日後推行。遴選對無缺點計劃之理論
有深入研究與興趣、並對品質管制業務有實際經驗之品管、管
理、生產、技術、會計及有關部門之人員與成立小組項直屬委
員會（最高決策層），小組工作人員須具有完成工作所需之熱
心、想像力。以擔負計劃之策劃、調整、設計及以實際推行之
工作與責任。次級單位或部門成立推行分會，以執行部門或單
位內一切實際工作，如傳授無缺點計劃之理論與知識、發給屬
員無缺點計劃缺點原因鑑別表、建議卡，並加以收集分析、答
覆與採取改正措施或轉呈委員會決定。並實施部門內部業務競
賽、考核辦法、獎勵、以及參加委員會評選之部門間業務競
賽。

3. 擬訂無缺點計劃推行方案並獲最高階層主管同意　執行小組應
蒐集充分資料，會同各部門逐項業務研訂部門職別缺點衡量標
準與建立一般性共同性之缺點衡量標準、審核意見或建議案程
序、考核及獎勵辦法，並商討無缺點計劃與全面品質制度之關
係，解決宣傳與管理方式，為工會及第一線之課級股長或監工
人員編製推行計劃手冊或教材、擬定各階段之目標與實施程
序。妥慎編擬實施計劃，務使其完整、易行而有效。計劃草成
後送請委員會討論，獲得主持人允准。並向中階層各級主管作
書面報告，以取得其贊同與支持，而利推行。

4. 舉辦無缺點計劃研究班並召開擴大討論會　依美國工廠雜誌調
查三十家推行此項計劃公司之報告，證實九〇％以上之缺點是
靠第一線監督及管理人員所消除。要使每一工作人員獻身於無
缺點運動，把工作做好，必須由個人方面著手，並有賴第一線

監督、管理人員去推動。在整個運動中，使任務始終爲最主要
之地位。實施初期，必須召集幹部設立研究班，介紹無缺點計
劃，準備參考之備忘錄。其內容應包括何謂無缺點計劃？爲何
要實施？及如何維持、管理，無缺點守則與禁則，使其有深刻
瞭解與接受。召集機構內各級主管擧行擴大討論會，介紹計劃
之詳細內容與實施步驟，加以討論分析，交換意見，以加強各
級幹部之認識與協助。

5. 編訂無缺點手冊及各種有關表格　設計供員工自願簽約參加無
　缺點計劃之誓言狀，建立一供員工以及推行分會執行小組等使
　用之無缺點建議表及統計表。前者供員工及單位提出意見及建
　議案，後者則用於統計及分析績效以作爲獎勵及檢討業績之依
　據。各種表格之設計，應儘可能符合組織系統及意見交流所要
　求者原則。繼將已定案之計劃重要內容如目的、組織、指導原
　則、實施步驟、衡量標準、追查考核方式、實施日程、獎勵制
　度、宣傳口號、標語、以及建議表、統計表之使用辦法等等編
　成精巧別緻手冊，以備實施日發給員工使用。

6. 公佈無缺點計劃

　(1)事前宣導　實施前兩週開始利用各種宣導方式: 如公佈欄、
　　壁報、雜誌、地方報紙、演講會、討論會等，公開計劃詳細
　　內容，廣爲宣傳，以引起員工之注意與發生興趣，務使正式
　　實施時卽能引起高潮。「良好開始，成功一半」，宣傳工作是
　　準備階段最重要工作之一，亦繼續推行之必要手段。美國李
　　頓公司曾使用無文字說明之「卡通英雄與無缺點符號」標語
　　爲宣傳工具，於實施前兩週開始張貼，每日一換，引起員工
　　之猜測、好奇、討論，使之感有重要運動卽將來臨，無形中

在員工腦海中注入深刻印象。

（二）開始實施

妥善宣傳，使員工認為此乃不凡日子。此日首先召開慶祝大會，繼大會後，各分委會依次成立並集會。大會會場之佈置莊嚴隆重，用旗幟、海報、簽名簿和壁報予以裝飾，機構所辦各種雜誌、報紙及廣播系統均擔任重要宣傳。議程須確切適當，使最高主持人在大會有講演機會，並介紹無缺點計劃之內容與員工應負責任。大會後拜訪所屬單位與部門，招待報社記者，攝影留念，接受員工出於自願之簽約。不妨設計一種精巧胸章別針或紀念品發給員工，增加其對工作之興趣與責任感。設法使大會十全十美不妨帶戲劇性，以加深員工印象，使其感覺為非常重要事情，以豎立繼續推行之良好基礎，大會後各級主管應召集所屬舉行討論會，尤其第一線監督及管理人員更須對所屬說明各個人在此計劃於所負之責任與擔任角色，使其知曉如何消除缺點，改良工作方法。

（三）繼續推行

將設計之建議表或意見表發給員工使用，各分委會應將員工建議案加以分析、討論，其屬於其分會業務範圍者應交由專人調查研究並答覆。如所述內容確為缺點發生原因或其建議有實行之價值者，即交負責部門或人員研究並實行；其非該分會（部門或單位）之業務範圍者或無權處理者，應送請委員會討論決定或先交有關分會研究，經委員會採決後交有關單位辦理，並先予答復呈報單位或個人。若意見表或建議表所述非缺點發生之原因；或所建議無採用之價值或無法採用者，接受建議表或意見表之分會或委員會應負責洽商答覆。無論意見或建議可採納與否，均應即時答覆，並和該員工進行個人交涉，務期使其瞭解事情進行實況，並教導其解決問題之方法，給予鼓勵。以尊

敬和瞭解之態度接近員工，不偏重大缺點而忽略小缺點，遇有缺點發生須立即追究到底。所採納員工之意見愈多，愈能使員工得到鼓勵與滿足，計劃之成效愈大。各單位或部門主管（推分會主管）被賦予建立其工作目標、測定績效、報告成效等職責，以作為全機構各分會績效競賽之評選，委員會有權或授權執行小組修正各分會擬定之目標與實施方法，用統計表及統計圖計算並比較各推分會（部門或單位）之團體、個人成績，以表示各部門進步實況，對消除缺點最多，工作最完美以及建議案之量與質最優者（部門或個人），給予適當獎勵或表揚，以激發員工創造更佳績效，獲得更高榮譽。此外，用各種計劃配合，支持無缺點計劃進行。委員會、執行小組、各推行分會以及業務策劃部門人員應作定期集會，隨時注意並研究無缺點計劃理論與實務之發展，配合業務需要，擬定新目標、新衡量標準、競賽及獎勵方式。利用各種集會或大眾傳播工具發表文章，加以討論、介紹、宣傳、並報告業務，表彰成效。追查缺點消除建議案之處理及加強連繫等種種措施，隨時給員工在心理方面注入新動素，以維持並增加無缺點之激發衝力，使各種發展計劃得到預期之成效。

第三節　無缺點計劃的實施要點

對無缺點計劃之實施，各層主管須力行以下四大原則：

（一）激　發（Inspire and Motivate）——主管須以身作則，樹立
　　　楷模，使人人激發而做好工作。

（二）指　導（Instruct in Proper Techniques）——誘導同僚或部
　　　屬，以適當方法使工作成效達到最高品質狀態。

（三）改　錯（Identify the Causes for Error）——人人檢驗工作，
　　　確保工作無缺點。

（四）檢 驗 (Inspect the Work Done)——調查錯誤原因，採取改進行動。

由此可知，無缺點計劃須使員工自願的發揮「自我創造」力，以激勵作用與關心態度，使產生責任心與榮譽感，達到無缺點之目的，所以在無缺點計劃實施中，須注意以下要點：

(1)不可忽視無缺點計劃實施與追查之重要性——此者，須依良好的人羣關係，不能以命令爲之，應以尊重與瞭解去接近員工，爲使此項運動成功，每一員工須視無缺點計劃爲在所必行的事宜，故須以眞誠態度向員工推動。

(2)不可在實施無缺點計劃案之第一階段做過份宣傳——此計劃之推行，須連續的做有系統的實施，且具有伸縮性，爲免於興趣的逐次減退，開始時應避免過份宣傳。

(3)對新進人員應灌輸無缺點計劃的觀念與內容——一面須防止員工停止實施該項計劃，一面又須使新進人員接受推行與實施的觀念，俾發揮激發作用。

(4)不能存有以金錢獎酬確保無缺點計劃成功的觀念——此項計劃之一切項目必須內容正確且富有意義，尤須經營者之支持，監督者之追查，個人與集團對其實績之正確認識，此者比金錢獎酬更具效力。

(5)不可承認「零」以外之數字——遇有缺點發生，應卽追究原因並消除之，萬不可認爲是小錯誤而妥協，因小錯卽能造成大失敗。故不可將努力停止於百分之九十九點九九上，因其仍有改善餘地，不達十全十美絕不甘休。

(6)無缺點之計劃階段不可忽略工會代表——在無缺點之計劃階段，須信賴工會說明有關無缺點計劃之範圍、目標與利益，所

以工會對該計劃之推行效果，裨益頗大。

(7)無缺點計劃之實施期間不宜開始其他計劃——爲避免產生混亂，不可在無缺點計劃實施期間來改變組織或強化生產。

(8)實施無缺點計劃期間不可承認任何模稜兩可工作，並加以追究——須努力消除不能按照無缺點計劃進行之因素，對任何模稜兩可之工作與問題，皆須徹底追究之。

第四節　ZD 與其他管理技術的關係

管理思想，隨時代而日新月異，其由工業革命前「因襲的管理」而至十八世紀「體系的管理」，接着由泰勒時代的「科學管理」進至一九三〇年代尊重人性的「社會管理」；「近代的管理」由一九五〇年以來，更在配合新的環境，修正以往的缺點。而且是把幾種管理技術配合並用，以收實效，如 ZD 計劃與其他管理即有不可分的關係，現將之簡介於下：

(一) ZD 與品質管制

品質管制的目的，與其說是生產優良產品，不如說是不生產不良產品。如果說，ZD 是以不良產品「零」做目標，那麼 ZD 與品質管制，到底有什麼不同？

ZD 與品質管制的目的並無二致。ZD 就在彌補品質管制的不足。事實上，熱衷於品管的公司，因推行 ZD，而不合格率大爲降低。

品質管制，已從統計的品質管制，發展爲全面的品質管制(TQC)。上自總經理，下至現場基層從業員，卽整個公司，所有部門、所有階層，都被要求發揮高度的品質觀念。

正字標記，國家標準的審查，或提高品質運動、品管日等，對於提高品質觀念，都很有貢獻。

如是，在 QC 的領域上，人的因素也受到了重視。

品質變動的因素，可大別爲物的因素與人的因素（參照圖37-1）。爲了「不製造不良品」，首先非得在原物料、設備、工具、工作程序、工作方法等物質方面，予以標準化不可。同時，也要使具備優良技術的從業員，具有「不製造不良品」的決心，熱心工作。

這種要素，都應該在理想的管理狀態，才可以。但事實上，不如理想者多。

在很多企業，只有經營者、品管專家或管理人員，努力設法把品管觀念輸進每一個工作人員或事務人員腦中，但事實上，無法使他們

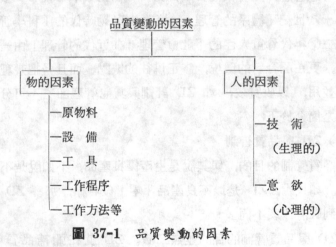

圖 37-1 品質變動的因素

都能完全吸收。

於是，ZD 計劃便應運而生了。可以說，ZD 針對以往品管最大缺點——不容易激發工作動機——而獲得大成功。

有那個企業敢斷言說：「我們的公司已致力於 QC，所以，沒有必要再輸入 ZD 了？」

雖然如此，不是說實行 ZD，就保證可以消除不合格品。原先的

品質管制仍要加強，另再配合 ZD，這樣，才能發揮綜合效果。

也可以說，為了要達到做完美的工作，要具備工作意向、優異技術，與使人想做的工作場所。然則 QC 與 ZD，對此三條件，究竟用什麼方法去求取？（參照第 37-2 圖）

QC 係先將「工作環境」（物的因素）改善「使其標準化，依照該標準，訓練所有從業員，都具有能照此標準「工作的技術」，更進一步提高「品質觀念」，就如第 37-2 圖所示，由下而上。

相反地，ZD 是由上而下。先培養工作人員「工作意欲」（向無缺點挑戰），設法注意做到缺點「零」。旣有工作興趣，就會培養出優異的工作技術，結果一定會改善工作場所。

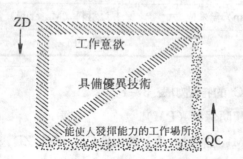

圖 37-2　ZD 與 QC 的補足關係

QC 加上 ZD，就完整了。也可以說，QC 與 ZD 在互補長短。

如果每一個從業員，真正具有透澈的 ZD 觀念，品管圈小組（QC circle）的集體活動，就會跟著更加有力，對於物的因素之改善，會不斷踴躍地提出建議，管理水準隨卽提高。在此，管理階層要特別留心配合工作人員高昂的 ZD 觀念，或先行積極施展 IE，或 OR 等科學管理方法，以支援其準備必要的物質條件，這樣，才能得到綜合效果。

　　品管專家常常批評 ZD 的目標——無缺點——的經濟性。 但我們爲達到這個目的，須依靠工作人員的細心與創意，這種致力於缺點「零」所需成本，遠比因不良品帶來的損失來得小。

　　ZD 所謂無缺點，是以熱忱、意向等，卽工作人員的心理面，而 QC 則以理論面爲基礎。

表 37-1　ZD 與 QC 的比較

ZD	QC
無缺點	平衡不良所需損失與減少不良所需成本
誘導員工一開始卽把工作做好	給予員工一開始卽能把工作做好的方法
以人 (Man) 爲本位	以材料 (Material) 爲本位
心理的	理論的

　　ZD 與 QC 的特點如表 37-1。

（二）　ZD與預防保養（PM）

　　ZD 與 PM 的構想，是一脈相連的，但是 ZD 並不就等於P其關係如表 37-2。

　　PM 以設備無故障爲目標；而 ZD 則以無缺點爲目標。

　　ZD 的另一特色爲預防缺點，不是有了缺點才想辦法補救，而是一開始便把工作做好，這才是 ZD; PM 以預防故障爲目的，稱爲預防保養(Preventive Maintenance)或保養預防(Maintenance Prevention)，預防突發事故發生的方法，着重於事前精細的檢查，與更換零件等週到的預防措施，俾便設備不發生任何故障。

　　再說，ZD 的消滅錯誤原因，在 PM 卻是消滅故障原因。爲此，須分析故障原因，採取改善保養或保養預防措施。

表 37-2　ZD 與 PM 的關係

	Z　D	P　M
類 似 點	目標: 無缺點	目標: 無故障
	預防缺點 (Defects Prevention)	預防故障 (MP-PM-CM)
	消滅失誤原因 (建議與改善)	消滅故障原因 (分析與改善)
不 同 點	以人爲對象	以設備爲對象
	心理的	理論的

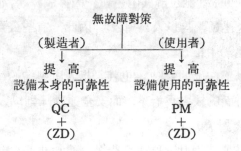

　　如是，ZD 與 PM 在構想方面有共同的地方，但 ZD 不就是 PM，雖然目的相同，但手段不同: ZD 以人爲對象; PM 以設備爲對象。

　　一直到現在，PM 很難像 ZD 一樣，以全公司各部門的規模來推行。其實，PM 不僅是保養部門的問題，要做好預防保養，尙需要靠操作、設計、採購、倉儲、會計等各有關部門的協調，才能奏效。如再加上 ZD 的配合，可以使 PM 變爲全公司有組織的運動。比如我們

常聽說操作部門的保養觀念差，如果實施 ZD，每一個人會特別關心自己工作上的缺點，對於工作條件，例如設備、工具不完備，會進一步提出建議，要求保養部門改善。這時候，不但不能說是操作部門的保養觀念低落，相反地，如果保養部門，不能保持設備全無故障的話，就糟了，對於保養部門來說，這倒是好現象。

到目前為止，做為無故障對策的 PM，就製造者言，係綜合 QC 與 ZD，以提高設備原有的可靠性的；就使用者言，係綜合 PM＋ZD，以提高設備使用的可靠性，也就是說，雙方都須要實施 ZD。

（三）ZD 與安全運動

安全運動的目的，在消滅意外災害的發生。因此，ZD 與安全運動的類似性，等於上面所說的 ZD 與 PM 的關係，把 PM 的事故，換上一般的事故災害，就能了解其中道理。因事故災害，也是一種缺點。

ZD 與安全運動，均以人為對象。因此，有些公司索性把安全運動合併在 ZD 運動中推行。

但 ZD 是以工作上的缺點，也就是指人所製造的產品或提供的勞務等 output 方面的缺點為對象；而安全運動，則以人本身 input 所能發生的缺點為對象。

安全運動的歷史，比 ZD 長久得多，今後也必能一直持續下去。由於歷史的累積，安全觀念確實也提高不少，也有了成效，但意外事故卻未能消滅淨盡，也是事實。

ZD 的教育訓練，推廣宣傳的技巧，公共關係（PR）等均可援用。同時，ZD 的推行是全面性的，安全運動可以借機行事，期使意外事故達到零的境地。

（四）ZD 與目標管理

ZD 計劃中包含目標設定、實績評價、ECR 建議，與 ZD 表揚等

在內。這幾項措施，與原有的其他管理制度，有什麼關係？也是值得探討，並予以制度化的。到底目標設定與目標管理，實績評價與工作考核，ECR 建議與一般的改善制度，ZD 表揚與一般的表揚有什麼關聯呢？可依下表加以分析：

表 37-3　ZD 計劃與其他管理制度的關係

ZD 計劃	其他管理制度	關　　　　　　　　係
目標設定	目標管理	溝通上下，使下屬能自動配合目標管理，設定 ZD 目標
實績評價	工作考核	把 ZD 的實績評價與工作考核分離
ECR建議	一般改善建議	另設 ECR 建議制度，把在 ECR 中屬一般建議者劃分
ZD 表揚	一般表揚制度	除現行獎勵表揚外，另設 ZD 表揚制度

　　ZD 與目標管理，都是激發工作動機的一種措施。不過，目標管理以管理階層為主要實施對象；ZD 則以一般從業員為對象。

表 37-4　ZD 與目標管理的比較

	Z D	目　標　管　理
對　象	激勵一般員工	激勵管理階層
目　標 設　定	以工作的錯誤為目標項目，無缺點為最終目標值 因不犯錯誤的結果，不良品減少，生產量相對增加，成本降低，交期準確	選產量、品質、成本、交期等能積極提高企業的經濟成果為目標項目

管理階層與一般從業員所承辦的工作不同, 所選目標也就不同 (參照表 37-4)。

管理階層以達到企業的經濟成果為目的, 即以增加產量、提高品質、降低成本、嚴守交期等為目標項目。

例如廠長所要決定的是一個廠的年度, 每一階段或月的產量目標, 降低不良品比率的目標是多少, 降低成本目標是百分之幾。至於部長、課長, 對於自己所承製的產品或承辦工程, 都要一一決定其量、質, 與成本的目標。

一般從業員得分擔更為細分化的工作。ZD 要求一開始就把工作順利做好, 不要有錯失。因此, 選擇有關工作人員動作上的各項錯失為目標。

例如, 在電器用品裝配工廠, 負責配線的工作人員, 很可能把「線路裝配錯誤」選做目標。

無錯誤、無損耗的結果, 不良品減少, 相對地生產量提高, 成本降低, 因修改而發生的延誤也減少, 可如期交貨。

由此可見, 管理階層的目標管理, 便是薛勒(Edward C. Schleh)所說的「以分攤結果來管理 (Management by Results)」, 以可預期的「結果」, 即經營上所必須獲得的成果, 做為管理目的。

反之, 一般從業員卻不便拿預期的結果做目標, 只能以造成結果的正確動作、行為, 做為目標。這是 ZD 本來的要求。

換言之, 一個配線員工在配線時, 很少在腦子裏想, 如何把錯誤的比率減少百分之幾, 他只會下定決心, 不搞錯, 或絕不少配一條線。他的目標, 應該是他的動作, 是他的作業本身。

由此可見, 最要緊而最有效的是怎樣妥善選定各項目標, 好讓一般從業員所達成的目標, 直接配合管理階層的目標。

這一點，便是連繫 ZD 與目標管理的訣竅。

如何做呢？絕不可以由上壓下，要做好上下意見的溝通，俾使下屬確切知道上級期待的結果，以定目標。

邇來，有許多公司，對於管理階層實施目標管理，對於一般從業員施行 ZD 計劃，雙管齊下，同時將工作動機加以激發。在此場合，一如前述，要注意上下的連繫，才能期待更大的成效。

第五節　ECR 建議與振腦會議

「ECR 建議」制度，乃從業員就如何消除影響工作錯誤之原因提出建議，管理階層依此改善，並協助從業員不犯錯誤，是這樣的一種制度。

（一）與一般建議的比較

ZD 的實施，不宜有身份上的差別意識，每人皆應以平等地位熱烈討論與建議；ECR 建議即其重要一例；在此先將其與一般建議不同之處作一比較：

(1)就建議內容言——ECR 建議以指出阻礙工作之錯誤原因為主，並附以改善的好主意；而一般建議則以改善本身為目的，為對象。

(2)就建議方式言——ECR 建議是由從業員向小組長建議，共同討論後轉送負責改善部門，立即成為改善的具體行動；而一般建議則多採建議箱行之。

(3)就審查表揚言——表揚乃 ZD 工作重點之一，因其建議之着眼點不同一般建議，所以做法亦有其異，其目的在誘導員工無錯誤的工作；其審查對象亦為消除錯誤原因之有貢獻者；如對交辦事項做的確實、無缺點者可得表揚，而一般表揚則著重於

對公司直接有貢獻者。

（二）ECR 建議的促進

為達建議目的，可在表揚制度中規定凡提出建議對目標之達成有所貢獻者，即予以表揚；務須注意「建議之踴躍提出乃企業治本之策」，有些公司用一般建議之促進方法──贈送獎品，亦可收鼓勵之效。

（三）ECR 建議的程序

ECR 建議的處理程序，因公司而異，其程序如下：

(1)從業員如發現錯誤原因，向小組長提出，並建議如何消除。

(2)受理錯誤原因及原因消除構想的小組長，要

　①確認錯誤原因，並與建議者討論消除原因的構想。

　②原因的消除，如能由所屬單位處理者，即予處理，不能處理時，要選定處理單位。

　③在 ECR 建議表上，填寫必要事項，經直屬主管核閱後，一份留存，一份送 ZD 委員會辦事處，一份送處理單位。

(3)處理單位於接到 ECR 建議表後，應採取的措施如下：

　①分析、檢討錯誤原因，決定必要的處理辦法，並將其記入建議表。

　②認為改善建議不妥當時，須填寫其原因。另一份送建議單位。

　③限二星期內答覆，不能依限回覆時，須將其理由與預定回覆日期，一併通知建議單位。

　④回覆單一份留存，一份送 ZD 委員會辦事處。

(4)收到答覆的小組長，對建議者說明其處理對策，並保管建議表，以為表揚依據。

(5)ZD 負責單位，依建議作成處理實施報告書。

（四）振腦會議

由以上 ECR 建議制度之重視建議，在此乃聯想到「振腦會議」(Brainstorming Session)，茲將之介紹於下，俾爲領導階層之參考：

(1)振腦會議之由來：振腦會議係 Batten. Barton. Durstine & Osborn 公司副經理 Alex, Osborn 氏創案，是對創造之思考方面有名之權威，一九四二年編著「How to Think up」一書，其後陸續編寫數册之專門書，介紹集團之新構想創成法。最近美國哈佛大學教授 Hancen 氏所著之「Principle of Marketing」一書，亦記述 Brainstorming 之詳細方法。另外「Printer's Ink」及「Sales Management」等 Markcting 關係之雜誌中亦常見刊有該方法之梗概。

(2)振腦會議之特徵是對會員提出之新構想，無論其是否合理，一律納入紀錄，在會議間任何人不得加以批評或打擊。如有所批評亦等記錄整理後再說。事實上在此種充滿自信及愉快之氣氛中所得之新構想，予以整理、擴大或縮小，大部份是有採用價值。當然新構想之收集數量愈多，則良好之構想出現機會亦多。又記錄之整理愈快愈好，因盡快供予會員，可能利用前後之關連及組合，易得更理想之新構想。

第三十八章　近代計量決策工具

　　近些年來，各項數學工具與技術，已爲管理者所常予取用，因爲在問題複雜時，數學方法最能給我們一個快速且正確的答案。這些工具，大部份可用「作業研究」（OR）的名稱來總括。本章將介紹一些以上諸章所未介紹過的工具，如線性規劃、等候理論等等數量技術，都是支持管理者制定有效決策的工具；都有助於管理者能更客觀的去評估各種方案，只是管理者亦不能以此工具去代替他的判斷力。

第一節　作業研究簡介

（一）作業研究的意義

　　作業研究或稱業務研究（Operations Research 或 Operational Research），簡稱 OR，但也有稱其爲「管理科學」者。它是運用各種科學方法對一業務問題，蒐集大量有關資料，加以分析比較，以完全客觀之態度，算出若干數據，求得解答方案，以供主管當局之探擇。簡言之，作業研究卽以科學方法，研討業務情況，提供具體資料及建議意見，以供主管人員，作業務政策決定。但須有科學之根據與數據，來證實其正確性。普通多用數學計算，以分析其得失，但數量分析，並非業務研究，整個工作，因有許多無形因素，頗爲重要，但不能用數量計算。卽乃利用組織方法及應用數理、統計、和其他科學之方法，以純粹客觀態度，來解決工商業及工廠之問題。其能產生實際有效答案而言，已普遍應用至各種管理活動。

（二）作業研究的發展

　　作業研究最初用之於二次世界大戰，係由英軍創始，原爲作戰研

究，俟以其效果卓著，工商界及政府機構亦普遍採用其原則，對各種疑難問題加以研討，乃由作戰進入一般作業。二次大戰前英人羅偉 (Rowe) 主持包臺賽 (Bowdsey) 研究所，請一普通科學家研究如何增加雷達觀測距離問題，就敵機空襲，增加雷達測距外如何縮短警報傳遞時間迅速發出警報，以減少人民損失，可延長反擊準備，乃科學家蒐集大批當時情況資料，作深入觀察與分析，完成一整個有效警報系統與作戰管制系統，而爲英空軍所採用，漸而擴大研究範圍，如研究關於炸彈與人類影響問題等由各作戰研究組解決各項難題，獲得卓越成就，不勝枚舉，戰後此學科乃引起各方面注意，逐漸推廣。

（三）**作業研究的程序**

(1)探求問題之眞實所在　一問題之眞正原因，恒與一般所想像未必相同，作業研究人員必須找出眞正問題之所在，而研究其解決之道。

(2)蒐集有關資料　蒐集問題有關之資料，予以觀察。

(3)分析比較　以科學方法觀察、分析、綜合、證實等步驟分析比較而詢查之，導出一數學典則 (Model)，以代表所研究之系統。

(4)綜合計算求出解決方案　採各種實際及理論方法，使用複雜之數學方法，以剔、合、排、簡加以綜合，並詳細計算所依據之數據，有時將時間動作研究和數學方法綜合解決某個案，較比單獨用二種方法爲佳，期由典則導出一解答。

(5)證實各案之正確性，對解答訂立控制辦法。

(6)根據研究結果，製訂簡易之實用方法，並導向實際行動。

（四）**作業研究之特點**

(1)作業研究是一種系統研究法　系統二字暗示在效用上或功能上有關係之各份子，有一相互關連之複雜，組織每一份子須視其

在組織中有何功用以決定其程度，而全體有效程度，惟視每一份子，如何發揮其功用才能決定。如企業組織是一「人與機器」之系統。一部汽車是一機械系統，均有其內在利益衝突，在設計時要在各種互相衝突之目標下，求得一全盤有利之解答。

(2)作業研究為要求最有利之解答政策或計劃　作業研究不以改良業務情況為滿足，而是要求出一最有利之解答、政策、或計劃。只要用業務研究之方法去努力，終較其他方法更接近最有利之解答。

(3)作業研究是一種小組研究法　其目的在求從新的觀點與新解答問題之技術。將不同科學之規律用在同一問題上，最易獲得答案。故作業研究是一個協同研究之工作。一典型之業務研究小組，通常由一業務研究員，一二位統計員，一位工業工程師，一位數學家，或另加一位工業心理學者組成，視問題性質而定。故對於一問題之處理，必能保證有一新觀念，尤因此可產生一解決問題之新技術。

(4)作業研究慣用數字以處理問題　甚多影響決定因素，通常無法用數字評定其價值，在作業研究方面均有方法評定，如以或然率或用統計方法為處理之工具。

第二節　決策分析

（一）決策分析的步驟

企業管理之技術隨時代之進步而日新月異，企業主管必須運用其有系統的思考能力去分析問題，去研究決策。美國 KTM (Kepner-Tregoe and Associates Inc) 特別重視此一問題，認為主管欲作決策分析，必須依下列七個步驟行之：

(1)確立目標——確立決策目標乃決策分析之首要工作，此目標之確定務須具體；例如增加利潤必須確定增加何種利潤，增加多少利潤始可。

(2)區分目標——目標有決策目標與期望目標之分，必須達成者爲決策目標，希望達成者爲期望目標，須比較利弊而定其順序。

(3)產生可行方案——依必需目標與期望目標，研提可行之各種方案。

(4)方案衡量——以所定方案分別針對決策之目標加以衡量。

(5)選擇決策腹案——各種方案經過比較之後，對必須目標與期望目標將可達成，此時，宜以估計份量最大的方案，作爲初步決策之腹案。

(6)探究不良後果——腹案決定後，應探求未來有否不良後果，其主管須對員工、組織、設備、方法、材料、金錢、產品、人事及外來影響分別提出問題加以研判。

(7)管制決策效果——最後，主管宜防止不良後果之變成問題，設法使決策實施，俾達原決策之目標。

將決策分析運用在公司重要決策上一事的逐漸普及，乃是今天在工業管理方面一項最重要的發展。決策分析乃是在明確而邏輯的基礎上，用以分析及說明與一項決策有關各因素的一項新穎而正式的程序。簡而言之，決策分析乃是對於決策的邏輯分析，這是一項令人振奮的程序。工業界與政界的主管人員，常被十分恰當的稱之爲決策制訂人員。此等人員之權力（以及其薪俸）的標準，通常都是與其決策的重要性相稱的。所以，制訂良好決策之能力的重要性，須特別重視。然而什麼是良好而又合邏輯的決策呢？

（二）範例

決策分析，由選擇一輛汽車，以至分配國有資源等任何決策問題都可適用。用於決策分析的正當工作量，大致是與所分配的資源成比例的。當我們要買一輛價值三千美元的汽車時，則在下決心前，我們將願意耗費價值約三十美元的時間與精力，到各家商店去看看，並將各種不同的貨色加以比較。當我們買棟價值三萬美元的房子時，我們勢必會耗用更多的時間到各處去看看，甚至還可能會請一位房地產估價人去評定幾棟房子的價值來作比較，總共花費的錢可能多達三百美元。用於決策分析的費用，就一般採用的經驗法則而言，約等於所分配資源的百分之 一。如將此項法則運用於工業方面，則那些需要縝密決策分析的典型決策，都與總體策略、資本預算、冒險分析、生意招徠、宣傳策略、新產品發展、以及研究計劃的選擇等有關。現在讓我為各位提供幾個關於數百萬美元決策的實在例子，這些也都是經證實決策分析辦法可以適用的例子。

範例一：　引進新產品的決策。

其主要製造廠的一個大部門，遭遇到是否將其資源分配以擴展目前的生產線，抑或依照新材料及新設計的用途引進新生產線的決策問題。預料今後十年內的交易總額，將超過十億美元。影響此一決策的若干重要因素，包括材料壽命的不定性，以及公司管理當局期望盡速獲得利潤的願望。

範例二：　關於安全設計的決策。

某大公司從事製造一種器材，這種器材對危害公衆以及對作業人員安全的或然率，雖然很小但却是必然的。如在工程設計方面，增加安全的因素，定將減少危害的或然率，但增加器材的成本，並因而增加競爭上的困難。其決策即在選擇使生產成本與危害損失相平衡的最佳辦法。

範例三： 關於海外投資的決策。

某一個美國公司，在國外數個國家裏有其很大的國際投資。就書面上看來，投資所獲的利益一直都非常優厚，但這些國家中有若干國家的政治不穩定，時有發生可能損失全部投資的威脅。公司的執行人員乃遭遇到是否將更多的金錢投入此等冒險事業、或立卽撤出、或者卽使在減少投資與控制權的情形下，吸收當地股份組成財團，俾免遭到沒收等決策問題。另一項次要問題，就是須判定由研究政治情況所得到的資料中，有多少是對上述決策具有可用的價值。

範例四： 關於擴展工廠的決策。

一家主要的金屬製造商，遭遇到一項決策問題，此卽是否運用現有資金的一大部份，建設爲國內原料所需要的精煉設施，抑或購買不需要精煉的外國原料，以便將現有資金用於建設更多的精製設施。爲了實施決策分析而必須找出的主要不定事項，包括來自各處的原料的價格、運輸成本與人工成本。

範例五： 關於繁複方案的決策。

有一項以在一定時間內（大致爲十年以後），達成某項研究目標爲目的的國家科學計劃，誰也不能肯定這項目標將會達成。並行的或繁複的方案，將使成功的或然率增加，但亦將增加費用的總額。爲了減少計劃的支出起見，須要決定的是應該擬定多少？何時擬定？以及擬定何種繁複的方案？

就上述各範例之決策問題的關係而言，各問題的確迥然不同；然而卻可以採用相同的決策分析程序。

決策理論，亦卽決策分析的理論基礎，發展至今已十有餘年。惟此一理論對工業界決策人士發生影響，卻是最近的事。這表示只有理論還不夠，必須具有實用的研究工作，始能使理論化爲實際。

（三）作業

決策分析有三個不同的階段。在決定階段，判定並確切說明決策問題的結構。在或然階段，處理及確定各種不定事項。在分析階段（Post Mortem），於最後決定前（亦卽在確定分配資源前），研究蒐集額外資料的不同辦法。

這一階段的第一步工作，就是要提出「將分配何種資源？」這一問題，以求限定決策。經驗顯示此一問題有助於決策人士，將其注意力集中於眞正的問題有關的事項上。在我們所用的極爲簡化的例子中，是以經營消費品的某公司，遭遇到如何運用手中的五百萬策略經費的決策問題。於是，如採用百分之一這項經驗法則時，則決策分析費應爲五萬元。

下一步工作，是要找出分配資源的各種不同辦法來，這乃是程序中最具創造性的一部份。對於創造性，沒有固定不變的程序可循。經驗顯示一位獨立的決策分析者，與一位決策制訂人及其主要人員間的問答，將非常引人入勝。決策分析者能提出問題，並建議各種新途徑而又能超越一般約束的不同辦法。決策制訂人及其主要人員則能運用他們的觀察力與知識來提出新的辦法，而且他們的直覺判斷力，可使各種辦法縮減到可以掌握的數量。對決策事項具有特別知識的局外顧問人員，可以提供富有想像力的不同辦法。在我們所用的範例中，我們乃假定在經過相當有創造性的思考與成熟的判斷後，乃確定了二個不同的辦法。

甲辦法：運用策略經費，改善現有產品的生產設施，以降低生產成本。

乙辦法：運用策略經費，改變產品型式，俾增加公司的「市場佔有率（Market Share）」。

接着我們就要確定，每一項辦法可能產生之後果的價值。在工業問題上，價值必然是衡量利潤的尺度。諸如當結果涉及改變公司的控制，或大衆對公司的印象時，則價值的確定工作可能具有相當的鼓舞作用。在我們的範例中，乙辦法的結果乃是利潤與消費者接受新設計的程度有關。爲瞭解何時產生結果起見，我們必須選擇那些與結果牴觸的「情況變數 (State Variables)」。

對「情況變數」的選擇，需要對營業有良好的觀察力。不僅需要具有分辨重要變數與不重要變數的能力，並且還需要有探索所有重要變數的能力。因之，在我們的範例中，「情況變數」不僅包括改變產品設計的費用與新產品的市場「佔有率」，同時也包括因同行的反應與報復，因而在市場價格方面所引起的一切變化。

建立「情況變數」間的各種關係，就是要明確的與定量的說明「情況變數」與利潤的關係。在我們的範例中，其重要的關係可用下列方程式表示之：

利潤的貢獻＝市場價格×市場佔有率×市場總量
－生產成本－改變產品設計之成本

此一方程式或須藉表明市場價格與市場「佔有率」，爲同行反應的函數、市場總量爲市場價的函數、以及生產成本爲生產量的函數等來支持。如果認爲現金流通「前置時間」（Lead Time）以及「時間偏好」（Time Preference）具有重要性時，則視時間爲一變數，此一方程式便成爲一動態的（或高方次的）方程式。需要運用相當的判斷，使其不致過度複雜與不致簡單到失眞的程度。

需要確定「時間偏好」的原因，乃是由於今天所得到的利潤，其價值要比將來所能得到的等量利潤的價值爲高（卽使不考慮通貨膨脹或通貨收縮的影響，其情形也是如此）的事實所致。在我們的範例中，

乃假定某公司利潤，已經依照現在的價值並使用適當的折扣率計算的。

　　現在我們已經完成了在決定階段應採取的各項步驟。有二項分析可予以執行：首先需要執行的（判定最佳的辦法，以汰除其他的不同辦法），是在簡化程序中的其他工作；其次是為下一階段舖路（判定決定性的變數）。我們範例中的某公司，正考慮改變產品設計以開拓其銷路，並減少生產成本。工程與生產部門，對他們提出的關於改變產品設計的費用與生產成本的估計，非常肯定。惟市場推銷部對於銷售情形卻不十分肯定，他們認為新型式雖為消費者所樂於接受，但其熱烈的程度則是無法確定的。再者，同行的反應也是極為不定的。

　　如果某公司在市場上保有近乎獨佔的優勢時，則同行的反應對於價格、市場總量、以及公司的市場「佔有率」將不會發生很大的影響。即使在最悲觀的情況下，乙辦法所產生的結果，亦將會勝過甲辦法所產生的結果。因之，甲辦法可予以汰除，決策分析可到此為止。惟我們認為某公司並未保有近乎獨佔的優勢，同行的報復，可對某公司的「市場佔銷率」以及利潤產生重大的影響，因此乃被認為係一項具有決定性的「情況變數」。

　　或然階段為實際決策的制訂工作，它能提供決策分析中最重要的貢獻。在此階段，依照主觀的或然率，確定決定性「情況變數」中的不定事項。我們對於運用主觀或然率的科學依據，不在這裏作冗長的討論。若就古老的或然率觀念而言，這種主觀的或然率，乃是一種思想的狀態，而不是實質的狀態。惟在徵求專家的意見，以及提出正確的問題時，我們常不能依據單純的數字而得到充份的資料，而是依據若干經確定或然率的若干數字才能獲得。這樣做，專家們會感到快慰，因為他們的意見不致被錯誤運用或被錯誤解釋。事實上，甚至氣象預測人員，現在也用這種方式來提供他們的意見。他們提出將要下

雨的機會的百分率，而不是簡單的說是雨天或晴天。

因之，在或然階段中的第一步工作，就是根據公司以前的一切經驗、知識、以及資料的主觀或然率，將不定事項轉移到具有決定性的「情況變數」上。在我們的範例中，某公司的市場策略人員，將依據他對同行的能力、管理性質、以及對其他有關事項的考慮，以確定同行報復（可用減價的方式表示之）的或然率。市場策略人員的或然率，可經由詢問下列問題的方式予以確定：如果同行報復時，獲勝的機會有多少？其機會是一比一？或是二比一？或是五比一？如果同行以降低價格的方式來報復時，則某公司的工業經濟人員，將根據他對市場彈性的估計，確定市場總量的「條件或然率 (Conditionnal Prabability)」，同時市場研究人員，將根據他對消費者愛好的判斷，確定公司市場「佔有率」的「條件或然率」。於是，使用上述方程式，我們便可發展出某公司的「利潤情形 (Profit Lotery)」來，此即是每一個辦法的利潤分配或然率。乙辦法的有利結果（或然率為〇·五），係以沒有同行的報復為依據；而不利的結果，則係以有同行的報復為依據。即使不改變產品設計，然而由於市場上的某種不定性，致使甲辦法也可能有二種結果（每一種的或然率都是〇·五）。在比較更為真實的情形下，利潤情形的發展常牽涉很廣，以致需要使用計算機來計算。

或然階段的第二步工作，就是要確定「冒險偏好(Risk Preference)」。此項工作可藉效用構想，即對價值的主觀的衡量，予以達成。雖然二塊牛排的售價相同，但對一個飢餓的人來說，第一塊牛排的價值要比第二塊高得多。基於同樣的理由，某公司所得到的第一個一千萬元利潤，在決策人士看來其價值要比下一個一千萬元利潤高的多。為了確定效用，我們必須向某公司的管理當局提出下列問題：當或然

率 P 的數值為何時，管理當局才會感到，對於選擇獲得二千萬元，同以或然率 P 獲得三千萬元與或然率為 (1-P) 獲得一千萬元的賭注間其效用或價值是相同的？如果答案是 P 為○‧八時（這也就是說管理當局不願輕易冒險），我們便可武斷的確定一千萬與二千萬元（分別以一及二代表）的效用，並用以計算三千萬元的效用如下（式中 U 代表效用）：

$$U(2千萬元)=PU(3千萬元)+(1-P)$$

$$U(1千萬元)即\ 2=.8U(3千萬元)+.2×1$$

或　　$$U(3千萬元)=2.25$$

現在我們就可以計算甲辦法與乙辦法的預期效用如下

$$E(UA)(甲辦法的預期效用)=1×.5+2×.5=1.50$$

$$E(UB)(乙辦法的預期效用)=.2×.5+2.30×.5=1.16$$

於是乃選擇了甲辦法，因為它的預期效用較高。我們知道乙辦法有較高的預期利潤（二千萬對一千五百萬），但因為管理當局避免冒險而被汰除（乙辦法可能不會有任何利潤）。同時請注意，這二個辦法在預期效用間的具體差異。這就是說決策對於確定效用功能、主觀或然率、以及「時間偏好」等方面的差誤是不太知覺的，因為所有這些事情，都是難於精確衡量的。

分析階段所包含的，全部是分析。此一階段旨在顯示完善資料與最經濟方式所蒐集的額外資料的價值。工業界時常浪費金錢與時間去搜集一些無關係的資料。在這一個階段，就是要說明那些資料是與決策有關係的，以及有多少額外資料是值得蒐集的。

在我們的範例中，如果某公司能知道同行對其改變設計一事將作如何報復時，則對該公司必會有極大的收穫。到底有多少資料值得搜集，關於這一點是可以計算出來的。如果有一個觀察力極強的人參與

工作時，某公司發覺同行或將以百分之五十的機會加以反擊，在這種
情形之下，某公司便應採用甲辦法，而且這種資料的價值也就等於零
了。另一方面，某公司獲知其同行們將不以或不能報復的機會也爲百
分之五十，在這種情形下，某公司應改用乙辦法，並提高其預期效用
至 2.3－1.5＝0.8。於是，關於同行對某公司反擊之完善資料的預期
價值（卽效用），便爲 .5×.8＝4，這一價值相當於數百萬元的現有
價值。這一價值爲任何進一步資料蒐集計劃的合理成本，定出了一個
最高的限額，但這不可能是毫無出入的。

全部決策分析之程序，除了合乎邏輯的形式與對不定事項的明確
處理外，都是與一個良好經理人員，通常的作爲相吻合的。

決策分析的逐漸普及運用，其涵義爲何？它如何影響「企業的人
羣關係」？在普遍運用方面，可能會發生什麼樣的阻力？

有些人在制訂決策時，不願採用正式的程序。他們把機械式的邏
輯一事、計算得來的決策、創造力的抑制、以及漠視人與人的關係等
混爲一談。如果將決策分析視爲一種單純的數學技術，則所有前面的
說法都是不錯的。另一方面，如果將決策分析，適當的用作處理問題
辦法時，它將能增强「企業的人羣關係」而不會對之有所阻礙。

就我們的經驗所見，決策分析在對一個組織內人的交互行爲方面
最有貢獻，亦卽是對「意見交流（Communication）」的改善。運用決
策分析，執行人員可避免制訂武斷的，或看來似乎是武斷的決策。以
明確的邏輯作爲主要決策的依據時，不僅可使執行人員感到更爲心安
理得，並且能使他對上級或董事會說明其決策。「意見交流」的改善
是屬於雙方面的。以決策分析作爲制訂決策的基礎時，則主持人員的
部屬們，當更能瞭解如何協助他們的主管。他們知道如何整理他們的
資料，使其能充份的利用，並將之列入決策的程序中。他們採用共同

的語言交換意見，尤以關於不定事項方面爲然。決策分析並不能消除爭辯，但當發生爭辯時，卻更能將焦點集中到有關的問題上去，這是因爲由於共同的語言使其分析更爲精確所致。當然，對良好的「意見交流」而言，共同語言祇是一件必要的條件，而不是充分的條件；我們不應忘記「意見交流」時的情緒與知識條件。因之，決策分析與行爲理論的合併運用，必較祇運用其中任何一項更能促進其組織的「意見交流」。

決策分析能對創造性有所助益嗎？關於此一問題的肯定答覆，有強有力的爭論。決策分析所固有的對目標的明確定義，與接受或拒絕不同辦法的明確邏輯，必有助於產生新不同辦法的創造性思考。如前所說，充份利用部屬的意見與資料，將使部屬們有一種親身積極參與決策制訂工作的感覺。這種感覺會引起動機；而動機又是與創造性密不可分的。再者，使用計算機以取代令人乏味的人力計算，以從事選擇各種辦法的工作，將經予使決策制訂人員與其同僚有更多的時間去作創造性的思考。惟應當注意的一點，乃是在使用計算機方面，仍存在着將太多問題交付給機械及其程式人員，致使決策制訂人對問題有失去充分觀察力的危險，這種情形對創造性是有害的。這一點，也就是再度強調要能適當運用決策分析。

決策分析尚有若干其他涵義，也值得在此加以說明。工業界採用決策分析後，可以改革目前一般所採用的績效評考制度。將來有一天，對於主持人員的一切評論，可能會根據其制訂良好決策與創立良好辦法的能力加以考評，而不根據碰運氣的決策結果來考評。在新的制度下，主持人員的行爲所受到的保護較少，而必須大致配合組織的「冒險偏好」來採取行動。

決策分析的未來趨勢如何呢？如果能與管理方面的人羣關係作適

當的配合，則決策分析的運用必將迅速普及。在科學與技術進步而產生更多的專業人員，以及在現代工業組織日趨相互依賴的情況下，「意見交流」與良好決策制訂方面，對決策分析的需要，將日益增加。

第三節 線型規劃

線型規劃（Linear Programming）乃一企業機構為達成某一特定目標（如最低成本、最高邊際、最少時間）而決定如何使用其有限資源的技術。而資源或能量的使用方案甚多，須從其中選擇其一，這也是一項從不同的各種行動方案中去選定一項最切合期望的方案之系統化技術，藉此以使管理階層能獲得適當的資料，俾就其掌握中的資源作成最有效的決策。

關於線型規劃的問題，一般皆有兩大基本特性。㈠必有兩項或多項活動，共用有限的資源。㈡問題中涉及的各項關係，必均為直線關係。倘這兩項條件均能符合，則線型規劃方能合用。試舉一例，以說明此項方法如次。下面是一則關於分配方面的問題，茲以圖解法分析之。

圖 解 法

某公司產製兩項產品，即Ａ型產品與Ｂ型產品。該公司希望能獲得最大的利潤。某一批發商曾與該公司訂約；言明該公司在今後30天產製的產品，批發商願以約定的價格全部收購。因此，該公司需解決的問題，只是Ａ、Ｂ兩型產品各應產製多少。依該公司的分析，獲得有關資料如附表 38-1。

那麼Ａ型產品及Ｂ型產品各應產製多少數量？僅靠附表的資料，回答不出這個問題。不過，我們可以從表中發現該公司的幾項限制

表 38-1　A公司現有資源

產　　品	每　件　所　需　小　時　數				每　　　件利　　　潤
	製　　　造	油　　漆	裝　　　配	試　　　驗	
A型產品	15.0	1.0	3.0	3.0	$400
B型產品	10.0	1.0	2.0	—	$300
30天可用之小時數	21,000	1,200	3,000	2,400	

條件。舉例來說，　該公司產製兩型產品，　在製造作業方面合計只有
21,000小時可用。此一限制條件可如下表示：

$$15A + 10B \leq 21,000 \qquad 小時$$

同理，該公司還有另三項限制條件，卽油漆小時、裝配小時、及
試驗小時是。茲分別表示如下：

$$1A + 1B \leq 1,200 \qquad 小時$$
$$3A + 2B \leq 3,000 \qquad 小時$$
$$3A \leq 2,400 \qquad 小時$$

此外，該公司希望能達成最高的利潤。此一希望，也可用數學式
表示如下：

$$最大利潤 = \$400A + \$300B$$

當然，在上述數學式中，最大利潤必需受前四個條件的限制；且
A與B不得為負數。故 $A \geq 0$ ，及 $B \geq 0$ 。

認定了問題中的限制條件及最大利潤函數後，兩型產品的最大產
製量便可確定了。卽：

$$15A + 10B \leq 21,000 \qquad 小時$$

倘　　　　　 $B = 0$

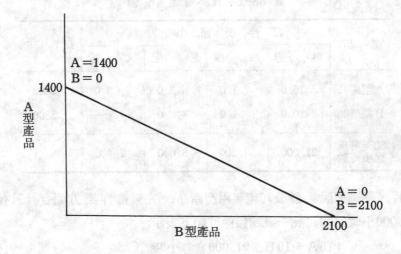

圖 38-1   製造限制條件

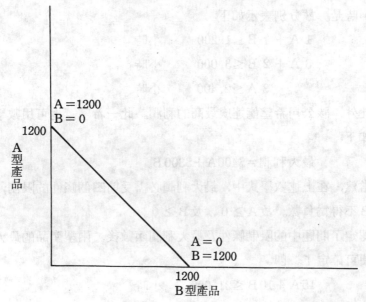

圖 38-2   油漆限制條件

$$則\qquad 15\,A \le 21,000$$

$$A \le 1,400$$

反之，　倘　　　　$A = 0$

則　　　　$10\,B \le 21,000$

$$B \le 2,100$$

這就是説，倘該公司僅產製一種產品，則產製 A 型時，數量最多應為 1,400 件；產製 B 型產品時，數量最多應為 2,100 件。請參看附圖 38-1。

再説油漆。該公司產製 A、B 兩型產品，在油漆方面最多可以完成的數量如下：

$$1\,A + 1\,B \le 1,200 \qquad 小時$$

倘　　　　$B = 0$

則　　　　$1\,A \le 1,200$

$$A \le 1,200$$

反之，　倘　　　　$\Lambda = 0$

則　　　　$1\,B \le 1,200$

$$B \le 1,200$$

此一結果可繪成如附圖 38-2。

再説裝配。該公司產製 A、B 兩型產品，在裝配方面最多可以完成的數量如下：

$$3\,A + 2\,B \le 3,000$$

倘　　　　$B = 0$

則　　　　$3\,A \le 3,000$

$$A \le 1,000$$

反之，　倘　　　　$A = 0$

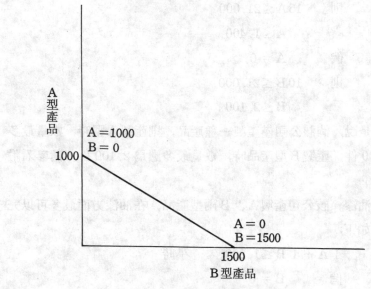

圖 38-3　裝配限制條件

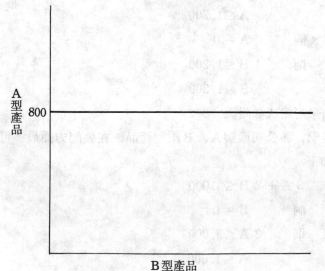

圖 38-4　試驗限制條件

則　　　2 B ≦ 3,000

B ≦ 1,500

此一結果，可繪成如附圖 38-3。

最後，在試驗方面，由於 B 型產品不需試驗，故 A 型產品最多可完成的數量如下：

3 A ≦ 2,400

A ≦ 800

此一結果，可繪成如附圖 38-4。

至此為止，四個限制條件均已繪製為圖。茲將四幅圖解併成一

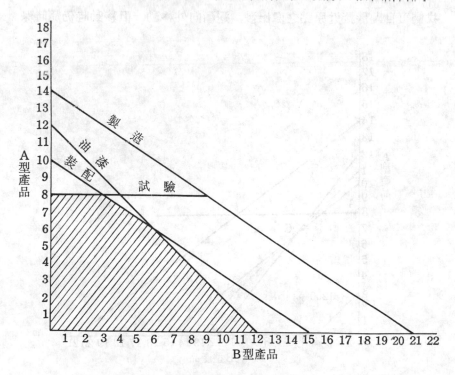

圖 38-5　可行面積

圖，請見附圖 38-5。圖中陰影部份，表示「可行面積」(Feasibility Area)。換言之，A、B兩型產品的數量，只要坐落在圖中的陰影部份內，便爲可行的答案。而在陰影以外的部份，由於受了製造、油漆、裝配及試驗等等的限制，均爲不可行的產製組合。

那麼我們的下一個問題是：在那陰影面積內兩種產品的產量組合中，該公司究竟應該決定那一種組合呢？由前文我們已經知道：

$$最大利潤＝\$400 A＋\$300 B$$

由此我們可知每售出A產品三個單位或B產品四個單位，公司所獲利潤都是相等的，同爲 \$1,200。A與B二者的比率爲 3：4。現在我們可自盡量接近原點之處出發，逐漸向外移動，但移動時仍隨時保

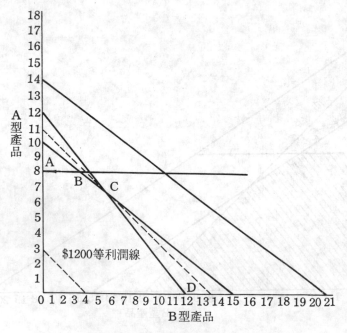

圖 38-6 \$1200等利潤線

持A與B的此一比率。請見附圖38-6，那靠近原點處的一條虛線，便是$1,200的「等利潤線」(Isoprofit Line)。將此一直線向外推移，推至陰影邊界時，如果不是與可行面積的某一邊界線重合，便必是僅與A、B、C、D四點中的某一點相遇。由此一等利潤線的斜度看起來，這條線向外推移，極可能與其中某一點相遇。果然，此線與C點相遇；相遇之點為A型產品 600 單位，及B型產品 600 單位，即為最大利潤之點。試將A、B、C、D四點之利潤計算如下，作為驗算：

A點：　$400×800＋$300× 0　　＝$320,000

B點：　$400×800＋$300×300　＝$410,000

C點：　$400×600＋$300×600　＝$420,000

D點：　$400× 0 ＋$300×1,200 ＝$360,000

事實上再也找不出另外一種產量組合，能夠產生像C點那樣多的利潤了。讀者如果不信，不妨自行另找幾種組合試試看；惟請記住本題中的限制條件。

總而言之，線型規劃對於許多有關分配方面的決策問題的解決，確屬甚有幫助。不過，論起線型規劃的用途來，仍然是有所限制的。舉例言之，線型規劃必需在問題可以用數量來表示時，纔能應用。而且，在許多情況下，搜集各種資料所花費的成本，往往可能比應用線型規劃所能節省的成本還高。同時，許多分配方面的問題，由於各種變數間的關係非屬直線關係，故而線型規劃這門技術也用不上──雖然有時候能用近似值的解法來求得答案。最後，還有一項條件：問題中的變數均必需具有確定性，換言之，問題的模式必需是「定性模式」(Deterministic)；否則的話，這門技術也是無法應用的。不過，線型規劃的這一套方法確有許多優點；其在企業決策方面的應用範圍也確是越來越廣了。

第四節　競賽理論

現在要討論競賽理論，它雖然還未被普徧應用於解決企業問題方面，但這項理論却能令人認清競爭的內涵。凡爲經理人者，必需考慮自己應採甚麼行動，和競爭對手可能採取甚麼行動；這就是知己知彼，從而決定一項最佳的策略。因此，對策略的認識和瞭解，對經理人而言確是有益無害的。

競賽理論所牽涉的情況，該是一種「利益衝突的情況」(Conflict of Interest)。一個人或一個機構的目標，不免與另一個人或另一個機構的目標互相衝突。而且，可供選擇的行動方案往往有兩個或兩個以上，而其人本身並不能完全控制這些行動方案。這就是衝突，麥唐納 (John McDonald) 有一部著作，名爲《撲克、企業，與戰爭的策略》(Strategy in Poker, Business and War)，其中有如下的一段描寫：

> 競賽理論中的策略性情勢，乃在於兩人或兩人以上的相互交感；他們的行動，均各以期望於競爭對手的行動爲基礎，而他們却又完全不能控制競爭對手的行動。競賽的結果，應視競賽參與人的個人行動而轉移。其有關決定他們的行動的政策，謂之策略。軍事上的戰略家和企業界人士，均經常處於這樣的一種懸宕不決的情勢之下。他們擁有的情報，不論其如何豐富，總歸是不可能爲完全的情報。他們最後總歸是憑自己的「靈感」來分析；換句話說，那是一場賭博，一場無法估量風險的賭博。

鞍點 (Saddle Point) 及零和競賽

競賽理論領域中的研究，大部份爲關於「兩方的」(Two-Party)，「零和的競賽」(Zero-Sumgame) 的研究。所謂「兩方的」，是指參與

競賽的對手共為甲乙兩人；所謂「零和」，是指一方的損失，便是另一方的贏取。假如我們繪製一幅勝敗的矩陣（Matrix），指出甲乙兩方的勝敗情勢，則此項概念便將更為清楚了。但在繪製矩陣之前，我們還應該瞭解競賽理論有一項基本假定，那就是：參與競賽的雙方都是同等的聰明，故而我們能繪製勝敗矩陣，對方也必能繪製同樣的勝敗矩陣，因此我們的問題是：面對這樣的勝敗關係，甲乙雙方究竟各應採取甚麼行動？

　　茲舉一例如下。世界棒球賽中，甲乙兩隊的經理人面臨了一項問題。這時已是第九局下半場了，攻擊隊已以 1：0 的比數落後。這時候，攻擊隊已有兩人出局，而且守備隊的投手又保送了一人上壘。兩隊經理人確實是面對緊要關頭了。守備隊經理打算更換一位新投手；但是他不能決定該讓他隊上那位左手王牌投手出場呢，還是該讓他的右手王牌投手出場。攻擊隊經理也在煩惱，這時輪到他隊上的投手出

守　備　隊

		王　　牌 左手投手	王　　牌 右手投手
攻擊隊	輪值打擊手	0	1
	代打打擊手	1	2

圖 38-7　勝敗矩陣

任打擊，他該讓這位投手打擊下去，還是應該換上他的一位王牌打擊手來代打？於是，雙方深思熟慮，作成了一幅勝敗矩陣，如附圖38-7。

　　假使攻擊隊經理仍然讓他輪值的投手出場打擊，他估計如果對方以右手投手出場，則將可以奪回一分而扳平，如果對方以左手投手上場，那就恐怕是三出局結束比賽了。從另一方面來說，攻擊隊假如叫

他的王牌打擊手出場代打，那麼如果對方用上了左手投手的話，他估計他的本隊可獲得一分； 如果對方用的是右手投手， 便將能獲得兩分，反敗為勝。面對這樣的情報，這兩隊的經理人應該如何處置？

根據勝敗矩陣來看，攻擊隊經理假使換上了他的代打打擊手，則不論對方怎樣行動，他總不致於輸球。他至少可以打成平手，甚至於可以贏回來。而守備隊呢，守備隊經理假使用上他的右手投手，他幾乎是輸定了；而如果用上左手投手的話，他最壞也不過是打平，而且打平了還能延長一局，仍有贏球的希望。因此，如果這番分析不錯，則攻擊隊必用代打，守備隊則必用其王牌左手投手。

上述的分析， 我們還可以用競賽理論中的另外兩項觀念來作驗證。一個觀念叫做「最小最大」(Minimax)，一個叫做「最大最小」(Maximin)。 所謂「最小最大」是說應將「最大的損失減至最小」(Minimizing the Maximum Loss)； 所謂「最大最小」是說將「最小的勝利擴至最大」(Maximizing the Minimum Gain)。 這兩項觀念，均能用之於上述的勝敗矩陣，俾確定那場競賽中是否有一個「鞍點」(Saddle Point)。所謂「鞍點」，即為「理想策略」(Ideal Strategy) 之意。第一步，我們要先確定每一橫行中的最小的數目，此一數目謂之「橫行最小」(Row Minima)； 繼而確定每一直列中的最大的

	守 備 隊		
	王　牌 左手投手	王　牌 右手投手	橫行最小
攻擊隊　輪值打擊手	0	1	0
攻擊隊　代打打擊手	1	2	1
直欄最大數	1	2	

圖 38-8　最小最大及最大最小的概念

數目，此一數目謂之「直列最大」(Column Maxima)。 請參看附圖
38-8。

於是， 如果「橫行最小」中的大數， 等於「直列最大」中的小
數， 則謂之爲有一個「鞍點」。在附圖 38-8 所示的矩陣中， 正有這樣
的一個鞍點; 那是攻擊隊用代打打擊手， 及守備隊用王牌左手投手的
時候。因此， 我們可以說， 上文的分析是正確的。

這樣的競賽理論， 也能用之於工商企業的舞臺上。舉例來說， 茲
有Y、 Z兩家公司， 面臨着下列四種不同的策略:

A＝降低售價

B＝改進產品品質

C＝增加廣告

D＝徵用更多推銷員

茲將Y公司的盈虧情形， 繪製一份有關這四項策略的勝敗矩陣，
如附圖 38-9 所示。

Z公司的策略

		C	D
Y公司 的策略	A	\$3,000,000	4,000,000
	B	−\$4,000,000	\$5,000,000

圖 38-9 Y公司的勝敗矩陣

在這樣的情況下， Y公司應該採取怎樣的策略， 纔是最爲恰當
呢？由附圖看來, 答案應該是A; 蓋因Y公司如此始可以有\$3,000,000
的穩賺。該公司採取此一策略， 便是遵循了「將最大損失減至最小」
的原則, 同時也遵循了「將最小的勝利擴至最大」的原則。再從另一
方面來說， Z公司則以採取C策略最爲理想; 蓋因如此， 則該公司至

多只有 $3,000,000 的損失，但是說不定還可能有 $4,000,000 的收穫。再由此圖，也可以看出這場競賽中有一個鞍點，卽「A、C」兩策略是。 這裏我們仍不妨作一驗證， 求出矩陣中的「橫行最小」及「直列最大」。請見附圖 38-10。

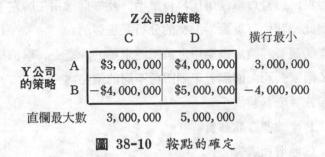

Z公司的策略

Y公司 的策略		C	D	橫行最小
	A	$3,000,000	$4,000,000	3,000,000
	B	−$4,000,000	$5,000,000	−4,000,000
直欄最大數		3,000,000	5,000,000	

圖 38-10　鞍點的確定

由於「橫行最小」中的大數，正好與「直列最大」中的小數相等，故可知此一競賽有一鞍點；卽有一理想策略，那就是「A、C」的策略。這就是說，我們可以用目視分析，來求出理想的策略。

這樣的競賽理論，尚可以進一步擴充到更大的矩陣。舉例如下：請參考下列的六項策略：

Y公司：

　　A＝降低售價

　　B＝改進產品品質

　　C＝增加廣告

Z公司：

　　D＝成立更多的配銷中心

　　E＝提供更簡單的賒貸條件

　　F＝聘僱更多推銷員

玆以Y公司的盈虧立場，將上述六項策略繪製為矩陣，請見附圖

38-11 所示。

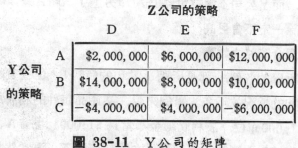

Z公司的策略

		D	E	F
Y公司 的策略	A	\$2,000,000	\$6,000,000	\$12,000,000
	B	\$14,000,000	\$8,000,000	\$10,000,000
	C	−\$4,000,000	\$4,000,000	−\$6,000,000

圖 38-11　Y公司的矩陣

　　由這項矩陣，可以看出對Y公司最為有利的是策略B，而對Z公司最為有利的則是策略E。不過，如果要對這項矩陣作進一步的分析，就比前一個例子的矩陣稍為難一點。因此，我們還是先看看這項競賽是否有一個鞍點。請看附圖38-12。

Z公司的策略

		D	E	F	橫行最小
Y公司 的策略	A	\$2,000,000	\$6,000,000	\$12,000,000	2,000,000
	B	\$14,000,000	\$8,000,000	\$10,000,000	8,000,000
	C	−\$4,000,000	\$4,000,000	−\$6,000,000	−6,000,000
直欄最大數		14,000,000	8,000,000	12,000,000	

圖 38-12　鞍點的計算

　　顯然這場競賽有一個鞍點，那就是B、E。因此，Y公司應選擇的是策略B，而Z公司應選擇策略E。到了這一步，我們應該記得的是：既然這競賽有了鞍點，那麼這兩家公司另選別的策略，對自己都不可能有更好的結果。舉例來說，照上述的矩陣看來，假定Y公司固守其策略B不動，而Z公司不選擇策略E，改選策略D或策略F的

話，其虧損當不止 $8,000,000。同樣的道理，假定Z公司固守其策略E不變，而Y公司不選擇策略B，却另選了策略A或策略C，其能獲得的盈餘一定不會更高。

非零和的混合策略之競賽

上文所舉的各例，都是所謂「零和的競賽」。但在實際的企業戰場上，零和的情況並不多。舉例來說，某產品每件的利潤為$1，市場需要量為1,000單位，故利潤總金額當為 $1,000。現有A、B兩家公司，都想能够爭取到$750的利潤。在這種情況下，這當然是不可能的事。惟有能够享有百分之七十五的市場的公司，纔能獲得這項利潤；兩家公司的利潤總額不可能超過$1,000。但是，從另一方面說來，假如市場需要量已從1,000個單位增大到2,000個單位了，再假定兩家公司能够平均分享市場的話，那麼他們都將可以達成他們的目標而有餘了。由於需要量的增大，故而大多數公司在銷售量的競爭上面對的都將不是所謂「零和」的局面。大家的決策，也都將不是一方勝利必為他方的失敗。這就是所謂「非零和」（Non-Zero-Sum）的競賽。

同理，這樣的情況下的策略，也沒有所謂鞍點的出現。請看下面附圖 38-13 的例子，那是以附圖 38-12 的例子略加修改而成。

Z公司的策略

Y公司的策略	D	E	F	橫行之最小數
A	$2,000,000	$14,000,000	$10,000,000	2,000,000
B	$8,000,000	$6,000,000	$12,000,000	6,000,000
C	-$4,000,000	$16,000,000	-$6,000,000	-6,000,000
直欄最大數	8,000,000	16,000,000	12,000,000	

圖 38-13　混合策略

這裏並無鞍點出現。「橫行最小」中的最大數為 6,000,000，而「直列最大」中的最小數則為 $8,000,000。既然這競賽找不到鞍點，那就得設計一套「混合策略」（Mixed Strategy）了。例如，如果Y公司選定了策略B，則Z公司應卽選擇策略E；以求損失最低，僅為 $6,000,000。不過，假定說Y公司已經知道了Z公司將採取甚麼策略的話，則Y公司必將採取策略C，以求其盈餘能够從$6,000,000提高到 $16,000,000。再假定說Z公司又知道了Y公司將採取策略C，那麼Z公司又將改選策略F了，以便能够反敗為勝，賺進$6,000,000。這樣一步一步推下去，每一家公司都在猜對方選甚麼策略。而欲利用此一情勢，惟一的辦法便是研究出某種綜合性的策略或混合策略來。詳細的方法，本書不擬討論；但是我們願指出一點：這種混合式的路線，遠比上文介紹的鞍點策略更為切合實際。如果某一公司發現自己處在一種不利於己的鞍點局面之下，則必然對其策略作徹底的修改；這一來，原有的勝敗矩陣便不再適用了，因而便設法重新建立一個於己有利的新矩陣。進一步說，這裏所討論的競賽理論，乃以競爭對手僅有甲乙兩方者為限。而事實上在企業戰場上，一家公司通常均必需面對許多對手。不過，所謂競賽理論，確已為我們指出了有關企業競爭的要義。這項理論的基本概念，現在已經試行擴展到有關談判和交涉方面的課題上去了；而且，在將近二十年來，又已經應用在管理模擬競賽方面，用來訓練經理人的策略厘訂和推行的能力。

第五節　等候線理論

等候線理論也是 OR 的一項技術；其英文名為 Queuing Theory，又稱為 Waiting-Line Theory。那是一種用數學方法來求得等候線及服務工作的平衡的技術。凡在服務的需要不規則之時，等候線便將出

現；身爲經理人者，便必需決定如何處置。如果說等候線太長了，等候時間太久了，顧客必將悻悻然而去之，生意便因此跑掉了。反之，如果服務甚多，隨到隨辦，顧客固然心滿意足，非常高興，可是所花的成本又將不免大於收益了。舉例來說，我們在星期六的上午前往超級市場購物，也許發現出口的每一個收款櫃臺都有人服務，平均等候時間也許是十五分鐘。這樣的情況幾乎每一家超級市場都能看到；超級市場經理人只需要注意在每一個出口收款處都派人就夠了。可是，如果是顧客不多的星期二，經理人該怎樣辦呢？如果他只開放兩個收款櫃臺，則恐怕不一會便發現顧客排上了長長的隊伍。反之，如果他每一個出口收款處都派人了，而顧客却寥寥可數，那麼收款員又將無所事事，呆呆的站在那兒了。

像這種超級市場的例子，自然是極其簡單的一種情況。加派服務人員，至多只是服務員從貨庫跑到收款處，再從收款處回到貨庫罷了。只要超級市場人手够用，便可以派他們工作，所謂等候線當不是一個嚴重的問題。不過，這項等候線的基本概念，還可以應用在諸如場地佈置方面的問題上。舉例來說，公司的發貨部門，應設置多少個裝車月臺和多少輛裝貨起重車，始足以使送貨卡車的等候時間維持於可接受的水準呢？如果公司設置的裝卸月臺和裝卸起重車數量均多，則卡車裝卸都不會有等候時間。可是這些設備的成本便可能太高了。反過來說，如果月臺太少，起重車也不够，則等候時間必長。對於這樣的問題，利用等候線理論的數學方法，當能得到解答。可是，有時候「到達」（Arrival）和服務都是無法控制的。單靠數學方程式來衡量各項方案，便將不免至爲困難。遇上這樣的情況，便往往想用下面的「蒙地卡羅技術」來解決了。

第六節　蒙地卡羅技術

「蒙地卡羅技術」（Monte Carlo），是運用模擬的方式，來創造一種「人工環境」，從而衡量各種不同的決策的效果。製造飛機時，通常用一具模型飛機在風洞中實施空氣動力學的試驗，便是所謂模擬的一個簡單的例子。將空氣氣流吹過模型飛機，模擬實際的情況，工程師便能檢討飛機的設計和結構。

蒙地卡羅技術也是一種模擬，利用「隨機數字機」（Random Number Generator）或隨機數字表，以模擬一種特殊的環境，從而瞭解各種決策的效果。試舉一例如下。某一經理人負責運輸部門，需決定最適當的卡車數量。卡車太多了，不但投資增人，且卡車待命的輛數也將增大。運用蒙地卡羅技術，當然協助他決定應有多少卡車。第一，他必需先確定到達裝卸月臺的待運次數。其次，發貨一次需要多少時間，也得先行知道。然後他還得估算出自備車輛和使用車輛所需的費用。最後，不能準時交貨將可能有多大的損失，也需要估計出來。有了這一類的資料，再加上其他有關的補充資料和隨機數目表的運用，這位經理人便可以用模擬方法算出各種卡車輛數的情況來。反復模擬的結果，當能確定最適當的卡車數目。不過，這項技術的用途甚廣，殊不僅以這一類計算卡車輛數的問題爲限。其他尚有許多問題，例如機器損壞停車的模擬，機場旅客到站離站的模擬等等，都可以用此項技術來幫助解決。

第七節　決策樹

「決策樹」（Decision Tree）也算是 OR 的一門工具。對各項不同的方案，經理人大抵會衡量其當前的成果（短程的成果）。但是如

果採用了決策樹的格式，則分析當能更具動態性。因在決策中有許多
要素，運用別的分析方法通常未能明晰表示出來者，決策樹可以顯現
得一覽無遺。所謂決策樹，乃是一種圖解式的方法，不但可以明確地
指陳解決問題的各種行動途徑；而且可以便於對各種行動途徑有關的
事件，一一估計其出現的機率；同時還可以針對每一項行動與事件
的組合，分別計算其可能的收益或虧損。茲舉一例說明之。設有一
ABC 印刷公司，刻正考慮購置兩臺新型平版印刷機；其總價為
$200,000。但公司內某些人認為不如將廠中現有的印刷機予以修理後
續用，不必採購新機；且經估計其修理費為 $25,000。同時，公司當
局還估計了今後五年內的業務量的情形，且已將各種高低業務量的機
率一一認定，並繪製一幅決策樹，如附圖 38-14 所示。再依決策樹所
示的情形，算得購置新印刷機將較修理舊機為佳，可使公司多獲盈餘
$692,500（$1,162,500－$470,000）。

上項數字是怎樣算出來的呢？第一步，應先行求得每一「事件」
出現時可能贏得的金額（條件利潤）。例如在公司購置新機的情況下，
倘業務量高，則每年可有盈餘 $500,000，共計五年；故其條件利潤當
為$2,500,000。繼將此一金額乘以該事件出現的機率，得$1,500,000。
如是同樣地將業務量平平時及業務量低時的條件利潤，分別乘以這兩
項事件的機率，各得 $150,000 及 $12,500。再將這三個數目相加
（$1,500,000；$15,000；及 $12,500），即為附圖 38-14 中的期望利
潤 $1,662,500。依同樣的方法，可算出在修理舊機的情況下的期望
利潤為 $470,000。

從上文介紹的分析看來，決策樹似未給我們任何確定的答案。可
是運用這樣的分析，卻使經理人易於認定各項事件出現的機率，從而算
出有關的損益，故足以衡量各項行動方案的利益高低。決策人在分析

時，先由決策樹的左端開始，繼而向右端延伸出許多樹枝。然後估算損益，再由右而左，回過頭來決定其應採的適宜行動。這些步驟，由附圖 38-14 卽可一目瞭然。這種分析的用途頗廣，可以適用於許多事例。時至今日，運用決策樹的經理人，已愈來愈多了。

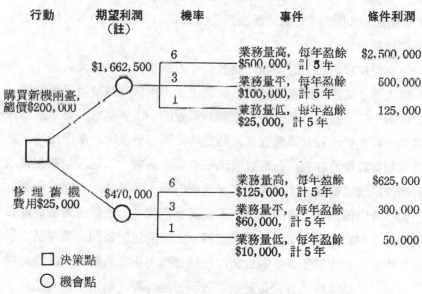

行動	期望利潤（註）	機率	事件	條件利潤
購買新機兩臺，總價$200,000	$1,662,500	6	業務量高，每年盈餘$500,000，計5年	$2,500,000
		3	業務量平，每年盈餘$100,000，計5年	500,000
		1	業務量低，每年盈餘$25,000，計5年	125,000
修理舊機費用$25,000	$470,000	6	業務量高，每年盈餘$125,000，計5年	$625,000
		3	業務量平，每年盈餘$60,000，計5年	300,000
		1	業務量低，每年盈餘$10,000，計5年	50,000

□ 決策點

○ 機會點

註：利息成本及此項收入之現值折減均不計

圖 38-14　決策樹——購置新機對修理舊機之期望收益

第八節　啟發性規劃

在此我們必須澄清一個觀念，那就是我們要認同：「作業研究」並不一定全靠精密的數學方法。例如「啓發性規劃」(Heuristic Pro-gramming)，或稱爲啓發性解決問題的方法，便正好是另一個極端。有些問題太大了，也太複雜了，令人無法計算。也有的問題太散漫

了，計量方法則黔驢技窮。遇上這一類的問題，便往往只有啓發性規
劃了。

　　所謂「啓發」意思是「幫助你去發現」。這種解決問題的路線，性
質上是客觀性的，但同時更是主觀性的，主要有賴於個人的經驗，判
斷，直覺，再加上別人的意見。通常所稱的「經驗法則」(Rules of
Thumb)，和所謂「嘗試錯誤法則」(Trial and Error)，可以說都是
啓發性的方式。

　　有時候我們遇上的問題，簡直是叫人過不去，要人大絞腦汁，叫
經理人想了又想。請看這樣的一個例子。某市鎮忽然發生了傳染病，
當地的十二家醫院，都忙着打電話到鄰近的一家製藥廠，要求立卽送
到某一種血清；通常這種血清，製造時需要三個星期。幸而此時該廠
尚有相當數量的存貨。血清以玻璃瓶包裝，共有十二包；該廠盡快地
將血清送到運輸課去。可是這時候情況已經十分緊急，各醫院如果在
一個小時內得不到血清的話，病人便將有危險了。正好在運輸課課長
將血清送交給送貨卡車的時候，他接到血清的包裝部門一個電話，說
是其中某一包少裝了五英喱血清。包裝部門刻正派人將短少的數量送
了過來；於是運輸課長便得利用這段很短的時間，找出來究竟是那一
包短少。他只有兩分鐘的時間可用，而且他手中唯一的一項工具，只
是一座天平。請問，這位運輸課長該怎樣纔能找出那短少的一包呢？

　　這問題有許多解決辦法。一個辦法是在天平的兩端，每端放上六
包。某一端如果有短少，自然可以立刻找出來。因此，運輸課長只需
要從六包中間去找了。他再在天平兩端每端各放上三包，有問題的包
裝便只剩下三包了。現在，問題比較難了，他只有時間再稱量一次，
他應該怎樣稱這三包呢？其實說來很簡單，他只要在三包中任意取出
兩包，在天平上每端各放一包，如果某一端較輕，他便找出了短少的

一包了。反之，如果天平仍然平衡，那麼有問題的便是那剩下的未稱的一包了。

　　像這樣的問題，確實用不上精密的數學方法，可是這類問題却遠比那些需用所謂線型規劃或蒙地卡羅者更爲常見。事實上，許許多多的問題，包括資源分配問題，存量管制問題，工場佈置問題，以及工作排程的問題等等，往往都是可以用「啓發性規劃」來解決的。

第十一編　檢討改進

第三十九章　對我國企業管理與經營的檢討

第一節　對我國現代管理科學運用的檢討

近廿年來，管理科學各層次的知識，不斷激起我國企業界改革的意圖，事實上也已經接受運用甚多，但因企業界各項基本條件未臻完備，外來管理科學理論與技術，引起若干困窘，形成現代化的重重障礙，試就困窘的解脫各點臚陳如下：

（一）行為的困窘

我國自農業社會形態轉變不久，而家族父權行為隨之轉變不多，對權力偏好傾向較強。資本結合若類非我屬則多具戒心。所有權與管理權的行使合併在一起，因之企業範圍多未能達到經濟作業單位。如市場區域閉塞，不致引起問題；如市場面擴大，由高成本構成的價格，則無從與外界競爭。政府近年倡導企業合併，並未見諸實效。既為將來必然趨勢，似可由企業界早日自動促成合併，結合人力與資本，朝着大型企業方向，並共同出資支持管理科學的研究。則管理科學的運用，才能產出較大效果，而企業界從中將蒙受更多利益。

（二）價值的困窘

企業界的價值判斷原以利潤為依歸，近年工業先進國家，有意無意中已背負起社會責任，其價值判斷範圍已形擴大。而我國企業界的價值判斷基礎，仍停留在原始基礎——短期利益——的界限上，因為

價值判斷基礎爲運用管理科學理論的先決條件；長期利益與社會利益的謀取，與近期利益等多方面的平衡，其規劃與計算截然不同。在一方面管理科學已提供若干技術方法，但決定是否採用長期規劃之原則，並非管理科學所能訂定。企業主持人面臨一些選擇、判斷、揚棄時，應避免遭遇價值的困窘。如決心要長期而縝密的規劃，則其價值判斷基礎必隨之擴大或改變。這種心理狀態的轉變，並沒有根本上的困難。

（三）觀念的困窘

企業經營管理現代化工作的推行，本質上原是個觀念的變遷，是一連串形變的過程。經營者除對管理科學應有完整的概念，瞭解其內外面的關係，勇於整體性的革新外，必須自我融合科技層次、制度層次、與行爲層次的現代化，强力支持部屬工作的推行。如果企業主持人囿於落伍觀念而無法解脫，則現代化工作將受窒息。觀念常受制於無知的束縛，如思想開放廣容，思維靈活自由，長於分析、敏於綜合，則形變的過程將得以加速進展，管理科學的運用自將出神入化，無往不利。

（四）創新的困窘

「創新」，這個觀念已普遍爲企業界所接受，但形諸事實者却仍不足，因爲喊得多但做的少，使之一片「崇新心理」在激盪，而極易形成「創新虛無感」，甚至步上「仿冒」的歧路，這樣使人每每自慰而欠實效。其實，創新是一項「選擇性的變遷」，初期無何創新，也不妨模仿，待企業基礎穩固後，必須逐一改進，謀求創新。

創新實際上是因素與技術的重新組合，結果爲：提供新財貨，採擇新方法，開闢新市場，發現或採用新原料，形成產業的新組合。創新的困窘在安於現狀於企圖心的消滅，企業主持人應充份瞭解創新過

程是曲折的，應具有無畏的勇氣、無上的信心、無比的忍耐、無絕的進取方能克服困難，達到創新目的。這是現代的科學精神基點，是創造利潤的泉源，是應付競爭、發展新局的不二法門。

（五）計量的困窘

　　管理科學近年發展偏向計量化的研究，尤以電腦普遍的應用後，使繁複的計量工作成為可能而日益簡便。管理工作計量化，必須要有各種基本資料，才能有所進展。惜有人提倡計量管理，但甚少有心人在着實整備基本統計資料。大規模產銷；成本減低；生產力提高等均繫於計量管理方法的施行，近年對作業研究、系統分析、管理情報系統等運作的發展已有卓越的成就，企業主持人必須確知如何運用計量資料制作決策、控制執行、考核效果的方法與過程，才能有效的經營管理。

　　企業經營管理無論是否在轉型時期，人才都是一切的根本。現代化困窘的解脫有待人才從事多方面的努力，究其實，不過是一種特殊的行為系統。就像是以企業經營管理者為主體，持有工程科學為工具，製造一部汽車，運用管理科學來駕駛這部汽車，達到所想到達的目標。這種駕駛術的逐行就是一種特殊的行為系統。企業經營管理現代化困窘的解脫，在認知行為上的困難較多於實踐行為方面，因此在目前狀況下，除各企業主持人自行解脫困窘外，一般有利環境的造成，宜由政府或公私營企業共同出資，支持現有或另創立一管理科學研究發展機構，為企業界服務，其工作重點可為下列數端：

　　(1)研究介紹及如何接受管理科學的理論，並發展出一整套適合我國國情的管理技術，並不斷研究創新與傳播。

　　(2)區分層次，訓練屬管理科學方面的各類人才，製作標準教材和教具，再推廣大量訓練工作。

(3)設計若干行業系統分析模式，協助企業內從事系統分析研究工作，改善經營管理方法。

(4)設計若干行業管理情報系統模式，協助企業內從事建立管理情報系統。

(5)促進並協助各業進行合併，融化爲「運作的、功能的綜合體」，轉變爲經濟的作業單位。

(6)研究擬訂促進企業經營管理現代化有關「運作的、功能的綜合法規草案」，建議政府審訂頒行。

現代管理科學運用的目的，是在促進企業經營管理現代化，何時困窘解脫，何時就能有效運用現代管理科學理論。這項工作不只是少數人的事，而是整個企業界成員的事，是個人的人生觀，是團體的現代企業精神。

第二節　對我國目前企業經營的檢討

臺灣「經濟奇蹟」，是政府的良好政策與全體人民共同努力的結果，但在國際保護主義日盛、貿易伙伴競爭日烈，新臺幣升值壓力與國際政治干擾，却仍肩負着移植臺灣經濟模式於中國大陸，以增進全國人民福祉的大目標下，臺灣的企業家仍欲不斷的前進，則必須針對以下缺點改進努力：

（一）行爲科學應受重視

勞資雙方的關係歷來都是奧妙而有或多或寡的隔閡，再說一個企業的興替盈虧在在與這又有直接的影響。「有錢能使鬼推磨」這句諺語已經沒法存在了。目前，中小企業的最高經營者仍有些是由自己或三親六戚來擔任的，有能無能倒是其次，最怕的是滿腦子傳統的「老爺」派頭、虛居要職、目中無人、大過官癮，說什麼「老子有錢，還

怕雇不到人！」把人當做機器、奴隸。試想：這樣的企業怎能上下一心，又怎能執行勞基法、增進勞工福利；罷工的活動必弄得它煩惱無窮。

在這企業民主化的時代裏，希望我們的企業經營人多多注重人性行爲科學，把「顧客永遠是對的」推展到從業人員（包括衛星廠商、經銷商），將心比心給予「人格」的互重、「人性」的互助；發展「我們」的觀念，職銜只是執行工作的一種工具而不代表一個人的全部。

(1)在您的企業裏，請用「從業人員」、「我們」來取代僅僅是職務工具的「勞方、資方」、「職員、工友、老板」。

(2)有遠見的經營者尊重人才、培養人才；平凡的經營者只會運用既有的人才；庸俗的經營者才把人才當作工具而埋沒人才。

(3)培養您的企業「禮貌」、「微笑」的氣氛。

(4)對待您的部屬盡可能少用「命令」的口吻，請多用啓發、商量、徵詢的方式來傳達命令。

(5)對待您的部屬「賞罰分明」「鼓勵多於斥責」。

(6)交待部屬工作要使他感到自己是在享受工作、這工作對企業是有貢獻的，使他們覺得自己是有價值的、重要的。

(7)權限委讓限度內要澈底的授權，信其能力、人格，倚以重任表示信任；不要事必躬親，每事必問，造成部屬捉襟見肘的困擾和反感。

(8)請在職務範圍內執行您的工作，勿恃名銜或讓您的親友狐假虎威，以免失去部屬的向心力。「上樑不正，下樑歪」。

(9)企業的經營者切身的要務是領導「人」的工作，請不要捨本逐末專管「閒事」，以免失去您的人格。

(10)企業間共存共榮是必然的。對待您的衛星廠商、經銷商要給予

合理的利潤和方便，請不要以大惡小過份殺價、束縛。所謂:
「物極必反」。

(二) 應加速創新

由於現代科學技術的革新，生產方法瞬息萬變，近二十年中；科學的獲得新知識與發明，超過過去五千年間所有的總和。以科學發明物從創始階段時間長短言，汽車為四十年，飛機為十四年，電視機為十年，和平用途的原子能為七年，通信用的人造衛星僅為五年。可見當今七十年代確是一個加速創新的年代。

鑒於經濟環境錯綜複雜，市場景況變幻莫測，加以企業內部業務的日趨繁複，企業如何穩固現在基礎，組織革新氣氛，變靜態組織為動態組織，革新以求加速創新乃為目前最切要的課題。

(1)人為亦為，只會模仿跟着人屁股走的時代已成過去。誰能推陳出新、創造發明，誰就獨佔鰲頭、一枝獨秀。凡事猶豫如履薄冰，缺乏有膽識的冒險魄力，就不配為現代的企業家。企業家應為明日的企業而企劃經營，所以，培養創新的氣氛乃是刻不容緩的事。振腦會議（Brainstorming Session）的集思廣益，搜集創意最佳、最有效的工具，但是，切忌流於無目標、無系統的白白糟蹋時間、人力。「改善提案制度」的實施，論功行賞，則為培養「創新」氣氛的另一捷徑。

(2)企業家對社會負有服務造福的責任，既不能因有小成而沾沾自滿，更不能得過且過。面對時代的發展、現實的需求，應該有「苟日新、日日新、又日新」的求新精神，觀念要時時居時潮之新，以去蕪存精，融會貫通的精神企劃出最適於本企業的一套計劃，再以堅毅的實踐力貫徹實行。否則，雷大雨小，虎頭蛇尾，專耍花招美其名為革新，不僅反效果，更易失却從業人

員的信心，久而久之社會也將嗤之以鼻，企業家本身如固步自封，不求進步，自然難期望其重視人才的培養，也遑論明日企業所需要的新技術和新經營管理方法。

(3)新觀念的導入宜緩就急，有週密地計劃，使它消化以切合企業體制，否則事倍功半，徒有表面，反成累贅。導入時要有充份的準備和適當的過渡時期，也不能太過於奢求。「急功近利，欲速不達」可說是新觀念導入失敗的致命傷。某公司推行成本制度，實行既未上軌道，突然又拿它來當作考績的工具，最後是人心不平、風風雨雨。某公司搞價值分析，但只重成本的降低，忽略了機能、品質的價值分析，結果成本確是降低了不少，但是，因為品質的難於令人接受，市場佔有率驟減，實際利益却是一蹶不振。新觀念的運用、方法是否妥當，把舵的經營者應隨時隨地加倍留意，數字、文字常是障眼的大敵。

（三）技術獨立的追求與企業風格的建立

　　今天中型以上的民營企業，好多仍是中日或中美技術合作的，不僅技術事事唯他人是求，而且管理上，制度上也不乏依樣畫葫蘆未加消化便予吸收。國與國之間因地域、國情、法律、風俗、習慣、民情之不同，自然制度、方法、產品需求，甚至於技術也不能完全吻合。所以說，如此只要抄襲，不知振作自立，前途實在可慮，「技術合作」性質的企業，在此世局變幻、經濟景況動盪、產品壽命短暫的七十年代，實在應該大大檢討，如何使自己的企業不寄人籬下、不任人宰割而獨立自主，如何使自己的企業不僅技術上（設計、製造）有足够能力創造最適市場需求的新產品，而且要想辦法使自己的企業在管理上、制度組織上、產品上也塑造出一種嶄新的風格，以便大步佔有國際市場。在此筆者建議國內各同行企業技術相互提攜並進，免受國外

第三者的直接、間接操縱。

（四）企業自體的周延發展

企業自體的業務日趨複雜，如果事無論鉅細一切自個兒包辦，難免力不從心，而且也難能圓滿完美、專精。對於社會關連企業機構應如何借重使其納入自己的體制於無形，彼此水乳交融、互惠互賴發展，應是企業縮短「創新差距」的最佳捷徑。舉例而言，技術的難題可以會同學術研究機構共同研究；經營管理的問題可以和經營管理諮詢機構切磋；市場需求、大眾傳播可以和傳播公司打成一片；衛星廠商的輔導促其進步，處處以「事」的成果作核心，而不以「交易」為滿足，豈非共存共榮的最好保證嗎？所以我們呼籲企業應該周延發展，不應獨唱角戲。

（五）多角經營意義的擴張

中型以上的企業目前大都採取多角經營的路線，從事不同屬性的產品、行業。但是，筆者認為「多角經營」這個意義有必要更擴張到發展產品線，甚至於技術、設備、人才的推廣靈活運用，發揮企業最高機動率。「動」為財富之本，一個企業有了這種目標，人員有這種努力的熱忱，那麼企業追求「高附加價值」的理想即不難實現。此外，發展新產品須有「以市場與用戶為中心」的新市場觀念。

（六）組織計劃的藝術

一個企業必須要有長遠的計劃，可靠的預測，預算制度和切實可行的目標。訂定計劃必備的條件又在於①客觀性；②理論的妥當性；③將來性；④彈力性；⑤安全性；⑥平易性和⑦單純性。

一般的企業經營者往往易因順境而顯得激進了一點，以致把計劃目標訂得離了譜。空洞的目標有比無還要糟糕，所以，目標管理最好是上下雙方有個默契的妥協，總比命令式的目標來得高明有效。尤其

是拿純利額的目標達成實績來核定從業人員分紅的企業，最好能改以企業附加價值達成實績來核定，較易為部屬瞭解和支持。

新產品的計劃要審慎，首先要把握市場的情報，瞭解敵我的消長，潛在的消費需求，商品的壽命週期，市場的需求量，再仔細計劃生產的方式，投資設備，適宜推出市場的時機，銷配方式……等等。由點的突破擴展到三次元的觀察，百密不容一疏，方為上乘。

組織要有充分的彈性，保持密切底縱的連貫和橫的連繫。組織非一成不變，更得有活躍的機動性，但是也決非兩個月一小變，一年一大變。組織更迭太繁，人員朝不保夕，談何作為！

（七）資料系統化的建立

技術、能力是經驗資料的累積。不管是成功的經驗抑或是失敗的經驗。只要對企業的將來有可能參考利用的，都非常有價值。對於這些有用的經驗，如加以整理成為資料，然後再將資料歸納、分析、消化，分門別類系統化，那麼一部屬於您企業的百科全書也就漸漸堂皇可觀了。

企業的制度、程序、業務內容、工作方法的標準化、單純化，市場情報系統的建立，人員、設備、產品的規範，在在都有必要研究，一步一步做好基礎資料，未雨繆綢以迎接「電腦時代」的來臨。

總之，七十年代的經營者應該具有科學化的頭腦，開放而具深度的眼光，肯於接受新觀念，有充沛的鬪志和堅毅的實踐突進力。而其經營的方針更須是以最精簡的人員、組織、設備，最低的倉儲、流動資金，配合最短的時間、途徑，去追求最高附加價值、信譽的達成。筆者願意強調：「企業的經營非為今日的生存，而是為了明日企業的永續發展」，願我研習與從事企業管理人員，同心協力，開創企業經營的光明前程，則國家幸甚，社會幸甚。

(八) 社會責任的加强

過去的企業經營者，只以賺取最大的利潤爲唯一經營的目標。而美國福特汽車公司的董事長福特二世 (Henry Ford II)，及大通銀行總裁洛克菲勒 (David Rockfeller) 都有以「利潤與社會責任爲企業經營重要目標」之言論，今日重視社會責任的企業經營者就更爲加多了。他們認爲「社會責任」就等於「優良企業公民」(Good Corporate Citizenship)，這是說企業在追求其利益時，不能忘了社會的公益。

在目前的臺灣，公營企業及先進的大企業比較能考慮其「社會責任心」，從最令人不齒的空氣及水的汚染而視若無睹的例子來看，受害的是人民大衆，但當人民大衆群起反抗之際，企業者便也成了受害人。有些大企業不但能未雨綢繆，做好防止環境汚染工作，並且爲附近社區做了很多公益事務，而其所得的也是在民衆支持下獲取更多利潤。

(九) 中小企業宜須徹底自救

因中小企業業主充分享有自主權，且與顧客距離較近，其組織又無疊牀架屋之階層，在人事、推銷、工作程序上都較有效率，較能節省時間、財力、物力和人力。在民生主義「均富」與鼓勵私人創業政策下，致使中小企業占有企業百分之九十以上的數額，在臺灣經濟的起飛中扮演過重要的角色。

但在國際市場面臨保護主義衝擊，加以臺幣升值、競爭不易，而須有大規模生產、營銷，提升科技層次的今日、中小企業便面臨着無法適應的考驗，茲將其缺點檢討於下：

(1)組織不健全並缺乏專業管理

臺灣的大部份中小企業仍屬家族型態，經理人卽是所有人，並總攬生產、採購、銷售、財務、人事及其他有關事項，缺乏現代經營管

理知識及方法，亦欠缺經營計畫，又未能容納外界、專家或下屬的意見，如此落伍的經營觀念，在現代劇烈變化的環境下已不易生存。

(2)資金短絀、融資困難

中小企業資金來源大多限於家族及親友，由於資金有限，故常以短期資金移作長期資金之用，又因其不歡迎外來資本加入，也無法在長期資本市場中獲取資本，因此爲了能取得更多資金以謀發展，惟有向銀行貸款，但中小企業由於缺乏完整的財務報表及可靠的借款抵押品，加上財務結構薄弱，獲利能力不高，因此銀行往往認爲風險大、利潤低，不願貸款，所以中小企業業主往往祇好依賴民間黑市高利貸資金，乃日夜爲頭寸週轉而無餘力顧及管理及發展工作，一遇到經濟不景氣，即捉襟見肘，週轉困難，更遑言改善現況或擴充成長了。

(3)人才缺乏、技術低落

因中小企業受制於資金的短少，致使員工待遇偏低，而且工作內容又較繁雜，不易獲得良好的技術人員；加上大部分的中小企業其重要職位，均已由家族成員擔任，無形中影響了人員升遷的機會，使他們離職而去。同時，中小企業無力及無意引進新技術、新設備，又缺乏職業訓練，乃雇用非技術工人代替，因之生產力低落，產品品質不良，難以應付競爭。

(4)機器設備與原料採購不易

中小企業因資金缺乏，每每無力購置適當與足夠的設備與機器，以改善其生產方法，提高生產力，進而改善產品品質及降低生產成本。至於國外原料，更是無法直接洽購，而必須自中盤或小盤承銷商轉手，因此在購入價格及付款條件方面均較大廠爲高而苛刻。一旦原料缺乏，中小企業的原料來源立即面臨重大問題，如六十二、三年因石油危機所引發的國際不景氣，中小企業遭到極大的衝擊，停工待料

的損失實不可數計。

(5)成本過高，品質不良，缺乏標準

由於效率低，生產方法過時，原料成本過高，管理不當，生產規模不經濟，使中小企業的成本往往高於大企業，削弱了其競爭的能力。又中小企業經營者知識的不足，忽視品質的重要，另方面則因為機器設備的陳舊、精密度不够、檢驗設備欠缺、未實施品質管制，因而所產生的產品不但品質不良，且每批品質不能劃一，其零件更難做到互換性，減低了銷售信用及其競爭能力。

(6)規模小、市場窄

由於資金有限、規模小、生產技術及機器設備落伍，故生產效率低，成本難以降低，產品品質無一定標準，交貨又常延期，致使競爭能力較弱。同時，中小企業經理人大多對企業的一切事務直接辦理，無法專注於專業業務上，每每缺乏可靠的市場資料來源，對市場動態與趨勢，都不够明瞭，因而在生產項目上，常不能適合市場的需求。在推銷方面，因財力的影響，無法由廣告支持，亦無法與遠距離市場的銷售商直接進行交易，產品易受中間商剝削，售價低，利潤少。

(7)研究發展意願低

在今天，研究發展已為企業為生存、競爭、成長所必須具有的工作，但中小企業因財力有限，無法延攬富有經驗的研究發展人才。因此廠商亦不知如何規劃研究發展工作，加上經營人本身又過於信賴自己的經驗，常常忽略或不重視學者的意見，阻礙企業的成長。

由於這些缺點，所以中小企業必須徹底改進，首先要作合併的考慮，以大規模經濟之利出現於企業之林。如不能合併，則必須改頭換面，如在生產上淘汰舊有設備使生產「自動化」，以代替人力之不足。在經營上要面對新的競爭，使管理「合理化」。在商務上要有效應用

次級資料，掌握市場變化。並須與同業合作，加强產品、包裝、廣告設計，做好促銷工作。不如此，則必難逃「優勝劣敗」命運，縱使民生主義經濟政策下不致如日、韓中小企業般的被合併或休業，但仍將遭致自然淘汰，這是政府當局所不願見到的。

（十）家族企業宜脫胎換骨

　　家族企業在我國占有相當重要的比例與地位。根據陳明璋教授在民國六十二年的調查，在訪問國內 143 家外銷型態的中小企業中，有 118 家爲家族企業。若以是否接受過政府輔導來區分：在接受輔導的 34 家廠商中，有 28 家爲家族企業(82.35%)；未經輔導之 109 家中，有90家爲家族企業（81.6%）可見家族企業在中小企業中的普徧。在國內「集團企業」中，家族企業也占有重要地位與比例，如將一百家大集團企業整理分析，其中有 57 家具有家族關係。其實不僅臺灣如此，工業先進國家則更爲可觀，如一九六七年美國財星雜誌對五百家大企業調查，發現有一百五十家公司，控制權是掌握在個人或家族的手中。在1972年 Philip Burgh 教授又針對全美五百家股票公開發行的大公司的一項調查，發現有42%是被一個家族或個人所控制；另外有17%也有可能由家族所控制。我們在實行「民生主義經濟」政策，當不致發展到此一程度。

　　家族企業之優點，是在其創業階段，成員向心力强，且以長期發展之目標爲重，易促成企業的快速成長。且因其管理權與經營權合一，易生經營之效。但以臺灣之家族企業分析，則有以下缺失：

　　⑴權能不分、績效低落：家族企業以人的關係用人，以人的關係爲事，大權在握，不能人盡其才，才盡其用。

　　⑵用人無標準，不易留住人才：用人與升遷不以能力、成績爲準，而以家族關係決定，用庸才、棄才幹，人心不服只有求

去。

(3)領導權易生紛爭：父子相承，常有經驗、學習、品德不足之少
主繼位，既無汗馬功勞又無領導威信，與叔伯輩不睦，相互爭
鬥，不是分立，即長期陷入紛爭。

(4)父子兩代傳承失調：創業主由於個人的成功，常對本身的經
驗、判斷及其建立之制度均有高度的自信，因此常希望其後輩
能蕭規曹隨；但接棒者常希望能「創新」或「創業」，建立屬
於自己的事業，兩代之間不能相融。

家族企業既有以上缺點，則應對症下藥，使其脫胎換骨，變成一
符合現代化的企業組織。

(1)由混淆的組織與功能變為明確的組織分工

原來家族企業中之主管，無論大小事均由其負擔，業務與管理的
功能沒有明確劃分；而現代化之管理，其在組織方面一定要有授權與
分工，使各部門及各人之職權都很明確。

(2)由關係特殊化變成關係普遍化

家族企業的創業者與其他成員間之關係非常狹窄，僅周旋在少數
幾個人之間；企業主持人應將制度慢慢建立起來，使其關係愈來愈廣
泛。

(3)由感性變成理性

家族企業原本着重建立人際間關係，現在應強調建立制度。採用
專業性之管理方式，建立理性決策之過程，並根據科學方法來處理問
題，以做最佳的判斷。

(4)由個人利益中心變為團體利益中心

家族企業應將家族本位利益調整為公司長遠利益。日本家族企業
與我們相較最大的不同，在於國人經營之企業以家族為中心，而日本

人則以「會社」爲中心。日本的家族定義很廣，幾乎所有員工都歸屬企業中（卽會社），若能如此，則家族對企業反而是有益的。

　　(5)強調從業員的成就傾向，以人才與其表現做爲任用與升遷的標準，才能吸引家族以外之傑出人才，爲自己的企業所用，在和諧與權能區分下，達成經營的目的。

重要參考資料

現代工商管理	王德馨　著
經濟學	陸民仁　著
實用營銷管理學	劉益民　著
企業管理	王崑山　譯
稅務會計	陳建昭等著
商業銀行實務	解宏賓　著
企業組織與管理	任維鈞　著
現代科學管理	蘇在山　著
企業管理	陳定國　著
工業管理與工程	觧　昔　著
無缺點計劃	杜武志編譯
計劃評核術與其管理應用	陳美仁　著
實用品質管制學	宋文襄　著
品質管制	生產力中心編
人事管理	許靈翔　徐合林編著
市場學	王德馨　著
公司理財	黃柱權　著
公司理財	蔣友文　著
新營業稅法及關係法規	實用稅務出版社
財產管理概論	杜新銘　著
企業概論	司徒達賢等著
動態企業管理	協志社　譯
人事心理學	鄭伯壎
證券發行與實務	呂東英等合著

自由中國之工業　　　　　　　　　　　　行政院經設會出版

工商時報及經濟日報　　　　　　　　　　該兩報報社消息及專論

Harold Koontz and Cyrilo' Donnell: Principle of Management (1965)

Franklin G. Moore: Management (1964)

Franklin E. Flots: Introduction to Industrial Management (1954)

Edwad H. Bowman & Robert B. Fetter: Analysis for Production Management

Ralph C. Davis: Industrial Organization and Management

R. W. Morell: Management Ends and Mens (1970)

R. M. Hodgetts: Management Theory, Process and Practice (1976)

Kotler P.: Marketing Management, 4th ed., Englewood Cliffs: Prentice-Hall, 1980

Homans, George C.: Social Behavior: Its Elementary Forms, Rev. ed., New York: Harcourt Brace Jovanovich, 1974